高等学校电子信息类“十三五”规划教材

基于MATLAB的通信系统高级仿真

臧国珍　黄葆华　郭明喜　编著

西安电子科技大学出版社

内 容 简 介

本书以现代通信系统组成为主线，对通信系统中的一些基本原理和典型问题进行了重点阐述和MATLAB仿真实现，同时兼顾技术原理的实践应用和前沿技术发展，对当前无线通信领域中的一些典型通信系统进行了介绍和综合仿真。

本书共9章，内容包括MATLAB语言基础、确知信号与随机信号分析、数字信号的基带传输、数字载波调制、模拟信号的数字化、信道编码、同步原理、无线衰落信道的建模与仿真、典型数字通信系统MATLAB仿真实例。

本书注重实践和应用，实例丰富，叙述简明，通俗易懂，可作为普通高等学校通信与信息类相关专业本科高年级和研究生教材，也可作为相关工程技术人员的参考用书。

图书在版编目(CIP)数据

基于MATLAB的通信系统高级仿真/臧国珍，黄葆华，郭明喜编著. —西安：西安电子科技大学出版社，2019.11

ISBN 978-7-5606-5436-2

Ⅰ. ①基… Ⅱ. ①臧… ②黄… ③郭… Ⅲ. ①Matlab软件—应用—通信系统—系统仿真 Ⅳ. ①TN914

中国版本图书馆CIP数据核字(2019)第192247号

策划编辑 陈 婷
责任编辑 买永莲
出版发行 西安电子科技大学出版社(西安市太白南路2号)
电　　话 (029)88242885 88201467　　邮　　编 710071
网　　址 www.xduph.com　　电子邮箱 xdupfxb001@163.com
经　　销 新华书店
印刷单位 陕西天意印务有限责任公司
版　　次 2019年11月第1版 2019年11月第1次印刷
开　　本 787毫米×1092毫米 1/16 印张 22
字　　数 523千字
印　　数 1～3000册
定　　价 49.00元

ISBN 978-7-5606-5436-2/TN

XDUP 5738001-1

＊＊＊如有印装问题可调换＊＊＊

前　言

随着信息技术的高速发展，为满足社会对信息类人才的大量需求，越来越多的高等院校开展了通信与信息类专业的人才培养工作。本书从通信与信息类专业的课程学习与应用需求出发，对通信系统中的一些基本原理和典型问题进行了重点阐述和MATLAB仿真实现，以期帮助读者快速入门并熟练掌握利用MATLAB编程解决通信系统中典型问题的基本思想与方法，同时以应用实例的形式增强读者对通信系统中众多基本概念与原理知识的理解与掌握。

本书在编写过程中，力求条理清晰、简洁明了、深入浅出、通俗易懂。与其他同类教材相比，本书具有如下特点：

(1) 在章节内容的选取上，以现代通信系统组成为主线，对通信系统中的一些基本原理和典型问题进行了重点阐述，同时兼顾技术原理的实践应用和前沿发展，对当前无线通信领域中的一些典型通信系统进行了介绍和综合仿真，力求保证通信系统原理知识的完整性和系统性，同时又兼顾技术知识的先进性和实用性，尽力做到主线明确、点面结合、难度适中、实例丰富。

(2) 在具体内容的阐述上，以通信系统的模块框图和信号处理流程为参照，在详细论述其原理的基础上给出其实现方法，同时力求对问题的描述更贴近实际，增强问题解决方法的实用性和典范性。如对通信信号的表示主要采用了过抽样形式，充分展示了通信信号在系统传输过程中的真实形态，这不仅使仿真过程能较好地模拟通信系统的实际工作过程，增强了仿真结论的实用性，也有助于增强读者对基本原理的直观理解，便于达到融会贯通。

(3) 在程序结构的设计上，力求与理论框图所描述的信号处理流程一一对应，并对程序模块和程序语句加了大量注释，提高了程序的可读性。

(4) 在程序模块的实现上，力求使用MATLAB的基本语句来实现通信系统中涉及的各种信号处理算法，使读者在得到编程方法训练的同时对所学理论知识有更多更深刻的领悟，也提高了程序的可操作性。

全书共9章，第1章为MATLAB语言基础，通过本章的学习可帮助读者(特别是初次接触MATLAB语言编程的读者)快速入门并熟练掌握MATLAB编程的基本方法和技巧。第2章为确知信号与随机信号分析，主要介绍在MATLAB环境中如何产生通信系统中的实体对象——确知信号和随机信号，并对它们进行时频域分析，这是对通信系统进行MATLAB仿真的基础。第3章为数字信号的基带传输，主要介绍数字基带波形信号的产生、基于匹配滤波的最佳接收、无码间串扰传输系统设计等方面的相关内容及其涉及的一些典型问题的MATLAB仿真。第4章为数字载波调制，重点介绍MASK、MPSK、MFSK等几种数字载波调制原理及其系统仿真。第5章为模拟信号的数字化，重点介绍标量量化和矢量量化两大类模拟信号量化方法，以及PCM和ΔM两种模拟信号数字传输系统的MATLAB仿真问题。第6章为信道编码，重点介绍线性分组码、卷积码等一些常用信道编码的编译码方法及其MATLAB实现，简要给出了Turbo码和LDPC码这两种逼近Shannon极限的典型码字的编译码原理。第7章为同步原理，重点讨论载波同步、位同步和群同步的典型实现方法。第8章为无线衰落信道的建模与仿真，介绍一些无线信道的衰落特性及典型衰落信道的MATLAB仿真实现，为无线衰落信道中的通信系统仿真提供参考。第9章对扩频通信(直扩和跳频)、MIMO通信、协同通信及OFDM系统等几种典型的现代通信系统进行介绍，对系统中的主要模块或传输性能进行综合仿真。此外，需特别说明的一点是，本书仿真结果中的字母、符号的标注因修改的不便，以及为了不影响原图的质量，因此未采用标准的标注形式，但这并不影响读者的理解。

本书由臧国珍、黄葆华和郭明喜共同编写，其中第1～2章、第4章的4.1～4.4节由黄葆华编写，第6章的6.1～6.3节由郭明喜编写，其余部分的编写及全书的统编工作由臧国珍完成。

本书计划授课课时为40学时，也可根据需要对内容进行适当删减，用于较少学时的教学。本书适合通信与信息类相关专业本科、研究生及相关工程技术人员等多层次读者学习参考。

在本书的编写过程中，解放军陆军工程大学通信工程学院通信战术教研室的领导和同事给予了很大的支持和帮助，在此深表感谢。

由于作者水平有限，书中不足之处在所难免，敬请读者不吝赐教。

编者

2019年2月于南京

目　　录

第 1 章　MATLAB 语言基础

1.1　MATLAB 语言概述

MATLAB 语言被认为是一种解释性语言，用户可以在 MATLAB 的工作空间中键入一个命令，也可以应用 MATLAB 语言编写应用程序；MATLAB 软件对该命令或程序中的各条语句进行翻译，然后在 MATLAB 环境中对它进行处理，最后返回运算结果。

MATLAB 语言由早期专门用于矩阵运算的计算机语言发展而来，正如其名称“矩阵实验室”(Matrix Laboratory)的含义一样，它最基本也是最重要的功能就是“进行实数矩阵或复数矩阵的计算”。因向量可作为矩阵的一列或一行，标量(一个数)有时则作为只含一个元素的矩阵，故向量和标量都可以作为特殊矩阵来处理。MATLAB 的操作和命令对于矩阵来说，并不完全等同于我们平时使用的形式，而是有它自己的规定。

1.1.1　MATLAB 的特点

与 C、C++、FORTRAN、PASCAL 和 BASIC 这些高级程序设计语言相比，MATLAB 不但在数学语言的表达与解释方面表现出人机交互的高度一致，而且具有作为优秀高级计算环境所不可缺少的如下特征：

(1) 高质量、高可靠的数值计算能力；

(2) 基于向量、数组和矩阵的高级程序设计语言；

(3) 高级图形和可视化数据处理能力；

(4) 广泛解决各学科专业领域内复杂问题的能力；

(5) 拥有一个强大的非线性系统仿真工具箱——SIMULINK；

(6) 支持科学和工程计算标准的开放式、可扩充结构；

(7) 跨平台兼容。

1.1.2　MATLAB 工具箱

目前 MATLAB 已经成为国际上最为流行的软件之一，它除了传统的交互式编程之外，还提供了丰富可靠的矩阵运算、图形绘制、数据处理、图像处理及方便的 Windows 编程等便利工具，出现了各种以 MATLAB 为基础的实用工具箱，广泛应用于自动控制、图像信号处理、生物医学工程、语音处理、雷达工程、信号分析、振动理论分析、时序分析与建模、化学统计学、优化设计等领域，并表现出一般高级语言难以比拟的优势。较为常见的 MATLAB 工具箱主要包括：

(1) 控制系统工具箱(Control System Toolbox)；

(2) 系统识别工具箱(System Identification Toolbox)；

(3) 信号处理工具箱(Signal Processing Toolbox);
(4) 小波分析工具箱(Wavelet Toolbox);
(5) 通信工具箱(Communications Toolbox);
(6) 多变量频率设计工具箱(Multivariable Frequency Design Toolbox);
(7) 分析与综合工具箱(Analysis And Synthesis Toolbox);
(8) 神经网络工具箱(Neural Network Toolbox);
(9) 最优化工具箱(Optimization Toolbox);
(10) 模糊推理系统工具箱(Fuzzy Inference System Toolbox)。

1.2 MATLAB编程基础

1.2.1 MATLAB运行方式

MATLAB的工作方式有两种：命令方式和m文件方式。命令方式即用户在命令窗口中输入命令并按下回车键后，系统执行该命令并立即给出运算结果。m文件是由MATLAB语句构成的文件，且文件名必须以.m为扩展名，如example.m。用户可以用任何文件编辑器来对m文件进行编辑。

1. 命令运行方式

可以通过直接在命令窗口输入命令行来实现计算或作图功能。其具体方法是：单击MATLAB图标，打开MATLAB命令窗口，如图1-2-1所示。

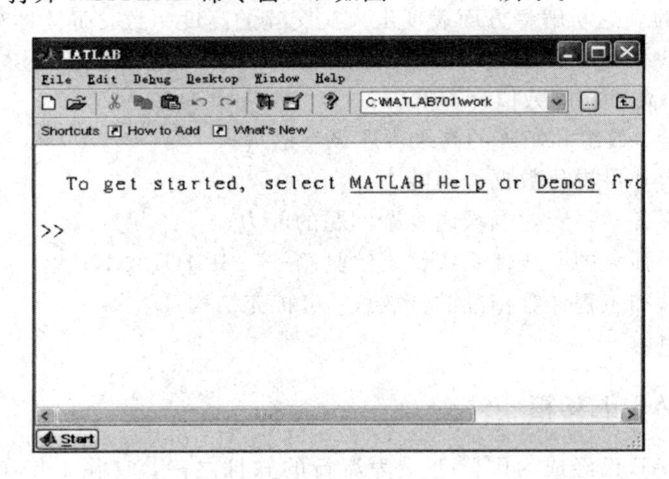

图1-2-1 MATLAB命令窗口

在命令窗口中的提示符后面输入下面的命令行：

```
>> (5*2+1.3-0.8)*10/25
```

按回车键，MATLAB会将运算结果直接存入变量ans，代表MATLAB运算后的答案，并将其数值显示在屏幕上：

```
ans = 4.2000
```

也可将上述表达式的结果设定给另一个变量x，此时MATLAB会在屏幕上直接显示

x的值。例如，在提示符下输入：

```
>>x = (5*2+1.3-0.8)*10^2/25
```

按回车键后，屏幕显示：

```
x = 42
```

2. m文件运行方式

若要一次执行一系列的MATLAB命令，则将这些命令存放于一个扩展名为.m的文件中，并在MATLAB提示符下键入此文件名即可。与命令行方式相比，m文件方式的优点是可调试、可重复运行。

1) m文件的建立

m文件是一个文本文件，可以用任何编辑程序建立和编辑，而一般常用且最为方便的是使用MATLAB提供的文本编辑器。启动MATLAB文本编辑器有以下三种方法：

(1) 菜单操作。从MATLAB主窗口的File菜单中选择New菜单项，再选择M-File命令，屏幕上将出现MATLAB文本编辑器窗口，如图1-2-2所示。MATLAB文本编辑器是一个集编辑与调试功能于一体的工具环境，利用它不仅可以完成基本的文本编辑操作，还可以对m文件进行调试。启动文本编辑器后，在文档窗口中输入m文件的内容。输入完毕后，选择文本编辑器窗口中的File菜单的Save或Save As命令存盘。需要注意的是，m文件存放的位置一般是MATLAB默认的用户工作目录C:\MATLAB\work，当然也可以是别的目录；如果是别的目录，则应该将该目录设定为当前目录或将其加到搜索路径中。

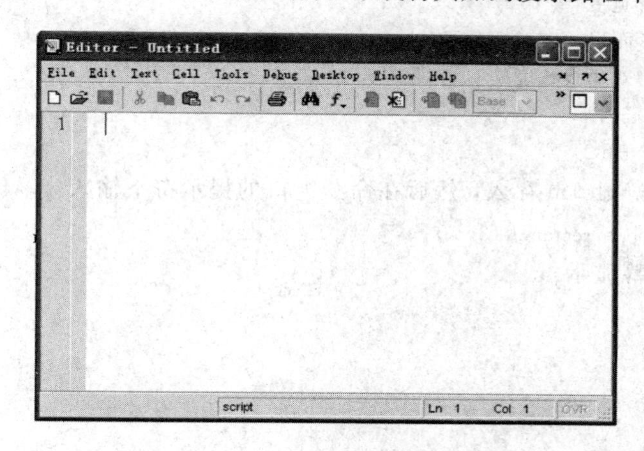

图1-2-2 MATLAB文本编辑器窗口

(2) 命令操作。在MATLAB命令窗口中输入命令edit，启动MATLAB文本编辑器，输入m文本的内容并存盘。

(3) 命令按钮操作。单击MATLAB主窗口工具栏上的New M-File命令按钮，启动MATLAB文件编辑器后，输入m文件内容并存盘。

2) 打开已有的m文件

打开已有的m文件也有以下三种方法：

(1) 菜单操作。从MATLAB主窗口的File菜单中选择Open命令，则屏幕上将出现Open对话框，在Open对话框中选中所需打开的m文件。在文档窗口中可以对打开的m文件进行编辑修改，完成后将m文件存盘。

(2) 命令操作。在MATLAB命令窗口中输入edit文件名，则可以打开指定的m文件。

(3) 命令按钮操作。单击MATLAB主窗口工具栏上的Open File命令按钮，再从弹出的对话框中选择要打开的m文件。

3) 函数文件

函数文件是m文件的一种形式，每个函数文件都定义一个函数，事实上MATLAB提供的标准函数大部分都是由函数文件定义的。

函数文件由function语句引导，基本结构为

```
function 输出形参 = 函数名(输入形参)
函数的注释说明
函数语句
```

其中，以function开头的一行为引导行，表示该m文件是一个函数文件。函数名的命名规则与变量名命名规则相同(见后)。输入形参为函数的输入参数，输出形参为函数的输出参数。当输出形参多于一个时，应该用方括号括起来。

例1-2-1　编写函数文件，求长为a、宽为b的矩形的面积和对角线长度。

解　本例MATLAB源参考程序如下：

```
function [s, d] = rectangle(a, b)
% RECTANGLE 函数：计算矩形的面积和对角线长度
% a 为矩形长度
% b 为矩形宽度
% s 为矩形面积
% d 为矩形对角线长度
s=a * b;
d=sqrt(a^2+b^2)
```

以默认文件名rectangle.m存入，然后在命令窗口的提示符下输入：

```
>> [s, d] = rectangle(3, 4)
```

按回车键，屏幕显示：

```
s =
    12
d =
    5
```

说明：

(1) 函数文件名。函数文件名MATLAB默认由函数名再加上扩展名.m组成，保存时也可以将其改为其他文件名，最好是采用系统默认文件名，以免带来不必要的差错。

(2) 注释部分。注释说明包括三个部分：第一部分包括大写的函数文件名和函数功能的简要描述，供lookfor关键词查询和help在线帮助用；第二部分包括输入/输出参数说明及调用格式说明等信息，构成全部在线帮助文本；第三部分需与前面隔一行，包括函数文件编写和修改信息，如作者、日期和版本等信息，用于软件档案管理。

采用help和lookfor可以显示注释说明部分的内容，其功能和一般MATLAB函数的帮助信息是一致的。例如，在命令窗口提示符下输入：

```
>> help rectangle
```

按回车键，屏幕显示：

```
RECTANGLE函数：计算矩形的面积和对角线长度
a为矩形长度
b为矩形高度
s为矩形面积
d为矩形对角线长度
```

4）函数调用

函数文件编写完后，就可以调用函数进行计算了。函数调用的一般格式为

[输出实参列表] = 函数名(输入实参列表)

要注意的是，函数调用时各实参出现的顺序、个数应与函数定义时的形参顺序、个数一致，否则会出错。函数调用时，先将实参传递给相应的形参，实现参数传递，再执行函数功能。

例1-2-2　编写程序调用例1-2-1函数。

解　本例MATLAB源参考程序如下：

```
e=3;
f=4;
[area, dia] = rectangle(e, f);
area
diameter
```

保存此程序为diaorectangle.m，然后在命令窗口提示符下输入：

```
diaorectangle
```

按回车键，屏幕显示：

```
area =
    12
dia =
     5
```

3. MATLAB中的窗口

MATLAB中常见的窗口有命令窗口、m文件编辑窗口、当前目录窗口、工作空间窗口、命令历史窗口、GUI制作窗口等。

(1) 在命令窗口中可以输入命令，实现计算或绘图功能。

(2) 在m文件编辑窗口中，利用Edit菜单中的选项可对m文件进行编辑；利用Debug菜单中的选项可以进行调试，如设置断点和取消断点，可以选定运行方式如逐行运行、运行到光标处等，单击选定选项，进行运行调试。

(3) 当前目录窗口显示当前目录下所有文件的文件名、文件类型和最后修改时间。

(4) 工作空间窗口中列出了数据的变量信息，包括变量名、变量数组大小、变量字节大小和变量类型。

(5) 命令历史窗口显示命令窗口中所有执行过的命令。利用该窗口，一方面可以查看曾经执行过的命令；另一方面可以重复利用原来输入的命令。在命令历史窗口中，可双击某个命令来执行该命令；也可以通过拖拉或复制操作，将命令复制到命令窗口后再执行。

4. MATLAB使用中的若干技巧

(1) 数条语句出现在同一行中，只要用分号或逗号将它们分割开来即可。如果在语句

尾端是分号“;”，则 MATLAB不会将其运行结果直接显示在屏幕上。例如：

```
apples=4; bananas=6; cantaloupes=2
```

(2) 如果某条语句很长，一行放不下，则键入“...”后回车，即可在下一行继续输入。注意在“...”前要留有空格。例如：

```
S=1 -1/2+1/3-1/4+1/5-1/6  ...
    -1/8+1/9-1/10
```

(3) 在任意状态只要键入 Ctrl+C，即可终止 MATLAB程序。

(4) 在 MATLAB 的命令窗口中键入 quit 或 exit，即可退出 MATLAB。

1.2.2 MATLAB 中的运算和常用函数

1. 算术运算

用 MATLAB 进行数学运算，就像在计算器上做算术一样简单方便。因此，MATLAB 被誉为“演算纸式的科学计算语言”。在 MATLAB 的工作界面中可以极为方便地进行如表 1-2-1 所示的算术运算。

表 1-2-1 MATLAB 中的算术运算

算术运算	MATLAB 中的符号表示	示 例
加法	+	5+3
减法	-	45-23
乘法(包括标量乘、矩阵乘、标量与矩阵乘)	*	12.6*4.5
除法(包括标量除、矩阵除、数组与矩阵除标量)	/ 或 \	57/9
幂次方(包括标量求幂、矩阵求幂，注意矩阵须为方阵)	∧	a∧2
两个同维数组中的元素相乘	.*	a=[1 2 3 4] b=[5 6 7 8] a.*b=[5 12 21 32]
两个同维数组中的元素相除	./或.\	a=[2 4 6 8] b=[2 4 6 8] a.\b=[1 1 1 1]
对数组中的每个元素求幂	.^	a=[1 2 3 4] a.^2=[1 4 9 16]

表 1-2-1 中的后三种运算是 MATLAB 的特殊运算，因为其运算符是在有关算术运算符前面加点，所以叫点运算。若是两矩阵进行点运算，则是指它们的对应元素进行相关运算，故要求参与运算的矩阵必须具有相同的维数。

若不想让 MATLAB 每次都显示运算结果，只需在运算式最后加上分号(;)即可，如下例：

```
>> y = sin(10) * exp(-0.3 * 4^2);
```

若要显示变数 y 的值，直接输入 y 即可：

```
>> y
```

按回车键，屏幕显示：

```
y = -0.0045
```

2. 常用的基本数学函数和三角函数

在上例中，sin 是正弦函数，exp 是指数函数。MATLAB 为用户提供了丰富的数学函数和三角函数，用户根据自己的不同要求，可以方便地调用函数。表 1-2-2 归纳了 MATLAB 常用的基本数学函数和三角函数。

表 1-2-2　MATLAB 常用数学函数和三角函数

MATLAB 中的数学函数和三角函数	说　明	示　例
abs(x)	求绝对值或复数的模	abs(-4)=4
angle(z)	求复数的角度	angle(1+i)=0.7854
sqrt(x)	开平方	sqrt(4)=2
real(z)	求复数的实部	real(1+2i)=1
imag(z)	求复数的虚部	imag(1+2i)=2
conj(z)	求复数的共轭	conj(1+2i)=1-2i
round(x)	四舍五入到最接近的整数	round(3.4)=3
fix(x)	向零方向取整	fix(3.6)=3
floor(x)	向负无穷方向取整	floor(-2.6)=-3
ceil(x)	向正无穷方向取整	ceil(-2.6)=-2
rat(x)	将实数化为分数	rat(2.5)=3+(-1/2)
rats(x)	将实数化为多项分数展开	rat(2.5)=5/2
sign(x)	符号函数	sign(-2.6)=-1 sign(0)=0 sign(-2.6)=1
exp(x)	指数函数	exp(2)=7.3891
log(x)	自然对数	log(3)=1.0986
log10(x)	常用对数	log10(10)=1
rem(x, y)	除后取余数	rem(4, 2)=0
sin(x)	正弦函数	sin(pi/4)=0.7071
cos(x)	余弦函数	cos(pi/4)=0.7071
tan(x)	正切函数	tan(pi/4)=1.000
asin(x)	反正弦函数	asin(0.7071)=0.7854
acos(x)	反余弦函数	acos(0.7071)=0.7854
atan(x)	反正切函数	atan(sqrt(3))=1.0472

3. 关系和逻辑运算

MATLAB 提供了 6 种关系运算和 3 种逻辑运算，如表 1-2-3 所示。

表 1-2-3　MATLAB 中的关系运算和逻辑运算符

关系运算和逻辑运算符	说　明	在提示符下输入下列式子，按回车键，并记下结果
==	等于	(2==3)
~=	不等于	(2~=3)
<	小于	(2<3)
>	大于	(2>3)
<=	小于等于	(2<=3)
>=	大于等于	(2>=3)
& 或者 and	与运算	0&1，and(0，1)
| 或者 or	或运算	0|1，or(0，1)
~或者 not	非运算	~1，not(1)

6 种关系运算的运算规则是：若关系式成立，则结果为 1；若关系式不成立，则结果为 0。除此之外，MATLAB 还提供了一些关系与逻辑运算函数，如表 1-2-4 所示。

表 1-2-4　MATLAB 中关系和逻辑运算函数

函数名	含　义	在提示符下输入下列式子，按回车键，并记下结果
all	若向量的所有元素为零，则结果为 1	A=[0 0 0 1]; all(A)
any	向量中任何一个元素为非零，结果为 1	any(A)
exist	检查变量在工作空间是否存在，若存在，则结果为 1，否则为 0	exist('A')
find	找出向量或矩阵非零元素的位置	find(A)
isempty	若被检查变量是空矩阵，则结果为 1	isempty(A)
isglobal	若被检查变量为全局变量，则结果为 1	isglobal(A)
isinf	若元素为+inf 或-inf，则结果矩阵相应位置元素取 1，否则取 0	isinf(A)
isnan	若元素是 nan，则结果矩阵相应位置元素取 1，否则取 0	isnan(A)
isfinite	若元素值大小有限，则结果矩阵相应位置元素取 1，否则取 0	isfinite(A)
isstr	若变量是字符串，则结果为 1，否则为 0	isstr(A)

1.2.3　MATLAB中的变量

在MATLAB中变量无需定义即可直接使用，变量的第一个字符必须为英文字母，长度不超过31个字符，变量名可以包含下连字符、数字，但不能为空格符、标点，而且在MATLAB的变量名中字母是区分大小写的。

1. 部分特殊变量和常数

在MATLAB编程过程中会用到一些特殊变量和常数，如表1-2-5所示。

表1-2-5　MATLAB中的一些特殊变量和常数

特殊变量或常数	说　明	在提示符下输入下列式子，按回车键，并记下结果
ans	最近生成的无名结果	2+3
eps	浮点数的相对误差，是一个无穷小的数	eps
pi	3.1416	pi
i	虚数单位	i
j	虚数单位	j
inf	无穷大	1/0

2. 其他常见符号

其他常见符号列于表1-2-6中。

表1-2-6　常见符号

常见符号	说　明	在提示符下输入下列式子，按回车键，并记下结果
=	变量赋值	a=3
%	注释符号	a=3　%给a赋值
′	共轭转置符	A=[1 2 3 ; 4 5 6] A′
:	冒号运算符，如n:s:m、产生n～m、步长为s的序列；s可以为正或负，或者小数，默认值为1	1:2:10

1.2.4　数组、向量和矩阵的创建

在MATLAB中，数组、向量和矩阵这三个概念在创建和显示的时候没有任何区别。

1. 向量的创建

要创建一个向量，在命令窗口下输入：

```
>> t = 0:1:10
```

按回车键，屏幕显示：

```
t =
     0     1     2     3     4     5     6     7     8     9     10
```

注意：向量的第一个元素的下标是 1，而不是 0。t=0:1:10 产生了 0～10、步长为 1 的共 11 个数，保存在 t(1)，t(2)，…，t(11)中。

2. 矩阵的创建

MATLAB 语言强大的功能之一是能直接处理矩阵。建立矩阵的方法有多种，如利用 diag 函数，使用 m 文件建立等。

1）*直接输入法*

建立矩阵的最简单的方法是从键盘直接输入矩阵的元素，同一行的各个元素之间用空格或逗号来分隔，空格个数不限，不同行用分号分隔或者分行输入，所有元素置于一对方括号内，例如，在命令窗口提示符号下输入：

```
>>A=[1, 2, 3; 4, 5, 6; 7, 8, 9]
```

按回车键，屏幕显示：

```
A =
     1     2     3
     4     5     6
     7     8     9
```

这样在 MATLAB 的工作空间中就建立了一个矩阵 **A**，以后就可以使用矩阵 **A**。也可以分几行来输入矩阵元素，用回车键代替分号，具体指令如下：

```
>>A=[1 2 3
     4 5 6
     7 8 9]
```

按回车键，屏幕显示：

```
A =
     1     2     3
     4     5     6
     7     8     9
```

矩阵元素也可以是表达式，MATLAB 将自动计算结果。例如，在命令窗口输入：

```
>>B=[10, 5-sqrt(7), sin(pi/2); 7, 4*8, abs(-7)]
```

按回车键，屏幕显示：

```
B =
10.0000     2.3542     1.0000
7.0000     32.0000     7.0000
```

MATLAB 中的矩阵元素可以是复数，建立复数矩阵的方法和上面介绍的方法相同。例如，在命令窗口中输入：

```
>>B=[3+2i, 2+6i; 5+3i, 2-8i]
```

按回车键，屏幕显示：

```
B =
    3.0000 + 2.0000i   2.0000 + 6.0000i
    5.0000 + 3.0000i   2.0000 - 8.0000i
```

2）使用函数建立矩阵

MATLAB提供了生成矩阵和操作矩阵的函数，可以利用它们来建立矩阵。

(1) 利用reshape函数建立数值矩阵。例如，在命令窗口中输入：

```
>> a = 1:9;
>>b = reshape(a, 3, 3)
```

按回车键，屏幕显示：

```
b =
     1     4     7
     2     5     8
     3     6     9
```

产生9个元素的行向量，然后将行向量改成3×3矩阵。

(2) 利用diag函数建立对角矩阵。在命令窗口中输入：

```
>> A = [1 2 3 4];
>> B = diag(A)
```

按回车键，屏幕显示：

```
B =
     1     0     0     0
     0     2     0     0
     0     0     3     0
     0     0     0     4
```

3）利用m文件建立矩阵

对于较为复杂的矩阵，可以通过建立一个m文件的方式创建。m文件是一种可以在MATLAB环境下运行的文本文件。它分为命令式文件和函数式文件两种。利用命令式m文件可以建立大型矩阵。

例1-2-3 利用m文件建立一个data矩阵。

解 启动MATLAB的M-File编辑器，输入：

```
% File: mdata.m
% for example 1-2-3
data=[1 2 3
      4 5 6
      7 8 9]
```

存盘，取名为mdata，然后在MATLAB的命令窗口中输入mdata。按回车键，屏幕显示：

```
>> mdata
data =
     1     2     3
```

```
    4    5    6
    7    8    9
```

访问矩阵的某个元素，如矩阵 **A** 的第 i 行第 j 列的元素，可用 A(i，j)。若要访问矩阵的 i 行和 j 列，可用 A(i，:)和 A(:，j)。

1.3　MATLAB 绘图功能

MATLAB 不但具有强大的数值运算功能，还具有非常强大的图形表达功能，既可以绘制二维图形，又可以绘制三维图形，还可以通过标注、视点、颜色等操作对图形进行修饰。

1.3.1　二维数据曲线图的绘制

在 MATLAB 中绘制二维数据曲线最基本的函数是 plot。plot 函数的调用格式为

```
plot(x, y)
```

例 1-3-1　试用 plot 函数画出正弦曲线 y＝sinx，其中 x 的取值范围为[0，4π]，即两个周期的正弦波。

解　在命令窗口提示符下输入(解释符%后的内容不要输入)：

```
>>x = linspace(0, 4 * pi, 201);        % 在 0～4 * pi 之间线性分隔 201 个点
>>y = sin(x);                          % 求 x 值所对应的 y 值
>>plot(x, y);                          % 绘制由(x, y)点串成的曲线
```

绘制的正弦曲线如图 1-3-1 所示。

在 MATLAB 中允许在一个图形窗口中同时绘制多条曲线。例如，在命令窗口中继续输入：

```
>>z=cos(x);
>>plot(x, y, x, z)
```

则在同一个图形窗口中同时得到正弦波和余弦波曲线，如图 1-3-2 所示。

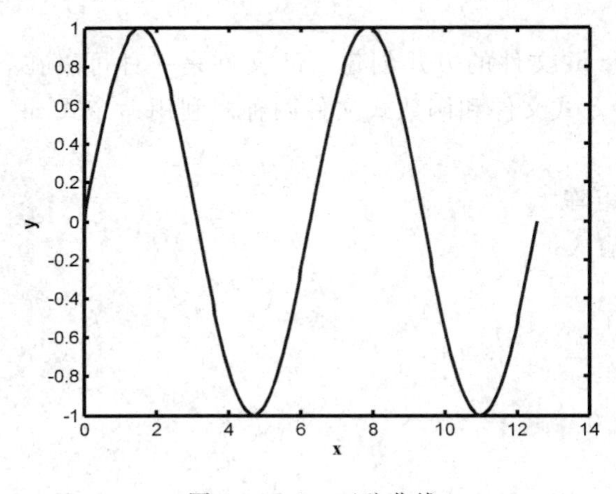

图 1-3-1　正弦曲线

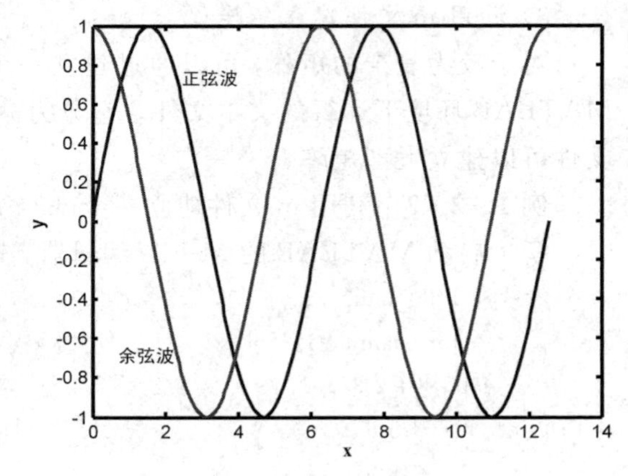

图 1-3-2　正弦波和余弦波曲线

MATLAB 提供了丰富的二维图形绘图函数，如表 1-3-1 所示。

表 1-3-1　MATLAB基本的二维绘图函数

MATLAB绘图函数	说　明
plot(X, Y)	X轴和Y轴均为线性刻度
loglog(X, Y)	X轴和Y轴均为对数刻度
semilogX(X, Y)	X轴为对数刻度，Y轴为线性刻度
semilogY	X轴为线性刻度，Y轴为对数刻度

对表1-3-1所给出的绘图函数可以增加选项，用于对所绘曲线的线型、颜色和数据点标记符号进行设置，这些选项见表1-3-2。

表 1-3-2　线型、记号、颜色选项

线型、记号选项	含　义	颜色选项	含　义
.	用点绘制各数据点	y	黄色
O(字母)	用圆圈绘制各数据点	m	洋红色(品红色)
X(字母)	用叉号绘制各数据点	c	蓝绿色(青色)
+	用加号绘制各数据点	r	红色
*	用星号绘制各数据点	g	绿色
s(字母)	用方块符绘制数据点		
d(字母)	用菱形符绘制数据点		
V(字母)	用朝下三角符绘制数据点		
∧	用朝上三角符绘制数据点		
<	用朝左三角符绘制数据点		
p(字母)	用五角星符绘制数据点		
h(字母)	用六角星符绘制数据点		
>	用朝右三角符绘制数据点		
—	绘制实线	b	蓝色
:	绘制点线	w	白色
—.	绘制点画线	k	黑色
——	绘制虚线		

线型选项格式为

```
plot(X1, Y1, S1, X2, Y2, S2, X3, Y3, S3, …)
```

例如，在命令窗口中继续键入如下命令，并观察图形变化：

```
>>plot(x, y, 'g+:', x, z, 'ko-.')
```

还可增加规定线条粗细的选项，再次键入如下命令，并观察曲线变化：

```
>>plot(x, y, 'g+:', 'LineWidth', 2)
```

1.3.2　二维图形的修饰

二维图形的修饰函数有许多，主要函数列于表1-3-3中。

表 1-3-3 二维图形修饰函数

修饰函数	说明	命令格式
title	给图形加标题	title ('字符串')
xlabel	给X轴加标记	xlabel ('字符串')
ylabel	给Y轴加标记	ylabel ('字符串')
text	在图形指定位置上加文本字符串	text (X, Y, '字符串')
gtext	用鼠标在图形上放置文本字符串	gtext('字符串')
grid	给图形添加网格线	grid
axis	用于指定X和Y轴的最大、最小值	axis([xmin xmax ymin ymax])

下面举例说明这些函数的作用。

在MATLAB命令窗口中继续输入如下命令，每输入一条命令，然后观察图形的变化：

```
>>grid
>>title ('sine and cosine curve')
>>xlabel('X')
>>ylabel('Y and Z')
>>text (3, 0.4, 'sine')
>>text (2, -0.1, 'cosine')
>>gtext ('cosine')
```

当最后一条命令执行完后，将鼠标移到想要放置'cosine'字符串的位置，单击鼠标左键即可，可见比使用text函数更为方便。最终得到的曲线图形如图1-3-3所示。

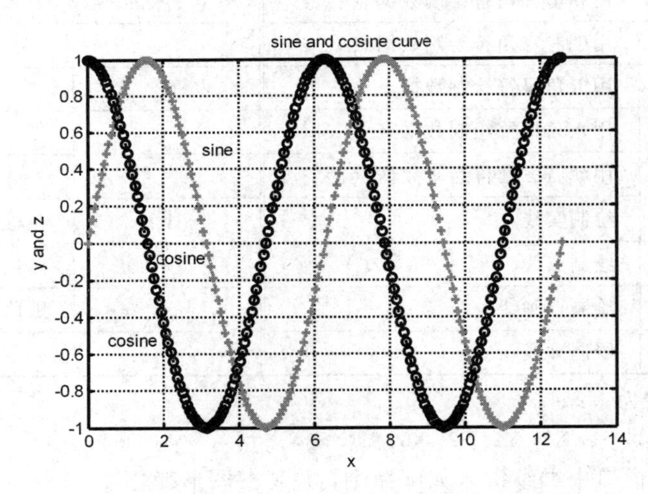

图 1-3-3 加修饰的正弦和余弦曲线

1.3.3 在图形上添加曲线

如果要将几条曲线放在同一坐标系中，除了前面介绍的在同一个plot函数中指明两条以上需要绘制的曲线的方法外，还可以用hold函数在已打开的图形窗口中添加新曲线。当设置hold on时，MATLAB并不清除已存在的图形；相反，它将新的曲线加到当前图形坐标系中；同时，如果新的图形数据超出原图形数据范围，MATLAB会重新标注坐标系。

例 1-3-2　还是用前面的例子，画出余弦和正弦两曲线在同一个图形窗口中。

解　在MATLAB命令窗口中输入以下命令，每输入一条按一次回车键：

```
>>close all                          % 关闭所有已存在的图形窗口
>>x=linspace(0, 4*pi, 201);
>>y=sin(x);
>>z=cos(x);
>>plot(x, y)
>>hold on
>>plot(x, z)
```

得到的最终图形如图1-3-4所示。

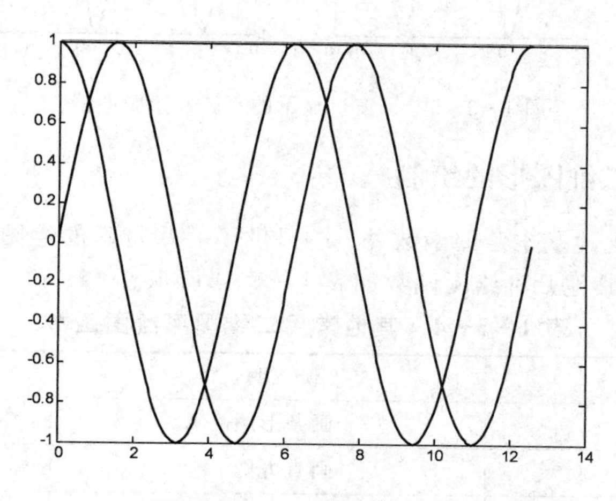

图1-3-4　正弦和余弦曲线

1.3.4　图形窗口的分割

需要在同一个图形窗口中绘制多个图形时，就需要对图形窗口进行分割。分割图形窗口用函数subplot( )。该函数的调用格式为

subplot (n, m, k)或subplot(nmk)

其中，n、m分别表示将这个图形窗口分割的行数和列数，而k表示要画图的子窗口的代号。

例 1-3-3　在同一窗口中的两个子窗口中分别画出正弦和余弦曲线。

解　在命令窗口中输入如下命令：

```
>>x=linspace(0, 4*pi, 201);
>>y=sin(x);
>>z=cos(x);
>>subplot(1, 2, 1)
>>plot(x, y)
>>subplot(1, 2, 2)
>>plot(x, z)
```

得到如图1-3-5所示的图形。

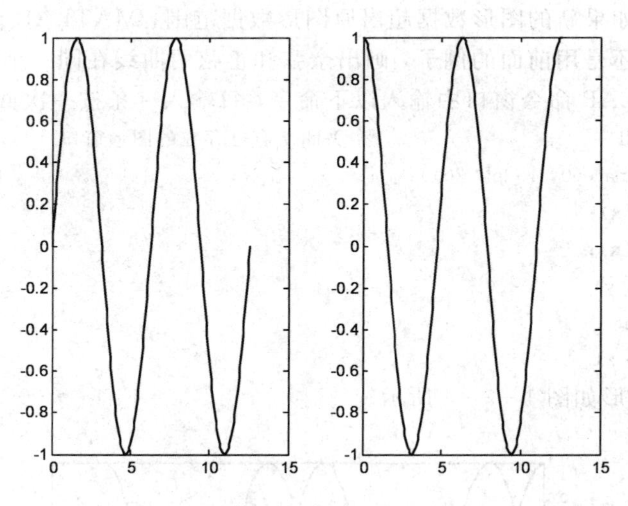

图 1-3-5　子窗口显示的正弦和余弦曲线

1.3.5　其他常用二维图形的绘制

MATLAB 除了上述基本绘图函数外，还提供了一些特殊的绘图函数，绘图方法十分相似。通信中常用的其他几种绘图函数如表 1-3-4 所示。

表 1-3-4　其他常用二维图形绘图函数

函　数	说　明	格　式
bar	画条形图	bar(x, y)
hist	画直方图	hist(x, N)
stair	画阶梯图	stair(x, y)
stem	画柄状图	stem(x, y)

例 1-3-4　画出例 1-3-3 中正弦信号的条形图、直方图、阶梯图和柄状图。

解　在 MATLAB 命令窗口中输入下列命令：

```
>>close all
>>x=linspace(0, 4 * pi, 201);
>>y=sin(x);
>>subplot (2, 2, 1)
>>bar (x, y)
>>subplot (2, 2, 2)
>>hist (y)                    % 缺省 N 值时，默认 N=10
>>subplot (2, 2, 3)
>>stairs (x, y)
>>subplot (2, 2, 4)
>> stem (x, y)
```

输出图形如图 1-3-6 所示。

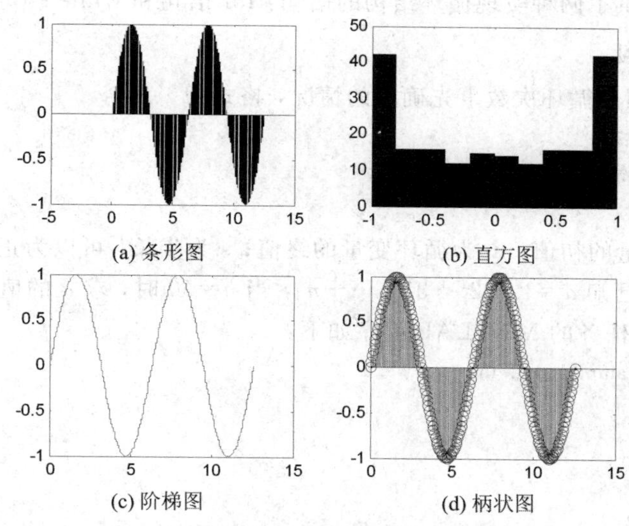

图 1-3-6 正弦信号的条形图、直方图、阶梯图和柄状图

1.4 MATLAB 程序结构

MATLAB 同其他高级编程语言一样，是一种结构化的编程语言，提供了完备的控制语句，如条件转移语句、循环语句等，从而使 MATLAB 的程序设计变得非常灵活。

MATLAB 的程序控制结构主要有三种：顺序结构、循环结构和选择结构。

1.4.1 顺序结构

顺序结构最简单，顾名思义，这种结构的 MATLAB 程序从上到下依次执行各条语句。

例 1-4-1 画出振荡衰减曲线 $y=\exp\left(-\frac{t}{3}\right)\sin 3t$ 及其包络线 $y_0=\exp\left(-\frac{t}{3}\right)$，$t$ 的取值范围是[0，4π]。

解 完成本例任务的 MATLAB 程序如下：

```
% 文件：example1_4_1.m
t=0：pi/50：4 * pi;
y0=exp(-t/3);
y=exp(-t/3). * sin(3 * t);
plot(t, y, '-r', t, y0, ':b',… t,
-y0, ':b');
grid;
```

依次执行上述各条语句，得到如图 1-4-1 所示图形。

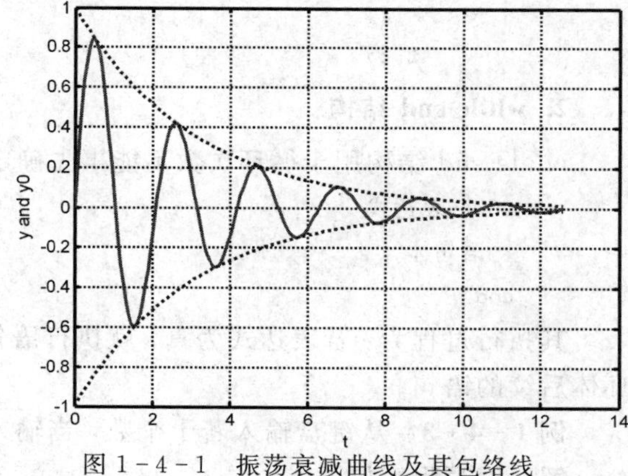

图 1-4-1 振荡衰减曲线及其包络线

1.4.2 循环结构

循环是指按照给定的条件重复执行指定的语句，循环结构是一种十分重要的程序结

构。MATLAB 提供了两种实现循环结构的语句：for 语句和 while 语句。

1. for-end 结构

for-end 结构用于循环次数事先确定的情况，格式为

```
for i=n：s：m
  循环体语句
end
```

其中，n 为循环变量的初值；m 为循环变量的终值；s 为步长，可以为正数、负数或小数。

例 1-4-2 已知 $a=1^2+2^2+3^2+\cdots+n^2$，当 $n=50$ 时，求 a 的值。

解 完成本例任务的 MATLAB 程序如下：

```
% 文件：example1_4_2.m
a=0;
n=50;
for k=1:n
  a=a+k^2;
end
a
```

运行程序，在 MATLAB 命令窗口中输出结果：

```
a =
      42925
```

在实际 MATLAB 编程中，采用循环语句会降低其执行速度，所以前面的程序通常由下面的程序来代替：

```
>>n=50;
>>i=[1:n].^2;
>>a=sum(i);
>>a
```

按回车键，屏幕显示：

```
a =
      42925
```

2. while-end 结构

while-end 结构用于循环次数不能事先确定的情况，格式为

```
while 表达式
  语句体
end
```

其执行过程为：若表达式为真，就执行语句体；若表达式为假，则终止该循环，执行循环体后续的语句。

例 1-4-3 从键盘输入若干个数，当输入 0 时结束输入，求这些数的平均值和总和。

解 编写程序如下：

```
% 文件：example1_4_3.m
sum=0;
cnt=0;
```

```
val=input('Enter a number (end in 0): ');
while (val~=0)
   sum=sum+val;
   cnt=cnt+1;
   val=input('Enter a number (end in 0): ');
end
if (cnt>0)
   sum
   mean=sum/cnt
end
```

在命令窗口提示符下输入程序名：

```
>> example1_4_3
```

按回车键执行程序，依次输入 45、3、43、54 和 0，输出结果为

```
Enter a number (end in 0): 45
Enter a number (end in 0): 3
Enter a number (end in 0): 43
Enter a number (end in 0): 54
Enter a number (end in 0): 0
sum =
   145
mean =
   36.2500
```

1.4.3 分支结构(选择结构)

选择结构是根据给定的条件成立或不成立，分别执行不同的语句。MATLAB 用于实现选择结构的常用语句有 if 语句和 switch 语句。

1. if 语句

在 MATLAB 中，if 语句格式有以下三种。

(1) 单分支 if 结构：

```
if 条件
   语句组
end
```

当条件成立时执行语句组，执行完之后继续执行 end 语句的后续语句；若条件不成立，则直接执行 end 之后的语句。

(2) 双分支 if 结构：

```
if 条件
   语句组 1
else
   语句组 2
end
```

当条件成立时执行语句组 1，否则执行语句组 2。执行语句组 1 或语句组 2 后，再执行

end后面的语句。

(3) 多分支if结构：

```
if 条件1
  语句组1
else if 条件2
  语句组2
 ⋮
else if 条件m
  语句组m
else
  语句组n
end
```

2. switch语句

switch语句根据表达式的取值不同，分别执行不同的语句，其语句格式为

```
switch 表达式
  case 表达式1
    语句组1
  case 表达式2
    语句组2
 ⋮
  case 表达式m
    语句组m
otherwise
  语句组n
end
```

当表达式的值等于表达式1时，执行语句组1；当表达式的值等于表达式2时，执行语句组2；依次类推，当表达式的值等于表达式m时，执行语句组m；当表达式的值不等于case所列的表达式的值时，执行语句组n。当任意一个分支的语句执行完后，直接执行end后面的语句。

switch后面的表达式应为一个标量或一个字符串。case后面的表达式不仅可以为一个标量或一个字符串，还可以为一个单元矩阵；若为单元矩阵，则表达式的值等于该单元矩阵中的某个元素时，执行相应的语句组。

第 2 章　确知信号与随机信号分析

2.1　概　述

信号和系统在时域、频域分析中的重要性使其与概率论和随机信号分析理论一起构成了研究通信系统不可缺少的基础知识。本章内容主要包括确知信号分析和随机信号的产生与处理。

2.2　确知信号分析

本节主要是对周期信号和非周期信号进行时域和频域分析，具体内容主要包括：确知信号在 MATLAB 中的抽样表示、周期信号的频谱分析、周期信号通过线性系统、非周期信号的频谱分析、功率和能量、带通信号的低通等效等。

2.2.1　确知信号在 MATLAB 中的抽样表示

利用 MATLAB 软件对确知信号进行时域分析，首先需要用 MATLAB 语言将给定的信号波形表示出来。一般来讲，确知信号在时域多是时间连续信号，而 MATLAB 是对离散样点进行处理的，因此需要对确知信号进行抽样，使其变成时间上离散的样值序列。

由抽样定理可知，对于最高截止频率为 f_H 的低通信号 $m(t)$ 来讲，至少需要以 $f_s=2f_H$ 的抽样速率对其抽取，才能保证其抽样值中包含 $m(t)$ 的全部信息，不会造成信号离散化后信息丢失。其中最小的抽样速率 $f_{s\min}=2f_H$ 就是著名的奈奎斯特抽样速率（频率），相应地，$t_{s\max}=1/f_{s\min}=1/(2f_H)$ 为最大的抽样间隔，称为奈奎斯特抽样间隔。在 MATLAB 仿真过程中为使波形光滑，抽样速率可适当取高些。

例 2-2-1　编写 MATLAB 程序，画出门函数 $g(t)$ 的波形图。

$$g(t)=\begin{cases}2 & |t|\leqslant 1\text{s}\\0 & \text{其他}\end{cases} \tag{2-2-1}$$

解　以 $f_s=10$ Hz 的抽样速率对 $g(t)$ 进行抽样，则抽样间隔 $t_s=1/f_s=0.1$s。由式(2-2-1)知该波形宽度为 2s，则在波形持续时间内抽样得到 20 个幅度为“2”的样值，其他时间范围内的样值幅度都为“0”。

本例 MATLAB 参考程序如下：

```
%参数设置
tao = 2;                  %波形持续宽度
fs = 10;                  %抽样速率
ts = 1/fs;                %抽样间隔
```

```
T = 2;
t =-T : ts : T-ts;          %仿真时段
K1 = abs(-T+tao/2)/ts;
K2 = abs(T-tao/2)/ts;
M =tao/ts;
%产生门函数信号
x = [zeros(1, K1) 2 * ones(1, M) zeros(1, K2)];      %幅度 A=2

%画图
plot(t, x, 'o-'); grid
title('门函数信号波形');
xlabel('t (s)'); ylabel('幅度');
```

本例程序运行结果如图 2-2-1 所示。

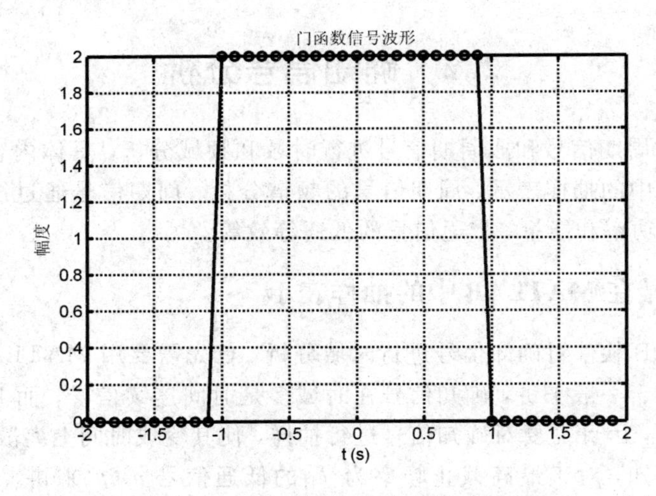

图 2-2-1 门函数信号的抽样点表示图

例 2-2-2 编写程序，画载波频率 $f_c=1000$ Hz 的正弦信号 $s(t)$ 的波形图。

$$s(t)=\sin(2\pi f_c t+\theta) \tag{2-2-2}$$

解 以 $f_s=20f_c$ 的抽样速率对 $s(t)$ 进行抽样，则抽样间隔 $t_s=1/f_s$。正弦信号 $s(t)$ 的载波频率 $f_c=1000$ Hz，则在一个载波周期时间内有 $f_s/f_c=20$ 个抽样值。本例程序运行结果如图 2-2-2 所示。

本例 MATLAB 参考程序如下：

```
%参数设置
fc = 1000;                       %载波频率
fs = 20 * fc;                    %抽样速率
ts = 1/fs;                       %抽样间隔
t = 0 : ts : 3/fc - ts;          %仿真时段
theta = 30 * pi/180;             %载波相位
%产生正弦信号
x = sin( 2 * pi * fc * t + theta );    %A=1
```

```
%画图
plot(t. * 1000, x, 'o-'); grid
title('正弦信号波形');
xlabel('t (ms)'); ylabel('幅度');
```

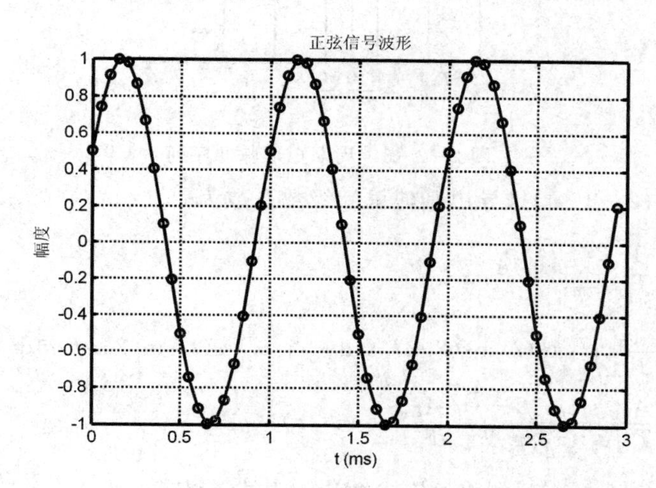

图 2-2-2　正弦信号的抽样点表示图

2.2.2　周期信号的频谱分析

若信号 $x(t)=x(t+T_0)$ 对于任何 t 值成立，其中 T_0 为满足此关系式的最小值，则称 $x(t)$ 为周期信号，T_0 为周期。

周期为 T_0 的周期信号 $x(t)$，且满足狄里赫利条件（一般实际信号均满足），则 $x(t)$ 可展开成如下的指数型傅里叶级数：

$$x(t) = \sum_{n=-\infty}^{\infty} V_n \mathrm{e}^{\mathrm{j}2\pi n f_0 t} \tag{2-2-3}$$

其中傅里叶级数的系数

$$V_n = \frac{1}{T_0}\int_{-\frac{T_0}{2}}^{\frac{T_0}{2}} x(t)\mathrm{e}^{-\mathrm{j}2\pi n f_0 t}\mathrm{d}t \tag{2-2-4}$$

式中，$f_0=1/T_0$ 称为信号的基频，基频的 n 倍（n 为整数，$-\infty<n<+\infty$）称为 n 次谐波频率。当 $n=0$ 时，有

$$V_0 = \frac{1}{T_0}\int_{-\frac{T_0}{2}}^{\frac{T_0}{2}} x(t)\mathrm{d}t \tag{2-2-5}$$

它表示信号的时间平均值，即直流分量。

V_n 反映了周期信号中各次谐波的幅度值和相位值，可写成 $V_n=|V_n|\mathrm{e}^{-\mathrm{j}\varphi}$，其中 $|V_n|\sim nf_0$ 称为振幅谱，$\varphi\sim n_0 f$ 称为相位谱，当信号 $x(t)$ 为实周期信号时，振幅谱是偶对称的，相位谱是奇对称的。

例 2-2-3　图 2-2-3 所示周期矩形脉冲序列，设 $A=2$，$T_0=0.01$，$\tau=0.002$。

（1）确定其傅里叶级数系数；

（2）画出其离散频谱；

(3) 画出其近似合成波形。

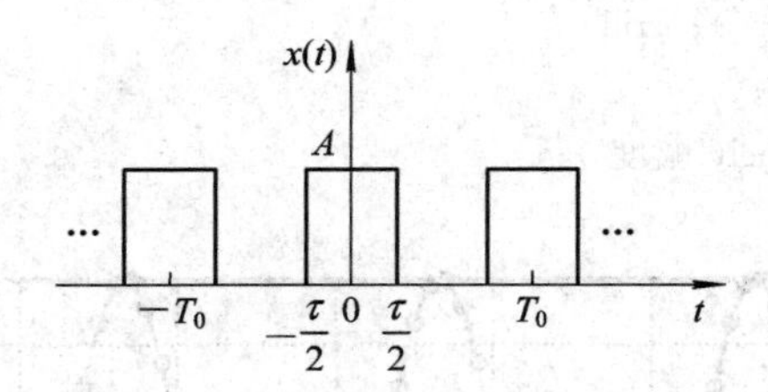

图 2-2-3 周期矩形脉冲序列

解 (1) 由式(2-2-4)推导出其傅里叶级数系数为

$$\begin{aligned}V_n &= \frac{1}{T_0}\int_{-\frac{T_0}{2}}^{\frac{T_0}{2}} x(t)\mathrm{e}^{-\mathrm{j}2\pi nf_0 t}\mathrm{d}t \\ &= \frac{1}{T_0}\left[\int_{-\frac{T_0}{2}}^{\frac{T_0}{2}} x(t)\cos(2\pi nf_0 t)\mathrm{d}t - \mathrm{j}\int_{-\frac{T_0}{2}}^{\frac{T_0}{2}} x(t)\sin(2\pi nf_0 t)\mathrm{d}t\right] \\ &= \frac{A\tau}{T_0}\left(\frac{\sin n\pi f_0\tau}{n\pi f_0\tau}\right) = \frac{A\tau}{T_0}\mathrm{Sa}(n\pi f_0\tau)\end{aligned}$$

其中 $\mathrm{Sa}(x)=\frac{\sin x}{x}$，$f_0=1/T_0$。将给定参数代入上式，得

$$V_n=\frac{A\tau}{T_0}\left(\frac{\sin n\pi f_0\tau}{n\pi f_0\tau}\right)=0.4\mathrm{Sa}(0.2n\pi) \tag{2-2-6}$$

(2) 由于函数 $x(t)$ 为实偶函数，故积分式 $\int_{-\frac{T_0}{2}}^{\frac{T_0}{2}} x(t)\sin(2\pi nf_0 t)\mathrm{d}t = 0$，因此 V_n 为实偶函数，可直接通过实部画出 $V_n \sim nf_0$ 关系图，如图 2-2-4 所示。

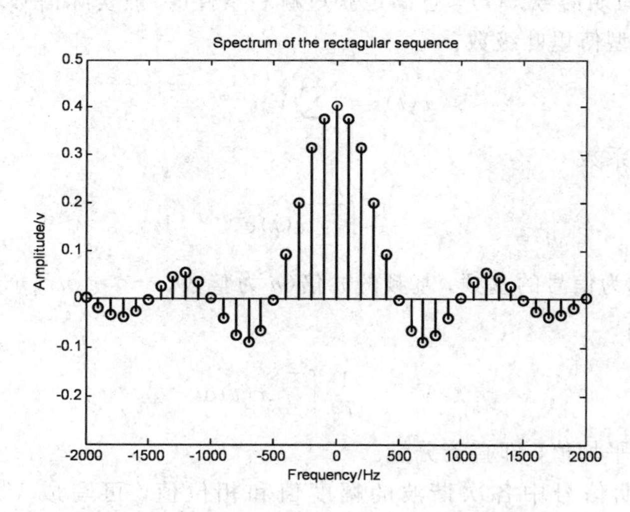

图 2-2-4 周期矩形脉冲序列的振幅谱

(3) 由于 V_n 是实偶函数，故有

$$x(t) = \sum_{n=-\infty}^{\infty} V_n \mathrm{e}^{\mathrm{j}2\pi nf_0 t} = V_0 + \sum_{n=1}^{\infty} 2V_n\cos(2\pi nf_0 t) \tag{2-2-7}$$

由式(2-2-7)可见，上述周期矩形脉冲序列可分解成一个幅度为 V_0 的直流和幅度为 $2V_n$、

频率为 nf_0 的无穷多个余弦波。换句话说，幅度为 V_0 的直流和幅度为 $2V_n$、频率为 nf_0 的无穷多个余弦波可合成为图 2-2-3 所示的周期矩形脉冲序列。

故可用 $x(t)=V_0+\sum_{n=1}^{m}2V_n\cos(2\pi nf_0t)$ 来近似图 2-2-3 所示的周期矩形脉冲序列，图 2-2-5 显示的是当仅有直流分量以及由 $m=1$，4，9，15 个谐波分量相加得到的周期矩形脉冲序列在一个周期内的近似波形。显然，随着 m 的增加，近似的波形会变得越来越接近原信号 $x(t)$。

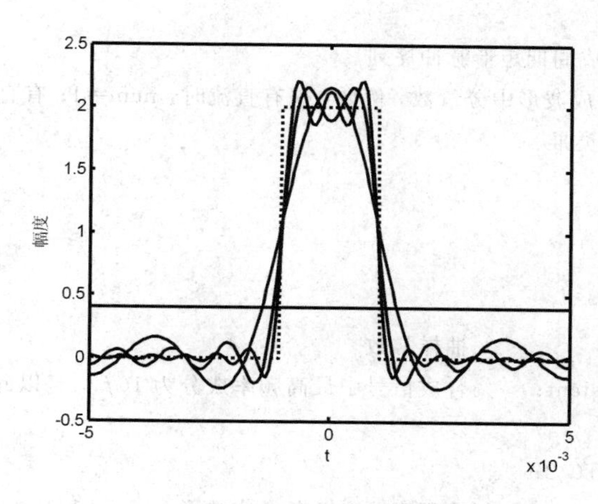

图 2-2-5　有限分量合成的近似波形

本例 MATLAB 参考程序如下：

```
%文件：example2_2_3part1.m
%例 2-2-3 中第 1 部分的 MATLAB 程序
%求傅里叶级数系数
%设置周期矩形脉冲序列系数
T0=0.01;
f0=1/T0;          %基频
tao=0.002;
%傅里叶级数
f=-20*f0:f0:20*f0;
s='2*(((t>=-0.001)&(t<=0.001)))';          %定义一个周期内的波形
%通过积分求系数中的同相分量和正交分量
for n=1:length(f),
   f1=f(n);
   hc=@(t)eval(s).*cos(2*pi*f1*t);
   hs=@(t)eval(s).*sin(2*pi*f1*t);
   Fc(n)=quad(hc, -T0/2, T0/2)/t0;
   Fs(n)=quad(hs, -T0/2, T0/2)/t0;
end;
%画出傅里叶级数系数与频率的关系图(即频谱图)
stem(f, Fc);
title('Spectrum of the rectangular');
```

```
xlabel('Frequency/Hz');
ylabel('Amplitude/v');
axis([-20 * f0 20 * f0 -0.3 0.5]);

%-------------------------------------------------------
%文件：example2_2_3part2.m
%例 2-2-3 中第 2 部分的 MATLAB 程序
%合成周期信号
%用有限分量合成周期矩形脉冲序列
%用 num 表示合成波形中分量数，例如，仅有直流时，num=1；有直流和基波分量时，
%num=2；以此类推
A=2;
T0=0.01;
tao=0.002;
f0=1/T0;
constant=10;              %抽样常数
fs=16 * f0 * constant;    %合成信号中最高频率成分为 16f0，且以此频率的 10 进行抽样
ts=1/fs;
t=-T0/2: ts: T0/2;
for k=1: 5                %此程序画出 5 条合成波形
  num=input('input the number of waves: ')      %通过键盘输入参与合成波形的分量数目
  if num==1
    V0=A * tao/T0;
    xt=V0 * ones(1, length(t));                  %画出仅有直流分量的近似波形
    plot(t, xt);
    hold on;
  else
%当参与合成的分量数超过 1 个时
    V0=A * tao/T0;
    xt=V0 * ones(1, length(t));
      for n=1: num-1
        xt=xt+2 * (A * tao/T0) * sinc(n * f0 * tao) * cos(2 * pi * n * f0 * t);
    end
    plot(t, xt);
  end
end
%便于对比，画出一周内的矩形波
dt=2 * ((t>=-0.001)&(t<=0.001));
plot(t, dt, ':');
xlablel('tls)');
ylabel('Amplitude/V');
title('一个周期的近似波形');
```

2.2.3　周期信号通过线性系统

当一个周期信号 $x(t)$通过线性系统时，如图 2-2-6 所示，输出 $y(t)$也是周期的，并且通常与输入信号具有相同的周期，因此也可以用傅里叶级数来表示。

$x(t)$ → 线性系统 → $y(t)$

图2-2-6　周期信号通过线性系统

如果 $x(t)$展开为

$$x(t)=\sum_{n=-\infty}^{\infty}V_n\mathrm{e}^{\mathrm{j}2\pi nf_0t} \tag{2-2-8}$$

设线性系统的冲激响应为 $h(t)$，则根据信号通过线性系统后的输出为

$$\begin{aligned}y(t)=x(t)*h(t)&=\int_{-\infty}^{\infty}x(t-\tau)h(\tau)\mathrm{d}\tau=\int_{-\infty}^{\infty}\sum_{n=-\infty}^{\infty}V_n\mathrm{e}^{\mathrm{j}2\pi nf_0(t-\tau)}h(\tau)\mathrm{d}\tau\\&=\sum_{n=-\infty}^{\infty}V_n\left(\int_{-\infty}^{\infty}h(\tau)\mathrm{e}^{-\mathrm{j}2\pi nf_0\tau}\mathrm{d}\tau\right)\mathrm{e}^{\mathrm{j}2\pi nf_0t}\\&=\sum_{n=-\infty}^{\infty}y_n\mathrm{e}^{\mathrm{j}2\pi nf_0t}\end{aligned}$$

其中

$$y_n=V_nH(nf_0) \tag{2-2-9}$$

$$H(f)=\int_{-\infty}^{\infty}h(t)\mathrm{e}^{-\mathrm{j}2\pi ft}\mathrm{d}t \tag{2-2-10}$$

例 2-2-4　有一个周期三角脉冲序列 $x(t)$，周期 $T_0=2$，在一个周期内 $x(t)$定义为

$$x(t)=\begin{cases}t+1 & -1\leqslant t\leqslant 0\\-t+1 & 0<t\leqslant 1\\0 & \text{其余}\end{cases}$$

(1) 求 $x(t)$的傅里叶级数系数；

(2) 画出离散谱；

(3) 让此信号通过如下线性系统：

$$h(t)=\begin{cases}t & 0\leqslant t<1\\0 & \text{其余 } t\end{cases}$$

画出输出信号 $y(t)$的离散谱。

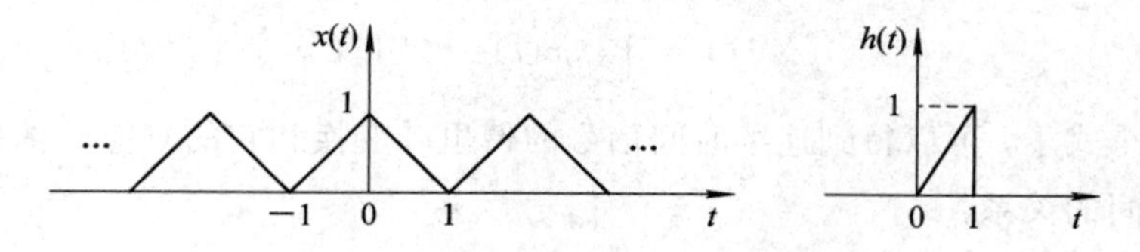

图 2-2-7　周期三角脉冲序列和系统冲激响应

解　(1) $f_0=\dfrac{1}{T_0}=\dfrac{1}{2}$，由傅里叶级数公式得

$$V_n=\frac{1}{T_0}\int_{-\frac{T_0}{2}}^{\frac{T_0}{2}}x(t)\mathrm{e}^{-\mathrm{j}2\pi nf_0t}\mathrm{d}t=\frac{1}{2}\int_{-1}^{1}x(t)\mathrm{e}^{-\mathrm{j}\pi nt}\mathrm{d}t=\frac{1}{2}\mathrm{Sa}^2(n\pi/2)$$

(2) 由上式画出离散谱，如图 2-2-8 所示。

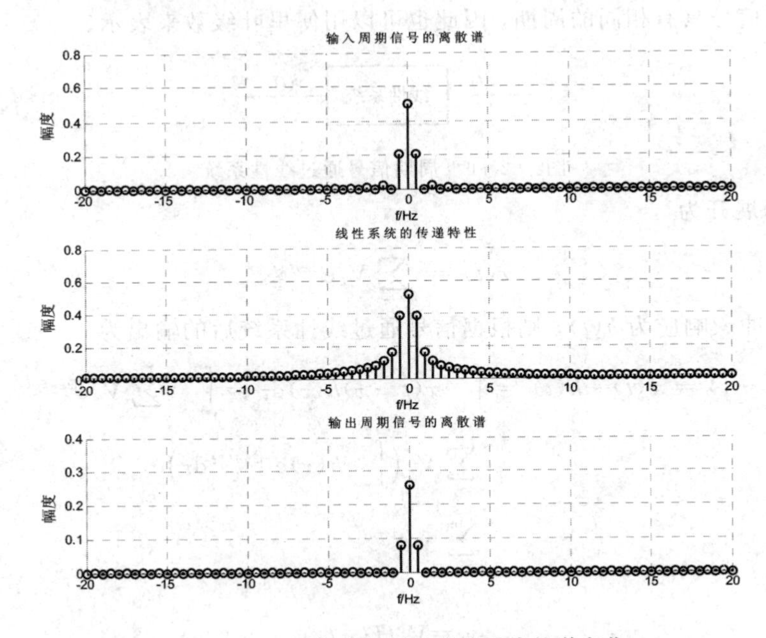

图 2-2-8　周期信号通过线性系统的谱变化

(3) 首先求出线性系统的传递特性 $H(f)$。虽然可以用解析方法求得，但这里我们将用数值方法，具体地说就是利用 MATLAB 提供的快速傅里叶变换(FFT)函数来求 $H(f)$；然后利用下式求输出信号的离散谱。

$$y_n=V_nH(nf_0)=\frac{1}{2}\mathrm{Sa}^2\left(\frac{\pi n}{2}\right)H\left(\frac{n}{2}\right)$$

输入信号的离散谱、线性系统传递函数 $H(nf_0)$和输出 y_n 谱线图见图 2-2-8。

下面简单介绍利用 FFT 函数来计算连续时间信号频谱的基本方法。离散时间序列 $x[n]$的离散傅里叶变换(DFT)表示为

$$X_{\mathrm{d}}(f)=\sum_{n=-\infty}^{\infty}x[n]\mathrm{e}^{-\mathrm{j}2\pi fnt_{\mathrm{s}}}\tag{2-2-11}$$

连续时间信号的频谱为

$$X(f)=\int_{-\infty}^{\infty}x(t)\mathrm{e}^{-\mathrm{j}2\pi ft}\mathrm{d}t\tag{2-2-12}$$

对比这两个式子，可以得到连续时间信号的傅里叶变换和它的对应已抽样信号的离散傅里叶变换之间的关系：

$$X(f)=t_{\mathrm{s}}X_{\mathrm{d}}(f)=\frac{X_{\mathrm{d}}(f)}{f_{\mathrm{s}}}\tag{2-2-13}$$

离散傅里叶变换可以由著名的快速傅里叶变换算法完成。在这个算法中，以 t_{s} 为间隔所取得的 $x(t)$的 N 个样本序列用作该信号的表示，其结果是在频率范围$[0,\ f_{\mathrm{s}}]$内 $X_{\mathrm{d}}(f)$

的 N 个样本序列，其中 $f_s=1/t_s$ 为抽样频率(要满足抽样定理，大于等于奈奎斯特频率)。当这些频域样本以 $\Delta f=f_s/N$ 分隔开时，Δf 值就是所得傅里叶变换的频率分辨率。如果输入序列的长度 N 是2的幂，FFT算法在计算上是高效的。在很多情况下，如果序列的长度不是2的幂，可以通过补零方法使其成为2的幂。值得注意的是，因为FFT算法实质上只给出了已抽样信号的DFT，为了得到连续时间信号的傅里叶变换，还需要乘以抽样间隔 t_s 或除以抽样频率，如式(2-2-13)所示。

需要强调的是，本例计算输出信号的离散谱时，相乘的两个频域信号的频率点需要一一对应，故频率间隔需仔细对待。

本例MATLAB参考程序如下：

```
%文件：example2_2_4.m
%例2-2-4的MATLAB程序
clear all;
T0=2;
f0=1/T0;
n=-40:40;                          %频率范围：-20～20Hz
%x(t)的傅里叶级数系数
Vn=(1/2)*(sinc(n/2)).^2;
subplot(311)
stem(n*f0, Vn); grid
title('输入周期信号的离散谱')
xlabel('f/Hz'); ylabel('幅度');
%得到H(f)
fs=40;                             %抽样频率
ts=1/fs;                           %抽样间隔
% h(t)的取值时间范围
t=0:ts:1;
h=[t, zeros(1, 81-length(t))];          %补零
H1=fft(h)/fs;                           %传递函数
df=fs/80;                               %频率分辨率
f=[0:df:fs]-fs/2;
H=fftshift(H1);                         %对H1重新排序得H
y=Vn.*H;
subplot(312)
stem(f, abs(H)); grid
title('线性系统的传递特性')
xlabel('f/Hz'); ylabel('幅度');
subplot(313)
stem(f, abs(y)); grid
title('输出周期信号的离散谱')
xlabel('f/Hz'); ylabel('幅度');
```

2.2.4 傅里叶变换

对于一个非周期信号，为分析其所包含的各频率成分的大小与分布情况，可以用傅里叶变换求得其频谱函数。

设非周期信号的时域波形为 $x(t)$，则其频谱函数 $X(f)$ 为

$$X(f)=\int_{-\infty}^{\infty}x(t)\mathrm{e}^{-\mathrm{j}2\pi ft}\,\mathrm{d}t \tag{2-2-14}$$

此式称为傅里叶变换，记为 $X(f)=\mathscr{F}[x(t)]$。

反过来，若已知信号的频谱函数 $X(f)$，也可确定其时间函数 $x(t)$，表达式为

$$x(t)=\int_{-\infty}^{\infty}X(f)\mathrm{e}^{\mathrm{j}2\pi ft}\,\mathrm{d}f \tag{2-2-15}$$

此式称为傅里叶反变换，记为 $x(t)=\mathscr{F}^{-1}[X(f)]$。

时间函数 $x(t)$ 与其频谱函数 $X(f)$ 是一一对应的，常称它们为傅里叶变换对，记为 $x(t)\leftrightarrow X(f)$。

例 2-2-5 信号 $x(t)$ 为

$$x(t)=\begin{cases} t+2 & -2\leqslant t\leqslant -1 \\ 1 & -1<t\leqslant 1 \\ -t+2 & 1<t\leqslant 2 \\ 0 & \text{其余 } t \end{cases}$$

如图 2-2-9 所示。

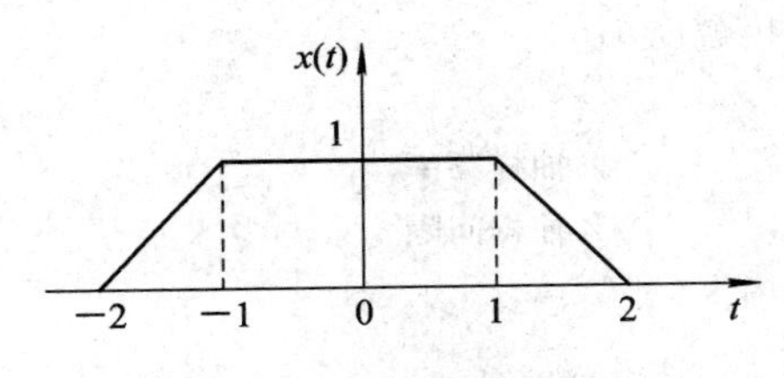

图 2-2-9 信号波形图

(1) 用解析法求 $x(t)$ 的傅里叶变换，并画出 $x(t)$ 的频谱图。

(2) 用 MATLAB 求出该傅里叶变换的数值解，并画出其幅度谱图。

解 (1) 信号 $x(t)$ 可以写成

$$x(t)=2\Lambda\left(\frac{t}{2}\right)-\Lambda(t)$$

利用三角函数的傅里叶变换式 $\mathrm{sinc}^2(f)$ 得

$$X(f)=4\mathrm{sinc}^2(2f)-\mathrm{sinc}^2(f)$$

其中用到了傅里叶变换的线性变换、尺度变换这些性质。显然，此傅里叶变换是实函数，幅度谱如图 2-2-10 所示。

(2) 为了用 MATLAB 求傅里叶变换，需对信号进行抽样，抽样频率的选取与被抽样信号带宽有关，故首先要给出该信号带宽的大致估计。因为这个信号相对比较平滑，它的带宽正比于信号持续时间的倒数(矩形脉冲的第一个零带宽等于脉冲宽度的倒数)，该信号的持续时间为 4。为了安全可靠起见，带宽取为信号持续时间倒数的 10 倍，即

$$\mathrm{BW}=10\times\frac{1}{4}=2.5\ \mathrm{Hz}$$

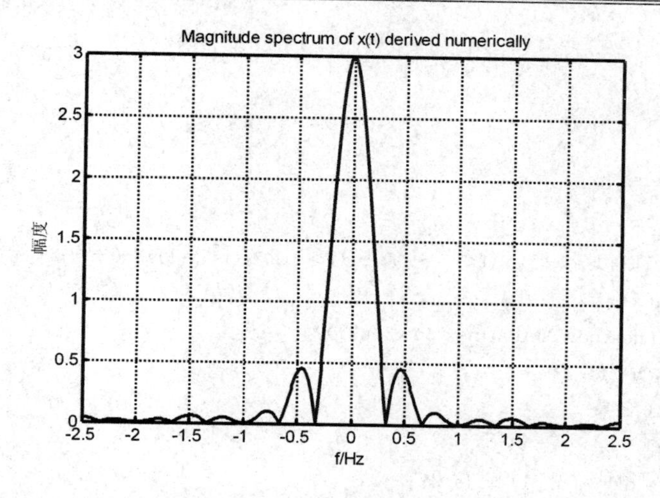

图 2-2-10 解析法得到的信号幅度谱

奈奎斯特频率是带宽的 2 倍，即 $f_s=5$ Hz，抽样间隔 $t_s=1/f_s=0.2$ s。那么对信号抽样多少个点呢？根据 FFT 变换的有关性质，FFT 点数 N、抽样频率 f_s 以及频率分辨率 d_f 间有关系：

$$d_f=\frac{f_s}{N} \tag{2-2-16}$$

例如，若希望频率分辨率 $d_f\leqslant 0.01$，则 $N\geqslant 500$。本例中信号在[−2, +2]区间内的样点数共有 21 个，因此需要补零以达到满足分辨率要求的长度，而且对于 FFT 运算来讲，长度最好为 2 的幂，这样 FFT 运算的效率最高。由此得到的傅里叶变换的幅度谱，如图 2-2-11 所示。

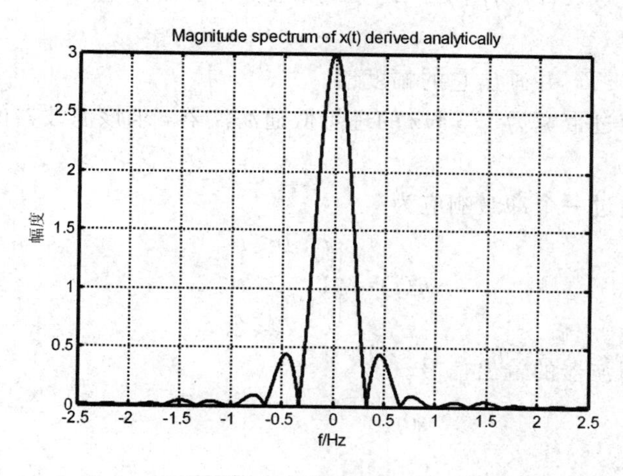

图 2-2-11 FFT 运算得到的信号幅度谱图

本例 MATLAB 参考程序如下：

```
%文件：example2_2_5.m
%例 2-2-5 的 MATLAB 程序
%求梯形脉冲的幅度谱
%用 MATLAB 的 FFT 方法求
```

```
clear all;
fs=5;
ts=1/fs;
df=0.01;
n1=fs/df;
t=-5: ts: 5;
x=(t+2).*((t>=-2)&(t<=-1))+((t>-1)&(t<=1))+(-t+2).*((t>1)&(t<=2));
n2=length(x);
n=2^(max(nextpow2(n1), nextpow2(n2)));
X1=fft(x, n)/fs;
X=fftshift(X1);
df1=fs/n;
f=[0: df1: df1*(n-1)]-fs/2;
plot(f, abs(X)); grid;             %利用 FFT 数值计算得到的 x(t)的幅度谱
axis([-2.5 2.5 0 3]); xlabel('f/Hz'); ylable('幅度')
title('由 FFT 数值计算得到的 x(t)的幅度谱');
%由解析方法求出的表达式画出幅度谱
figure;
f1=-2.5: 0.001: 2.5;
Xf=4*(sinc(2*f1)).^2-(sinc(f1)).^2;
plot(f1, abs(Xf)); grid;
axis([-2.5 2.5 0 3]); xlabel('f/Hz'); ylable('幅度')
title('解析法得到的 x(t)的幅度谱');
```

例 2-2-6　信号 $x(t)$ 如图 2-2-12 所示，它由若干直线段和一个正弦波的一部分组成。

(1) 求信号的 FFT，并画出它的幅度谱。

(2) 若该信号通过带宽为 1.5 Hz 的理想低通滤波器，求该滤波器的输出，并画出它的时域波形。

(3) 若该信号通过一个冲激响应为

$$h(t)=\begin{cases} t & 0\leqslant t<1 \\ 1 & 1\leqslant t\leqslant 2 \\ 0 & 其余\ t \end{cases}$$

的滤波器，画出该滤波器的输出信号。

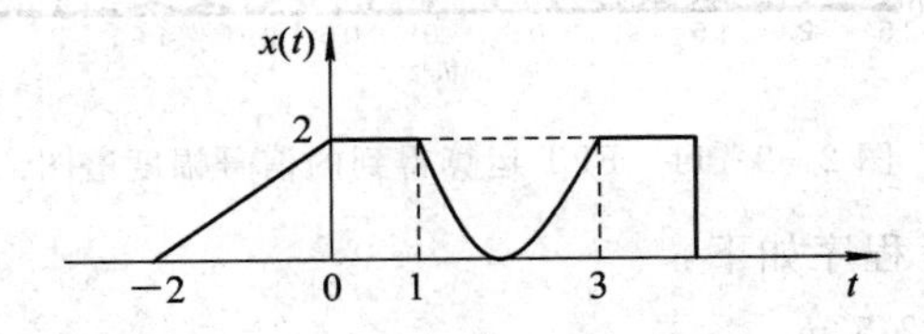

图 2-2-12　信号波形

解　首先由图 2-2-12 写出其所示信号的数学表达式：

$$h(t)=\begin{cases} t+2 & -2\leqslant t\leqslant 0 \\ 2 & 0<t\leqslant 1 \\ 2+2\cos(0.5\pi t) & 1<t\leqslant 3 \\ 2 & 3<t\leqslant 4 \\ 0 & \text{其余 } t \end{cases}$$

(1) 留有足够余量下选择信号带宽为 $B_W=2.5$ Hz，抽样频率 $f_s=2B_W=5$ Hz，设定频率分辨率为 $d_f=0.01$ Hz，故 FFT 点数至少应为 5/0.01=500。图 2-2-13 显示的是信号的幅度谱。

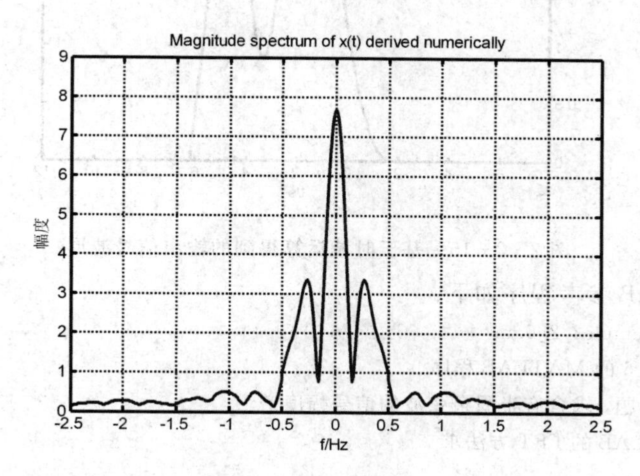

图 2-2-13　信号幅度谱图

(2) 因为已知低通滤波器的传递特性，根据信号与系统理论，系统输出信号频谱与输入信号频谱及系统传递特性之间的关系为

$$Y(f)=X(f)H(f)$$

结合前面得到的输入信号的频谱及给定的系统传递特性，即可得到输出信号频谱，再将输出信号频谱进行快速傅里叶反变换(IFFT)，即可得到输出信号的时域波形，如图 2-2-14 所示。

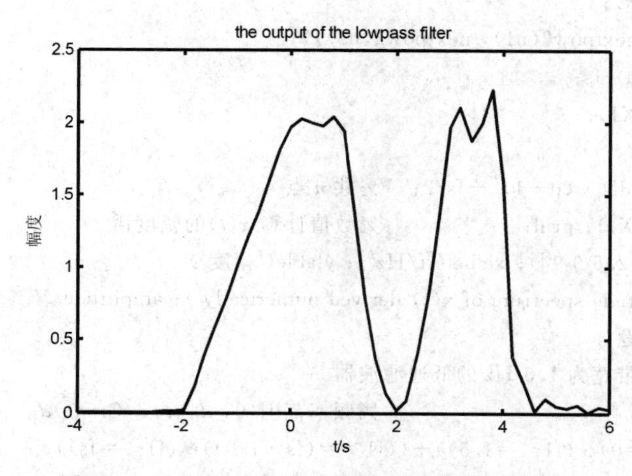

图 2-2-14　基于频域计算得到的输出信号波形

（3）由于给定的是系统的冲激响应，故利用输出信号是输入信号与系统冲激响应卷积的关系式可求得输出信号波形，如图 2-2-15 所示。

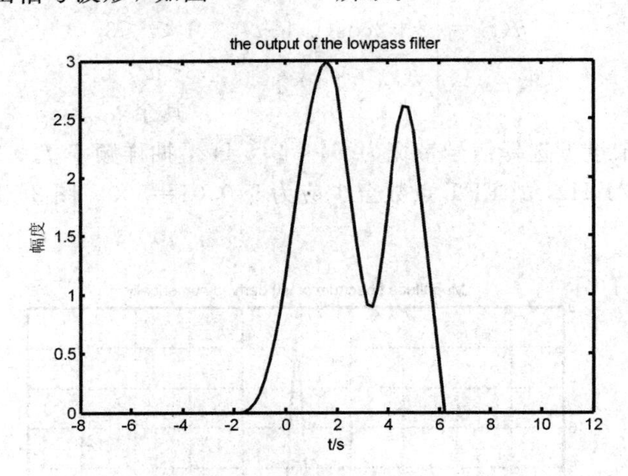

图 2-2-15　基于时域运算得到的输出信号波形

本例 MATLAB 参考程序如下：

```
%文件：example2_2_6.m
%例 2-2-6 的 MATLAB 程序
%第 1 个问题，求含有半周余弦波的信号幅度谱
%用 MATLAB 的 FFT 方法求
clear all;
fs=5;
ts=1/fs;
df=0.01;
n1=fs/df;
t=-4:ts:6;                          %信号的仿真时间
x=(t+2).*((t>=-2)&(t<=0))+2*((t>0)&(t<=1))...
   +(2+2*cos(0.5*pi*t)).*((t>1)&(t<=3))+2*((t>3)&(t<=4));
n2=length(x);
n=2^(max(nextpow2(n1),nextpow2(n2)));
X1=fft(x,n)/fs;
X=fftshift(X1);
df1=fs/n;
f=[0:df1:df1*(n-1)]-fs/2;    %共 n 点
plot(f,abs(X));grid;                %数值计算 x(t)的幅度谱
axis([-2.5 2.5 0 9]);xlabel('f/Hz');ylable('幅度')
title('Magnitude spectrum of x(t) derived numerically');amplitude/V'
%第 2 个问题
%信号通过带宽为 1.5 Hz 的低通滤波器
f1=f+fs/2;                          %频率范围:0, df1,...,(n-1)df1
H=((f1>=0)&(f1<=1.5))+((f1>=(fs-1.5))&(f1<=fs));
Y=X1.*H;
```

```
y1=ifft(Y)/ts;
figure;
plot(t, abs(y1(1: length(t))));    %画出通过低通滤波器后的输出信号波形
xlabel('t/s'); ylabel('amplitude/V');
title('the output of the lowpass filter');
%第 3 个问题
h=t. * ((t>=0)&(t<1))+((t>=1)&(t<=2));
y2=conv(h, x) * ts;
figure;
plot([-8: ts: 12], y2);            %共 101 点
xlabel('t/s'); title('the output of the lowpass filter');
ylable('amplitude/V')
```

2.2.5　功率和能量

一个实信号 $x(t)$ 的能量和功率分别记为 E_X 和 P_X，定义为

$$\begin{cases} E_X = \int_{-\infty}^{\infty} x^2(t)\,\mathrm{d}t \\ P_X = \lim \dfrac{1}{T}\int_{-T/2}^{T/2} x^2(t)\,\mathrm{d}t \end{cases} \tag{2-2-17}$$

具有有限能量的信号称为能量信号，而具有有限功率的信号称为功率信号。例如，有限宽度和高度的矩形脉冲是能量信号的一个例子，而 $x(t)=\cos(\pi t)$ 则是功率信号的一个例子。所有周期信号都是功率信号。

若使用离散时间序列(已抽样信号)，则与式(2-2-17)相当的能量和功率关系式变成

$$\begin{cases} E_X = T_s \sum\limits_{n=-\infty}^{\infty} x^2[n] \\ P_X = \lim\limits_{N\to\infty} \dfrac{1}{2N+1}\sum\limits_{n=-N}^{N} x^2[n] \end{cases} \tag{2-2-18}$$

当序列长度为有限长 N 时，有限时长内的总能量和平均功率分别为

$$\begin{cases} E_X = T_s \sum\limits_{n=0}^{N-1} x^2[n] \\ P_X = \dfrac{1}{N}\sum\limits_{n=0}^{N-1} x^2[n] \end{cases} \tag{2-2-19}$$

以下是求给定时间内信号 $x(t)$ 的能量和平均功率的 MATLAB 函数：

```
%文件：engpower.m
function [E, P]=engpower(x, ts)
%计算 x 的能量和功率
%ENGPOWER 返回信号 x 的能量和功率
E=(norm(x)^2) * ts;
P=(norm(x)^2)/length(x);
```

注：函数存入名为 engpower.m 的文件，故以后调用时应用此名。

例 2-2-7　有一个持续时间为 10，且为单位振幅的两个正弦信号之和的信号 $x(t)$，两个正弦信号中的一个频率为 47 Hz，另一个为 219 Hz：

$$x(t)=\begin{cases}\cos(2\pi\times 47t)+\cos(2\pi\times 219t) & 0\leqslant t\leqslant 10\\ 0 & 其余\ t\end{cases}$$

对该信号以抽样速率1000 Hz进行抽样。用MATLAB求该信号在此时间内的总能量和平均功率。

解 信号中最高频率成分为219 Hz，抽样频率1000 Hz远大于此频率两倍，故可确保信号无失真。

本例MATLAB参考程序如下：

```
%文件：example2_2_7.m
%例2-2-7的MATLAB程序
fs=1000;
ts=1/fs;
t=0:ts:10-ts;
x=cos(2*pi*47*t)+ cos(2*pi*219*t);
[E, P]=engpower(x, ts);
pause        %按任意键看当前时间间隔内信号的总能量
E
pause        %按任意键看当前时间间隔内信号的平均功率
P
```

在MATLAB命令窗口中键入任意键，可看到运算结果所得的10 s内的总能量和平均功率分别为

```
E =
    10.0000
P =
    1.0000
```

可见，与理论计算值一致。

能量信号在各个频率上的能量分布称为能量谱密度，其定义为

$$G(f)=|X(f)|^2 \tag{2-2-20}$$

因此，有

$$E_X=\int_{-\infty}^{\infty}G(f)df \tag{2-2-21}$$

能量谱密度与其自相关函数是一对傅里叶变换，即

$$G(f)=\mathscr{F}[R_X(\tau)] \tag{2-2-22}$$

式中，$R_X(\tau)$是$x(t)$的自相关函数，对于实信号定义为

$$R_X(\tau)=\int_{-\infty}^{\infty}x(t)X(t+\tau)\mathrm{d}t \tag{2-2-23}$$

对于功率信号，定义时间平均自相关函数为

$$R_X(\tau)=\lim_{T\to\infty}\frac{1}{T}\int_{-T/2}^{T/2}x(t)x(t+\tau)\mathrm{d}t \tag{2-2-24}$$

定义功率谱密度为

$$S_X(f)=\mathscr{F}[R_X(\tau)] \tag{2-2-25}$$

总功率是功率谱密度的积分：

$$P_X = \int_{-\infty}^{\infty} S_X(f)df \qquad (2-2-26)$$

对于周期为 T_0 的周期信号 $x(t)$，其功率谱密度为

$$S_X(f) = \sum_{n=-\infty}^{\infty} |V_n|^2 \delta(f - nf_0) \qquad (2-2-27)$$

这意味着全部功率都集中在直流、基波频率及各次谐波上，在第 n 次谐波 nf_0 上的功率为 $|V_n|^2$，即相应傅里叶级数系数的模平方。

当信号 $x(t)$ 通过传递函数为 $H(f)$ 的滤波器时，输出的能量谱密度或功率谱密度为

$$\begin{cases} G_Y(f) = |H(f)|^2 G_X(f) \\ S_Y(f) = |H(f)|^2 S_X(f) \end{cases} \qquad (2-2-28)$$

例 2-2-8　有周期信号和能量信号分别如下：

周期信号：

$$x_1(t) = \cos(2\pi \times 200t) + \cos(2\pi \times 700t)$$

能量信号为一矩形脉冲：

$$x_2(t) = \begin{cases} 1 & 0 \leqslant t \leqslant 0.002\text{s} \\ 0 & \text{其他 } t \end{cases}$$

通过一个幅度为 1、截止频率为 400 Hz 的低通滤波器。

(1) 求信号 $x_1(t)$ 的功率谱密度及通过低通滤波器输出信号的功率谱密度。

(2) 求信号 $x_2(t)$ 的能量谱密度及通过低通滤波器输出信号的能量谱密度。

解　利用式(2-2-28)，先求出 $x_1(t)$ 的功率谱密度和 $x_2(t)$ 的能量谱密度，再与低通滤波器的传递函数的模相乘，结果如图 2-2-16 所示。

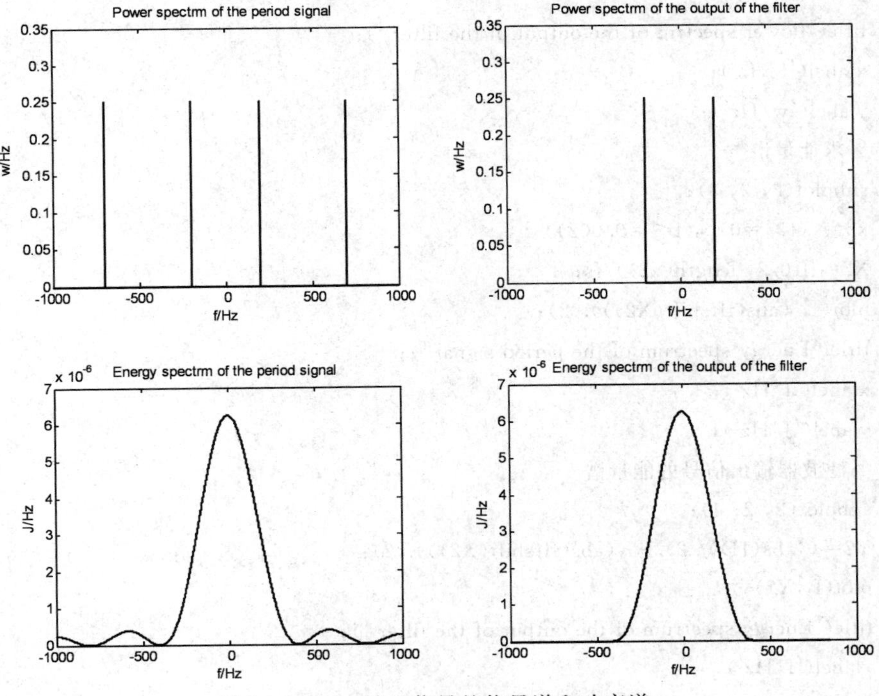

图 2-2-16　输出信号的能量谱和功率谱

完成上述任务的 MATLAB 程序如下：

```
%文件：example2_2_8.m
%例 2-2-8 的 MATLAB 程序
%求信号的功率谱和能量谱及通过滤波器后的能量谱和功率谱
%求周期信号功率谱
fs=2000;
ts=1/fs;
t=0:ts:1-ts;
x1=cos(2*pi*200*t)+cos(2*pi*700*t);
X1=fft(x1,length(x1))/fs;
df=fs/length(X1);
f=[0:df:fs-df]-fs/2;
subplot(2,2,1);
plot(f,(abs(fftshift(X1))).^2);
title('Power spectrum of the period signal ');
xlabel('f/Hz');
ylabel('w/Hz');
%通过低通滤波器
subplot(2,2,2);
H=((f>=-400)&(f<=400));
Y1=((abs(H)).^2).*((abs(fftshift(X1))).^2);
plot(f,Y1);
title('Power spectrm of the output of the filter ');
xlabel('f/Hz');
ylabel('w/Hz');
%求能量谱
subplot(2,2,3);
x2=((t>=0)&(t<=0.002));
X2=fft(x2,length(x2))/fs;
plot(f,(abs(fftshift(X2))).^2);
title('Energy spectrum of the period signal ');
xlabel('f/Hz');
ylabel('J/Hz');
%滤波器输出信号的能量谱
subplot(2,2,4);
Y2=((abs(H)).^2).*((abs(fftshift(X2))).^2);
plot(f,Y2);
title('Energy spectrum of the output of the filter ');
xlabel('f/Hz');
ylabel('J/Hz');
```

2.2.6　带通信号的低通等效

一个带通信号就是其全部频率分量都位于某中心频率 f_0 附近的信号，而一个低通信号则是其频率分量均位于零频率附近的信号，即对于 $|f|>W$，有 $X(f)=0$。

对于一个带通信号 $x(t)$，可以定义其对应的解析信号 $z(t)$，解析信号的傅里叶变换由下式给出：

$$Z(f)=2u_{-1}(f)X(f) \tag{2-2-29}$$

其中 $u_{-1}(f)$ 是单位阶跃函数。这一关系在时域中可以写为

$$z(t)=x(t)+\mathrm{j}\hat{x}(t) \tag{2-2-30}$$

其中 $\hat{x}(t)$ 记为 $x(t)$ 的希尔伯特变换，即 $\hat{x}(t)=x(t)*(1/\pi t)$，在频域中则可以写为

$$\hat{X}(f)=-\mathrm{j}\,\mathrm{sgn}(f)X(f) \tag{2-2-31}$$

在 MATLAB 中，有希尔伯特变换函数 hilbert. m，它产生复序列 $z(t)$。$z(t)$ 的实部是原序列，而它的虚部则是原序列的希尔伯特变换。

信号 $x(t)$ 的等效低通记为 $x_l(t)$，用 $z(t)$ 表示为

$$x_l(t)=z(t)\mathrm{e}^{-\mathrm{j}2\pi f_0 t} \tag{2-2-32}$$

根据这个关系有

$$\begin{cases}x(t)=\mathrm{Re}[x_l(t)\mathrm{e}^{\mathrm{j}2\pi f_0 t}]\\ \hat{x}(t)=\mathrm{Im}[x_l(t)\mathrm{e}^{\mathrm{j}2\pi f_0 t}]\end{cases} \tag{2-2-33}$$

等效低通信号 $x_l(t)$ 通常为复信号，可表示为

$$x_l(t)=x_{\mathrm{c}}(t)+\mathrm{j}x_{\mathrm{s}}(t)=V(t)\mathrm{e}^{\mathrm{j}\theta(t)} \tag{2-2-34}$$

其中 $x_{\mathrm{c}}(t)$ 和 $x_{\mathrm{s}}(t)$ 分别称为 $x(t)$ 的同相分量和正交分量；$V(t)$ 和 $\theta(t)$ 分别称为 $x(t)$ 的包络和相位。它们之间有如下关系式：

$$\begin{cases}x(t)=x_{\mathrm{c}}(t)\cos 2\pi f_0 t-x_{\mathrm{s}}(t)\sin 2\pi f_0 t\\ \hat{x}(t)=x_{\mathrm{s}}(t)\cos 2\pi f_0 t+x_{\mathrm{c}}(t)\sin 2\pi f_0 t\end{cases} \tag{2-2-35}$$

$$x(t)=V(t)\cos(2\pi f_0 t+\theta(t)) \tag{2-2-36}$$

其中

$$\begin{cases}V(t)=\sqrt{x_{\mathrm{c}}^2(t)+x_{\mathrm{s}}^2(t)}\\ \theta(t)=\arctan\dfrac{x_{\mathrm{s}}(t)}{x_{\mathrm{c}}(t)}\end{cases} \tag{2-2-37}$$

例 2-2-9　信号 $x(t)$ 为

$$x(t)=\mathrm{Sa}(100\pi t)\cos(2\pi\times 200t)$$

(1) 画出该信号和它的幅度谱。

(2) 用 $f_0=200$ Hz 求 $x(t)$ 的等效低通信号，并画出其包络和幅度谱。

解　本例仿真时所用抽样频率 $f_{\mathrm{s}}=10000$ Hz，选择所期望的频率分辨率 $d_{\mathrm{f}}=0.5$ Hz。利用式(2-2-30)和式(2-2-32)求得等效低通信号。程序运行结果分别如图 2-2-17 和图 2-2-18 所示。

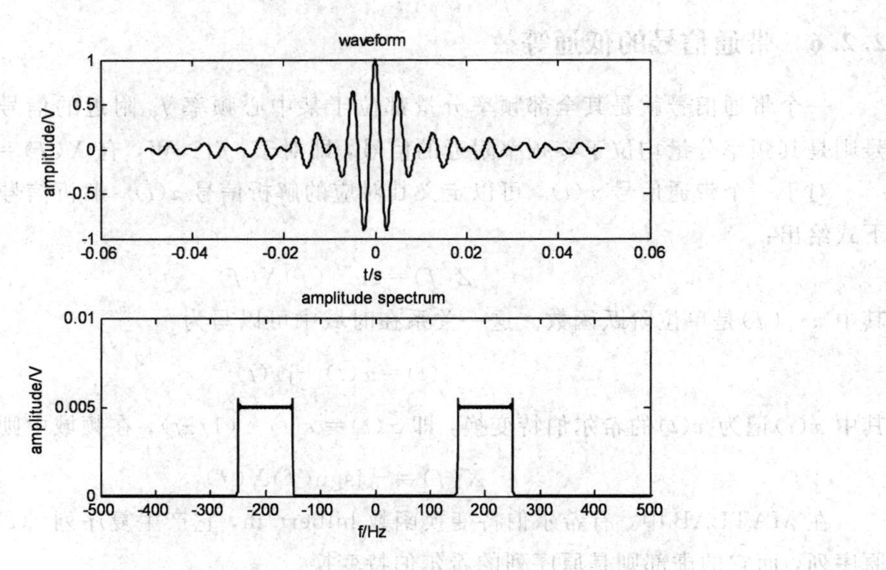

图 2-2-17 原信号及其幅度谱

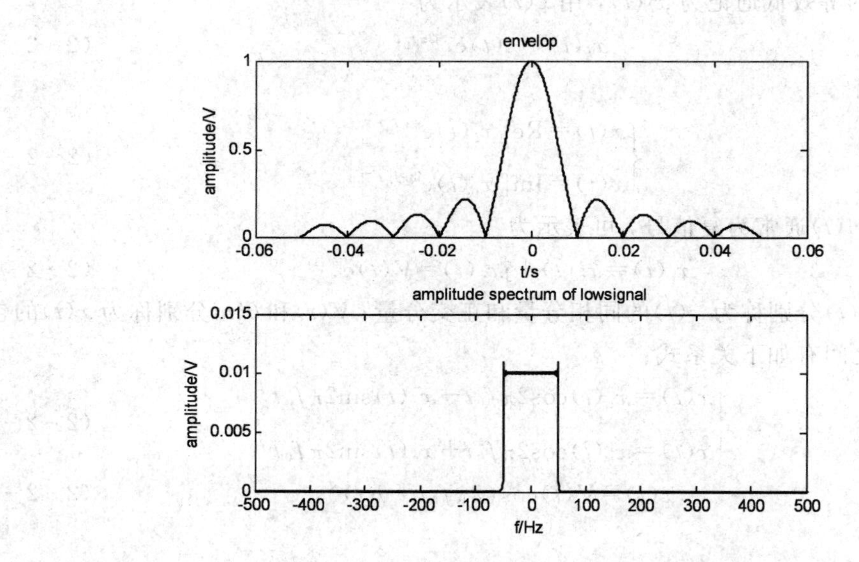

图 2-2-18 原信号等效低通的包络及其幅度谱

本例 MATLAB 参考程序如下：

```
%文件：example2_2_9.m
%例 2-2-9 的 MATLAB程序
%生成信号 x(t)并计算其幅度谱
clear all;
fs=10000; f0=200;
ts=1/fs; df=0.5;
N=fs/df;
f=[0: df: (N-1) * df]-fs/2;
t=[0: ts: (N-1) * ts]-N * ts/2;
```

```
x=sinc(100 * t). * cos(2 * pi * 200 * t);
X=fft(x, N)/fs;
figure(1); subplot(2, 1, 1);
plot(t(9500: 10500), x(9500: 10500));        %显示原信号时间零点附近的部分样点
xlabel('t/s'); ylabel('amplitude/V'); title('waveform');
subplot(2, 1, 2);
plot(f, abs(fftshift(X)));                    %显示原信号的幅度谱
axis([-500 500 0 0.01]);
title('amplitude spectrum');
xlabel('f/Hz'); ylabel('amplitude/V');

%求等效低通信号
z=hilbert(x);
xlow=z. * exp(-j * 2 * pi * f0 * t);
Xlow=fft(xlow, N)/fs;
figure(2);
subplot(2, 1, 1);
plot(t(9500: 10500), abs(xlow(9500: 10500)));
xlabel('t/s'); ylabel('amplitude/V');
title('envelop');
subplot(2, 1, 2);
plot(f, abs(fftshift(Xlow)));
axis([-500 500 0 0.015]);
title('amplitude spectrum of lowsignal');
xlabel('f/Hz'); ylabel('amplitude/V');
```

2.3　随机信号的产生与处理

前面我们讨论了确知信号及其通过线性系统的仿真。但在实际的通信系统中，在携带信息的信号从发送端到接收端的传送过程中，信道中的噪声、干扰和衰落等随机因素都会造成信号的损伤。要想在波形级精确仿真这些系统，就需要随机数发生器。本节主要讨论随机数发生器在通信系统仿真中的运用，具体内容包括 MATLAB 中随机数的产生、白噪声通过滤波器、窄带高斯噪声。

2.3.1　MATLAB 中随机数的产生

在通信过程中不可避免地存在着噪声，它对通信质量的好坏，甚至能否进行正常的通信有着极大的影响。在仿真研究各种通信系统的抗噪声性能时，需要产生适当的噪声以及作为信源的随机数。MATLAB 中提供了常用分布的随机数产生函数。

1. 均匀分布随机数的产生函数

均匀分布随机数主要用来模拟信源信号，表 2-3-1 归纳了均匀分布随机数的产生函数。

表 2-3-1　均匀分布随机数的产生函数

均匀分布随机数的产生函数	说　明	在提示符下输入下列式子，按回车键，并记下结果
x=rand(n)	生成大小为 n×n 的随机数矩阵，其元素在(0，1)之间	x=rand(3)
x=rand(n，m)	生成大小为 n×m 的随机数矩阵	x=rand(3，1)
x=rand([n，m])	生成大小为 n×m 的随机数矩阵	x=rand([3，1])
x=rand(n，m，p，…)	生成 p×…个大小为 n×m 的随机数矩阵	x=rand(3，2，2)
x=rand([n，m，p，…])	生成 p×…个大小为 n×m 的随机数矩阵	x=rand([3，2，2])
x=rand(size(A))	生成与矩阵 **A** 大小相同的随机数矩阵	**A**=[1 2 3] x=rand(size(A))
x=rand	只产生一个随机数	x=rand
x=randint(n)	生成大小为 n×n 的随机数矩阵，其元素等概取值“0”或“1”	x=randint(3)
x=randint(n，m)	生成大小为 n×m 的随机数矩阵，其元素等概取值“0”或“1”	x=randint(3，2)
x=randint(n，m，range)	生成大小为 n×m 的随机数矩阵，如果 range 是一个正数，矩阵元素等概取值[0，range－1]内的整数；如果 range 是一个负数，矩阵元素等概取值[1＋range，0]内的整数；如果 range 是一个矢量，矩阵元素等概取值[range(1)，range(2)]内的整数	x=randint(3，2，4)

2. 标准正态分布随机数的产生函数

标准正态分布随机数用来模拟信道中的高斯噪声，表 2-3-2 归纳了标准正态分布随机数的产生函数。

表 2-3-2　标准正态分布随机数的产生函数

标准正态分布随机数的产生函数	说　明	在提示符下输入下列式子，按回车键，并记下结果
x=randn(n)	生成 n×n 正态分布随机数矩阵，均值为 0，方差为 1	x=randn(3)
x=randn(n，m)	生成 n×m 随机数矩阵	x=randn(3，1)
x=randn([n，m])	生成 n×m 随机数矩阵	x=randn([3，1])
x=randn(n，m，p，…)	生成/个 m×n 的 p×…随机数矩阵	x=randn(3，2，2)
x=randn([n，m，p，…])	生成/个 m×n 的 p×…随机数矩阵	x=randn([3，2，2])
x=randn(size(A))	生成与矩阵 **A** 大小相同的随机数矩阵	**A**=[1 2 3] x=randn(size(A))
x=randn	只产生一个随机数	x=randn

3. 正态分布随机数的产生函数

若想产生均值为 MU、标准差为 SIGMA(方差的开平方)的正态分布的随机数，可采用式子：

```
x=MU+sigma * randn
```

MATLAB 也提供了专用的产生正态分布随机数的函数，见表 2-3-3。

表 2-3-3　正态分布随机数的产生函数

正态分布随机数的产生函数	说　明	在提示符下输入下列式子，按回车键，并记下结果
x=normrnd(MU, SIGMA)	产生均值为 MU、标准差为 SIGMA的正态分布随机数	x=normrnd(1, 1)
x=normrnd(MU, SIGMA, n)	产生均值为 MU、标准差为SIGMA 的正态分布的 n×n 随机数矩阵	x=normrnd(1, 1, 2)
x= normrnd (MU, SIGMA, n, m)	产生均值为 MU、标准差为SIGMA 的正态分布的 n×m 随机数矩阵	x=normrnd(1, 1, 2, 3)

例 2-3-1　假定我们产生了一个具有零均值和单位方差的高斯随机变量的 N 个样本，通过构造 B 个直方图来估计其概率密度函数 pdf。在这个例子中，我们希望考察不同 N 和 B 值的影响。

解　本程序产生了不同长度的高斯分布随机数，并在不同区间进行样本个数的统计。程序运行结果如图 2-3-1 所示。

实现此目标的 MATLAB 程序如下：

```
%文件：example2_3_1.m
%例 2-3-1 的 MATLAB 程序
clear all;
x=randn(1, 100);
subplot(2, 2, 1); hist(x, 20);
xlabel('(a)N=100, B=200'); ylabel('the number of the samples');
x=randn(1, 100);
subplot(2, 2, 2); hist(x, 5);
xlabel('(b)N=100, B=5'); ylabel('the number of the samples');
x=randn(1, 1000);
subplot(2, 2, 3);
hist(x, 50);
xlabel('(c)N=1000, B=50'); ylabel('the number of the samples');
x=randn(1, 100000);
subplot(2, 2, 4);
hist(x, 50)
xlabel('(d)N=100000, B=50'); ylabel('the number of the samples');
m=mean(x);
delta2=var(x);
pause
m
```

```
pause
delta2
```

进入 MATLAB 命令窗口，按下两次回车键，得到的均值和方差分别为

```
m =
    0.0010
delta2 =
    0.9974
```

可见，均值近似为 0，方差近似为 1。

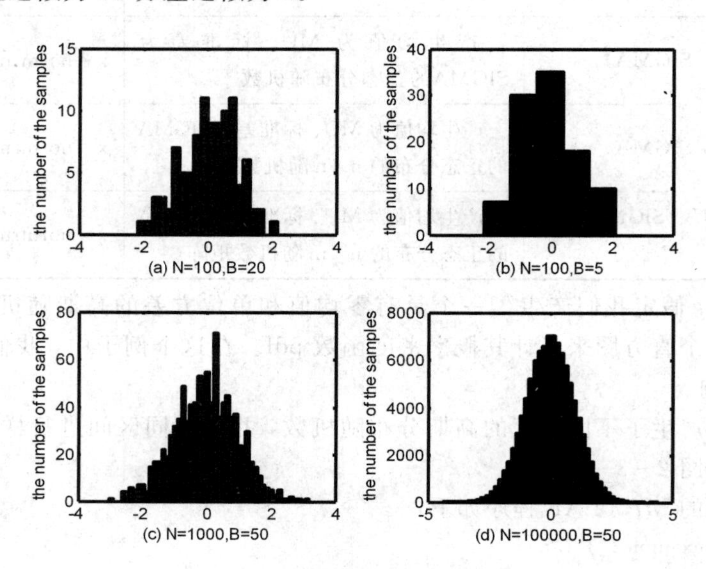

图 2-3-1　样本个数对高斯随机变量概率密度函数的影响

2.3.2　白噪声通过滤波器

按噪声功率谱密度，将噪声分成白噪声和有色噪声两种。如果噪声的功率谱密度均匀分布在整个频率范围内，则称这种噪声为白噪声，否则称为有色噪声。

白噪声 $n(t)$的功率谱密度表示为

$$P_n(f)=\frac{n_0}{2}\quad -\infty<f<\infty \tag{2-3-1}$$

式中 n_0 为常数，单位为 W/Hz，如图 2-3-2(a)所示，这种表示形式称为双边谱。有时噪声功率谱密度只表示出正频率部分，称为单边谱，如图 2-3-2(b)所示。单边谱的幅度是双边谱幅度的 2 倍。

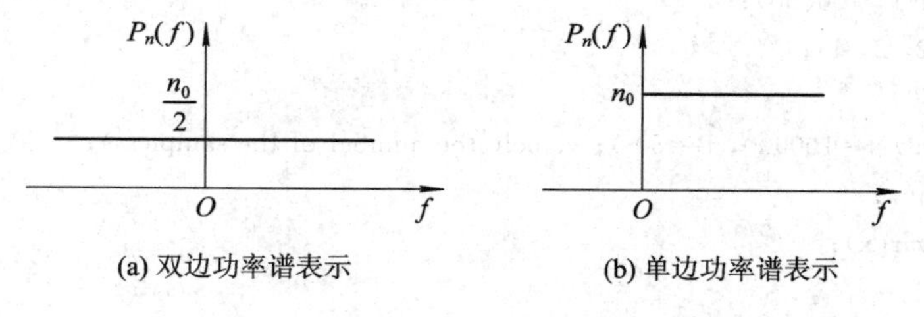

图 2-3-2　白噪声的功率谱密度

白噪声通过理想低通滤波器 $H(f)$后得到的噪声称为理想低通白噪声，其功率谱为

$$P(f)=P_n(f)|H(f)|^2=\frac{n_0}{2}|H(f)|^2$$

$$=\begin{cases}\dfrac{A^2n_0}{2} & |f|\leqslant B\\ 0 & |f|>B\end{cases} \tag{2-3-2}$$

如图 2-3-3(a)所示。

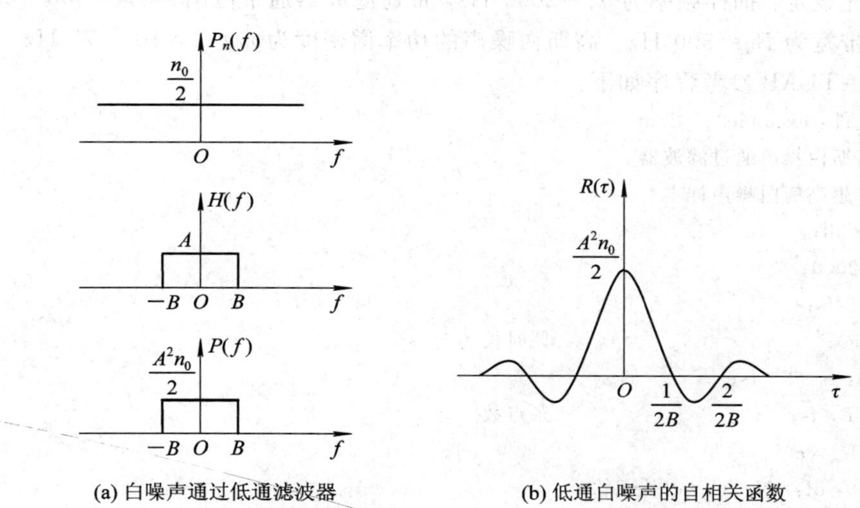

(a) 白噪声通过低通滤波器　　(b) 低通白噪声的自相关函数

图 2-3-3 低通白噪声的功率谱及自相关函数

通过输出噪声的功率谱密度可求得：

(1) 输出噪声的方差，即

$$\sigma^2=S=\int_{-\infty}^{\infty}P(f)df=\int_{-B}^{B}\frac{A^2n_0}{2}df=A^2n_0B$$

对高斯随机过程而言，均值和方差已知后就可得到一维概率密度函数。

(2) 输出噪声的自相关函数。功率谱密度与自相关函数是一对傅里叶变换，通过傅里叶反变换可得自相关函数，即

$$R(\tau)=\int_{-B}^{B}\frac{A^2n_0}{2}e^{j2\pi f\tau}df=A^2n_0B\mathrm{Sa}(2\pi B\tau) \tag{2-3-3}$$

示意图如图 2-3-3(b)所示。

白噪声通过理想带通滤波器后的输出噪声称为理想带通白噪声。带通滤波器传输特性及输出噪声功率谱密度示意图如图 2-3-4 所示。

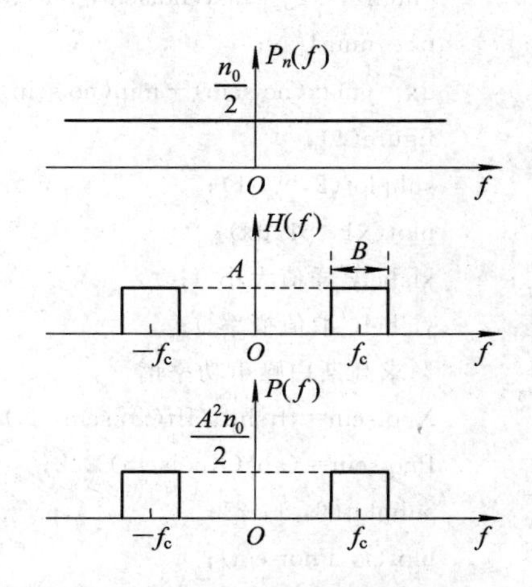

图 2-3-4 白噪声通过理想带通滤波器

输出噪声方差和自相关函数分别为

$$\begin{cases}\sigma^2=\int_{-\infty}^{\infty}P(f)df=\int_{-f_c-B/2}^{-f_c+B/2}\frac{A^2n_0}{2}df+\int_{f_c-B/2}^{f_c+B/2}\frac{A^2n_0}{2}df=A^2n_0B \\ R(\tau)=\mathscr{F}^{-1}[P(f)]=n_0B\mathrm{Sa}(\pi B\tau)\cos2\pi f_c\tau\end{cases} \tag{2-3-4}$$

例 2-3-2　研究零均值高斯白噪声分别通过低通滤波器和带通滤波器前后的特性。

(1) 求高斯白噪声通过滤波器前后的功率谱。

(2) 求高斯白噪声通过滤波器前后的统计特性。

解　首先设定：抽样频率为 $f_s=2000$ Hz，带通滤波器通带范围为 $B_P=500\sim600$ Hz，低通滤波器带宽为 $B_L=500$ Hz。高斯白噪声的功率谱密度为 $n_0=2\times10^{-3}$ W/Hz。

本例 MATLAB 参考程序如下：

```
%文件：example2_3_2.m
%高斯白噪声通过滤波器
%产生高斯白噪声样本
clear all;
fs=2000;
ts=1/fs;
T=50;                                %时长为 50 s
t=0: ts: T-ts;
N=T * fs;                            %点数
df=fs/N;
f=[0: df: (N-1) * df]-fs/2;
mean=0;
n0=0.002;
delta2=n0 * fs;
noisein=mean+sqrt(delta2) * randn(1, N);
bin=1000;
[num1, x1]=hist(noisein, bin);
p1=num1/N;
dx=(max(noisein)-min(noisein))/bin;
figure(1);
subplot(2, 1, 1);
plot(x1, p1/dx);                     %高斯白噪声概率密度函数
xlabel('样值大小');
ylabel('取值概率');
%求高斯白噪声功率谱
Xnoisein=fftshift(fft(noisein, N)/fs);
Pnoisein=(abs(Xnoisein)).^2;    %白噪声功率谱
subplot(2, 1, 2);
plot(f, Pnoisein);
xlabel('f/Hz'); ylabel('幅度'); title('白噪声功率谱密度');
%设计带通滤波器
figure(2);
subplot(3, 1, 1);
```

```
bp=[500 600]/(fs/2);
b=fir1(1000, bp);
a=1;
HP=freqz(b, a, f, fs);
plot(f, abs(HP));
xlabel('f/Hz'); ylabel('幅度'); title('带通滤波器传递特性');
%白噪声通过带通滤波器
subplot(3, 1, 2);                     %带通滤波器输出噪声统计特性
n_bp=filter(b, a, noisein);
[num2, x2]=hist(n_bp(1000: N), bin);
dx=(max(n_bp(1000: N))-min(n_bp(1000: N)))/bin;
plot(x2, num2/(dx*N)); xlabel('样值大小');ylabel('取值概率')
title('带通滤波器输出瞬时值概率密度');
subplot(3, 1, 3);                     %带通滤波器输出噪声功率谱
Xn_bp=fftshift(fft(n_bp, N)/fs);
Pn_bp=(abs(Xn_bp)).^2;
plot(f, Pn_bp);
xlabel('f/Hz'); ylabel('幅度'); title('带通滤波器输出噪声功率谱');
%设计低通滤波器
figure(3);                            %低通滤波器传递特性
subplot(3, 1, 1);
bl=500/(fs/2);
b=fir1(1000, bl);
a=1;
HL=freqz(b, a, f, fs);
plot(f, abs(HL));
xlabel('f/Hz'); ylabel('幅度'); title('低通滤波器传递特性');
%白噪声通过低通滤波器
subplot(3, 1, 2);                     %低通滤波器输出噪声统计特性
n_bl=filter(b, a, noisein);
% n_bl=conv(b, noisein)*ts
[num3, x3]=hist(n_bl(1000: N), bin);
dx=(max(n_bl(1000: N))-min(n_bl(1000: N)))/bin;
plot(x3, num3/(dx*N)); xlabel('样值大小'); ylabel('取值概率')
title('低通滤波器输出瞬时值概率密度');
subplot(3, 1, 3);                     %低通滤波器输出噪声功率谱
Xn_bl=fftshift(fft(n_bl, N)/fs);
Pn_bl=(abs(Xn_bl)).^2;
plot(f, Pn_bl);
xlabel('f/Hz'); ylabel('幅度'); title('低通滤波器输出噪声功率谱');
```

程序运行结果如图 2-3-5、图 2-3-6 和图 2-3-7 所示。

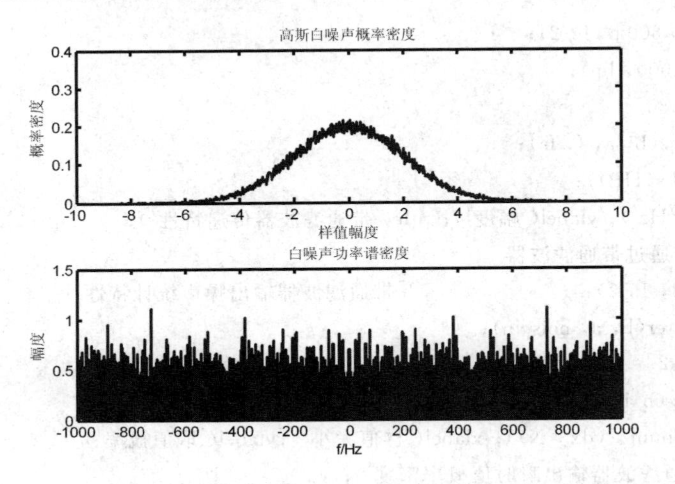

图 2-3-5　白噪声概率密度函数及其功率谱密度

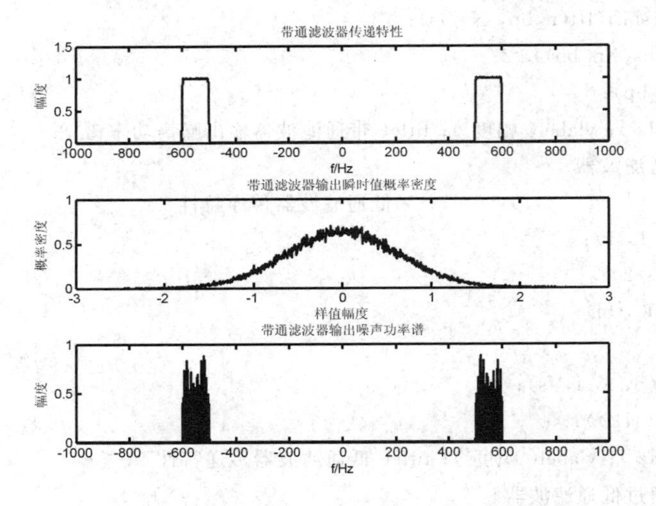

图 2-3-6　带通滤波器特性及其输出噪声

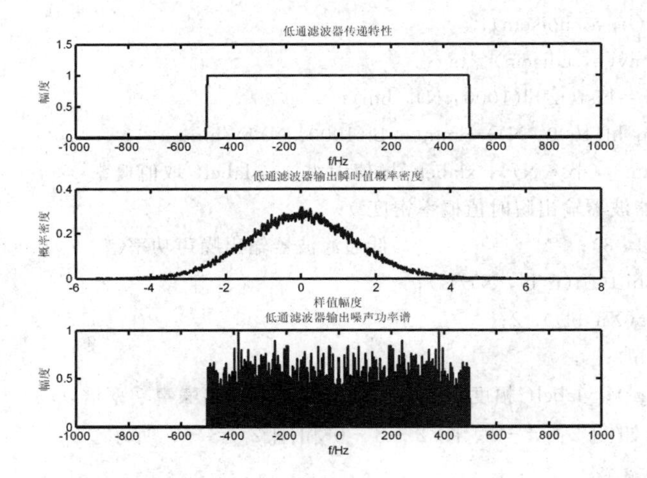

图 2-3-7　低通滤波器特性及其输出噪声

例 2-3-3　设 $B=N_0=1$。编程完成下列内容：

(1) 画出式(2-3-3)所示低通白噪声的自相关函数曲线。

(2) 求白噪声的自相关函数及功率谱密度。

(3) 白噪声序列通过带宽 $B=1$ W/Hz 低通滤波器后序列的自相关函数及功率谱密度。

解　(1) 程序运行结果如图 2-3-8 所示。

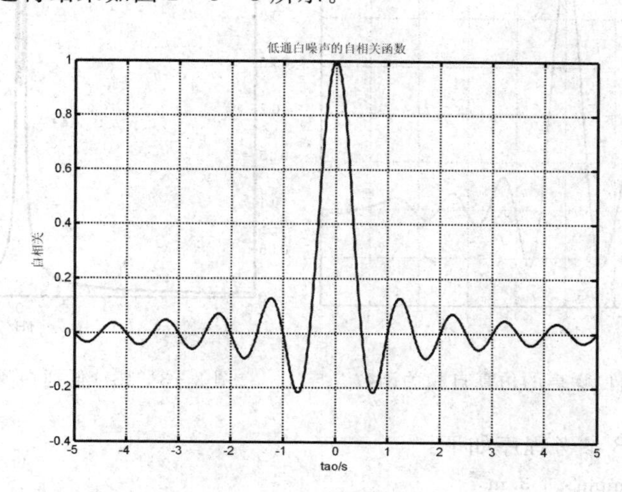

图 2-3-8　低通白噪声的自相关函数

(2) 随机序列$\{X_n\}$的自相关函数定义为

$$\begin{aligned}\hat{R}_x(m) &= \frac{1}{N-m}\sum_{n=1}^{N-m} X_n X_{n+m} \quad m=0,1,\cdots,M \\ &= \frac{1}{N-|m|}\sum_{n=|m|}^{N} X_n X_{n+m} \quad m=-1,-2,\cdots,-M \end{aligned} \tag{2-3-5}$$

按此定义编写程序，先产生功率谱为 $N_0=1$ W/Hz 的白噪声序列，再运用式(2-3-5)求其自相关函数；为使曲线平滑，进行 10 次结果的平均。对得到的自相关函数求 FFT，求出其幅度谱。程序运行结果如图 2-3-9 和图 2-3-10 所示。

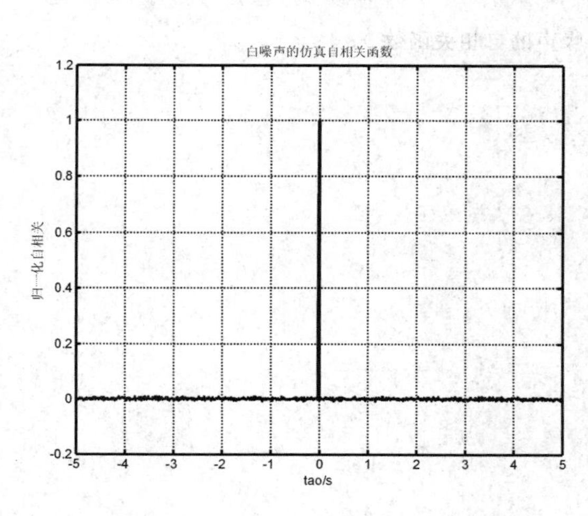

图 2-3-9　白噪声的仿真自相关函数

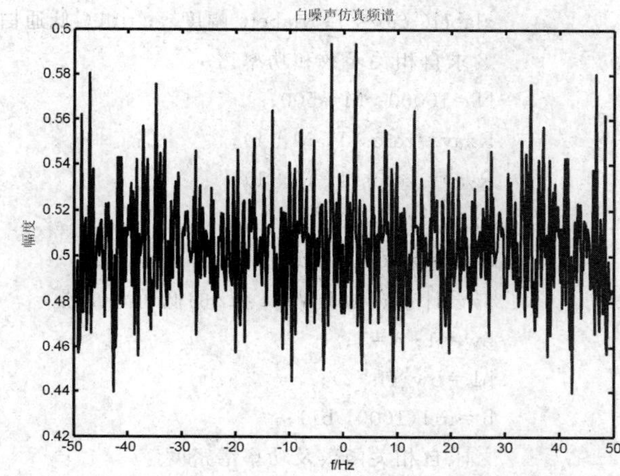

图 2-3-10　白噪声的仿真频谱

（3）先设计带宽为 1 Hz 的低通滤波器，白噪声序列通过此低通滤波器后用式(2-3-5)求其自相关函数，再对其作 FFT 求其频谱。得到的结果如图 2-3-11 和图 2-3-12 所示。

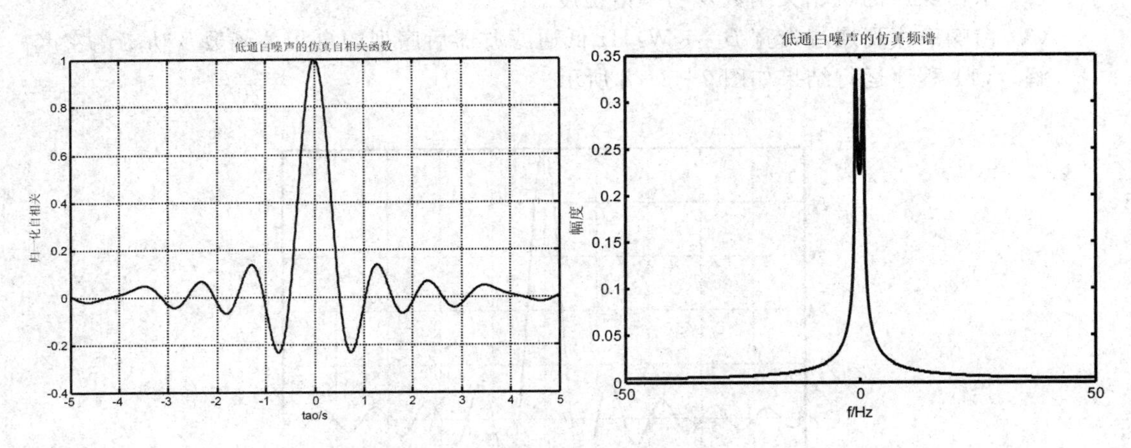

图 2-3-11 低通白噪声的仿真自相关函数　　图 2-3-12 低通白噪声的仿真频谱

本例 MATLAB 参考程序如下：

```
%文件：example2_3_3.m
%画出低通白噪声的自相关函数曲线
clear all;
bw=1;
fs=100;
ts=1/fs;
tao=-5:ts:5;
N0=1; B=1;
Rx=N0*B*sinc(2*B*tao);
figure(1);
plot(tao, Rx); grid on;
xlabel('tao/s'); ylabel('幅度'); title('低通白噪声的自相关函数');
%求自相关函数和功率谱
N=10000; M=500;
Rxav=zeros(1, M+1);
Ryav=zeros(1, M+1);
Sxav=zeros(1, M+1);
Syav=zeros(1, M+1);
%设计带宽为 BW=1 Hz 的低通滤波器
bw=1; a=1;
b1=bw/(fs/2);
b=fir1(1000, b1);
%求自相关函数及功率谱密度
for i=1:10
  delta2=N0*(fs/2);
```

```
        se_orignal=sqrt(delta2) * randn(1, N);     %产生1000个单边功率谱密度为N0=1 W/Hz
                                                   %的白噪声序列
        low_out=filter(b, a, se_orignal);
        %求se_orignal序列的自相关函数
        Rx=Rx_est(se_orignal, M);
        Ry=Rx_est(low_out, M);
        Sx=fftshift(abs(fft(Rx)/fs));
        Sy=fftshift(abs(fft(Ry)/fs));
        Rxav=Rxav+Rx; Ryav=Ryav+Ry;
        Sxav=Sxav+Sx; Syav=Syav+Sy;
    end
    Rxav=Rxav/10;
    weight=Rxav(1);
    Rxav_1=Rxav/weight;                        %归一化
    Ryav=Ryav/10;
    weight=Ryav(1);
    Ryav_1=Ryav/weight;                        %归一化
    Sxav=Sxav/10; Syav=Syav/10;
    figure(2);
    t=[-M: M] * ts;
    plot(t, [Rxav_1(M: -1: 1), Rxav_1]); grid;    %画出归一化白噪声自相关函数
    xlabel('tao/s'); ylabel('幅度'); title('白噪声的归一化自相关函数');
    figure(3);
    plot(t, [Ryav_1(M: -1: 1) Ryav_1]); grid;     %画出归一化低通白噪声自相关函数
    xlabel('tao/s'); ylabel('幅度'); title('低通白噪声的归一化自相关函数');
    figure(4);
    df=fs/length(Sxav);
    f=[0: length(Sxav)-1] * df-fs/2;
    plot(f, Sxav);                             %画出白噪声的频谱(其平方为功率谱)
    xlabel('f/Hz'); ylabel('幅度'); title('白噪声仿真频谱');
    figure(5);
    plot(f, Syav);                             %画出低通白噪声的频谱(其平方为功率谱)
    xlabel('f/Hz'); ylabel('幅度'); title('低通白噪声的仿真频谱');
```

2.3.3 窄带高斯过程

高斯白噪声通过带通滤波器时，若带通滤波器为窄带滤波器($B\ll f_c$)，则输出高斯过程称为窄带高斯噪声。窄带高斯噪声的包络 r 服从瑞利分布，相位 φ 服从均匀分布，概率密度函数为

$$\begin{cases} f(r)=\dfrac{r}{\sigma_n^2}\exp\left[-\dfrac{r^2}{2\sigma_n^2}\right] & r\geqslant 0 \\ f(\varphi)=\dfrac{1}{2\pi} & 0\leqslant\varphi\leqslant 2\pi \end{cases} \tag{2-3-6}$$

例 2-3-4　产生一个高斯窄带随机过程的样本。首先产生两个统计独立的高斯随机过程 $X_c(t)$ 和 $X_s(t)$，然后分别用它们来调制两个互相正交的载波 $\cos 2\pi f_0 t$ 和 $\sin 2\pi f_0 t$，如图 2-3-13 所示。

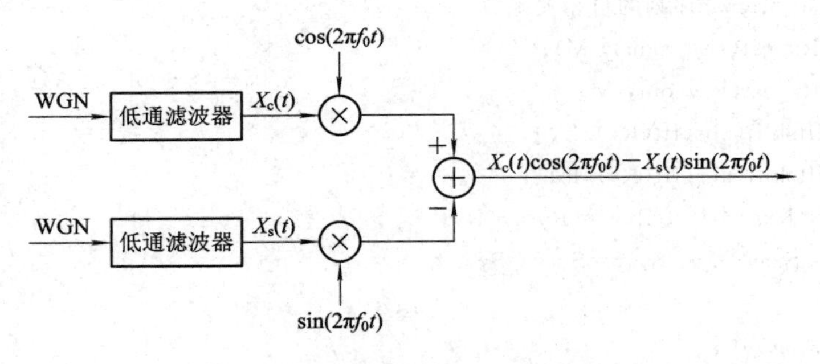

图 2-3-13　带通随机过程的产生

解　用 MATLAB 产生两个独立的高斯白噪声过程经由两个完全一样的低通滤波器过滤波，产生低通高斯随机过程 $X_c(t)$ 和 $X_s(t)$ 的样本。又设选用的低通滤波器的传递函数为

$$H(z)=\frac{1}{1-0.9z^{-1}}$$

并且，取 $f_0=20000$ Hz，抽样频率 $f_s=100000$ Hz，频率分辨率 $d_f=0.1$。这个带通过程所得到的功率谱如图 2-3-14 所示，包络瞬时值服从瑞利分布，如图 2-3-15 所示。

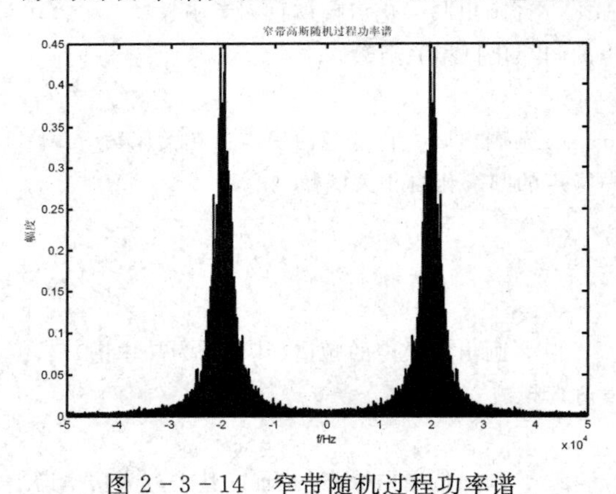

图 2-3-14　窄带随机过程功率谱

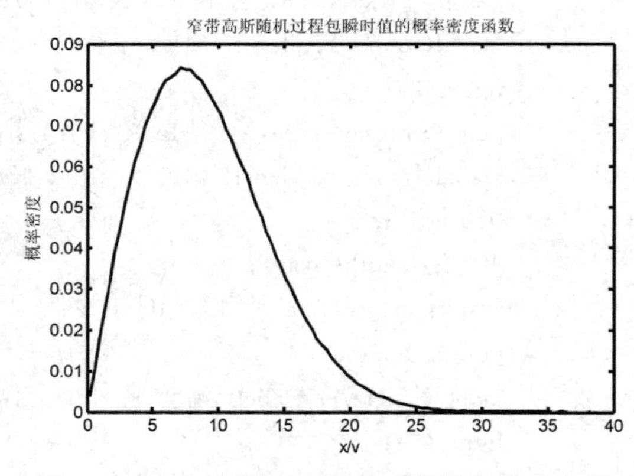

图 2-3-15　窄带高斯随机过程包络瞬时值的概率密度函数

本例 MATLAB 参考程序如下：

```
%文件：example2_3_4.m
%例 2-3-4 的 MATLAB 程序
%窄带高斯随机过程功率谱及包络分布
clear all;
f0=20000; fs=100000;
ts=1/fs; df=0.1;
N=fs/df;
n0=0.0001;
```

```
delta2=n0 * fs;
x1=sqrt(delta2) * randn(1, N);
x2=sqrt(delta2) * randn(1, N);
a=[1 -0.9]; b=1;
xc=filter(b, a, x1);
xs=filter(b, a, x2);
t=0: ts: (N-1) * ts;
band_pass_process=xc. * cos(2 * pi * f0 * t)-xs. * sin(2 * pi * f0 * t);
env=sqrt(xc.^2+xs.^2);
Xbp=fftshift(fft(band_pass_process, N)/fs);
f=[0: df: (N-1) * df]-fs/2;
plot(f, (abs(Xbp)).^2);
xlabel('f/Hz'); ylabel('幅度'); title('窄带高斯随机过程功率谱');
figure;
bin=100
[sum x]=hist(env, bin);
dx=(max(env)-min(env))/bin;
penv=sum/(N * dx); plot(x, penv);
xlabel('x/v'); ylable('取样概率'); title('窄带高斯随机过程包络瞬时值的概率密度函数');
```

习　题

2-1　$x(t)$为如图 2-1 所示的周期函数，已知 $\tau=2$ ms，$T=8$ ms。

(1) 写出 $x(t)$的指数型傅里叶级数展开式。

(2) 通过 MATLAB 编程，求出振幅频谱图。

2-2　已知 $x(t)$为图 2-2 所示宽度为 2 ms 的矩形脉冲。

(1) 写出 $x(t)$的傅里叶变换表示式。

(2) 通过 MATLAB 编程，求出振幅频谱图。

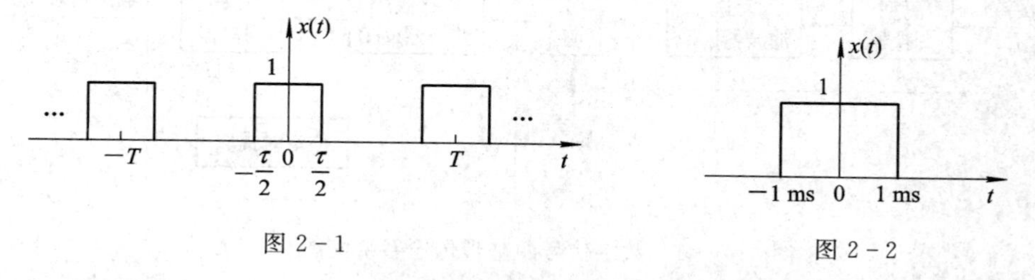

图 2-1　　　　图 2-2

2-3　参考例 2-3-2，用频域相乘方法求带通滤波器和低通滤波器的输出。

2-4　参考例 2-3-4，用 MATLAB 仿真窄带高斯噪声加上正弦或余弦波时其功率谱、统计特性；改变余弦或正弦信号的幅度，观察统计特性的变化，与之前学过的理论结论是否一致？

第 3 章 数字信号的基带传输

3.1 概述

数字信号的基带传输系统框图如图 3-1-1 所示。基带数字信息 a_n 可能是二进制信息，也可能是多进制信息，相应的系统分别称为二进制基带传输系统和多进制基带传输系统。原理上，数字信息可以表示成一个数字代码序列。例如，计算机中的信息是以约定的二进制代码“0”和“1”的形式存储的。但是，在实际传输中，为了匹配信道的特性以获得令人满意的传输效果，需要选择不同的传输波形来表示数字信息“0”和“1”。因此，在数字基带传输系统中，发送端需要将待传输的数字信息转变成具有特定传输波形的数字基带信号。在图 3-1-1 中，发送端中的码型变换器将待传输的数字信息转变为适合信道传输的各种码型(数字信息的表示方式)，又称线路码。由于码型变换器输出的各种码型是以矩形波形为基础的，其低频分量和高频分量均比较大，且占用的频带较宽，不利于传输，通常还需要发送滤波器将其转换为频谱能量较为集中的平滑波形(不同的数字信息采用不同波形形状的电脉冲表示)等，进而送入信道进行传输。在接收端，接收滤波器对接收到的混有噪声的发送信号进行平滑滤波，消除一定的噪声影响，进而由检测器进行信号检测。检测器一般为抽样判决器，抽样的时刻由位定时提取电路得到的位定时信号来确定。为使接收效果最佳，抽样判决器的判决门限应为最佳门限，最佳门限的选取与发送信号波形、发送信息的先验概率等有关。

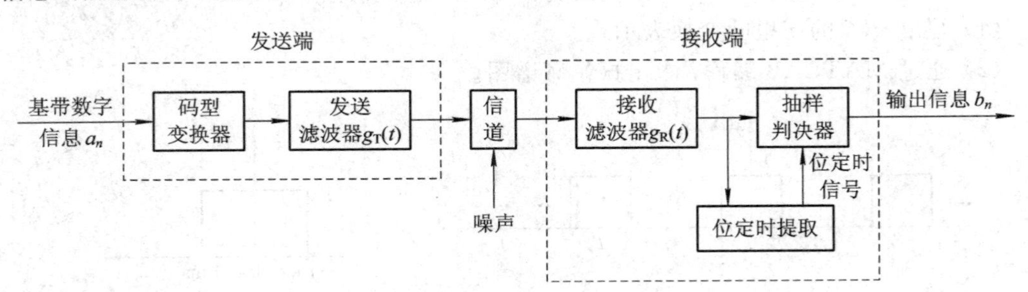

图 3-1-1 数字信号的基带传输系统框图

信息能被准确、可靠地传输一直是通信系统设计努力实现的目标。在接收机设计中，使差错概率最小的接收机被称为最佳接收机。在 AWGN 信道中，最佳接收机主要包括两部分：由信号相关器或匹配滤波器实现的接收滤波器和检测器。相同的接收信号经其相关器和匹配滤波器的输出波形是不同的，但在 $t=T_b$ 时刻的输出却是相同的，故在 $t=T_b$ 时刻进行抽样再送入检测器进行检测判决，信号相关器与匹配滤波器实现的接收滤波效果相同，均可实现抽样时刻输出信噪比最大的目的，进而使得系统传输差错概率最低，即最佳接收。

在数字通信系统中，致使系统产生误码的两个主要原因是噪声和码间串扰。为降低噪声的影响，可以采用最佳接收的方法，主要包括采用最佳接收滤波器和最佳检测器(即精准位定时前提下采用最佳门限进行抽样判决)。为消除码间串扰的影响，通常是设计无码间串扰的传输特性，即对收、发滤波器进行联合设计，使得基带传输系统中广义传输信道(包括发送滤波器、信道和接收滤波器)的传输特性满足奈奎斯特第一准则。当按无码间串扰要求设计出相应的收、发滤波器后，信道的带限、时变等因素还有可能使系统的总传输特性发生变化，不再满足奈奎斯特第一准则要求，此时接收端仍存在码间串扰，可采用信道均衡技术加以消除或减弱。此外，为保证系统的物理可实现性，设计出的无码间串扰传输系统的频带利用率通常是不能达到最大值(2 B/Hz)的。为了保证系统具有高的频带利用率，通常采用引入定量(或可控)码间串扰的方法来实现，此即部分响应技术。

本章主要对二进制数字信号基带传输系统中所涉及的主要模块及其对系统性能的影响进行讨论。

3.2 数字基带信号及其频谱分析

数字基带信号是数字信息的电脉冲表示，可以用不同的电平或脉冲来表示相应的数字信息。数字信息的表示方式和电脉冲的形状多种多样，对于相同的数字信息，采用不同的表示方式(称数字基带信号的码型)和电脉冲形状(称数字基带信号的波形)，可得到不同特性的数字基带信号。

3.2.1 数字基带信号的码型

本节以不同电平的矩形脉冲表示基带信号的码型。对于二进制数字信息，如果在码元结束时刻矩形脉冲的电平不为零，称为不归零码，否则称为归零码；如果用大小相等的正负电平脉冲表示数字信息“0”和“1”，称为双极性码，否则如果用某个非零电平和一个零电平分别表示数字信息“0”和“1”，则称为单极性码。这样就可得到数字基带信号的四种基本码型。

例 3-2-1 编程画出二进制单极性归零码、不归零码及双极性归零码、不归零码四种基本码型的信号。

解 设仿真中码元宽度为1，抽样速率为200，归零码占空比为0.5，输出二进制数字基带信号四种基本码型的信号波形如图3-2-1所示。

本例MATLAB参考程序如下：

```
%参数设置
Tb = 1;                    %码元宽度
M = 200;                   %每个码元内抽样点个数
ts = Tb/M;                 %抽样间隔
K = 0.5;                   %归零码的占空比
N = 100;                   %输出码元个数
s = randint(1, N);         %输出二进制码元信息
KK = floor(M * K);
```

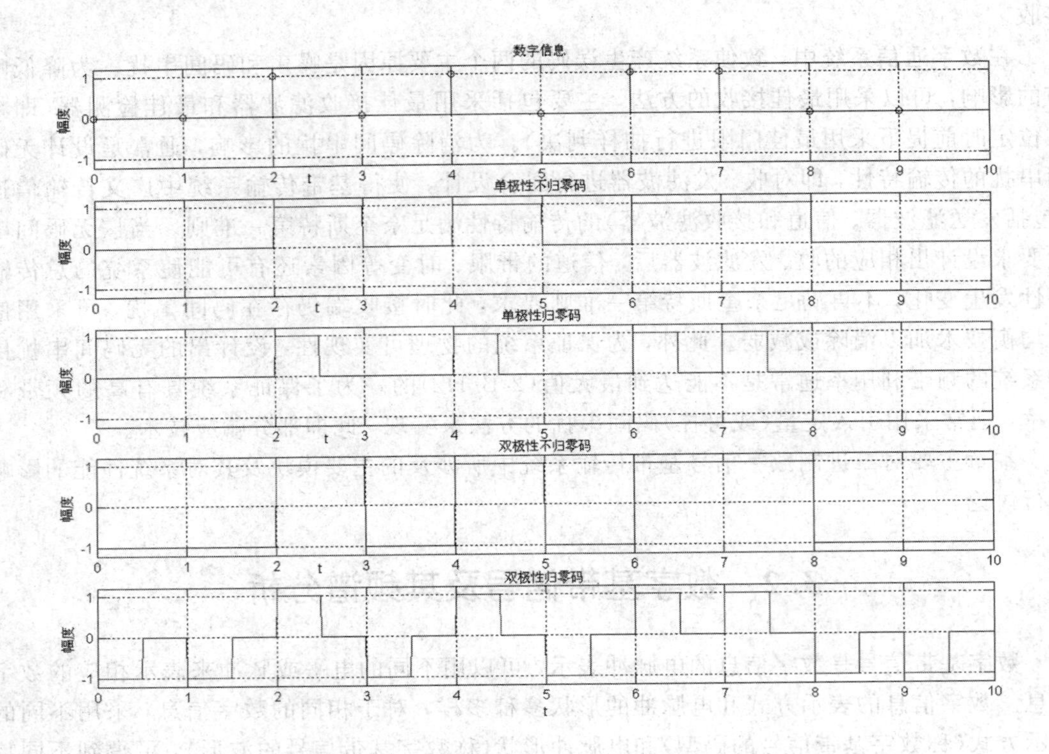

图 3-2-1　二进制数字基带信号的四种基本码型

```
%单极性不归零码
for i = 1 : length(s)
  s1( (i-1) * M+1 : i * M ) = s(i) * ones(1, M);
end
%单极性归零码
for i = 1 : length(s)
  s2( (i-1) * M+1 : i * M ) = s(i) * [ones(1, KK) zeros(1, M-KK)];
end
%双极性不归零码
for i = 1 : length(s)
  s3( (i-1) * M+1 : i * M ) = (-1)^(s(i)-1) * ones(1, M);
end
%单极性归零码
for i = 1 : length(s)
  s4( (i-1) * M+1 : i * M ) = (-1)^(s(i)-1) * [ones(1, KK) zeros(1, M-KK)];
end

%画图
index = 10;
t1 = 0: Tb: index * Tb-Tb;
t2 = 0: ts: index * Tb-ts;
```

```
subplot(511)
stem(t1, s(1: index)); grid                %数字信息
axis([0 index * Tb -1.2 1.2]); title('数字信息');
ylabel('幅度'); xlabel('t');
subplot(512)
plot(t2, s1(1: index * M)); grid           %单极性不归零码
axis([0 index * Tb -1.2 1.2]); title('单极性不归零码');
ylabel('幅度'); xlabel('t');
subplot(513)
plot(t2, s2(1: index * M)); grid           %单极性归零码
axis([0 index * Tb -1.2 1.2]); title('单极性归零码');
ylabel('幅度'); xlabel('t');
subplot(514)
plot( t2, s3(1: index * M)); grid          %双极性不归零码
axis([0 index * Tb -1.2 1.2]); title('双极性不归零码');
ylabel('幅度'); xlabel('t');
subplot(515)
plot( t2, s4(1: index * M)); grid          %双极性归零码
axis([0 index * Tb -1.2 1.2]); title('双极性归零码');
ylabel('幅度'); xlabel('t');
```

差分码、AMI码和HDB_3码等是数字通信系统中常用的几种码型，它们均可采用前述四种基本码型中的任一种形式。

差分码是用相邻码元电平的跳变与否来表示二进制数字信息"0"或"1"的，信息携带在相邻码元电平的相对变化上，又称相对码，可用来消除设备初始状态的影响，特别是在相位调制系统中解决由载波相位模糊带来的反相工作问题。如果以相邻码元电平跳变来表示数字信息"1"，以电平不变来表示数字信息"0"，则称为传号差分码；反之，如果以电平不变来表示数字信息"1"，以电平跳变来表示数字信息"0"，则称为空号差分码。对于传号差分码，其编码规则可表示为

$$b_n = a_n \oplus b_{n-1} \quad n=1, 2, 3, \cdots \tag{3-2-1}$$

式中，⊕为异或运算或模2加运算，b_n为输出的差分码，a_n为待编码的数字信息，称为绝对码。这里，a_n和b_n均为单极性码，取值"0"或"1"。起始位b_0称为参考信号，可任意设定为"0"码或"1"码。由差分码还原绝对码的过程称为差分译码，其数学表达式为

$$a_n = b_n \oplus b_{n-1} \tag{3-2-2}$$

若a_n和b_n均为双极性码，取值"+1"或"−1"，则式(3-2-1)和式(3-2-2)应分别重写为

$$b_n = -a_n \times b_{n-1} \tag{3-2-3}$$

$$a_n = -b_n \times b_{n-1} \tag{3-2-4}$$

式中，×表示乘法运算，$a_n=+1$代表数字信息"1"，$a_n=-1$代表数字信息"0"，参考信号可任意设定为"+1"或"−1"。若$a_n=+1$代表数字信息"0"，$a_n=-1$代表数字信息"1"，进行传号差分编码时需要将上述两式中等号右端的"−"符号去掉。对上述编译码关系式进行简单变换，即可得到空号差分码的编译码关系式，这里不再详述。

例 3-2-2　对给定数字信息序列 a_n=[01011100101]进行传号差分编码，并画出相应的单极性归零码、不归零码及双极性归零码、不归零码的波形。

解　编程基本思路：首先按照差分码的编码规则进行编码，然后用指定的波形表示。

设仿真中码元宽度为1，抽样速率为200，归零码占空比为0.5。编码器采用单极性码和双极性码运算时输出的传号差分码波形分别如图3-2-2和图3-2-3所示。编码器采用双极性码运算，信号本身已被表示成双极性，因此无需再考虑其单极性输出波形。对比两图可见，无论编码器采用单极性运算还是双极性运算，只要单极性与双极性间的映射规则相同，编码输出信号的波形也相同。仿真中采用的映射规则均为“0”→“－1”，“1”→“＋1”。

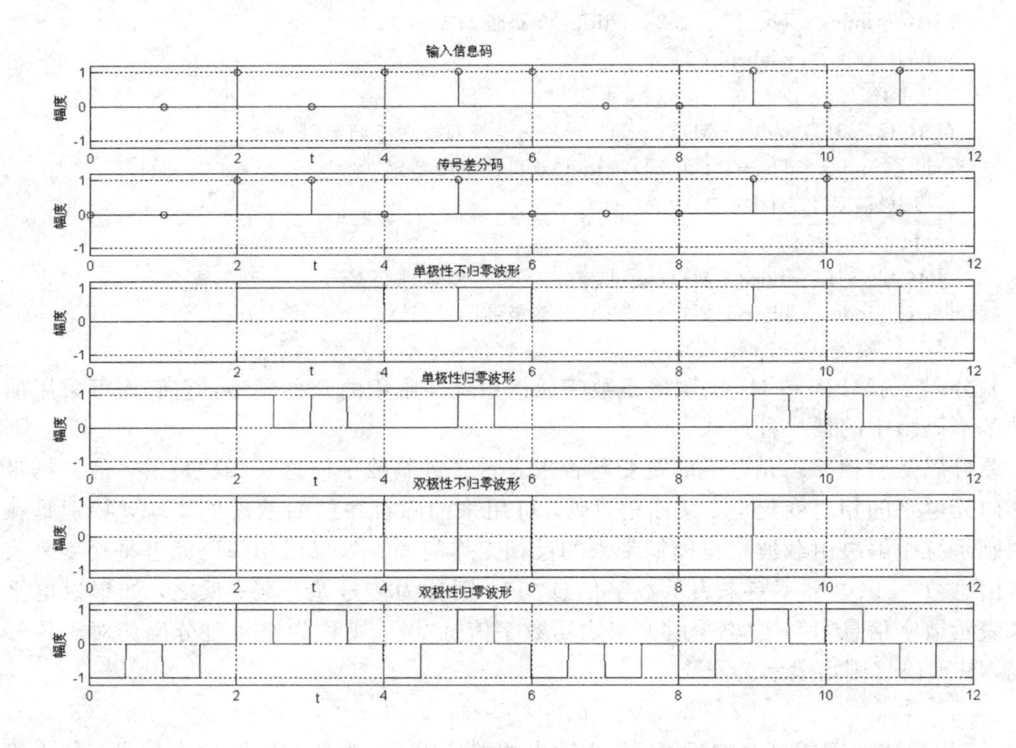

图3-2-2　单极性运算编码器输出传号差分码波形

本例MATLAB参考程序如下：

```
%参数设置
Tb = 1;                          %码元宽度
M = 200;                         %每个码元内抽样点的个数
ts = Tb/M;                       %抽样间隔
K = 0.5;                         %归零码的占空比
KK = floor(M * K);
a = [0 1 0 1 1 1 0 0 1 0 1];     %编码器输入数字信息
%传号差分码
%单极性码运算
b(1) = 0;                        %设置初始信号
```

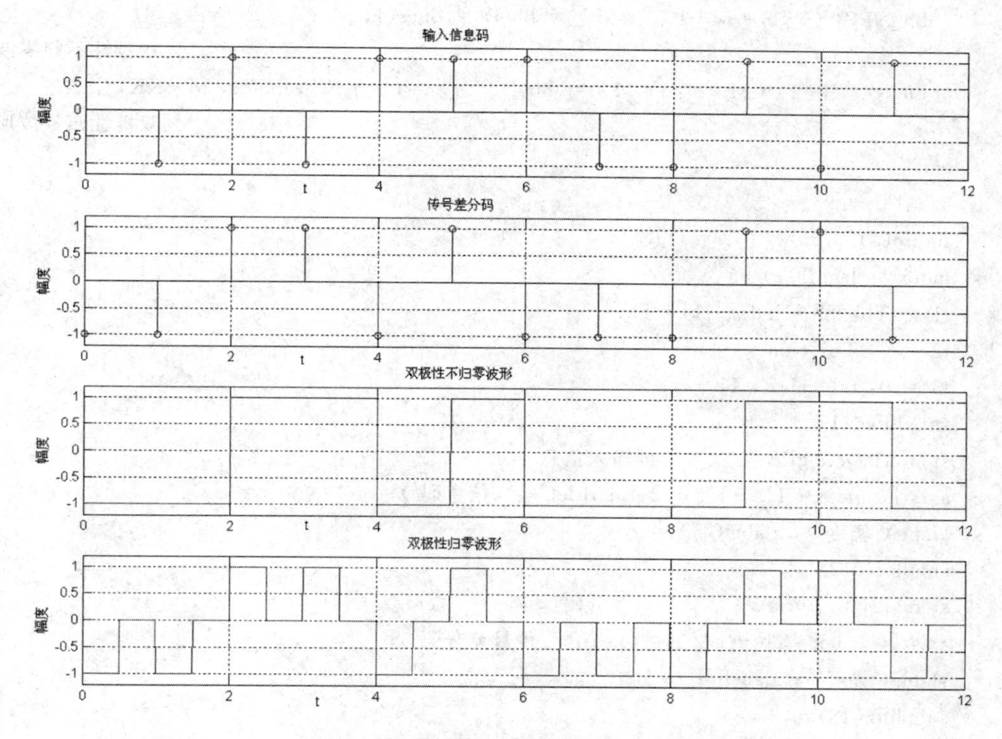

图 3-2-3 双极性运算编码器输出传号差分码波形

```
for i = 1: length(a)
  b(i+1) = xor(a(i), b(i));
end
%形成指定的波形
for i = 1: length(b)
  b_s_NRZ( (i-1) * M+1 : i * M ) = b(i) * ones(1, M);
                                                        %单极性不归零波形
  b_s_RZ( (i-1) * M+1 : i * M ) = b(i) * [ones(1, KK) zeros(1, M-KK)];
                                                        %单极性归零波形
  b_d_NRZ( (i-1) * M+1 : i * M ) = (-1)^(b(i)-1) * ones(1, M);
                                                        %双极性不归零波形
  b_d_RZ((i-1) * M+1: i * M) = (-1)^(b(i)-1) * [ones(1, KK) zeros(1, M-KK)];
                                                        %双极性归零波形
end
%双极性码运算
aa = (-1).^(a-1);          %单、双极性映射关系：1→+1，0→-1
bb(1) = -1;                %设置初始信号
for i = 1: length(aa)
  bb(i+1) = -aa(i) * bb(i);
end
%形成指定的波形
for i = 1: length(bb)
```

```
    bb_NRZ( (i-1) * M+1 : i * M ) = bb(i) * ones(1, M);
                                                            %双极性不归零波形
    bb_RZ( (i-1) * M+1 : i * M ) = bb(i) * [ones(1, KK) zeros(1, M-KK)];
                                                            %双极性归零波形
end
%画图
figure(1)
index = length(a)+1;
t1 = Tb: Tb: (index-1) * Tb;
t2 = 0: Tb: (index-1) * Tb;
t3 = 0: ts: index * Tb-ts;
subplot(611)
stem(t1, a); grid              %输入信息
axis([0 index * Tb -1.2 1.2 ]); title('输入信息码');
ylabel('幅度'); xlabel('t');
subplot(612)
stem(t2, b); grid              %差分码
axis([0 index * Tb -1.2 1.2 ]); title('传号差分码');
ylabel('幅度'); xlabel('t');
subplot(613)
plot(t3, b_s_NRZ(1: index * M)); grid          %单极性不归零码
axis([0 index * Tb -1.2 1.2 ]); title('单极性不归零波形');
ylabel('幅度'); xlabel('t');
subplot(614)
plot(t3, b_s_RZ(1: index * M)); grid           %单极性归零码
axis([0 index * Tb -1.2 1.2 ]); title('单极性归零波形');
ylabel('幅度'); xlabel('t');
subplot(615)
plot(t3, b_d_NRZ(1: index * M)); grid          %双极性不归零码
axis([0 index * Tb -1.2 1.2 ]); title('双极性不归零波形');
ylabel('幅度'); xlabel('t');
subplot(616)
plot(t3, b_d_RZ(1: index * M)); grid           %双极性归零码
axis([0 index * Tb -1.2 1.2 ]); title('双极性归零波形');
ylabel('幅度'); xlabel('t');
figure(2)
subplot(411)
stem(t1, aa); grid                             %输入信息
axis([0 index * Tb -1.2 1.2 ]); title('输入信息码');
ylabel('幅度'); xlabel('t');
subplot(412)
stem(t2, bb); grid                             %差分码
axis([0 index * Tb -1.2 1.2 ]); title('传号差分码');
```

```
ylabel('幅度'); xlabel('t');
subplot(413)
plot(t3, bb_NRZ(1: index * M)); grid          %双极性不归零码
axis([0 index * Tb -1.2 1.2 ]); title('双极性不归零波形');
ylabel('幅度'); xlabel('t');
subplot(414)
plot(t3, bb_RZ(1: index * M)); grid           %双极性归零码
axis([0 index * Tb -1.2 1.2 ]); title('双极性归零波形');
ylabel('幅度'); xlabel('t');
```

AMI码即极性交替码，其编码规则是：信息中的"0"码用零电平表示，"1"码则交替地用正、负电平脉冲表示。其优点是不管信息序列中"1""0"码是否等概，数字基带信号均无直流分量，且低频分量小，编译码简单；其缺点是当序列中出现长连"0"码时难以获取位定时信息。

HDB_3码(三阶高密度双极性码)则是一种可克服AMI码缺点的改进码型，也称为连"0"抑制码。其编码规则是：

(1) 当信息码的连"0"个数不大于3时，其编码方法与AMI码相同。

(2) 当连"0"个数超过3时，每4个连"0"段用"000V"或"100V"来代替，具体代替规则为：

(a) 第1个4连"0"段可按要求或任意选择"000V"或"100V"代替。

(b) 对于第2个及以后的连"0"段，若前一个"V"至当前连"0"段之间"1"码的个数为奇数，则当前连"0"段用"000V"来代替，否则用"100V"来代替。

(3) 给"1"码和"V"码标上极性，具体方法为：

(a) 所有"1"码正负极性交替。第1个"1"码的极性可任意设定。

(b) 所有"V"码正负极性交替，且每1个"V"码的极性都要和其前1个"1"码的极性相同。若第1个"V"码前有"1"码，则"V"码的极性与其前1个"1"码的极性相同；若第1个"V"码前无"1"码，则该"V"码的极性应与其后1个"1"码的极性相反或将该"V"码前的"000"码改写为"100"码，并重新设定所有"1"码和"V"码的极性。

(4) "V"码和"1"码采用共同的波形表示。例如："+V"和"+1"都用正脉冲表示，"-V"和"-1"码都用负脉冲表示。

需要注意的是：无特别要求时，第1个4连"0"用"000V"还是"100V"来代替是任意选取的，第1个"1"码的极性也是任意的，因此给定信息的HDB_3码是不唯一的。

HDB_3码译码的关键是找出"100V"和"000V"，然后将其恢复为"0000"，最后再将正、负脉冲还原为"1"码即可。其具体规则如下：

(1) 当遇到两个相邻的同极性码时，后者一定是"V"码，将"V"码连同其前面的3位码均还原为"0"码。

(2) 将所有的"+1"和"-1"均恢复为"1"码。

HDB_3码除保持了AMI码的优点外，还将连"0"码个数限制在3以内，故有利于位定时的提取。因此，HDB_3码是应用最为广泛的码型，ITU(国际电信联盟)建议HDB_3码作为欧洲系列PCM中一、二、三次群的传输码型。

例3-2-3 对给定的数字信息序列a_n=[10000100001010000010]分别进行AMI码和HDB_3码编码，并画出相应的归零码与不归零码信号波形。

解 编程思路：首先按照 AMI 码和 HDB_3 码的编码规则进行编码，然后用指定的波形表示。设仿真中码元宽度为 1，抽样速率为 200，归零码占空比为 0.5。AMI 码和 HDB_3 码编码输出波形分别如图 3-2-4 和图 3-2-5 所示，图中同时给出了归零与不归零两种波形表示形式。

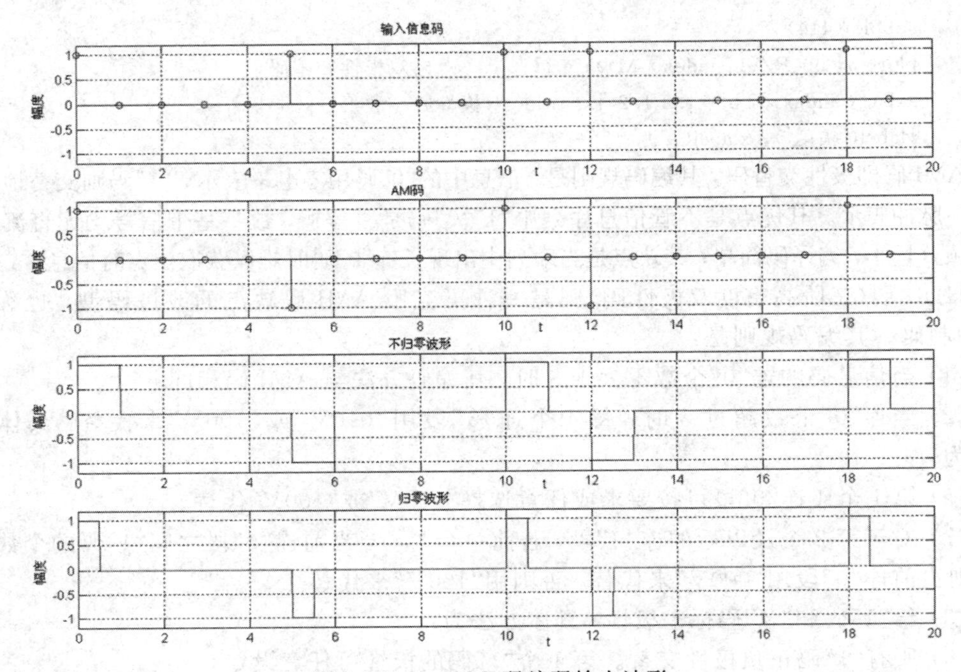

图 3-2-4 AMI 码编码输出波形

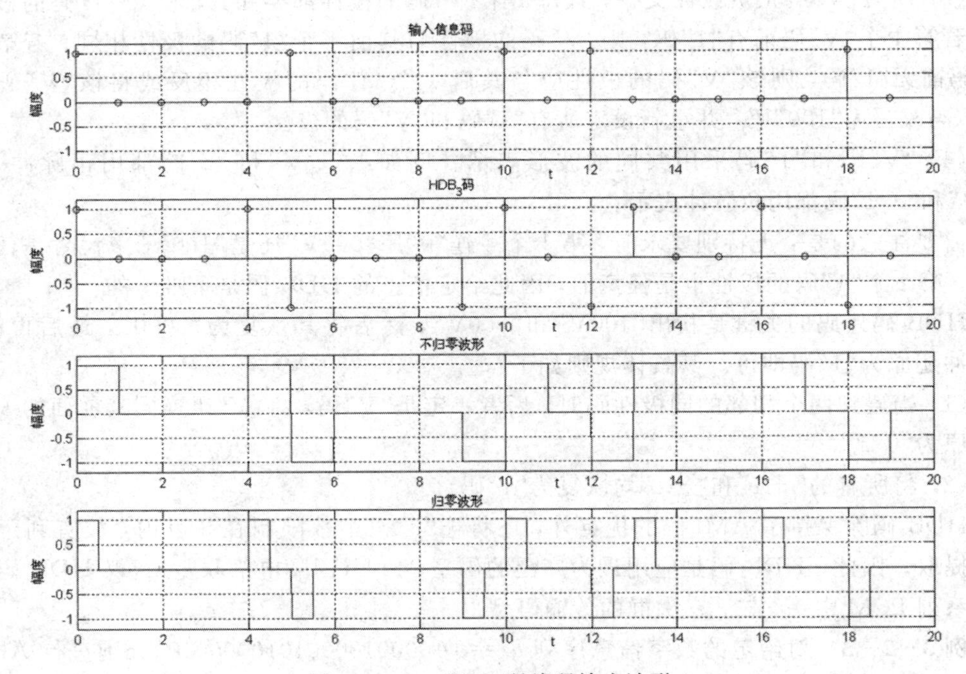

图 3-2-5 HDB_3 码编码输出波形

本例 MATLAB 参考程序如下：

```
%参数设置
Tb = 1;                        %码元宽度
M =200;                        %每个码元内抽样点的个数
ts = Tb/M;                     %抽样间隔
K = 0.5;                       %归零码的占空比
KK = floor(M * K);
a = [1 0 0 0 0 1 0 0 0 0 1 0 1 0 0 0 0 0 0 1 0];       %编码器输入数字信息
%AMI码编码
index_flag = 0;                %设第1个"1"为正极性
for i = 1: length(a)
  if a(i) == 0
    b(i) = a(i);
  else
    index_flag = mod(index_flag+1, 2);
    if index_flag == 1
      b(i) = +1;
    else
      b(i) = -1;
    end
  end
end
%形成指定的波形
for i = 1: length(b)
  b_NRZ( (i-1) * M+1 : i * M ) = b(i) * ones(1, M);
                                                              %双极性不归零波形
  b_RZ( (i-1) * M+1 : i * M ) = b(i) * [ones(1, KK) zeros(1, M-KK)];
                                                              %双极性归零波形
end
%HDB3码编码
%检测4个连"0"并将其用"0002"代替，暂用"2"代替"V"码
temp = 0;                      %计算连"0"的个数
for i = 1: length(a)
  if a(i) == 1
    bb_1(i) = a(i);
    temp = 0;
  else
    temp = temp +1;
    if temp == 4
      bb_1(i-3: i) = [0 0 0 2];
      temp = 0;
    else
      bb_1(i) = 0;
```

```
        end
    end
end
%设定每个"B00V"段中"B"码的取值：1或0
bb_2 = bb_1;
flag_B = 0;
for i = 1: length(a)
    if bb_2(i) == 2
        if flag_B == 0
            bb_2(i-3) = 0;                      %设置第1个"B00V"段中的"B"取值0
            flag_B = 1;
        else
            if mod(temp_num, 2) == 0            %两个相邻"V"码间的"1"码个数为偶数，后1个
                                                %"000V"改写为"100V"，即设置B码
                bb_2(i-3) = 1;
            end
        end
        temp_num = 0;
    elseif (bb_2(i) == 1) & (flag_B == 1)      %计算两个相邻"V"码间的"1"码个数
        temp_num = temp_num +1;
    end
end
%配置"1"码和V码的极性
bb = bb_2;
num = 0;
flag_V = 0;
for i = 1: length(a)
    if num == 0
        if bb_2(i) == 2                 %最先出现"V"码
            flag_V = 2;                 %标志"V"码最先出现
            bb(i) = +1;                 %设置第1个"V"码为正极性，即000+V
        end
        if bb_2(i) == 1                 %设置第1个"1"码极性
            if flag_V == 0;             %最先出现"1"码，设置第1个"1"码为+1
                bb(i) = +1;
                flag_V = 1;
            elseif flag_V == 2          %最先出现"V"码，设置第1个"1"码为-1
                bb(i) = -1;
                flag_V = 0;
            end
            num = 1;
        end
    else                                %设置其余"1"码、"V"码的极性
```

```
    if bb_2(i) == 1                 %设置"1"码极性
      num = num +1;                 %"1"码计算器
      if flag_V == 1                %前1个"1"码为正，设置当前"1"码为负
        bb(i) = -1;
        flag_V = 0;
      else
        bb(i) = +1;
        flag_V = 1;
      end
    elseif  bb_2(i) == 2            %设置V码极性
      if flag_V == 1                %前1个"1"码为正，设置当前"V"码为正
        bb(i) = +1;
      elseif flag_V == 0
        bb(i) = -1;
      end
    end
  end
end
%形成指定的波形
for i = 1: length(bb)
  bb_NRZ( (i-1) * M+1 : i * M ) = bb(i) * ones(1, M);
                                                        %双极性不归零波形
  bb_RZ( (i-1) * M+1 : i * M ) = bb(i) * [ones(1, KK) zeros(1, M-KK)];
                                                        %双极性归零波形
end
%画图
index = length(a);
t1 = 0: Tb: (index-1) * Tb;
t2 = 0: ts: index * Tb-ts;
subplot(411)
stem(t1, a); grid               %输入信息
axis([0 index * Tb -1.2 1.2 ]); title('输入信息码');
ylabel('幅度'); xlabel('t');
subplot(412)
stem(t1, b); grid               %AMI码
axis([0 index * Tb -1.2 1.2 ]); title('AMI码');
ylabel('幅度'); xlabel('t');
subplot(413)
plot(t2, b_NRZ(1: index * M)); grid            %双极性不归零码
axis([0 index * Tb -1.2 1.2 ]); title('不归零波形');
ylabel('幅度'); xlabel('t');
subplot(414)
plot(t2, b_RZ(1: index * M)); grid             %双极性归零码
```

```
axis([0 index * Tb -1.2 1.2 ]); title('归零波形');
ylabel('幅度'); xlabel('t');
figure(2)
subplot(411)
stem(t1, a); grid                %输入信息
axis([0 index * Tb -1.2 1.2 ]); title('输入信息码');
ylabel('幅度'); xlabel('t');
subplot(412)
stem(t1, bb); grid               %HDB3 码
axis([0 index * Tb -1.2 1.2 ]); title('HDB_3 码');
ylabel('幅度'); xlabel('t');
subplot(413)
plot(t2, bb_NRZ(1: index * M)); grid          %双极性不归零码
axis([0 index * Tb -1.2 1.2 ]); title('不归零波形');
ylabel('幅度'); xlabel('t');
subplot(414)
plot(t2, bb_RZ(1: index * M)); grid           %双极性归零码
axis([0 index * Tb -1.2 1.2 ]); title('归零波形');
ylabel('幅度'); xlabel('t');
```

3.2.2　数字基带信号的频谱分析

对数字基带信号的频谱特性进行研究是非常必要的。通过频谱分析，我们可以了解信号占据的频带宽度、所包含的频谱成分，特别是有无直流分量、位定时分量等。这样，我们才能针对信号频谱特点来选择与之相匹配的信道进行传输，确定是否可从该信号中提取位定时等。

由于数字基带信号是一个随机脉冲序列，没有确定的频谱函数，所以只能用功率谱来描述它的频谱特性。对于二进制数字基带信号，设“1”码波形为 $g_1(t)$，出现的概率为 p，“0”码波形为 $g_2(t)$，概率为 $1-p$，码元宽度为 T_b，且前后码元统计独立，则其功率谱表达式为

$$P(f) = f_b p(1-p)\left|G_1(f) - G_2(f)\right|^2 + f_b^2 \sum_{n=-\infty}^{\infty}\left|pG_1(nf_b) + (1-p)G_2(nf_b)\right|^2 \delta(f - nf_b) \qquad (3-2-5)$$

式中，$G_1(f)$、$G_2(f)$分别是 $g_1(t)$和 $g_2(t)$的频谱函数，$f_b=1/T_b$，在数值上等于码元速率。式中第一项是连续谱，由于 $g_1(t) \neq g_2(t)$，相应地 $G_1(f) \neq G_2(f)$，故连续谱总是存在的；由连续谱可确定数字基带信号的带宽。式中第二项是由许多离散谱线组成的离散谱，其中 $n = 0$ 对应直流分量谱，$n = \pm 1$ 对应位定时分量谱。对于某个具体的数字基带信号，其离散谱不一定存在。

需要注意的是，式(3-2-5)是理论分析结果，其要求待分析数据个数是无穷大的，而在实际中待分析数据的个数通常是有限的，因此实际通信系统中的信号频谱与式(3-2-5)的理论结果会有一定的偏差。在 MATLAB 环境中，要得到某段信号的频谱，可利用 FFT 运算。

例 3-2-4　计算单极性矩形波形数字基带信号的功率谱，并画出其谱密度图和仿真结果。

解　对于单极性波形，若设 $g_1(t)=0$，$g_2(t)=g(t)$，则数字基带信号的功率谱密度为

$$P(f)=f_b p(1-p)\,|G(f)|^2+f_b^2\sum_{n=-\infty}^{\infty}|(1-p)G(nf_b)|^2\delta(f-nf_b) \tag{3-2-6}$$

式中，n 为整数，$G(f)$为 $g(t)$的傅里叶变换。当数字信息“0”“1”等概时，上式可简化为

$$P(f)=\frac{1}{4}f_b\,|G(f)|^2+\frac{1}{4}f_b^2\sum_{n=-\infty}^{\infty}|G(nf_b)|^2\delta(f-nf_b) \tag{3-2-7}$$

根据 $g(t)$计算相应的 $G(f)$，代入上式即可得到相应的功率谱。

(1) 当 $g(t)$为不归零矩形波形时，有

$$G(f)=T_b\left(\frac{\sin\pi fT_b}{\pi fT_b}\right)=T_b\mathrm{Sa}(\pi fT_b) \tag{3-2-8}$$

当 $f=nf_b$时，$G(nf_b)$的取值情况为：$n=0$ 时，$G(nf_b)=T_b\mathrm{Sa}(0)\neq 0$，因此离散谱中有直流分量 $\delta(f)$；$n\neq 0$ 时，$G(nf_b)=T_b\mathrm{Sa}(n\pi)=0$，离散谱均为零，因而无位定时分量 $\delta(f-f_b)$。这时有

$$P(f)=\frac{1}{4}T_b\mathrm{Sa}^2(\pi fT_b)+\frac{1}{4}\delta(f) \tag{3-2-9}$$

基带信号的带宽取决于连续谱，实际由单个码元的频谱函数 $G(f)$决定。若取信号频谱函数的第一个零点带宽为信号带宽，则单极性不归零矩形波形的数字基带信号的带宽为 $B=f_b$。

(2) 当 $g(t)$为半占空归零矩形波形即脉冲宽度 $\tau=T_b/2$ 时，有

$$G(f)=\frac{T_b}{2}\mathrm{Sa}\left(\frac{\pi fT_b}{2}\right) \tag{3-2-10}$$

当 $f=nf_b$时，$G(nf_b)$的取值情况：$n=0$ 时，$G(nf_b)=T_b\mathrm{Sa}(0)/2\neq 0$，因此离散谱中有直流分量 $\delta(f)$；n 为奇数时，$G(nf_b)=T_b\mathrm{Sa}(n\pi/2)/2\neq 0$，此时有离散谱，其 $n=1$ 时，$G(f_b)=T_b\mathrm{Sa}(\pi/2)/2\neq 0$，因而有位定时分量；当 n 为偶数时，$G(nf_b)=T_b\mathrm{Sa}(n\pi/2)/2=0$，此时无离散谱。这时有

$$P(f)=\frac{1}{16}T_b\mathrm{Sa}^2\left(\frac{\pi fT_b}{2}\right)+\frac{1}{16}\sum_{n=-\infty}^{\infty}\mathrm{Sa}^2\left(\frac{n\pi}{2}\right)\delta(f-nf_b) \tag{3-2-11}$$

不难求出，单极性半占空归零矩形波形的数字基带信号的带宽为 $B=2f_b$。

本例 MATLAB 参考程序如下：

```
%参数设置
Tb = 1;                         %码元宽度
M =20;                          %每个码元内抽样点的个数
ts = Tb/M;                      %抽样间隔
K = 0.5;                        %归零波形的占空比，K=1 为不归零波形
KK = floor(M * K);
N = 10000;                      %产生码元个数
fs = 1/ts;                      %抽样速率
df = fs/N/M;
```

```
f = 0 : df : (fs-df);                         %考察数据频域范围
%数值计算
P_lilun_NRZ = (sinc(f * Tb)).^2 * Tb/4;           %连续谱
P_lilun_RZ = (sinc(f * Tb/2)).^2 * Tb/16;         %连续谱
%数据仿真
s = randint(1, N);                                %产生二进制码元信息
%形成指定波形的基带信号
for i = 1: length(s)
  s_NRZ((i-1) * M+1 : i * M ) = s(i) * ones(1, M);
                                                          %单极性不归零波形
  s_RZ((i-1) * M+1 : i * M ) = s(i) * [ones(1, KK) zeros(1, M-KK)];
                                                          %单极性归零波形
end
P_NRZ = (abs(fft(s_NRZ))/fs).^2;
P_RZ = (abs(fft(s_RZ))/fs).^2;

%画图
index = length(s);
subplot(411)
semilogy(f, P_lilun_NRZ./max(P_lilun_NRZ));      %画出不归零波形的归一化功率谱，理论
axis([-0.1 6/Tb 10^-15 1.1]);
ylabel('归一化对数幅度'); xlabel('f/Hz');
title('不归零波形连续谱数值结果'); grid
subplot(412)
semilogy(f, P_NRZ./max(P_NRZ));                  %画出不归零波形的归一化功率谱，仿真
axis([-0.1 6/Tb 10^-15 1.1]);
ylabel('归一化对数幅度'); xlabel('f/Hz');
title('不归零波形功率谱仿真结果'); grid
subplot(413)
semilogy(f, P_lilun_RZ./max(P_lilun_RZ));        %画出归零波形的归一化功率谱，理论
axis([-0.1 6/Tb 10^-15 1.1 ]);
ylabel('归一化对数幅度');
xlabel('f/Hz');
title('归零波形连续谱数值结果'); grid
subplot(414)
semilogy(f, P_RZ./max(P_RZ));                    %画出归零波形的归一化功率谱，仿真
axis([-0.1 6/Tb 10^-15 1.1]);
ylabel('归一化对数幅度');
xlabel('f/Hz');
title('归零波形功率谱仿真结果'); grid
```

运行本例程序，得单极性不归零、半占空归零波形基带信号的归一化功率谱的数值结果(仅连续谱)与仿真结果，如图 3-2-6 所示。

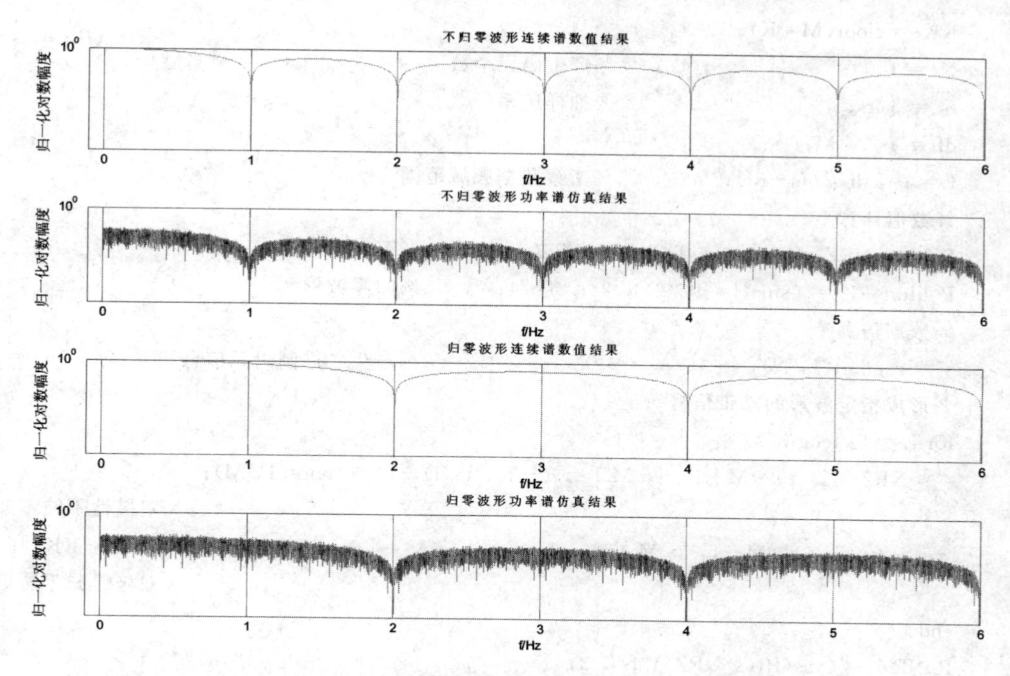

图 3-2-6 单极性矩形波形数字基带信号归一化功率谱图

例 3-2-5 计算双极性不归零波形数字基带信号的功率谱，并画出相应的谱密度图。

解 对于双极性波形，设 $g_1(t)=-g_2(t)=g(t)$，则数字基带信号的功率谱密度为

$$P(f)=4f_b p(1-p)\ |G(f)|^2+f_b^2\sum_{n=-\infty}^{\infty}|(2p-1)G(nf_b)|^2\delta(f-nf_b) \tag{3-2-12}$$

数字信息"0""1"等概时，上式可简化为

$$P(f)=f_b\ |G(f)|^2 \tag{3-2-13}$$

根据 $g(t)$ 计算相应的 $G(f)$，代入上式即可得到相应数字基带信号的功率谱。

(1) 当 $g(t)$ 为不归零矩形波形时，有

$$P(f)=T_b\mathrm{Sa}^2(\pi f T_b) \tag{3-2-14}$$

(2) 当 $g(t)$ 为半占空归零矩形波形时，有

$$P(f)=\frac{T_b}{4}\mathrm{Sa}^2\left(\frac{\pi}{2}fT_b\right) \tag{3-2-15}$$

不难看出，数字信息"0""1"等概时，双极性矩形波形数字基带信号中无离散谱，仅有连续谱；$g(t)$ 为不归零矩形波形时信号带宽为 $B=f_b$，$g(t)$ 为半占空归零矩形波形时信号带宽为 $B=2f_b$。

本例 MATLAB 参考程序如下：

```
%参数设置
Tb = 1;                        %码元宽度
M =20;                         %每个码元内抽样点的个数
ts = Tb/M;                     %抽样间隔
K = 0.5;                       %归零波形的占空比，K=1 为不归零波形
```

```
KK = floor(M * K);
N = 1000;                        %产生码元个数
fs = 1/ts;                       %抽样速率
df = fs/N/M;
f = 0 : df : (fs-df);            %考察数据频域范围
%数值计算
P_lilun_NRZ = (sinc(f * Tb)).^2 * Tb;          %不归零波形
P_lilun_RZ = (sinc(f * Tb/2)).^2 * Tb/4;       %归零波形
%数据仿真
s = randint(1, N);                             %产生二进制码元信息
%形成指定波形的基带信号
for i = 1: length(s)
  s_NRZ( (i-1) * M+1 : i * M ) = (-1).^(s(i)-1) * ones(1, M);
                                                            %双极性不归零波形
  s_RZ( (i-1) * M+1: i * M )=(-1).^(s(i)-1) * [ones(1, KK) zeros(1, M-KK)];
                                                            %双极性归零波形
end
P_NRZ = (abs(fft(s_NRZ))/fs).^2;
P_RZ = (abs(fft(s_RZ))/fs).^2;

%画图
index = length(s);
subplot(411)
semilogy(f, P_lilun_NRZ./max(P_lilun_NRZ)); grid %画出不归零波形的归一化功率谱，理论
axis([-0.1 6/Tb -0.1 1.1]); title('不归零波形功率谱数值结果');
ylabel('归一化对数幅度'); xlabel('f/Hz');
subplot(412)
semilogy(f, P_NRZ./max(P_NRZ)); grid          %画出不归零波形的归一化功率谱，仿真
axis([-0.1 6/Tb -0.1 1.1]); title('不归零波形功率谱仿真结果');
ylabel('归一化对数幅度'); xlabel('f/Hz');
subplot(413)
semilogy(f, P_lilun_RZ./max(P_lilun_RZ)); grid    %画出归零波形的归一化功率谱，理论
axis([-0.1 6/Tb -0.1 1.1 ]); title('归零波形功率数值结果');
ylabel('归一化对数幅度');
xlabel('f/Hz');
subplot(414)
semilogy(f, P_RZ./max(P_RZ)); grid               %画出归零波形的归一化功率谱，仿真
axis([-0.1 6/Tb -0.1 1.1]);
title('归零波形功率谱仿真结果');
ylabel('归一化对数幅度'); xlabel('f/Hz');
```

运行本例程序，得双极性不归零波形与半占空归零波形数字基带信号的归一化功率谱数值结果与仿真结果如图 3-2-7 所示。

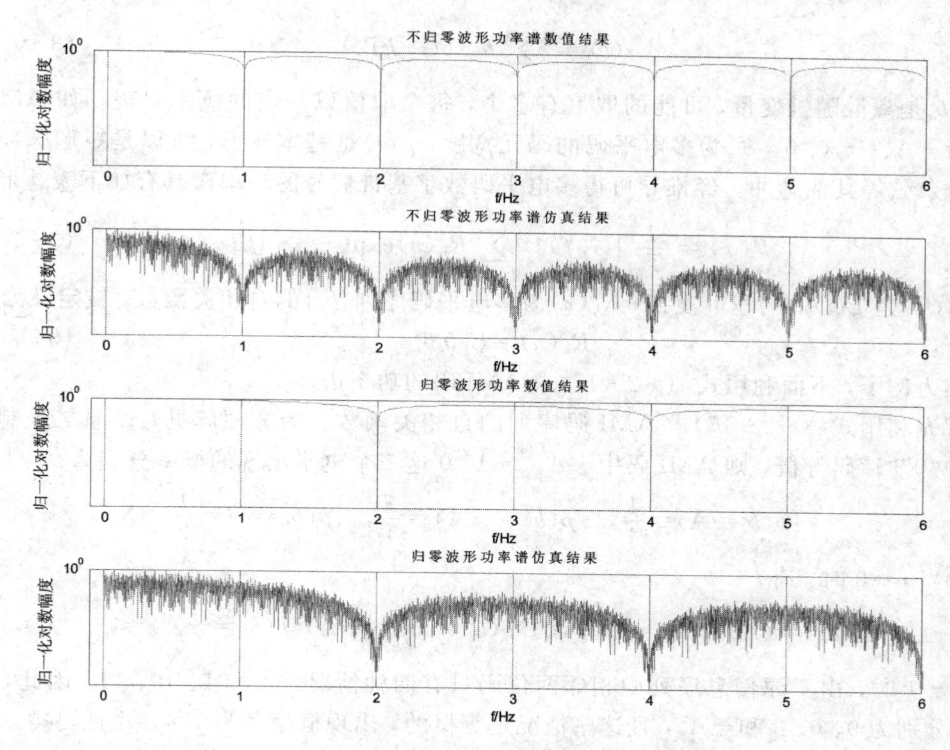

图 3-2-7 双极性矩形波形数字基带信号功率谱图

从以上两例可以看出：

(1) 二进制数字基带信号的带宽主要依赖单个码元波形的频谱函数 $G_1(f)$或 $G_2(f)$，两者之中应取较大带宽的一个作为基带信号带宽。时间波形的占空比越小，频带越宽。通常以功率谱的第一个零点作为矩形波形信号的近似带宽，它等于波形宽度 τ 的倒数，即 $B=1/\tau$。不归零波形的 $\tau=T_b$，则 $B=f_b$；半占空归零波形的 $\tau=T_b/2$，则 $B=2f_b$。其中，$f_b=1/T_b$，是位定时信号的频率，在数值上等于码元速率 R_B。

(2) 单极性数字基带信号是否存在离散线谱，取决于矩形波形的占空比，单极性归零信号中有位定时分量，可直接提取。单极性不归零信号中无位定位分量时，若想获取位定时分量，要进行波形变换，例如变换为单极性归零信号。“0”“1”等概的双极性信号没有离散谱，也就是说无直流分量和位定时分量。

总之，研究数字基带信号的功率谱是十分有意义的，一方面我们可根据它的连续谱来确定基带信号的带宽；另一方面根据它的离散谱是否存在这一特点，我们可明确能否从基带信号中直接提取位定时分量，以及采用什么样的方法从基带信号中获得所需要的离散分量，这一点对研究位同步问题是十分重要的。

需要注意的是，式(3-2-5)只适用于前后码元相互独立的二进制数字基带信号的功率谱分析。由二进制码变换来的 AMI 码和 HDB_3 码除了有正、负电平外，还有零电平，是一种三电平码，且前后码元之间还有相关性，所以不能用式(3-2-5)来求其功率谱。要想分析多电平码的功率谱，可先求出多电平码数字基带信号的自相关函数，再通过自相关函数求其功率谱。自相关函数法适用于各种码型，其难点在于求随机序列的自相关函数。

设多电平码数字基带信号有如下表达式：

$$s(t)=\sum_{k=-\infty}^{\infty} b_k g(t-kT_s) \tag{3-2-16}$$

式中，b_k 是离散随机变量，可能的取值有多个，每个取值以一定的概率出现。如 AMI 码，取值为 $+A$、$-A$、0。T_s 为多电平码的码元宽度，$g(t)$ 是基本波形，可以是矩形脉冲也可以是升余弦等其他脉冲。经推导可得多电平码数字基带信号的功率谱具有如下表达形式：

$$P(f)=\frac{1}{T_s}\left|G(f)\right|^2\sum_{n=-\infty}^{\infty} R_b(n)\exp(-j2\pi nfT_s) \tag{3-2-17}$$

其中 $G(f)$ 是 $g(t)$ 的傅里叶变换，$R_b(n)$ 为多电平码序列 $\{b_k\}$ 的自相关函数，被定义为

$$R_b(n)=E[b_k b_{k-n}] \tag{3-2-18}$$

作为例子，下面利用式(3-2-17)求 AMI 码的功率谱。

首先利用式(3-2-17)求 AMI 码序列的自相关函数。为方便起见，设原二进制信息序列中"0""1"码等概，则 AMI 码中 $+A$、$-A$、0 这三个电平出现的概率分别为

$$p(b_k=A)=\frac{1}{4},\quad p(b_k=-A)=\frac{1}{4},\quad p(b_k=0)=\frac{1}{2}$$

因此，当 $n=0$ 时，有

$$E[b_k^2]=(A)^2p(b_k=A)+(0)^2p(b_k=0)+(-A)^2p(b_k=-A)=\frac{A^2}{2}$$

当 $n=+1$ 时，由于原信息序列中相邻两位码只有四种情况：00、01、10、11，因此，乘积 $b_k b_{k-1}$ 分别为 0、0、0 和 $-A^2$，且这些情况是等概的，出现概率各为 1/4。由此可得

$$E[b_k b_{k-1}]=3\times(0)\times\frac{1}{4}+(-A^2)\times\frac{1}{4}=\frac{-A^2}{4}$$

当 $n>1$ 时，用同样的方法很容易证明：

$$E[b_k b_{k-n}]=0$$

而且，自相关函数 $R_b(n)$ 是偶函数，故可得 AMI 码序列的自相关函数为

$$R_b(n)=\begin{cases}\dfrac{A^2}{2} & n=0\\ \dfrac{-A^2}{4} & n=\pm 1\\ 0 & n=\pm 2,\pm 3,\cdots\end{cases}$$

将此自相关函数代入式(3-2-17)，当 AMI 码的基本波形是幅度为 1 的全占空矩形脉冲时，AMI 码表示的数字基带信号的功率谱表达式为

$$\begin{aligned}P(f)&=T_b\mathrm{Sa}^2(\pi fT_b)\left\{\frac{A^2}{2}-\frac{A^2}{4}[\exp(j2\pi fT_b)+\exp(-j2\pi fT_b)]\right\}\\&=\frac{1}{2}A^2T_b\mathrm{Sa}^2(\pi fT_b)[1-\cos(2\pi fT_b)]\\&=A^2T_b\mathrm{Sa}^2(\pi fT_b)\sin^2(\pi fT_b)\end{aligned} \tag{3-2-19}$$

HDB_3 码是由 AMI 码改进得来的，求解它的自相关函数较为复杂，对于这种码型的数字基带信号，可利用计算机仿真的方法得到它们的功率谱。结果显示，HDB_3 码的功率谱与 AMI 码的功率谱分布规律几乎相同。

例 3-2-6 仿真 AMI 码和 HDB_3 码的数字基带信号的功率谱，基本波形假设为幅度为 1 的不归零矩形脉冲。

解 根据式(3-2-19)计算AMI码功率谱的理论结果；产生AMI码与HDB_3码基带信号，进而利用FFT运算求其功率谱仿真结果。

本例MATLAB参考程序如下：

```
%参数设置
Tb = 1;                              %码元宽度
M = 20;                              %每个码元内抽样点的个数
ts = Tb/M;                           %抽样间隔
K = 0.5;                             %归零波形的占空比，K=1为不归零波形
N = 5000;                            %产生码元个数
fs = 1/ts;                           %抽样速率
df = fs/N/M;
f = 0 : df : (fs - df);              %考察数据频域范围
%数值计算
P_lilun_AMI = 2 * Tb * (sinc(f * Tb)).^2 . * (sin(pi * f * Tb)).^2;  %AMI码，不归零波形
%数据仿真
s = randint(1, N);                   %产生二进制码元信息
%AMI码编码
[b_NRZ, b_RZ] = AMI_coding(s, K, Tb, ts);
%HDB3 码编码
[bb_NRZ, bb_RZ] = HDB3_coding(s, K, Tb, ts);
P_AMI = (abs(fft(b_NRZ))/fs).^2;
P_HDB3 = (abs(fft(bb_NRZ))/fs).^2;

%画图
index = length(s);
subplot(311)
plot(f, P_lilun_AMI. /max(P_lilun_AMI)); grid      %画出不归零波形的归一化功率谱，理论
axis([-0.1 3/Tb -0.1 1.1]); title('AMI码不归零波形功率谱数值结果');
ylabel('归一化幅度'); xlabel('f/Hz');
subplot(312)
plot(f, P_AMI. /max(P_AMI)); grid                  %画出不归零波形的归一化功率谱，仿真
axis([-0.1 3/Tb -0.1 1.1]); title('AMI码不归零波形功率谱仿真结果');
ylabel('归一化幅度'); xlabel('f/Hz');
subplot(313)
plot(f, P_HDB3. /max(P_HDB3)); grid                %画出不归零波形的归一化功率谱，仿真
axis([-0.1 3/Tb -0.1 1.1]); title('HDB_3码不归零波形功率谱仿真结果');
ylabel('归一化幅度'); xlabel('f/Hz');

%-------------------------------------------------
function [b_NRZ, b_RZ] = AMI_coding(a, K, Tb, ts)  %AMI码编码子程序
M = Tb/ts;                           %每个码元内抽样点的个数
KK = floor(M * K);
```

```
%AMI码编码
  index_flag = 0;                    %设第1个"1"为正极性
  for i = 1: length(a)
    if a(i) == 0
        b(i) = a(i);
    else
        index_flag = mod(index_flag+1, 2);
        if index_flag == 1
            b(i) = +1;
        else
            b(i) = -1;
        end
    end
end
%形成指定的波形
for i = 1: length(b)
  b_NRZ( (i-1) * M+1 : i * M ) = b(i) * ones(1, M);
                                                        %双极性不归零波形
  b_RZ( (i-1) * M+1 : i * M ) = b(i) * [ones(1, KK) zeros(1, M-KK)]; %双极性归零波形
end

%-------------------------------------------
function [b_NRZ, b_RZ] = HDB3_coding(a, K, Tb, ts)      %HDB3码编码子程序
M = Tb/ts;                       %每个码元内抽样点的个数
KK = floor(M * K);
%HDB3码编码
%检测4个连"0"并将其用"0002"代替，暂用"2"代替V码
temp = 0;   %计算连"0"的个数
for i = 1: length(a)
  if a(i) == 1
    b_1(i) = a(i);
    temp = 0;
  else
    temp = temp +1;
    if temp == 4
      b_1(i-3: i) = [0 0 0 2];
      temp = 0;
    else
      b_1(i) = 0;
    end
  end
end
%设定每个"B00V"段中"B"码的取值，为1或0
```

```
b_2 = b_1;
flag_B = 0;
for i = 1: length(a)
  if b_2(i) == 2
    if flag_B == 0
      b_2(i-3) = 0;        %设置第1个"B00V"段中的"B"取值0
      flag_B = 1;
    else
      if mod(temp_num, 2) == 0  %两个相邻"V"码间的"1"码个数为偶数，后1个"000V"
                                %改写为"100V"，即设置"B"码
        b_2(i-3) = 1;
      end
    end
    temp_num = 0;
  elseif (b_2(i) == 1) & (flag_B == 1)   %计算两个相邻"V"码间的"1"码个数
    temp_num = temp_num +1;
  end
end
%配置"1"码和V码的极性
b = b_2;
num = 0;
flag_V = 0;
for i = 1: length(a)
  if num == 0
    if b_2(i) == 2          %最先出现"V"码
      flag_V = 2;           %标志"V"码最先出现
      b(i) = +1;            %设置第1个"V"码为正极性，即"000+V"
    end
    if b_2(i) == 1          %设置第1个"1"码极性
      if flag_V == 0;       %最先出现"1"码，设置第1个"1"码为+1
        b(i) = +1;
        flag_V = 1;
      elseif flag_V == 2 %最先出现"V"码，设置第1个"1"码为-1
        b(i) = -1;
        flag_V = 0;
      end
      num = 1;
    end
  else                      %设置其余"1"码、"V"码的极性
    if b_2(i) == 1          %设置"1"码极性
      num = num +1;         %"1"码计算器
      if flag_V == 1        %前1个"1"码为正，设置当前"1"码为负
        b(i) = -1;
```

```
            flag_V = 0;
          else
            b(i) = +1;
            flag_V = 1;
          end
        elseif  b_2(i) == 2  %设置 V 码极性
          if flag_V == 1       %前 1 个"1"码为正，设置当前"V"码为正
            b(i) = +1;
          elseif flag_V == 0
            b(i) = -1;
          end
        end
      end
    end
    %形成指定的波形
    for i = 1: length(b)
      b_NRZ( (i-1) * M+1 : i * M ) = b(i) * ones(1, M);
                                                                      %双极性不归零波形
      b_RZ( (i-1) * M+1 : i * M ) = b(i) * [ones(1, KK) zeros(1, M-KK)]; %双极性归零波形
    end
```

运行本例程序，仿真结果如图 3-2-8 所示。

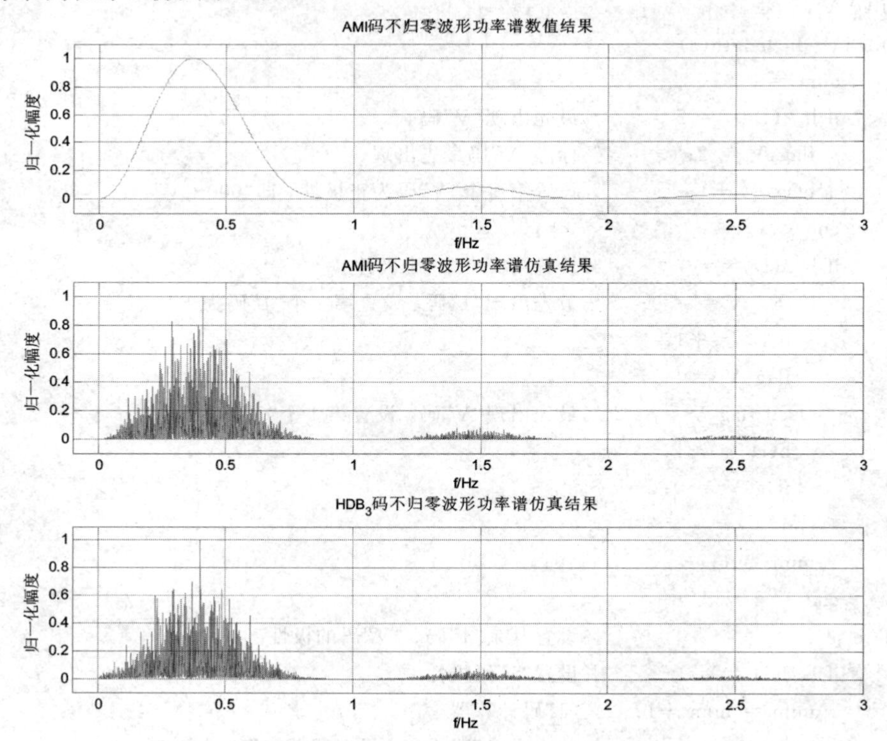

图 3-2-8 AMI 码和 HDB_3 码不归零矩形波形数字基带信号的归一化功率谱图

从图3-2-8曲线可以看出，AMI码和HDB_3码基带信号的功率主要分布于$0\sim f_b$之间，这一点与单极性、双极性不归零码基带信号的分布特性是一样的，但单极性、双极性不归零码信号的主要功率集中于零频率附近，而AMI码和HDB_3码信号的主要功率却集中于$0.3f_b\sim 0.5f_b$附近，且靠近零点的低频功率谱幅度很小，所以HDB_3码信号和AMI码信号更适合在低频特性不太好的基带信道上传输。

需要说明的是，使用式(3-2-17)同样可以求二进制码数字基带信号的功率谱，结果与使用公式(3-2-5)求得的功率谱完全相同，有兴趣的读者可自己验证。

对于上述数字基带信号的功率谱分析，简单归纳如下：

(1) 数字基带信号的功率谱形状取决于数字基带信号的波形及码型。例如矩形波的频谱函数为$\mathrm{Sa}(x)$，功率谱形状为$\mathrm{Sa}^2(x)$，同时码型会对功率谱起到加权作用，使功率谱形状发生变化，如上面的AMI码信号的功率谱，加权函数为$\sin^2(\pi f T_b)$，使AMI码信号的功率谱在零频附近分量很小。

(2) 时域波形的占空比越小，频带越宽。通常我们用功率谱的第一个零点作为信号的近似带宽，所以半占空码信号的带宽是全占空码信号带宽的2倍。

(3) 凡是“0”“1”等概的双极性码信号均无离散谱。这就意味着这种码型的数字基带信号既无直流分量也无位定时分量。

(4) 单极性归零码的离散谱中有位定时分量，因此可直接提取。对于那些不含有位定时分量的数字基带信号，可设法改变其码型和波形，便可获得位定时分量。

3.3　数字基带信号的最佳接收

数字基带信号在信道中进行传输时，会受到信道噪声的影响。为减小信道噪声对系统传输性能的影响，通常采用最佳接收的方法进行信号接收。本节主要讨论加性高斯白噪声信道中数字基带信号的最佳接收问题。

在二进制数字基带传输系统中，由“0”和“1”组成的二进制数据信息采用两种信号波形$s_0(t)$和$s_1(t)$来传输。假设数据信息速率为R_b bit/s，信息比特按如下规则映射为相应的信号波形进行发送：

$$\begin{aligned}0&\rightarrow s_0(t)\quad 0\leqslant t\leqslant T_b\\1&\rightarrow s_1(t)\quad 0\leqslant t\leqslant T_b\end{aligned}\tag{3-3-1}$$

式中，T_b为比特时间间隔。假设数据信息中“0”“1”等概出现，且相互统计独立。信号经过具有无限宽带宽的信道进行传输，且受到功率谱密度为$N_0/2$ W/Hz的高斯白噪声的影响，该信道被称为加性高斯白噪声(AWGN)信道。此时，接收信号可表示为

$$r(t)=s_i(t)+n(t)\qquad i=0,1;\qquad 0\leqslant t\leqslant T_b\tag{3-3-2}$$

接收机的任务就是根据观察在间隔$0\leqslant t\leqslant T_b$内所收到的信号$r(t)$来确定发送的是“0”还是“1”。在接收端，根据尽可能减少差错率的原则所设计的接收机被称为最佳接收机。

3.3.1　AWGN信道中的最佳接收机

研究表明，在AWGN信道中的最佳接收机是由匹配滤波器或信号相关器、检测器两

个模块组成的。下面分别讨论它们的性能。

1. 匹配滤波器

对于信号波形 $s(t)$，$0\leqslant t\leqslant T_b$，匹配滤波器的冲激响应为

$$h(t)=s(T_b-t) \qquad 0\leqslant t\leqslant T_b \tag{3-3-3}$$

当输入波形是 $s(t)$时，在匹配滤波器输出端的信号波形 $y(t)$由下面的卷积积分给出：

$$y(t)=\int_0^t s(\tau)h(t-\tau)\mathrm{d}\tau \tag{3-3-4}$$

将式(3-3-3)代入上式，可得

$$y(t)=\int_0^t s(\tau)s(T_b-t+\tau)\mathrm{d}\tau \tag{3-3-5}$$

如果在 $t=T_b$时对 $y(t)$抽样，可得

$$y(T_b)=\int_0^{T_b} s^2(\tau)\mathrm{d}\tau=E_b \tag{3-3-6}$$

式中，E_b为信号 $s(t)$的能量。

例 3-3-1 利用匹配滤波器对图 3-3-1 所示的信号波形 $s_0(t)$和 $s_1(t)$进行匹配滤波，并求其输出。

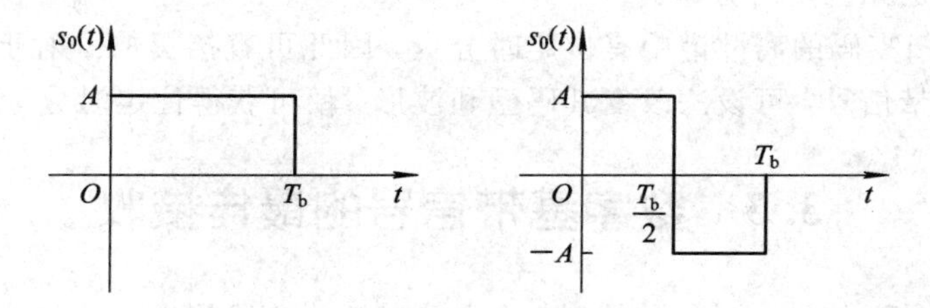

图 3-3-1 发送信号 $s_0(t)$和 $s_1(t)$波形

解 对发送信号分别为 $s_0(t)$和 $s_1(t)$的接收信号进行匹配滤波的最佳接收的接收机框图如图 3-3-2 所示，两个匹配滤波器输出信号在 $t=T_b$时刻的抽样值被送入检测器恢复发端发送的源信息。

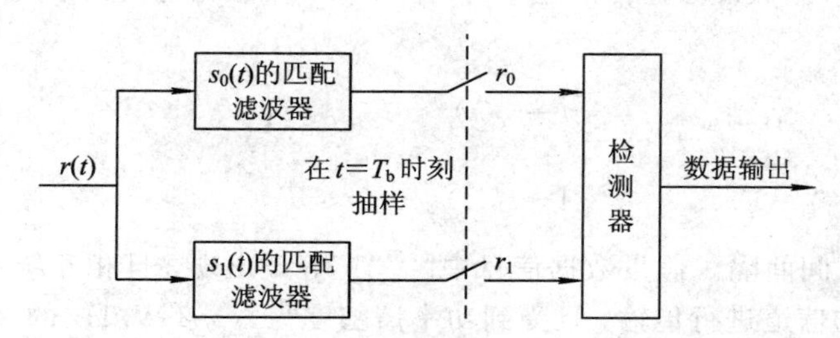

图 3-3-2 二进制数字基带信号基于匹配滤波器的最佳接收机

两个匹配滤波器的冲激响应分别是

$$h_0(t)=s_0(T_b-t)$$

$$h_1(t)=s_1(T_b-t)$$

如图 3-3-3 所示。注意，将信号 $s(t)$反转得到 $s(-t)$，然后将反转信号 $s(-t)$延迟 T_b即可得出 $s(T_b-t)$。

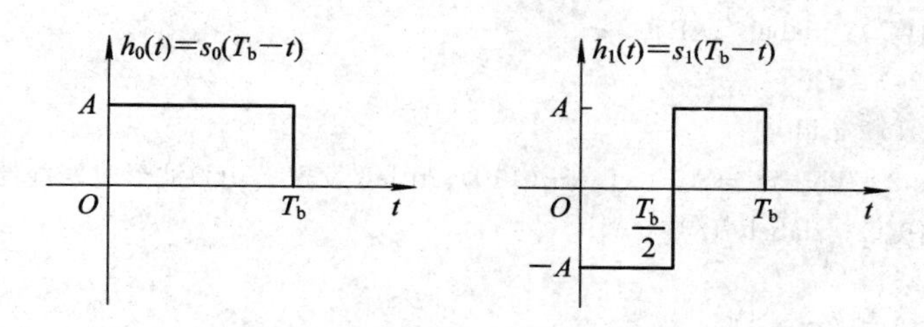

图 3-3-3　$s_0(t)$和 $s_1(t)$的匹配滤波器的冲激响应

假设发送信号幅度 $A=1$，码元宽度 $T_b=1$。本例 MATLAB 参考程序如下：

```
%参数设置
A = 1;                        %码元幅度
Tb = 1;                       %码元宽度
M = 100;                      %一个码元内的抽样点个数
ts = Tb/M;                    %抽样间隔
sgma_2 = 0;                   %噪声方差 0、0.1、1、2
%产生噪声和发送信号
n = sqrt(sgma_2) * randn(2, M);
s0 = A * ones(1, M);
s1 = A * [ones(1, M/2) -ones(1, M/2)];
%接收信号
r_0 = s0 + n(1, :); r_1 = s1 + n(2, :);
%匹配滤波器
h0 = s0; h1 = -s1;
%发送 s0(t)时匹配滤波器输出
r00 = conv(r_0, h0) * ts;
r01 = conv(r_0, h1) * ts;
%发送 s1(t)时匹配滤波器输出
r10 = conv(r_1, h0) * ts;
r11 = conv(r_1, h1) * ts;

%画图
t = 0 : ts : Tb-ts; tt = 0 : ts : 2 * Tb-2 * ts;
subplot(321)
plot(t, s0); grid
axis([-ts Tb+ts -A-0.1 A+0.1]); title('s_0(t)波形');
ylabel('幅度'); xlabel('t/T_b');
subplot(322)
plot(t, s1); grid
axis([-ts Tb+ts -A-0.1 A+0.1]); title('s_1(t)波形');
ylabel('幅度'); xlabel('t/T_b');
subplot(323)
plot(tt, r00); grid
axis([-ts 2 * Tb+ts -A-0.1 A+0.1]); title('发送 s_0(t)波形时匹配滤波器 0 输出');
```

```
ylabel('幅度'); xlabel('t/T_b');
subplot(324)
plot(tt, r01); grid
axis([-ts 2*Tb+ts -A-0.1 A+0.1]); title('发送 s_0(t)波形时匹配滤波器 1 输出');
ylabel('幅度'); xlabel('t/T_b');
subplot(325)
plot(tt, r10, 'r'); grid
axis([-ts 2*Tb+ts -A-0.1 A+0.1]); title('发送 s_1(t)波形时匹配滤波器 0 输出');
ylabel('幅度'); xlabel('t/T_b');
subplot(326)
plot(tt, r11, 'r'); grid
axis([-ts 2*Tb+ts -A-0.1 A+0.1]); title('发送 s_1(t)波形时匹配滤波器 1 输出');
ylabel('幅度'); xlabel('t/T_b');
```

运行本例程序，得无噪声情况下发送信号波形、发送信号分别为 $s_0(t)$ 和 $s_1(t)$ 时两个匹配器的输出信号波形的仿真结果，如图 3-3-4 所示。

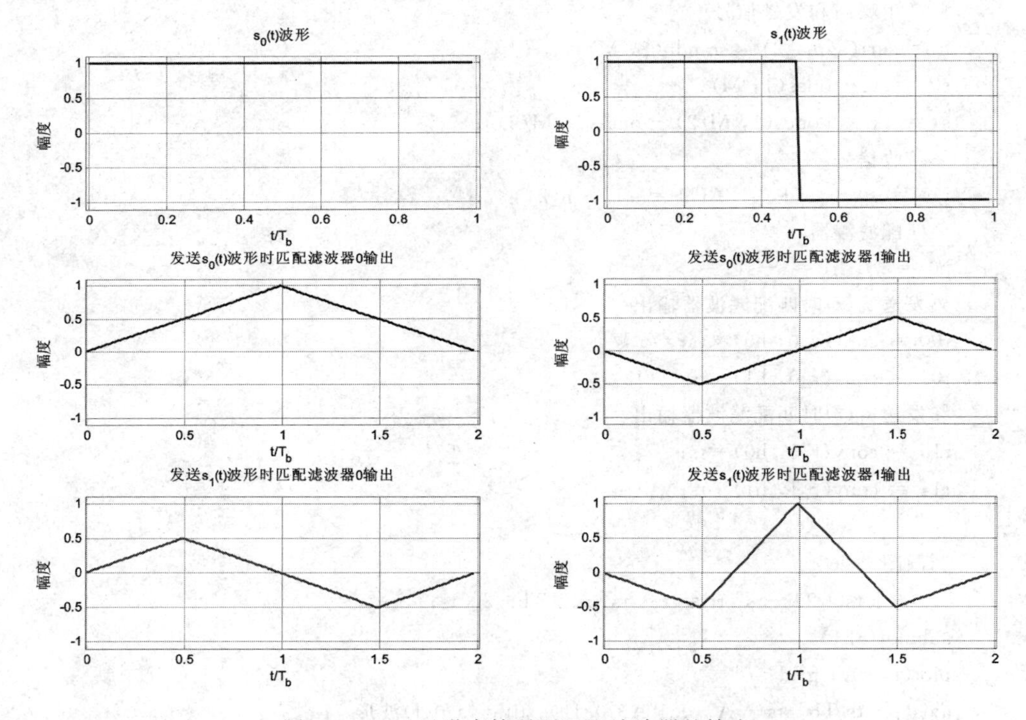

图 3-3-4　无噪声情况下匹配滤波器的输出

2. 信号相关器

信号相关器实现本地产生的两种发送信号 $s_0(t)$ 和 $s_1(t)$ 与接收信号 $r(t)$ 的互相关运算，如图 3-3-5 所示，信号相关器在时间间隔 $0 \leqslant t \leqslant T_b$ 内计算两个输出：

$$\begin{cases} r_0(t) = \int_0^t r(\tau) s_0(\tau) \mathrm{d}\tau \\ r_1(t) = \int_0^t r(\tau) s_1(\tau) \mathrm{d}\tau \end{cases} \tag{3-3-7}$$

在 $t=T_b$ 时刻对这两个输出进行抽样，并将抽样输出送入判决器。

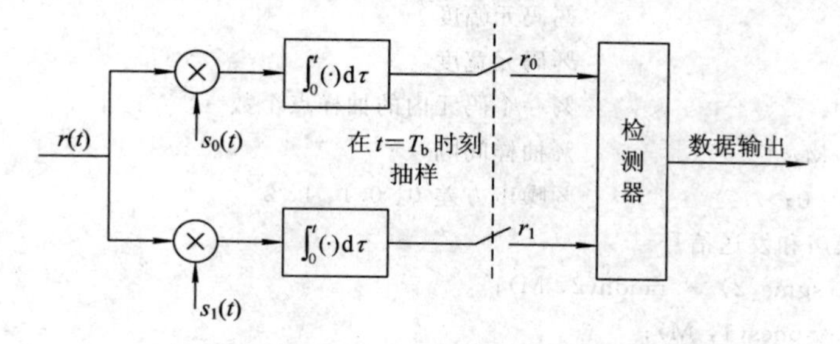

图 3-3-5　二进制数字基带信号基于相关器的最佳接收机

例 3-3-2　假设图 3-3-5 中信号波形 $s_0(t)$ 和 $s_1(t)$ 如图 3-3-1 所示，求仿真系统发送信号分别为 $s_0(t)$ 和 $s_1(t)$ 时图中两个相关器的输出信号波形，并求在抽样时刻两相关器的输出。

解　(1) 当 $s_0(t)$ 为发送信号时，接收信号为

$$r(t)=s_0(t)+n(t) \quad 0\leqslant t\leqslant T_b \tag{3-3-8}$$

两个相关器的输出信号分别为

$$\begin{cases} r_0(t)=\int_0^t[s_0(\tau)+n(\tau)]s_0(\tau)d\tau \\ r_1(t)=\int_0^t[s_0(\tau)+n(\tau)]s_1(\tau)d\tau \end{cases} \tag{3-3-9}$$

在 $t=T_b$ 抽样时刻，相关器输出 r_0 和 r_1 分别为

$$\begin{cases} r_0=\int_0^{T_b}s_0^2(\tau)d\tau+\int_0^{T_b}n(\tau)s_0(\tau)d\tau=E_b+n_0 \\ r_1=\int_0^{T_b}s_0(\tau)s_1(\tau)d\tau+\int_0^{T_b}n(\tau)s_1(\tau)d\tau=n_1 \end{cases} \tag{3-3-10}$$

式中，E_b 为信号 $s_0(t)$ 和 $s_1(t)$ 的能量，有 $E_b=A^2T_b$。注意，图 3-3-1 中 $s_0(t)$ 和 $s_1(t)$ 两信号波形是正交的，即

$$\int_0^{T_b}s_0(t)s_1(t)dt=0 \tag{3-3-11}$$

n_0 和 n_1 是两个信号相关器输出的噪声分量，分别为

$$\begin{cases} n_0=\int_0^{T_b}n(t)s_0(t)dt \\ n_1=\int_0^{T_b}n(t)s_1(t)dt \end{cases} \tag{3-3-12}$$

(2) 当 $s_1(t)$ 为发送信号时，接收信号为

$$r(t)=s_1(t)+n(t) \quad 0\leqslant t\leqslant T_b \tag{3-3-13}$$

与前述情况类似，可得此时两个相关器在 $t=T_b$ 抽样时刻的输出分别为

$$\begin{cases} r_0=n_0 \\ r_1=E_b+n_1 \end{cases} \tag{3-3-14}$$

式(3-3-10)、式(3-3-14)和式(3-3-6)相比可见，不考虑信道噪声的影响，信号相关器的输出与匹配滤波器在 $t=T_b$ 抽样时刻的输出是相同的。因此，信号相关器可以代替匹配滤波器对接收信号 $r(t)$ 进行最佳接收。

假设发送信号幅度 $A=1$，码元宽度 $T_b=1$。本例 MATLAB 参考程序如下：

```
%参数设置
A = 1;                          %码元幅度
Tb = 1;                         %码元宽度
M = 100;                        %一个码元内的抽样点个数
ts = Tb/M;                      %抽样间隔
sgma_2 = 0;                     %噪声方差 0、0.1、1、2
%产生噪声和发送信号
n = sqrt(sgma_2) * randn(2, M);
s0 = A * ones(1, M);
s1 = A * [ones(1, M/2) -ones(1, M/2)];
%接收信号
r_0 = s0 + n(1, :);
r_1 = s1 + n(2, :);
%发送s0(t)时相关器输出
R00 = r_0 .* s0;
R01 = r_0 .* s1;
r00(1) = R00(1) * ts;
r01(1) = R01(1) * ts;
for i = 2: 1: M
  r00(i) = r00(i-1) + R00(i) * ts;
  r01(i) = r01(i-1) + R01(i) * ts;
end
%发送s1(t)时相关器输出
R10 = r_1 .* s0;
R11 = r_1 .* s1;
r10(1) = R10(1) * ts;
r11(1) = R11(1) * ts;
for i = 2: 1: M
  r10(i) = r10(i-1) + R10(i) * ts;
  r11(i) = r11(i-1) + R11(i) * ts;
end

%画图
t = 0 : ts : Tb-ts;
subplot(321)
plot(t, s0); grid
axis([-ts Tb+ts -A-0.1 A+0.1]); title('s_0(t)波形');
ylabel('幅度'); xlabel('t/T_b');
subplot(322)
plot(t, s1); grid
axis([-ts Tb+ts -A-0.1 A+0.1]); title('s_1(t)波形');
ylabel('幅度'); xlabel('t/T_b');
subplot(323)
```

```
plot(t, r00); grid
axis([-ts Tb+ts -A-0.1 A+0.1]); title('发送 s_0(t)波形时相关器 0 输出');
ylabel('幅度'); xlabel('t/T_b');
subplot(324)
plot(t, r01); grid
axis([-ts Tb+ts -A-0.1 A+0.1]); title('发送 s_0(t)波形时相关器 1 输出');
ylabel('幅度'); xlabel('t/T_b');
subplot(325)
plot(t, r10, 'r'); grid
axis([-ts Tb+ts -A-0.1 A+0.1]); title('发送 s_1(t)波形时相关器 0 输出');
ylabel('幅度'); xlabel('t/T_b');
subplot(326)
plot(t, r11, 'r'); grid
axis([-ts Tb+ts -A-0.1 A+0.1]); title('发送 s_1(t)波形时相关器 1 输出');
ylabel('幅度'); xlabel('t/T_b');
```

运行本例程序，可得无噪声情况下发送信号波形、发送信号分别为 $s_0(t)$ 和 $s_1(t)$ 时两个相关器的输出信号波形的仿真结果，如图 3-3-6 所示。

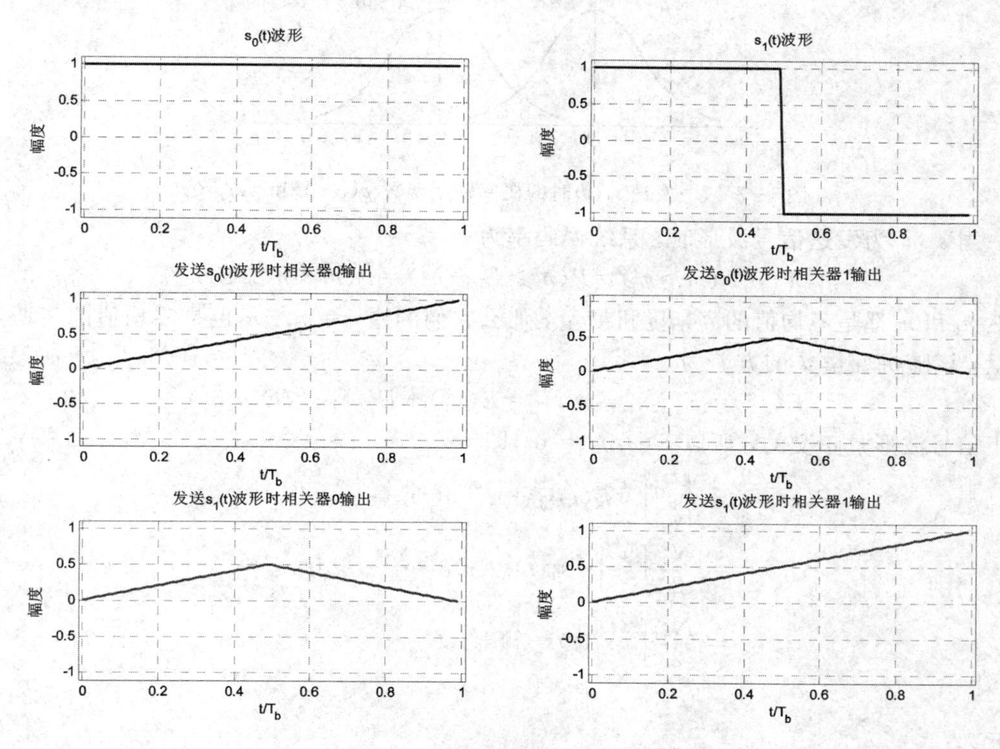

图 3-3-6　无噪声情况下相关器的输出

3. 检测器

检测器观察匹配滤波器或相关器的输出 r_0 和 r_1，并判出所发送的信号波形是 $s_0(t)$ 还是 $s_1(t)$，输出信息“0”或“1”。最佳检测器就是使系统信息传输差错概率最小的检测器。

现讨论用于如图 3-3-1 所示信号的检测器。当数字信息“0”“1”等概时，这两个信号波形也等概，且具有相等的能量。最佳检测器比较 r_0 和 r_1，并做出如下判决：

当 $r_0 > r_1$ 时，发送信息为“0”；

当 $r_0 < r_1$ 时，发送信息为“1”。

由于信道噪声是功率谱为 $N_0/2$ 的高斯白噪声，经分析可得式(3-3-10)和式(3-3-14)中噪声分量 n_0 和 n_1 均是均值为 0、方差为 $\sigma^2=E_b N_0/2$ 的高斯随机变量。进而可得，当发送 $s_0(t)$ 时，r_0 是一个均值为 E_b、方差为 σ^2 的高斯随机变量；r_1 是一个均值为 0、方差为 σ^2 的高斯随机变量。此时，r_0 和 r_1 的概率密度函数分别为

$$\begin{cases} p(r_0\,|\,0)=\dfrac{1}{\sqrt{2\pi}\sigma}\exp\left(-\dfrac{(r_0-E_b)^2}{2\sigma^2}\right) \\ p(r_1\,|\,0)=\dfrac{1}{\sqrt{2\pi}\sigma}\exp\left(-\dfrac{r_1^2}{2\sigma^2}\right) \end{cases} \tag{3-3-15}$$

这两个概率密度函数 $p(r_0\,|\,0)$ 和 $p(r_1\,|\,0)$ 如图 3-3-7 所示。类似地，当发送 $s_1(t)$ 时，r_0 是一个均值为 0、方差为 σ^2 的高斯随机变量；r_1 是一个均值为 E_b、方差为 σ^2 的高斯随机变量。

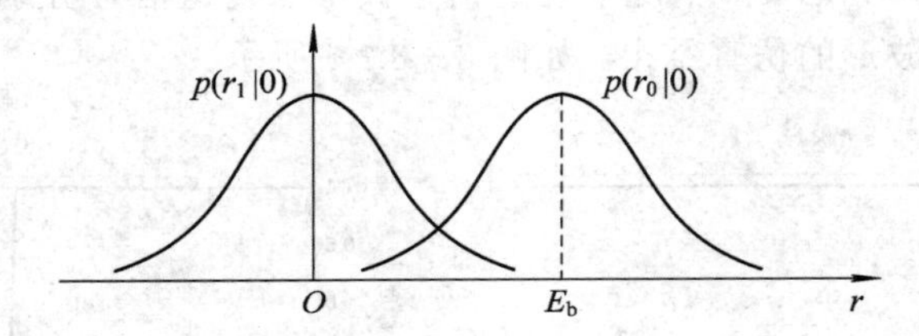

图 3-3-7　发送 $s_0(t)$ 时的概率密度函数 $p(r_0\,|\,0)$ 和 $p(r_1\,|\,0)$

当 $s_0(t)$ 为发送信号波形时，系统误码率为

$$P_e=P(r_1>r_0)=P(n_1>E_b+n_0)=P(n_1-n_0>E_b) \tag{3-3-16}$$

既然 n_1 和 n_0 都是零均值的高斯随机变量，那么它们的差 $x=n_1-n_0$ 也是零均值的高斯随机变量，该随机变量 x 的方差为

$$E(x^2)=E[(n_1-n_0)^2]=E(n_1^2)+E(n_0^2)-2E(n_1 n_0) \tag{3-3-17}$$

由于信号波形是正交的，所以 $E(n_1 n_0)=0$，即

$$\begin{aligned} E(n_1 n_0) &= \int_0^{T_b}\int_0^{T_b} s_0(t)s_1(\tau)E[n(t)n(\tau)]\,\mathrm{d}t\mathrm{d}\tau \\ &= \frac{N_0}{2}\int_0^{T_b}\int_0^{T_b} s_0(t)s_1(\tau)\delta(t-\tau)\,\mathrm{d}t\mathrm{d}\tau \\ &= \frac{N_0}{2}\int_0^{T_b} s_0(t)s_1(t)\,\mathrm{d}t \\ &= 0 \end{aligned} \tag{3-3-18}$$

因此，

$$E(x^2)=2\left(\frac{E_b N_0}{2}\right)=E_b N_0=\sigma_x^2 \tag{3-3-19}$$

所以，系统误码率为

$$P_e=\frac{1}{\sqrt{2\pi}\sigma_x}\int_x^{\infty}\exp\left(-\frac{x^2}{2\sigma_x^2}\right)\mathrm{d}x=Q\left(\sqrt{\frac{E_b}{N_0}}\right)=\frac{1}{2}\mathrm{erfc}\left(\sqrt{\frac{E_b}{2N_0}}\right) \tag{3-3-20}$$

式中，比值 E_b/N_0 通常被称为信噪比(SNR)。

当 $s_1(t)$ 为发送信号波形时，通过同样的分析可得与上式相同的系统误码率。再加上“0”“1”等概，则系统总的平均误码率仍为式(3-3-20)。

例 3-3-3　画出图 3-3-1 所示正交波形通过 AWGN 信道的系统误码率曲线。

解　本例 MATLAB 参考程序如下：

```
%参数设置
snr_dB = 0: 1: 15;           %以 dB 表示的信噪比
snr = 10.^(snr_dB./10);
Pe = 0.5 * erfc(sqrt(snr/2));

%画图
semilogy(snr_dB, Pe, 'o-'); grid
xlabel('E_b/N_0 (dB)'); ylabel('P_e');
title('正交信号的系统误码率曲线')
```

运行本例程序，得正交信号经 AWGN 信道传输的系统误码率数值结果如图 3-3-8 所示。

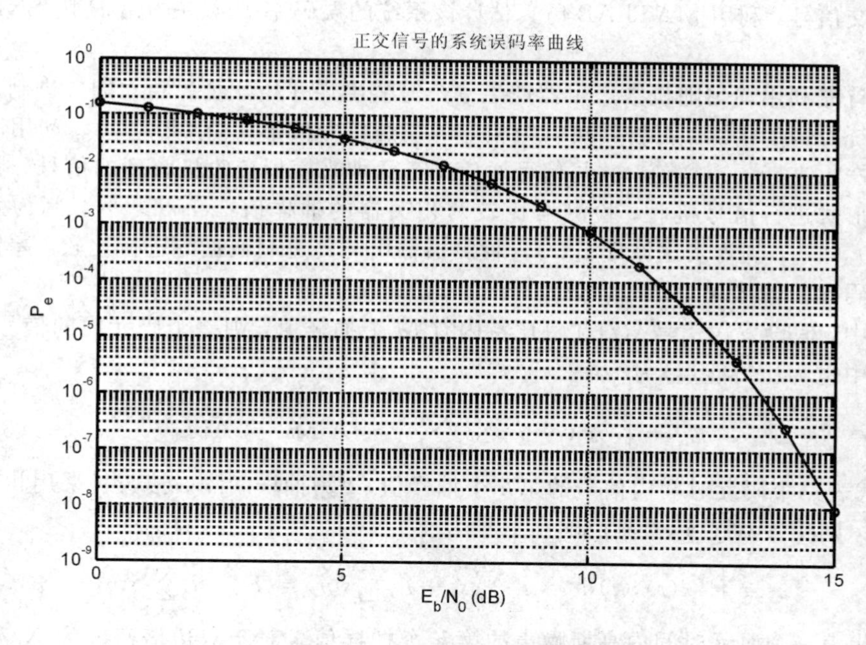

图 3-3-8　正交信号的系统误码率曲线

3.3.2　二进制数字基带传输系统的性能仿真

为估计某个数字通信系统传输信息的差错率，通常可采用计算机仿真来完成，特别是在对系统性能分析比较困难时更是如此。本小节主要对二进制数字基带传输系统在 AWGN 信道中的性能仿真进行讨论。在 AWGN 信道环境中，利用相关器接收的二进制数字基带传输系统的性能仿真实现框图如图 3-3-9 所示。

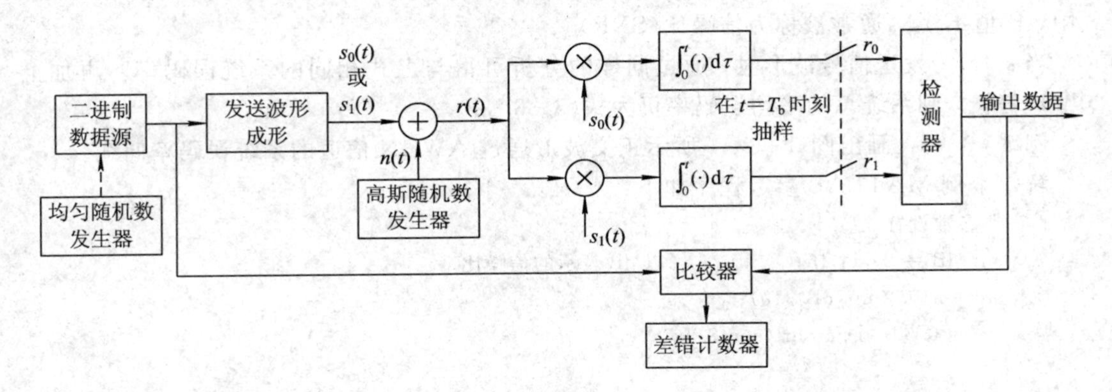

图 3-3-9 利用相关器接收的二进制数字基带传输系统性能仿真框图

1. 二进制正交信号的基带传输系统

如果图 3-3-9 所示系统的发送信号为相互正交的，则该系统可称为二进制正交信号的基带传输系统。

例 3-3-4 假设图 3-3-9 所示的二进制基带传输系统中发送信号为如图 3-3-1 所示的正交信号，利用 MATLAB 仿真估计该系统的误码率 P_e，并画出 P_e 随 SNR 的变化曲线。

解 首先利用均匀随机数产生器产生一个等概出现并相互统计独立的二进制“0”“1”序列作为系统发送的信源，再将其映射为相应的发送信号波形 $s_0(t)$ 或 $s_1(t)$。利用高斯随机数发生器产生高斯噪声样值，并与信号样值进行叠加来模拟接收机收到的信号。接收机采用相关器形式进行信号接收，检测器比较两相关器的抽样值：若 $r_0>r_1$，判为发送波形 $s_0(t)$；若 $r_0<r_1$，判为发送波形 $s_1(t)$。检测器输出与二进制数据源进行比较，差错计数器用于统计码元传输出现差错的个数。

仿真中，假设发送信号 $s(t)$ 在每比特内有 M 个抽样值，则一个码元内的信号能量(二进制系统中也为比特能量)为

$$E_b = \int_0^{T_b} s^2(t)\mathrm{d}t = t_s\sum_{k=1}^{M} s_k^2 = A^2 M t_s = A^2 T_b \tag{3-3-21}$$

式中，s_k 代表一个码元时间内信号的第 k 个抽样值，t_s 为抽样间隔。接收机采用相关器进行相关接收，则相关器在 T_b 时刻的输出信号为

$$r = \int_0^{T_b} r(t)s(t)\mathrm{d}t = t_s\sum_{k=1}^{M} s_k^2 + t_s\sum_{k=1}^{M} s_k n_k = E_b + t_s\sum_{k=1}^{M} s_k n_k \tag{3-3-22}$$

式中，n_k 代表一个码元时间内高斯噪声的第 k 个抽样值。对于双边谱密度为 $N_0/2$ 的高斯白噪声 $n(t)$，由于抽样过程相当于是对被抽样信号进行了带宽 $B=1/t_s/2=f_s/2$ 的带限处理(单边谱)，则抽样序列 $\{n_k\}$ 有

$$E(n_k)=0 \tag{3-3-23}$$

$$E(n_k n_j)=E[n(kT_s)n(jT_s)]=R((j-k)T_s)=\begin{cases}E(n_k^2) & k=j\\ 0 & k\neq j\end{cases} \tag{3-3-24}$$

$$\begin{aligned}\mathrm{var}(n_k) &= E(n_k^2)-E^2(n_k) = E(n_k^2)\\ &= \int_{-f_s/2}^{f_s/2} P_n(f)df = \frac{N_0}{2}\int_{-f_s/2}^{f_s/2} df = \frac{N_0}{2}f_s = \sigma^2\end{aligned} \tag{3-3-25}$$

可见，抽样序列$\{n_k\}$可建模为互不相关、均值为0、方差为σ^2的高斯随机变量。当$t_s \to 0$时，抽样序列$\{n_k\}$逼近$n(t)$，此时$\mathrm{var}(n_k) \to \infty$。由于$\mathrm{SNR}=E_b/N_0$为信噪比，则噪声功率谱密度$N_0=E_b/\mathrm{SNR}$。这样，在已知SNR的条件下，若事先已知信号抽样值$\{s_k\}$，噪声$\{n_k\}$的幅度可表示为

$$A_n=\sqrt{\sigma^2}=\sqrt{\frac{N_0 f_s}{2}}=\sqrt{\frac{f_s E_b}{2\mathrm{SNR}}}=\sqrt{\frac{\sum_{k=1}^{M} s_k^2}{2\mathrm{SNR}}}=\sqrt{\frac{MA^2}{2\mathrm{SNR}}} \tag{3-3-26}$$

与每个码元内的抽样个数M有关。注意，这里的噪声为实噪声，若仿真中采用复噪声，则噪声幅度A_n应为

$$A_n=\sqrt{\frac{\sigma^2}{2}}=\sqrt{\frac{MA^2}{4\mathrm{SNR}}} \tag{3-3-27}$$

本例MATLAB参考程序如下：

```
%参数设置
snr_dB = 0：1：10；                    %信噪比
for i = 1：length(snr_dB)
  Pe(i) = zhengjiao(snr_dB(i))；       %仿真
end
%数值计算
snr = 10.^(snr_dB./10)；
Pe_lilun = 0.5 * erfc(sqrt(snr/2))；
%画图
semilogy(snr_dB, Pe_lilun, 'r-')；hold on
semilogy(snr_dB, Pe, '*')；grid
xlabel('E_b/N_0 (dB)')；ylabel('P_e')；
title('正交信号基带传输系统误码率曲线')
%-----------------
function[Pe] = zhengjiao(snr_dB)
%以过抽样形式实现的正交信号的基带传输系统误码率计算
snr = 10^(snr_dB/10)；
%参数设置
A = 1；                  %信号幅度
Tb = 1；                 %码元宽度
M = 8；                  %每码元内抽样点个数
ts = Tb/M；
Eb = A^2 * Tb；
sgma_2 = Eb/2/snr；
sgma = sqrt(sgma_2 * M)；
bitnum = 10^4；          %仿真码元数
%产生信源
s = randint(1, bitnum)；
s0 = A * ones(1, M)；
s1 = A * [ones(1, floor(M/2)) -ones(1, M-floor(M/2))]；
```

```
for i = 1 : bitnum
  if s(i) == 0
    ss( (i-1) * M+1 : i * M ) = s0;
  else
    ss( (i-1) * M+1 : i * M ) = s1;
  end
end
n = sgma * randn(1, length(ss));
r = ss + n;      %接收信号
%相关接收机
for i = 1 : bitnum
  z0 = r( (i-1) * M+1 : i * M ) .* s0;
  z1 = r( (i-1) * M+1 : i * M ) .* s1;
  R0(1) = z0(1) * ts;
  R1(1) = z1(1) * ts;
  for t = 2: 1: M
    R0(t) = R0(t-1) + z0(t) * ts;
    R1(t) = R1(t-1) + z1(t) * ts;
  end
  RR0( (i-1) * M+1 : i * M ) = R0;
  RR1( (i-1) * M+1 : i * M ) = R1;
  R0 = zeros(1, M);
  R1 = zeros(1, M);
end
%抽样
R_0 = RR0(M: M: length(RR0));
R_1 = RR1(M: M: length(RR1));
%判决
R = R_0 - R_1;
d = (1-sign(R))/2;
%统计误码，计算误码率
errnum = sum(xor(d, s));
Pe = errnum/bitnum;
```

仿真码元数为10000时，本例程序运行输出结果如图3-3-10所示，图中“*”代表仿真结果，“—”代表理论分析结果。从图中曲线可以看出，仿真与理论分析结果基本吻合，这说明仿真过程是正确的。

需要说明的是，上例仿真中仿真的码元数我们设定为10000，当系统误码率$P_e=10^{-3}$以上时，仿真结果与理论分析结果完全一致，这说明此时仿真能够准确地估计出误码率$P_e=10^{-3}$以上的差错，即至少10个差错；而当在误码率$P_e=10^{-3}$以下时，用10000个码元进行仿真是不够的，此时差错个数要小于10个，不能很好地反映差错的统计特性。因此，仿真中为保证能充分体现差错的统计特性，可通过设定至少有若干个差错出现进而根据差错率的数量级估算需要仿真的码元个数。通常，预设的差错个数为几十到一百左右。

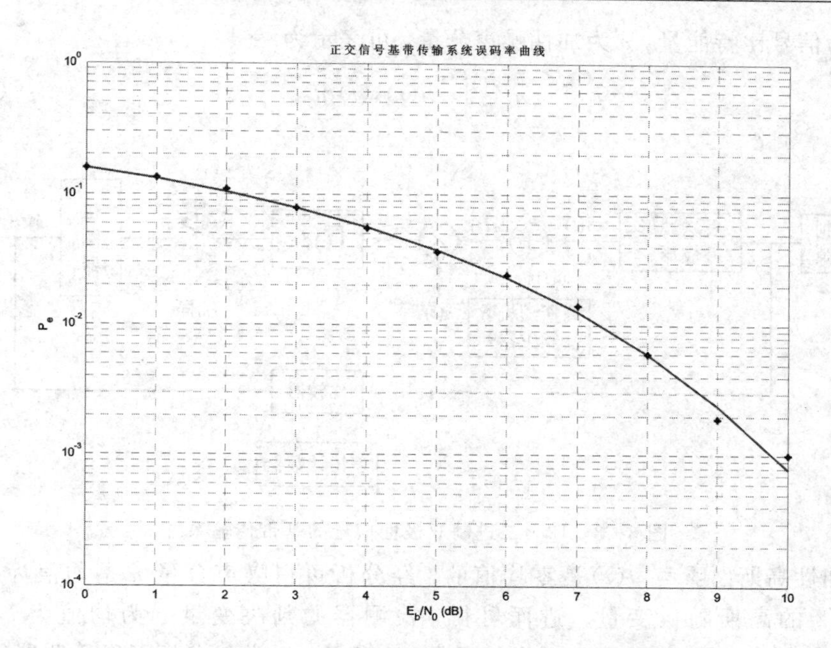

图 3-3-10　正交信号的基带传输系统误码率曲线图

2. 二进制双极性信号的基带传输系统

图 3-3-9 所示系统的发送信号为幅度相同、极性相反的信号时，该系统被称为二进制双极性信号的基带传输系统。

例 3-3-5　假设图 3-3-9 所示的二进制基带传输系统中发送信号为如图 3-3-11 所示的双极性信号，利用 MATLAB 仿真估计该系统的误码率 P_e，并画出 P_e 随 SNR 的变化曲线。

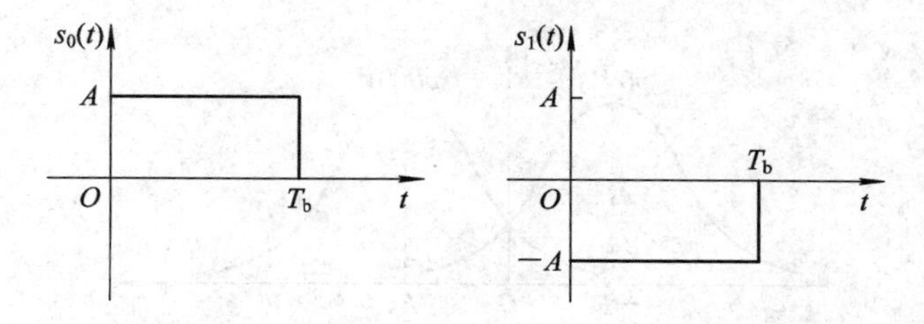

图 3-3-11　双极性基带信号

解　与例 3-3-4 基本相同，不同之处是此时发送的信号为图 3-3-11 所示的双极性基带信号，$s_0(t)=s(t)$，$s_1(t)=-s(t)$。因此，在上例仿真程序中将发送信号替换为图 3-3-11所示信号即可。需要注意的是，由于双极性的发送信号是幅度相同、仅极性不同的两个信号，用图 3-3-9 所示的相关接收机接收时，上下两个相关器的输出仅极性不同(无噪声时)，因此，可对其进行简化，如图 3-3-12 所示。

当发送信号是 $s(t)$时，接收到的信号为

$$r(t)=s(t)+n(t) \tag{3-3-28}$$

在 $t=T_b$抽样时刻，相关器的输出为

$$r=E_b+n \tag{3-3-29}$$

式中，E_b为信号比特能量，n 为加性噪声分量，可表示为

$$n=\int_0^{T_b} n(t)s(t)\mathrm{d}t \tag{3-3-30}$$

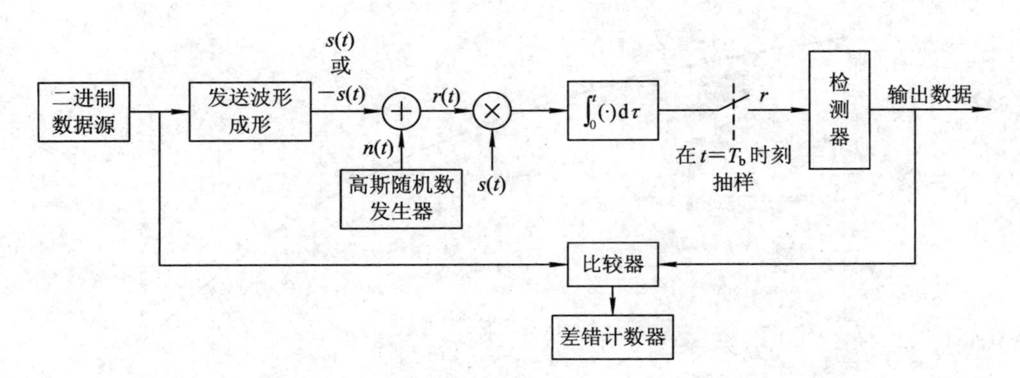

图 3-3-12　二进制双极性信号的基带传输系统

由于加性高斯白噪声 $n(t)$是零均值的，经分析可得噪声分量 n 是均值为 0、方差为 $\sigma^2=E_bN_0/2$ 的高斯随机变量。进而可得，检测器的判决变量 r 为均值为 E_b、方差为 $\sigma^2=E_bN_0/2$的高斯随机变量。当发送信号是$-s(t)$时，经类似分析可得检测器的判决变量 r 是均值为$-E_b$、方差为 $\sigma^2=E_bN_0/2$ 的高斯随机变量。判决变量在两种信号发送情况下的概率密度函数分别为

$$\begin{aligned} p(r|0)&=\frac{1}{\sqrt{2\pi}\sigma}\exp\left(-\frac{(r-E_b)^2}{2\sigma^2}\right) \quad 发送“0” \\ p(r|1)&=\frac{1}{\sqrt{2\pi}\sigma}\exp\left(-\frac{(r+E_b)^2}{2\sigma^2}\right) \quad 发送“1” \end{aligned} \tag{3-3-31}$$

上述两个概率密度函数曲线如图 3-3-13 所示。

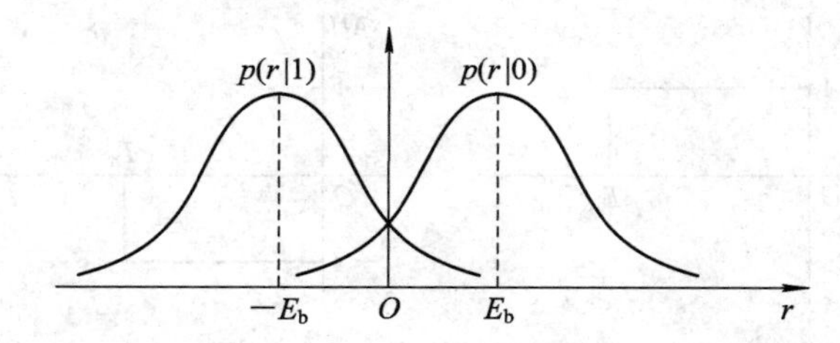

图3-3-13　双极性信号传输系统相关器输出信号的概率密度函数曲线

对于等概的发送信号波形，最佳检测器将 r 与零门限值进行比较，即检测器进行如下判决：若 $r>0$，判为发送波形 $s(t)$；若 $r<0$，判为发送波形 $-s(t)$。

这样，系统传输的误码率可以很容易地计算出来，为

$$\begin{aligned} P_e&=P(1)P(r<0)+P(0)P(r>0)=P(r<0) \\ &=\frac{1}{\sqrt{2\pi}\sigma}\int_{-\infty}^{0}\exp\left(-\frac{(r-E_b)^2}{2\sigma^2}\right)\mathrm{d}r=Q\left(\sqrt{\frac{2E_b}{N_0}}\right)=\frac{1}{2}\mathrm{erfc}\left(\sqrt{\frac{E_b}{N_0}}\right) \end{aligned} \tag{3-3-32}$$

与式(3-3-20)给出的正交信号的系统误码率相比，可以看出同样的发送信号能量 E_b，双极性信号进行基带传输有更好的抗噪声性能。也就是说，在相同的性能(相同系统误码率)下，双极性信号只需要使用正交信号一半的发送能量，即双极性信号比正交信号

在功率上有 3 dB 的性能优势。

本例 MATLAB 参考程序如下：

```
%参数设置
snr_dB = 0：1：10；         %信噪比
for i = 1：length(snr_dB)
  Pe(i) = shuangjixing(snr_dB(i))；       %仿真
end
%数值计算
snr = 10.^(snr_dB./10)；
Pe_lilun = 0.5 * erfc(sqrt(snr))；

%画图
semilogy(snr_dB, Pe_lilun, 'r-')；hold on
semilogy(snr_dB, Pe, '*')；grid
xlabel('E_b/N_0 (dB)')；  ylabel('P_e')；
title('双极性信号基带传输系统误码率曲线')

%————————————————
function[Pe] = shuangjixing(snr_dB)
%以过抽样形式实现的双极性信号的基带传输系统误码率计算
snr = 10^(snr_dB/10)；
%参数设置
A = 1；                   %信号幅度
Tb = 1；                  %码元宽度
M = 8；                   %每码元内抽样点个数
ts = Tb/M；
Eb = A^2 * Tb；
sgma_2 = Eb/2/snr；
sgma = sqrt(sgma_2 * M)；
bitnum = 10^4；            %仿真码元数
%产生信源
s = randint(1, bitnum)；
ss = A * ones(1, M)；
s0 = ss；
s1 = -ss；
for i = 1 ：bitnum
  if s(i) == 0
     x( (i-1) * M+1 ：i * M ) = s0；
  else
     x( (i-1) * M+1 ：i * M ) = s1；
  end
end
n = sgma * randn(1, length(x))；
```

```
r = x + n;                    %接收信号
%接收机
%相关器输出
for i = 1 : bitnum
  z = r( (i-1) * M+1 : i * M ) .* s0;
  R(1) = z(1) * ts;
  for t = 2: 1: M
    R(t) = R(t-1) + z(t) * ts;
end
  RR( (i-1) * M+1 : i * M ) = R;
  R = zeros(1, M);
end
%抽样
R_d = RR(M: M: length(RR));
%判决
d = (1-sign(R_d))/2;
%统计误码，计算误码率
errnum = sum(xor(d, s));
Pe = errnum/bitnum;
```

仿真码元数为10000时，本例程序运行输出结果如图3-3-14所示，图中“*”代表仿真结果，“—”代表理论分析结果。从图中曲线可以看出，仿真与理论分析结果基本吻合，这说明仿真过程是正确的。

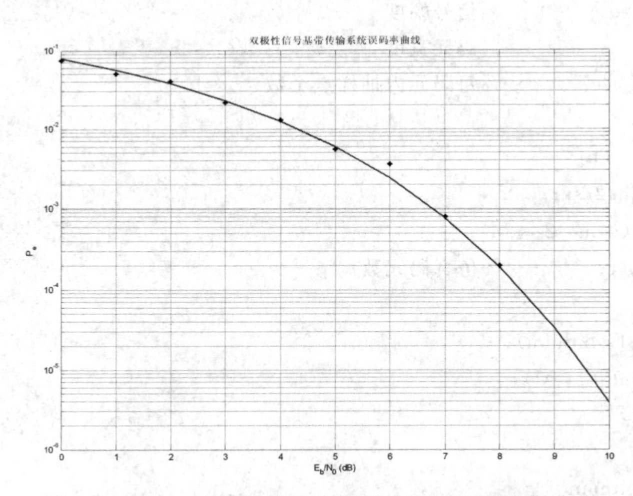

图3-3-14 双极性信号的基带传输系统误码率曲线

3. 二进制单极性信号的基带传输系统

如果图3-3-9所示系统的发送信号用单极性信号来表示，即在一个码元时间内发送信号波形$s(t)$或不发送任何信号来表示信息“0”或“1”，则该系统可称为二进制单极性信号的基带传输系统。此系统接收到的信号可表示为

$$r(t)=\begin{cases} s(t)+n(t) & \text{发送“1”} \\ n(t) & \text{发送“0”} \end{cases} \tag{3-3-33}$$

式中，$n(t)$代表加性高斯白噪声。

例 3-3-6　假设图 3-3-9 所示的二进制数字基带传输系统中的发送信号为单极性信号，利用 MATLAB 仿真估计该系统的误码率 P_e，并画出 P_e随 SNR 的变化曲线。

解　与例 3-3-5 基本相同，不同之处是此时发送的信号为单极性信号，即 $s_0(t)=s(t)$，$s_1(t)=0$。最佳接收机由一个相关器或与 $s(t)$匹配的匹配滤波器，再紧跟着一个检测器组成，它将抽样输出 r 与门限值 a 进行比较。若 $r>a$，则检测器判为发送信息“1”；若 $r<a$，则检测器判为发送信息“0”。

检测器的输入信号可表示为

$$r=\begin{cases} E_b+n & \text{发送“1”} \\ n & \text{发送“0”} \end{cases} \tag{3-3-34}$$

式中，n 为零均值、方差 $\sigma^2=E_bN_0/2$ 的高斯随机变量。因此，判决变量 r 的条件概率密度函数为

$$\begin{cases} p(r|0)=\dfrac{1}{\sqrt{2\pi}\sigma}\exp\left(-\dfrac{r^2}{2\sigma^2}\right) & \text{发送“0”} \\ p(r|1)=\dfrac{1}{\sqrt{2\pi}\sigma}\exp\left(-\dfrac{(r-E_b)^2}{2\sigma^2}\right) & \text{发送“1”} \end{cases} \tag{3-3-35}$$

图 3-3-15 给出了这两个概率密度函数的曲线，当发送“0”时，系统误码率为

$$P(r>a)=\frac{1}{\sqrt{2\pi}\sigma}\int_a^{\infty}\exp\left(-\frac{r^2}{2\sigma^2}\right)\mathrm{d}r \tag{3-3-36}$$

式中，a 为判决电平。

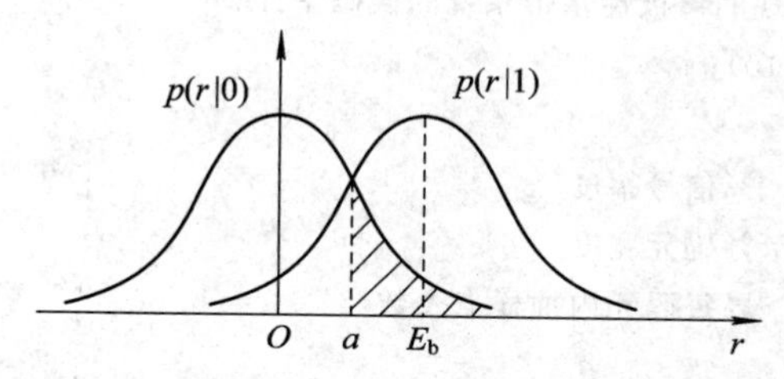

图 3-3-15　单极性信号的基带传输系统中相关器输出信号的概率密度函数

当发送“1”时，系统误码率为

$$P(r<a)=\frac{1}{\sqrt{2\pi}\sigma}\int_{-\infty}^{a}\exp\left(-\frac{(r-E_b)^2}{2\sigma^2}\right)\mathrm{d}r \tag{3-3-37}$$

当二进制信息码元等概发送时，系统平均误码率为

$$P_e(a)=\frac{1}{2}P(r>a)+\frac{1}{2}P(r<a)=\frac{1}{2}[P(r>a)+P(r<a)] \tag{3-3-38}$$

对其求导可得到最佳判决电平，即使平均误码率最小的 a 值：

$$a_{\mathrm{opt}}=\frac{E_b}{2} \tag{3-3-39}$$

将该值代入式(3-3-38)可得系统平均误码率：

$$P_e=Q\left(\sqrt{\frac{E_b}{2N_0}}\right)=\frac{1}{2}\mathrm{erfc}\left(\sqrt{\frac{E_b}{4N_0}}\right) \tag{3-3-40}$$

与式(3-3-32)相比，可以看出单极性信号系统的误码率特性没有双极性信号的好。单极性信号的抗噪声性能比双极性信号的差6 dB，比正交信号的差3 dB。但是，单极性系统的平均发送能量比双极性和正交系统的低3 dB。因此，在将它与其他类型信号性能进行比较时，该差别也应该是要考虑的因素。

本例MATLAB参考程序如下：

```
%参数设置
snr_dB = 0：1：15；        %信噪比
for i = 1：length(snr_dB)
  Pe(i) = danjixing(snr_dB(i))；        %仿真
end
%数值计算
snr = 10.^(snr_dB./10)；
Pe_lilun = 0.5 * erfc(sqrt(snr/4))；

%画图
semilogy(snr_dB, Pe_lilun, 'r—')；hold on
semilogy(snr_dB, Pe, '*')；grid
xlabel('E_b/N_0 (dB)')；ylabel('P_e')；
title('单极性信号基带传输系统误码率曲线')

%———————————————————
function[Pe] = danjixing(snr_dB)
%以过抽样形式实现的单极性基带系统的误码率计算
snr = 10^(snr_dB/10)；
%参数设置
A = 1；               %信号幅度
Tb = 1；              %码元宽度
M = 8；               %每码元内抽样点个数
ts = Tb/M；
Eb = A^2 * Tb；
sgma_2 = Eb/2/snr；
sgma = sqrt(sgma_2 * M)；
bitnum = 10^4；     %仿真码元数
%产生信源
s = randint(1, bitnum)；
ss = A * ones(1, M)；
s0 = ss；
s1 = 0；
for i = 1 ：bitnum
   if s(i) == 0
      x( (i-1)*M+1 ：i*M ) = s0；
   else
```

```
        x( (i-1) * M+1 : i * M ) = s1;
    end
end
n = sgma * randn(1, length(x));
r = x + n;                  %接收信号
%相关接收机
for i = 1 : bitnum
  z = r( (i-1) * M+1 : i * M ) .* s0;
  R(1) = z(1) * ts;
  for t = 2: 1: M
    R(t) = R(t-1) + z(t) * ts;
  end
  RR( (i-1) * M+1 : i * M ) = R;
  R = zeros(1, M);
end
%抽样
R_d = RR(M: M: length(RR));
%判决
a = Eb/2;        %判决门限
d = (1-sign(R_d-a))/2;
%统计误码，计算误码率
errnum = sum(xor(d, s));
Pe = errnum/bitnum;
```

仿真码元数为10000时，本例程序运行输出结果如图3-3-16所示，图中"*"代表仿真结果，"—"代表理论分析结果。从图中曲线可以看出，仿真与理论分析结果基本吻合，这说明仿真过程是正确的。

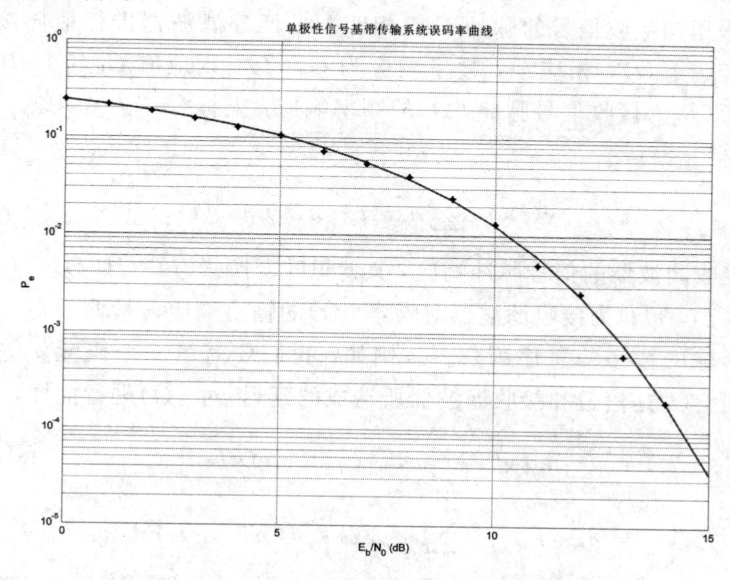

图3-3-16 单极性信号的基带传输系统的误码率曲线

3.4　码 间 串 扰

上一节中，我们假设信道为理想的且有无限宽带宽，讨论了信道噪声对系统误码性能的影响。然而，在实际通信系统中，信道是不可能有无限宽带宽的，而且通常还会出现一定的畸变。分析表明，信道带限和畸变都会给信息传输带来码间串扰(或符号串扰，ISI，Intersymbol Interference)，影响检测器的正确判决，造成系统误码。本节对基带传输系统中的码间串扰问题进行重点讨论，在此过程中我们假设信道为带限的。

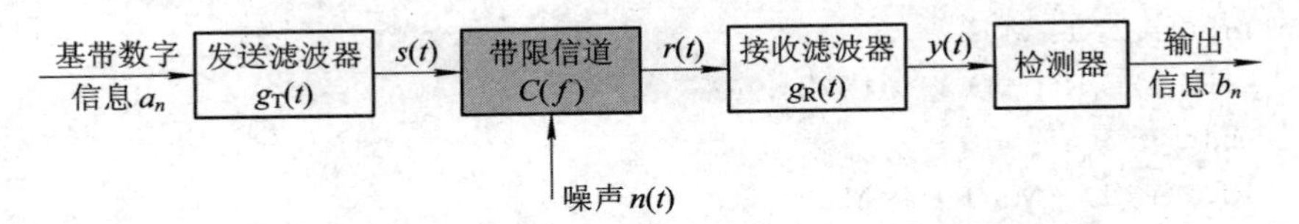

图 3-4-1　数字基带信号的带限信道传输系统框图

3.4.1　码间串扰的基本概念

数字基带信号的带限信道传输系统框图如图 3-4-1 所示。假设发送信号 $s(t)$ 为

$$s(t)=\sum_{n=0}^{\infty}a_n g_T(t-nT_b) \tag{3-4-1}$$

式中，$g_T(t)$ 为发送信号的波形，决定信号频谱的形状；$\{a_n\}$ 为发送的数据信息序列；T_b 为码元宽度，相应地 $1/T_b$ 为码元速率。信号 $s(t)$ 通过频率响应为 $C(f)$ 的带限信道传输，接收信号为

$$r(t)=\sum_{n=0}^{\infty}a_n h(t-nT_b)+n(t) \tag{3-4-2}$$

式中，$h(t)=g_T(t)*c(t)$，$c(t)$ 为信道的冲激响应，“$*$”为卷积运算符，$n(t)$ 为信道的加性噪声。接收端采用与接收信号的脉冲 $h(t)$ 相匹配的匹配滤波器进行最佳接收。设匹配滤波器的冲激响应为 $g_R(t)$，相应地，频率响应为 $G_R(f)$，则应有 $G_R(f)=H^*(f)$，这里，$H(f)=G_T(f)C(f)$ 为接收信号脉冲 $h(t)$ 的频率响应，上标“$*$”为复共轭。接收滤波器的输出可表示为

$$y(t)=\sum_{n=0}^{\infty}a_n x(t-nT_b)+v(t) \tag{3-4-3}$$

式中，$x(t)$ 为接收滤波器的信号脉冲响应，其傅里叶变换 $X(f)=H(f)H^*(f)=|H(f)|^2=G_T(f)C(f)G_R(f)$，$v(t)$ 为接收滤波器对噪声 $n(t)$ 的输出响应。检测器对 $y(t)$ 进行抽样判决，以确定所传输的数字信息序列 $\{a_n\}$。例如，我们要对第 k 个码元 a_k 进行判决，应在 $t=kT_b+t_0$ 时刻上(t_0 是信道和接收滤波器所造成的延迟)对 $y(t)$ 进行抽样，有

$$\begin{aligned}y(kT_b+t_0)&=\sum_{n=0}^{\infty}a_n x(kT_b-nT_b+t_0)+v(kT_b+t_0)\\&=a_k x(t_0)+\sum_{n=0,n\neq k}^{n=\infty}a_n x(kT_b-nT_b+t_0)+v(kT_b+t_0)\end{aligned} \tag{3-4-4}$$

式中，第一项是第 k 个码元波形的抽样值，它是确定 a_k 的依据；第二项是除第 k 个码元以

外的其他波形在第 k 个抽样时刻上的总和，它对当前码元 a_k 的判决起着干扰作用，故称为码间串扰。由于 a_n 是以概率出现的，故码间串扰值通常是一个随机变量。第三项是输出噪声在抽样时刻的值，它是一种随机干扰，也会对第 k 个码元的正确判决造成影响。可见，在 $t=kT_b+t_0$ 抽样时刻，实际抽样值 $y(kT_b+t_0)$ 不仅含有本码元的值，还有码间串扰值及噪声，所以当 $y(kT_b+t_0)$ 送到检测器进行检测判决时，对 a_k 取值的判决可能判对也可能判错。例如，在二进制数字通信系统中，a_k 的可能取值为“0”或“1”，若检测器中的判决门限为 V_d，则此时的判决规则可为：

当 $y(kT_b+t_0)>V_d$ 时，判 a_k 为“1”；

当 $y(kT_b+t_0)<V_d$ 时，判 a_k 为“0”。

显然，只有当码间串扰值和噪声足够小时，才能保证上述判决的正确性；否则有可能发生误判，造成误码。因此，为使基带信号传输获得足够小的误码率，必须最大限度地减小码间串扰和随机噪声的影响。

3.4.2　无码间串扰的传输特性

由式(3-4-4)可知，若想消除码间串扰，应有

$$\sum_{n=0,\ n\neq k}^{\infty} a_n x(kT_b-nT_b+t_0)=0 \tag{3-4-5}$$

由于 a_n 是随机的，要想通过各项相互抵消来使码间串扰为 0 是不行的，这就需要对 $x(t)$ 的波形提出要求。如果相邻码元的前一个码元的波形到达后一个码元抽样时刻时已经衰减到 0，就能实现无码间串扰。但是这样的波形是不易实现的，因为受信道带限、发送信号波形 $g_T(t)$ 自身的形状等因素影响，实际系统中的 $x(t)$ 波形有很长的“拖尾”，也正是由于每个码元的“拖尾”造成了对相邻码元的串扰。但由于数字通信中关注的只是抽样时刻的信号取值，那么如果能让 $x(t)$ 波形在待判决码元之外的其他码元的抽样判决时刻上正好为 0，即

$$x(kT_b+t_0)=\begin{cases}\text{不为零的常数} & k=0\\ 0 & k\neq 0\end{cases} \tag{3-4-6}$$

则就能消除码间串扰的影响。著名的奈奎斯特第一准则为此问题给出了确切的回答：将发送滤波器 $G_T(f)$、带限信道 $C(f)$ 与接收滤波器 $G_R(f)$ 作为一个整体来看待，若它们级联后系统的总传输特性 $X(f)=G_T(f)C(f)G_R(f)$ 的等效低通为常数，则接收滤波器的输出信号在抽样点处无码间串扰，即无码间串扰时基带传输特性应满足如下频域条件：

$$\sum_{n=-\infty}^{\infty} X\left(f+\frac{n}{T_b}\right)=K \qquad |f|\leqslant\frac{1}{2T_b} \tag{3-4-7}$$

式中，K 为常数。实际上，上式为我们提供了一个检验给定的系统传输特性 $X(f)$ 是否产生码间串扰的一种方法：按 $f=\pm(2n-1)/(2T_b)$ 将 $X(f)$ 在 f 轴上以 $1/(2T_b)$ 为间隔分段，然后将各子段分别沿 f 轴平移到 $[-1/(2T_b),\ 1/(2T_b)]$ 区间内进行叠加，其结果应当为一个常数。

显然，满足式(3-4-7)的系统传输特性 $X(f)$ 并不是唯一的，比较容易想到的一种就是 $X(f)$ 为一个理想低通滤波器，即

$$X(f)=\begin{cases}K & |f|\leqslant\dfrac{1}{2T_b}\\ 0 & |f|>\dfrac{1}{2T_b}\end{cases}\tag{3-4-8}$$

式中，K 为常数。由上式可以看出，输入序列若以 $1/T_b$ Baud 的速率进行信息传输，所需的最小传输带宽为 $W=1/(2T_b)$ Hz。式(3-4-8)所对应传输特性的冲激响应为

$$x(t)=\frac{K}{T_b}\mathrm{Sa}\left(\frac{\pi t}{T_b}\right)=2KW\mathrm{Sa}(2\pi Wt)\tag{3-4-9}$$

其在 $t=\pm\frac{n}{2W}$($n\neq0$ 的正整数)时刻为零。故当发送码元间隔为 $T_s=\frac{k}{2W}$($k=1, 2, 3, \cdots$)时，均能满足式(3-4-6)的无码间串扰条件，故无码间串扰的传输速率(单位为 Baud)为

$$R_B=\frac{1}{T_s}=\frac{2W}{k}\quad k=1, 2, 3, \cdots\tag{3-4-10}$$

$k=1$ 对应的速率称为最大无码间串扰速率，即

$$R_{Bmax}=2W\tag{3-4-11}$$

R_{Bmax} 在数值上等于理想低通传输特性带宽的 2 倍，此速率也称为奈奎斯特速率。对应的码元间隔 $T_{smin}=1/(2W)$ 最小，称为奈奎斯特间隔。此时的频带利用率(单位为 Baud/Hz)为

$$\eta_{max}=\frac{R_{Bmax}}{W}=\frac{2W}{W}=2\tag{3-4-12}$$

称为奈奎斯特频带利用率。这是数字基带传输系统的极限频带利用率，即任何一种满足奈奎斯特第一准则无码间串扰的实际通信系统的频带利用率都小于 2 Baud/Hz。

由以上分析可知，理想低通传输特性是一种无码间串扰的传输特性，且可达到最大频带利用率。但令人遗憾的是，理想低通传输系统在实际应用中存在两个问题：一是理想低通传输系统是物理不可实现的；二是即使可近似实现，但其冲激响应 $x(t)$ 的拖尾振荡大、衰减慢(与 t 成反比)，这要求接收端的抽样定时脉冲必须准确无误，否则稍有偏差，就会引入较大的码间串扰。尽管如此，上面得到的结论仍然是很有意义的，因为它给出了数字基带传输系统在理论上所能达到的极限频带利用率，可作为评估各种数字基带传输系统有效性的标准。

一般地，可通过增加传输特性 $X(f)$ 的带宽，即引入剩余带宽来提高其物理可实现性。实际中常用的一种无码间串扰传输特性为升余弦滚降特性，有如下表达式：

$$X_{rc}(f)=\begin{cases}T_b & 0\leqslant|f|\leqslant\dfrac{1-\alpha}{2T_b}\\ \dfrac{T_b}{2}\left[1+\cos\dfrac{\pi T_b}{\alpha}\left(|f|-\dfrac{1-\alpha}{2T_b}\right)\right] & \dfrac{1-\alpha}{2T_b}<|f|\leqslant\dfrac{1+\alpha}{2T_b}\\ 0 & |f|>\dfrac{1+\alpha}{2T_b}\end{cases}\tag{3-4-13}$$

式中，α 称为滚降系数。升余弦滚降特性的系统传输带宽为 $(1+\alpha)/(2T_b)$，是通过引入 $\alpha/(2T_b)$ 的剩余带宽来换取系统的物理可实现性的。滚降系数是用来表示传输特性曲线滚降快慢的参数，定义为剩余带宽与传输特性等效低通带宽之比，显然 $0\leqslant\alpha\leqslant1$。当 $\alpha=0$ 时，$X_{rc}(f)$ 退化为理想低通特性；当 $\alpha=1$ 时，$X_{rc}(f)$ 退化为升余弦特性。升余弦滚降传输特性的冲激响应为

$$x_{rc}(t)=\mathrm{Sa}\left(\frac{\pi t}{T_b}\right)\frac{\cos(\pi\alpha t/T_b)}{1-4\alpha^2t^2/T_b^2} \tag{3-4-14}$$

当 $t=0$ 时，$x_{rc}(t)=1$；当 $t=kT_b$，$k=\pm1, \pm2, \pm3, \cdots$时，$x_{rc}(t)=0$。因此，在抽样间隔为 $t=kT_b$，$k\neq0$ 时，如果没有信道畸变，则相邻符号间不存在码间串扰。由于引入了剩余带宽，而传输的码元速率不变，这样系统的频带利用率就会减小，最大频带利用率为

$$\eta_{max}=\frac{R_{Bmax}}{(1+\alpha)/(2T_b)}=\frac{1/T_b}{(1+\alpha)/(2T_b)}=\frac{2}{1+\alpha} \tag{3-4-15}$$

小于等于 2 Baud/Hz。

例 3-4-1　画出 α 分别为 0、0.5、1 时的升余弦滚降传输特性曲线及其各自对应的时域波形。

解　根据式(3-4-13)分别计算出 α 取不同值时升余弦滚降传输特性 $X_{rc}(f)$，然后根据式(3-4-14)计算相应的时域信号 $x_{rc}(t)$。

本例 MATLAB 参考程序如下：

```
%参数设置
Tb = 1;                                   %码元宽度
M = 100;                                  %每个码元内抽样点的个数
ts = Tb/M;                                %抽样间隔
t = -5 * Tb+ts/2 : ts : 5 * Tb+ts/2;      %考察数据时域范围
df = 1/ts/(10 * M);                       %频率分辨率
f = -2/Tb : df : 2/Tb;                    %考察数据频域范围
alpha = [0, 0.5, 1];
temp = 10^(-10);
%传输特性与时域波形计算
for n = 1 : length(alpha)
  for k = 1 : length(f)
    if abs(f(k)) > 0.5 * (1+alpha(n))/Tb
      Xf(n, k) = 0;
    else if abs(f(k)) < 0.5 * (1-alpha(n))/Tb
      Xf(n, k) = Tb;
    else
      Xf(n, k) = 0.5 * Tb * ( 1+cos( pi * Tb/(alpha(n)+eps) * (abs(f(k))-0.5 * (1
      -...(alpha(n))/Tb) ) );
    end
  end
   xt(n, : ) = sinc(t/Tb) .* (cos(alpha(n) * pi * t/Tb) + temp)./ ( 1-4 * alpha(n)^
2...( * t.^2/Tb^2+temp );
end

%画图
subplot(211)
plot(f, Xf(1, : ),'-'); hold on
plot(f, Xf(2, : ), 'r--'); hold on
```

```
plot(f, Xf(3, :), 'k-.'); grid
legend('\alpha=0', '\alpha=0.5', '\alpha=1');
axis([-2 2 0 1.2]); title('升余弦滚降频谱');
xlabel('f/Tb'); ylabel('幅度');
subplot(212)
plot(t, xt(1, :), '-'); hold on
plot(t, xt(2, :), 'r--'); hold on
plot(t, xt(3, :), 'k-.'); grid
legend('\alpha=0', '\alpha=0.5', '\alpha=1');
axis([-5 5 -0.5 1.1]); title('升余弦滚降频谱的冲激响应波形');
xlabel('t'); ylabel('幅度');
```

本例程序运行结果如图 3-4-2 所示。由图中曲线及式(3-4-15)可知，滚降系数 α 越小，系统频带利用率越高，但其冲激响应拖尾的振荡幅度越大，衰减越慢；反之，α 越大，系统频带利用率越低，但其冲激响应的振荡幅度越小，衰减越快。

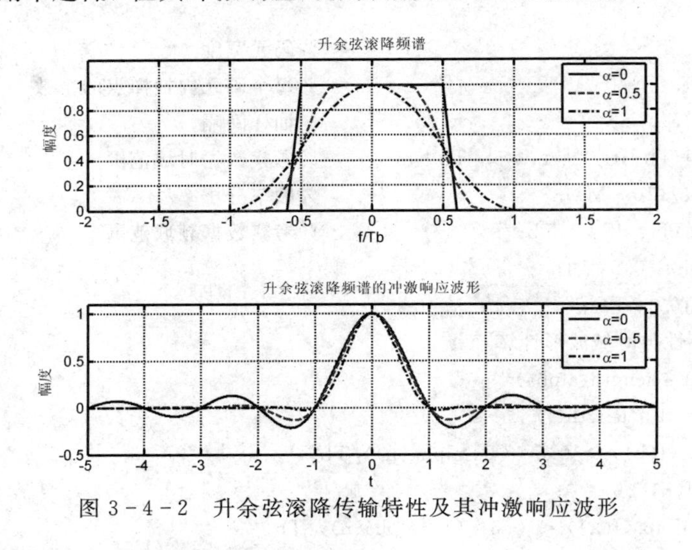

图 3-4-2　升余弦滚降传输特性及其冲激响应波形

3.4.3　无码间串扰传输系统设计

由奈奎斯特第一准则可知，只要合理设计系统收、发滤波器 $G_R(f)$ 和 $G_T(f)$，使系统总传输特性 $X(f)=G_T(f)C(f)G_R(f)$ 的等效低通为常数，即可使系统实现无码间串扰传输。因此，无码间串扰传输系统的设计任务，实际上就是在已知信道特性 $C(f)$ 的条件下设计收、发滤波器 $G_R(f)$ 和 $G_T(f)$。在设计系统时，信道特性 $C(f)$ 有时可能是已知的，有时可能是未知的，因此通常的做法是先假设信道特性是理想的，即 $C(f)$ 为常数(不失一般性，通常假设 $C(f)=1$)，然后来设计收、发滤波器 $G_R(f)$ 和 $G_T(f)$，使 $X(f)=G_T(f)G_R(f)$ 满足奈奎斯特第一准则，最后根据信道的实际特性 $C(f)$ 对收、发滤波器 $G_R(f)$ 和 $G_T(f)$ 做优化补偿，3.6 节将要介绍的信道均衡技术就是对接收滤波器进行优化补偿的一种具体实现。本节重点介绍理想信道条件下无码间串扰系统的收、发滤波器设计问题。

设计数字滤波器的最简单方法是设计成具有线性相位(对称冲激响应)的 FIR 滤波器。下面以线性相位滤波器设计为例对理想信道($C(f)=1$)条件下无码间串扰传输系统的收、发滤波器设计过程进行详细介绍。

首先，要求 $G_T(f)G_R(f)$ 满足无码间串扰的系统传输特性，例如升余弦滚降特性：

$$G_T(f)G_R(f)=X_{rc}(f) \tag{3-4-16}$$

由最佳接收机结构可知接收滤波器应为发送滤波器的匹配滤波器，这样即可得到发送滤波器和接收滤波器的幅频响应为

$$|G_T(f)|=|G_R(f)|=\sqrt{X_{rc}(f)} \tag{3-4-17}$$

由于线性相位数字滤波器的频率响应与冲激响应间满足如下关系：

$$G_T(f)=\sum_{n=-(N-1)/2}^{(N-1)/2} g_T(n)\mathrm{e}^{-\mathrm{j}2\pi f n t_s} \tag{3-4-18}$$

式中，t_s 为抽样间隔，N 为滤波器的阶数(奇数)。因为 $G_T(f)$ 是带限的，抽样频率 f_s 至少为 $2/T_b$，这里我们选择为

$$f_s=\frac{1}{t_s}=\frac{4}{T_b} \tag{3-4-19}$$

因此，折叠频率是 $f_s/2=2/T_b$。综合式(3-4-17)和式(3-4-18)，且以 $\Delta f=f_s/N$ 为间隔对 $X_{rc}(f)$ 进行等间隔抽样，有

$$G_T(m\Delta f)=\sqrt{X_{rc}(m\Delta f)}=\sqrt{X_{rc}\left(\frac{mf_s}{N}\right)}=\sum_{n=-(N-1)/2}^{(N-1)/2} g_T(n)\mathrm{e}^{-\mathrm{j}2\pi mn/N} \tag{3-4-20}$$

由其逆变换可得

$$\begin{aligned} g_T(n) &= \sum_{m=-(N-1)/2}^{(N-1)/2}\sqrt{X_{rc}\left(\frac{m}{N}f_s\right)}\mathrm{e}^{\mathrm{j}2\pi mn/N} \\ &= \sum_{m=-(N-1)/2}^{(N-1)/2}\sqrt{X_{rc}\left(\frac{4m}{NT_b}\right)}\mathrm{e}^{\mathrm{j}2\pi mn/N} \quad n=0,\pm 1,\cdots,\pm\frac{N-1}{2} \end{aligned} \tag{3-4-21}$$

由于 $g_T(n)$ 是对称的，因此将 $g_T(n)$ 延迟 $(N-1)/2$ 个样本就可得到期望的线性相位发送滤波器的冲激响应。进而根据收、发滤波器相匹配的要求即可得到线性相位接收滤波器的冲激响应 $g_R(n)$。

例 3-4-2　设计频率响应分别为 $G_T(f)$ 和 $G_R(f)$ 的基带传输系统发、收滤波器，要求：信道带限且理想，系统总传输特性为滚降系数 $\alpha=0.25$ 的升余弦滚降传输特性，$G_R(f)$ 是 $G_T(f)$ 的匹配滤波器，阶数均为 31 的线性相位滤波器，码元宽度 T_b 为 1。

解　按照上述线性相位滤波器设计过程进行设计，利用式(3-4-21)计算 $g_T(n)$。

本例 MATLAB 参考程序如下：

```
%参数设置
N = 31;
Tb = 1;
alpha = 0.25;
n = -(N-1)/2:(N-1)/2;        %g_T 的序号
%计算 g_T
for i = 1:length(n),
  g_T(i) = 0;
  for m = -(N-1)/2:(N-1)/2,
    g_T(i) = g_T(i) + sqrt(xrc(4*m/(N*Tb),alpha,Tb))*exp(j*2*pi*m*n(i)/N);
```

```
%xrc(x, y, z)为例 3-4-1 中计算 xrc(f)的函数
  end;
end;
g_T = real(g_T) ;
%得到频率响应特性
[G_T, W] = freqz(g_T, 1);                    %W 范围，0～π 对应于 f: 0～fs/2
magG_T_in_dB = 20 * log10(abs(G_T)/max(abs(G_T))); %归一化幅度响应(dB)
fs = 4/Tb;
f_t = fs * W/(2 * pi);
%得到 gR 和系统总的冲激响应
g_R = g_T;
x = conv(g_R, g_T);                          %x(n)=gT(n) * gR(n)
[G_R, Wr] = freqz(g_R, 1);
magG_R_in_dB = 20 * log10(abs(G_R)/max(abs(G_R))); %归一化幅度响应(dB)
f_r = fs * Wr/(2 * pi);
[X, Wx] = freqz(x, 1);
X_in_dB = 20 * log10(abs(X)/max(abs(X)));    %归一化幅度响应(dB)
nn = -(N-1) : (N-1);
f_x = fs * Wx/(2 * pi);
ts = 1/fs;
t = -(N-1) * ts+ts/10 : ts : (N-1) * ts+ts/10;
xt = sinc(t/Tb) .* (cos(alpha * pi * t/Tb))./ ( 1-4 * alpha^2 * t.^2/Tb^2 ); %理想冲激响应

%画图
subplot(321)
stem(n+(N-1)/2, g_T./max(g_T)); grid
title('g_T(n)');
ylabel('归一化幅度'); xlabel('n');
subplot(322)
plot(f_t, abs(G_T)./max(abs(G_T))); grid
title('g_T(n)的频率响应'); axis([0 fs/2 -0.2 1.2]);
ylabel('归一化幅度'); xlabel('f');
subplot(323)
stem(n+(N-1)/2, g_R./max(g_R)); grid
title('g_R(n)');
ylabel('归一化幅度'); xlabel('n');
subplot(324)
plot(f_t, abs(G_R)./max(abs(G_R))); grid
title('g_R(n)的频率响应'); axis([0 fs/2 -0.2 1.2]);
ylabel('归一化幅度'); xlabel('f');
subplot(325)
stem(nn+(N-1), x./max(x)); hold on
plot(t./ts+(N-1), xt, 'r'); grid               %理想冲激响应
```

```
title('x(n)');
ylabel('归一化幅度'); xlabel('n');
subplot(326)
plot(f_x, abs(X)./max(abs(X))); grid
title('x(n)的频率响应'); axis([0 fs/2 -0.2 1.2]);
ylabel('归一化幅度'); xlabel('f');
%------------------------------------------------------------
function[y]=xrc(f, alpha, T);
%计算 xrc(f)
if(abs(f))>((1+alpha)/(2*T))),
  y=0
  (abs(f))>(1-alpha)/(2*T))),
else if
  y=(T/2)*(1+cos((pi*T/alpha)*(abs(f)-(1-alpha)/(2*T))));
else
  y=T
end;
```

本例程序运行结果如图 3-4-3 所示。由于这里数字滤波器的持续时间是有限的，故在$|f|\geqslant(1+a)/(2T_b)$范围内频率响应不再为 0，但新产生的旁瓣一般是比较小的，增加阶数 N 可以减小该旁瓣。

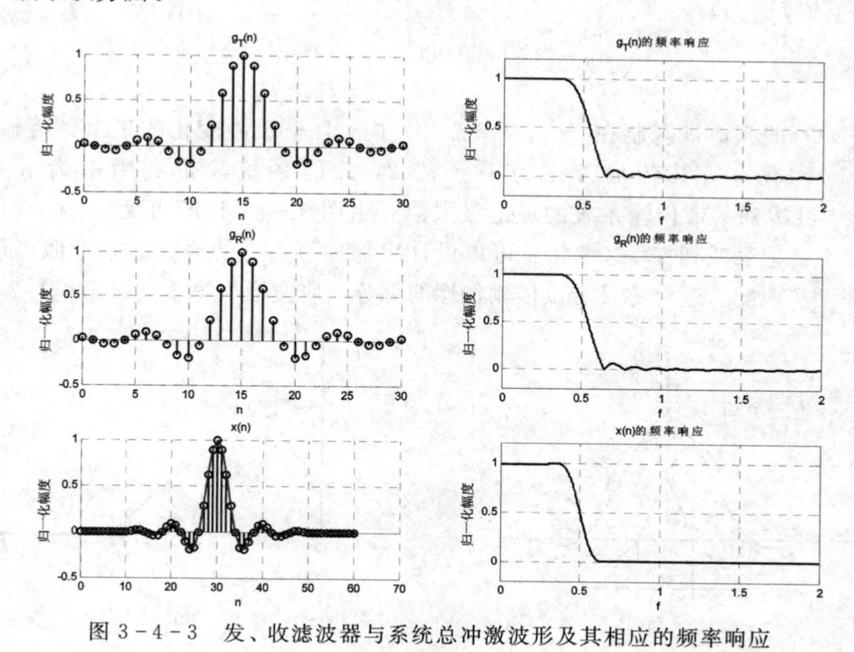

图 3-4-3　发、收滤波器与系统总冲激波形及其相应的频率响应

3.5　部分响应技术

前面我们分析了两种无码间串扰的传输特性：理想低通和升余弦滚降。理想低通特性的频带利用率虽然达到了基带传输系统的理论极限值 2 Baud/Hz，但它在物理上是不可实现的，

且其冲激响应的“尾巴”振荡幅度大、收敛慢，从而对位定时要求十分严格。具有物理可实现性的升余弦传输特性虽然克服了上述缺点，但它所需的频带变宽，频带利用率下降，即通过牺牲系统的频带利用率来换取了系统的物理可实现性，不能适应高速数据传输的发展。

在保证系统物理可实现的要求下，实际系统通常采用部分响应技术来提高其频带利用率。部分响应技术的基本思想是：在允许存在一定受控的码间串扰(接收端可以想办法给予消除)的条件下，寻找一种可使系统频带利用率达到理论上的最大值，而且“尾巴”衰减大、收敛快、对位定时要求精度不高的传输波形。此传输波形就称为部分响应波形。部分响应技术的本质实际上是以适量的码间串扰来换取系统频带利用率的提高。本节对理想信道条件下的部分响应技术进行讨论。

3.5.1　第Ⅰ类部分响应波形

不难发现，虽然 $\mathrm{Sa}(t)$ 波形“拖尾”严重，但相距一个码元间隔的两个 $\mathrm{Sa}(t)$ 波形的“拖尾”刚好正负相反，利用这样的波形组合肯定可以构成“拖尾”衰减很快的脉冲波形。根据这一思路，用两个间隔为一个码元宽度 T_b 的 $\mathrm{Sa}(t)$ 的合成波形作系统总传输波形 $x(t)$，即

$$x(t)=\mathrm{Sa}\left[\pi f_b\left(t+\frac{T_b}{2}\right)\right]+\mathrm{Sa}\left[\pi f_b\left(t-\frac{T_b}{2}\right)\right]=\frac{4}{\pi}\left[\frac{\cos(\pi t f_b)}{1-4t^2 f_b^2}\right] \tag{3-5-1}$$

式中，$f_b=1/T_b$。如图 3-5-1(a)所示，除了在相邻的取样时刻 $t=\pm T_b/2$ 处 $x(t)=1$ 外，其余的抽样时刻 $t=kT_b+T_b/2$(k 为整数)上 $x(t)$ 具有等间隔零点。对上式进行傅里叶变换可得 $x(t)$ 的频谱函数：

$$X(f)=\begin{cases}2T_b\cos\pi f T_b & |f|\leqslant f_b/2\\ 0 & |f|>f_b/2\end{cases} \tag{3-5-2}$$

显然，$x(t)$ 的频谱被限制在 $[-f_b/2,\ f_b/2)]$ 内，且呈缓慢变化的半余弦传输特性，如图 3-5-1(b)所示，其传输带宽为 $B=f_b/2$，此时系统频带利用率为 $\eta=R_B/B=2$ Baud/Hz，可达到基带传输系统的理论极限值。由图 3-5-1(b)可见，式(3-5-2)所示的传输特性平稳地衰减到零，这意味着可以设计出物理可实现的滤波器来近似该传输特性，即其是物理可实现的。通常称具有该传输特性的部分响应波形为第Ⅰ类部分响应波形。

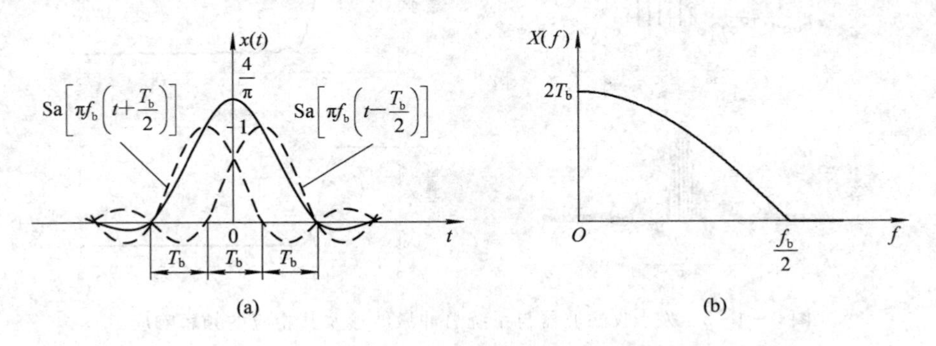

图 3-5-1　第Ⅰ类部分响应波形及其频谱

由式(3-5-1)可见，$x(t)$ 波形的拖尾幅度与 t^2 成反比，而 $\mathrm{Sa}(t)$ 波形幅度与 t 成反比，这说明 $x(t)$ 波形拖尾的衰减速度加快了。从图 3-5-1(a)也可以看到这一点。此外，用 $x(t)$ 作为传输波形，以 $1/T_b$ 的速率进行传送，虽然在抽样时刻会产生与前一码元样值幅度相同的串扰，但在其他码元处不会发生串扰，如图 3-5-2 所示，且该串扰只发生在相邻

两码元间，是确定的、可控的，在收端可以予以消除。可见，式(3－5－1)波形满足部分响应波形的设计要求。

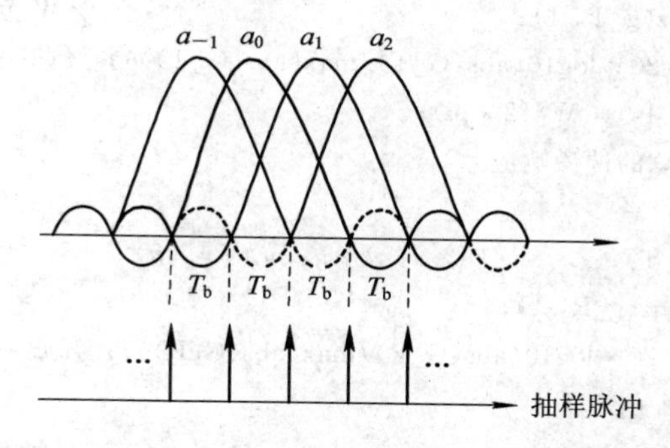

图3－5－2　第Ⅰ类部分响应波形码元发生串扰的示意图

例3－5－1　设计频率响应分别为$G_R(f)$和$G_T(f)$的基带传输系统的发、收滤波器。要求：信道带限且特性理想，系统总传输特性如式(3－5－2)所示，$G_R(f)$是$G_T(f)$的匹配滤波器，阶数均为31的线性相位滤波器，码元宽度T_b为1。

解　本例是对第Ⅰ类部分响应基带传输系统的发、收滤波器进行设计，可按照前述线性相位滤波器设计过程进行。$G_R(f)$和$G_T(f)$为匹配滤波器，有

$$|G_T(f)|=|G_R(f)|=\sqrt{X(f)} \tag{3-5-3}$$

因此，

$$|G_T(f)|=|G_R(f)|=\begin{cases}\sqrt{2T_b\cos\pi fT_b} & |f|\leqslant f_b/2\\ 0 & |f|>f_b/2\end{cases} \tag{3-5-4}$$

利用与例3－4－2相同的方法获得FIR收发滤波器的冲激响应。令$f_s=4/T_b$，有

$$\begin{aligned}g_T(n)&=\sum_{m=-(N-1)/2}^{(N-1)/2}\left|G_T\left(\frac{m}{N}f_s\right)\right|e^{j2\pi mn/N}\\&=\sum_{m=-(N-1)/2}^{(N-1)/2}\sqrt{X\left(\frac{4m}{NT_b}\right)}e^{j2\pi mn/N}\quad n=0,\pm1,\cdots,\pm\frac{N-1}{2}\end{aligned} \tag{3-5-5}$$

且$g_R(n)=g_T(n)$。

本例MATLAB参考程序如下：

```
%参数设置
N = 31; Tb = 1;
n = -(N-1)/2:(N-1)/2;          %g_T 的序号
%计算 g_T
for i = 1:length(n),
  g_T(i) = 0;
  for m = -(N-1)/2:(N-1)/2,
    if abs( 4 * m/(N * Tb) ) <= 1/(2 * Tb)
      g_T(i) = g_T(i) + sqrt(2 * Tb * cos(4 * pi * m/N)) * exp(j * 2 * pi * m * n(i)/N);
    end
  end;
end;
```

```
g_T = real(g_T) ;
%得到频率响应特性
[G_T, W] = freqz(g_T, 1);                              %W 范围，0~π 对应于 f: 0~fs/2
magG_T_in_dB = 20 * log10(abs(G_T)/max(abs(G_T)));  %归一化幅度响应，以 dB 表示
fs = 4/Tb; f_t = fs * W/(2 * pi);
%得到 gR 和系统总的冲激响应
g_R = g_T;
x = conv(g_R, g_T);                %x(n)=gT(n) * gR(n)
[G_R, Wr] = freqz(g_R, 1);
magG_R_in_dB = 20 * log10(abs(G_R)/max(abs(G_R)));  %归一化幅度响应，以 dB 表示
f_r = fs * Wr/(2 * pi);
[X, Wx] = freqz(x, 1);
X_in_dB = 20 * log10(abs(X)/max(abs(X)));              %归一化幅度响应，以 dB 表示
nn = -(N-1) : (N-1);
f_x = fs * Wx/(2 * pi);
dt = 1/fs;
t = -(N-1) * dt+dt/10 : dt : (N-1) * dt+dt/10;
xt = (4/pi) * (cos(pi * t/Tb)). / ( 1-4 * t.^2/Tb^2 );

%画图
subplot(321)
stem(n+(N-1)/2, g_T./max(g_T)); grid
title('g_T(n)'); ylabel('归一化幅度'); xlabel('n');
subplot(322)
plot(f_t, abs(G_T)./max(abs(G_T))); grid
title('g_T(n)的频率响应'); axis([0 fs/2 -0.2 1.2]);
ylabel('归一化幅度'); xlabel('f');
subplot(323)
stem(n+(N-1)/2, g_R./max(g_R)); grid
title('g_R(n)'); ylabel('归一化幅度'); xlabel('n');
subplot(324)
plot(f_t, abs(G_R)./max(abs(G_R))); grid
title('g_R(n)的频率响应'); axis([0 fs/2 -0.2 1.2]);
ylabel('归一化幅度'); xlabel('f');
subplot(325)
stem(nn+(N-1), x./max(x)); hold on
plot(t./dt+(N-1), xt./max(xt), 'r'); grid              %理想冲激响应
title('x(n)');
ylabel('归一化幅度'); xlabel('n');
subplot(326)
plot(f_x, abs(X)./max(abs(X))); grid
title('x(n)的频率响应'); axis([0 fs/2 -0.2 1.2]);
ylabel('归一化幅度'); xlabel('f');
```

本例程序运行结果如图 3-5-3 所示。图中同时还给出了 $f_s=4/T_b$ 抽样速率下对 $x(t)$ 抽样所得的理想冲激响应，从图中曲线可以看出本例设计得到的发、收滤波器级联后总的冲激响应与理想冲激响应是可比拟的。

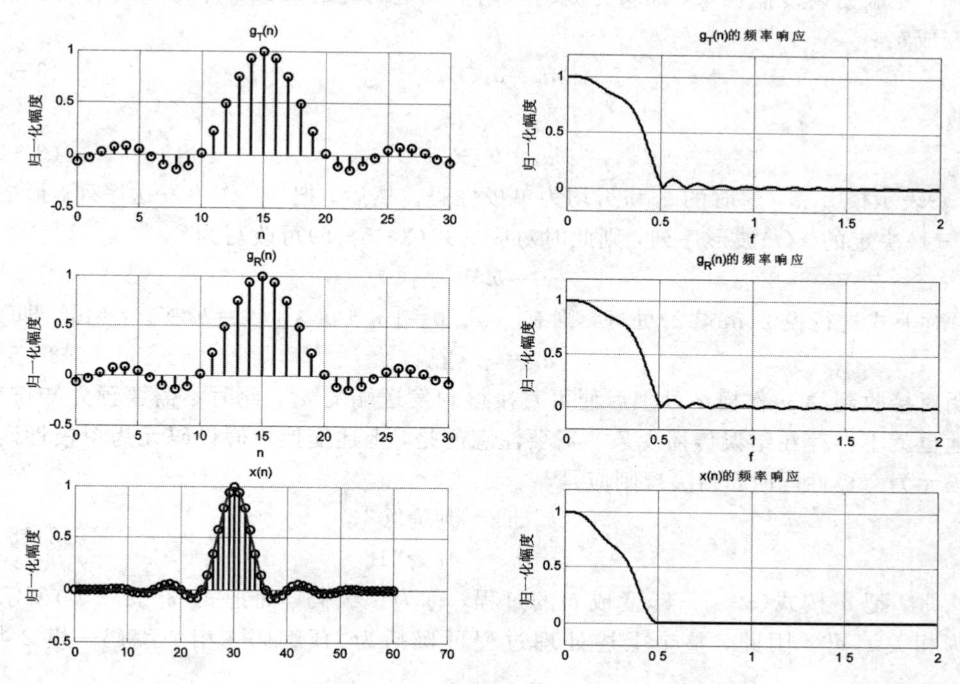

图 3-5-3　第Ⅰ类部分响应系统发、收滤波器与系统总冲激波形及其相应的频率响应

利用前述第Ⅰ类部分响应波形直接进行信息传输时，由于存在前一码元留下的有规律的串扰，可能会造成误码的传播（或扩散）。设输入的二进制码元序列为 $\{a_k\}$，并设 a_k 的取值为 +1 或 −1。当发送码元 a_k 时，接收信号在第 k 个时刻上获得的样值 y_k 应是 a_k 与前一码元在第 k 个时刻上留下的串扰值之和，即

$$y_k=a_k+a_{k-1} \tag{3-5-6}$$

由于串扰值和信码抽样值幅度相等，因此 y_k 将可能有 −2、0、+2 三种取值。如果 a_{k-1} 值已经确定，则接收端可根据收到的 y_k 减去 a_{k-1} 便可得到 a_k 的取值，即

$$a_k=y_k-a_{k-1} \tag{3-5-7}$$

但这样的接收方式存在一个问题：因为 a_k 的恢复不仅仅由 y_k 来确定，而且必须参考前一码元 a_{k-1} 的判决结果，如果 $\{y_k\}$ 序列中某个抽样值因干扰而发生差错，则不但会造成当前恢复的 a_k 值错误，而且还会影响到以后所有的 a_{k+1}，a_{k+2}，… 抽样值的正确判决，这种现象通常被称为“错误传播现象”。例如：

输入信码：	1	0	1	1	0	0	0	1	0	1	1
发送端 $\{a_k\}$：	+1	−1	+1	+1	−1	−1	−1	+1	−1	+1	+1
发送端 $\{s_k\}$：		0	0	+2	0	−2	−2	0	0	0	+2
接收端 $\{y_k\}$：		0	0	+2	0	−2	$0_\times$	0	0	0	+2
恢复的 $\{a'_k\}$：	$\underline{+1}$	−1	+1	+1	−1	−1	$+1_\times$	$-1_\times$	$+1_\times$	$-1_\times$	$+3_\times$

可见，自$\{y_k\}$出现错误之后，接收端恢复出来的$\{a'_k\}$全部是错误的。此外，在接收端恢复$\{a'_k\}$时还必须有正确的起始值(± 1)，否则也不可能得到正确的$\{a'_k\}$序列。

为了克服错误传播现象，通常是先对输入信码进行差分编码，即按下式规则将输入信码a_k变成b_k：

$$b_k = a_k \oplus b_{k-1} \tag{3-5-8}$$

相应地，

$$a_k = b_k \oplus b_{k-1} \tag{3-5-9}$$

式中，$\oplus$表示模 2 和，这时的a_k和b_k均为单极性码。然后，把$\{b_k\}$作为发送序列，形成由式(3-5-1)决定的$x(t)$波形序列，则此时对应的式(3-5-6)可改写为

$$y_k = b_k + b_{k-1} \tag{3-5-10}$$

显然，对上式进行模 2(mod 2)处理，则有$[y_k]_{\text{mod2}} = [b_k + b_{k-1}]_{\text{mod2}} = b_k \oplus b_{k-1} = a_k$，即

$$a_k = [y_k]_{\text{mod2}} \tag{3-5-11}$$

这说明对接收到的y_k作模 2 处理后便可直接得到发送端的a_k，此时不需要预先知道a_{k-1}，相应地也就不会存在错误传播现象。需要注意的是，上述变换均假设码元为单极性码。当发送码元为双极性码时，判决规则应是

$$y_k = \begin{cases} \pm 2 & \text{判为“0”} \\ 0 & \text{判为“1”} \end{cases} \tag{3-5-12}$$

通常，把a_k按式(3-5-8)变成b_k的过程，称为预编码，而把式(3-5-10)所示的处理称为相关编码。因此，整个上述处理过程可概括为“预编码—相关编码—模 2 判决”过程。

重新引用上面的例子，由输入a_k到接收端恢复a'_k的过程如表 3-5-1 所示。

表 3-5-1　由输入 a_k 到接收端恢复 a'_k 的过程

$\{a_k\}$		1	0	1	1	0		0	0	1	0	1	1
$\{b_{k-1}\}$		0	1	1	0	1		1	1	1	0	0	1
$\{b_k\}$		1	1	0	1	1		1	1	0	0	1	0
单极性情况	$\{s_k\}$	1	2	1	1	2		2	2	1	0	1	1
	$\{y_k\}$	1	2	1	1	2		2	$1_\times$	1	0	1	1
	$\{a'_k\}$	1	0	1	1	0		0	$1_\times$	1	0	1	1
双极性情况	$\{s_k\}$	0	+2	0	0	+2		+2	+2	0	−2	0	0
	$\{y_k\}$	0	+2	0	0	+2		+2	+2	0	$0_\times$	0	0
	$\{a'_k\}$	1	0	1	1	0		0	0	1	$1_\times$	1	1

表中下标“×”代表该位出错。由表 3-5-1 可见，由当前y_k值可直接得到当前的a_k，所以错误不会传播下去，而是局限在受干扰码元本身位置，这是因为预编码解除了码元间的相关性。

由第Ⅰ类部分响应波形构成的传输系统框图如图 3-5-4 所示，其中图(a)为原理框图，图(b)为实际系统组成框图。

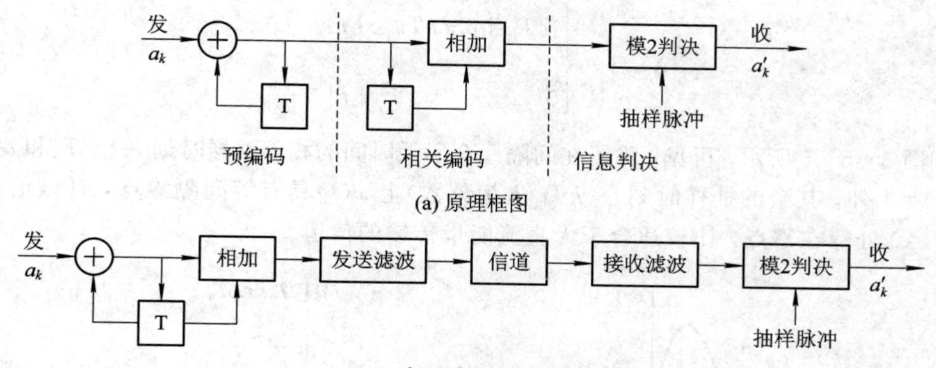

(a) 原理框图

(b) 实际系统组成框图

图 3-5-4 第Ⅰ类部分响应系统构成框图

例 3-5-2 编写 MATLAB 程序，对某一个数据序列$\{a_k\}$进行预编码，产生序列$\{b_k\}$，再将预编码序列映射到输入幅度电平序列$\{s_k\}$中。然后，从发送序列$\{s_k\}$产生接收无噪声序列$\{y_k\}$，并由式(3-5-11)得到数据序列$\{a_k{}'\}$。

解 按照上述"预编码—相关编码—模 2 判决"过程进行相应编程。

本例 MATLAB 参考程序如下：

```
a = [1 1 1 0 1 0 0 1 0 0 0 1];          %输入数据
%预编码
b(1) = 0;
for i = 1: length(a)
  b(i+1) = xor(a(i), b(i));
end
%相关编码
s = b(1: end-1) + b(2: end);
y = s;
%模 2 判决
aa = mod(y, 2);
```

运行程序，输出结果如下：

```
a =     1  1  1  0  1  0  0  1  0  0  0  1
b = 0   1  0  1  1  0  0  0  1  1  1  1  0
s =     1  1  1  2  1  0  0  1  2  2  2  1
y =     1  1  1  2  1  0  0  1  2  2  2  1
aa =    1  1  1  0  1  0  0  1  0  0  0  1
```

3.5.2 第Ⅳ类部分响应波形

第Ⅳ类部分响应波形也是一种比较常用的部分响应波形，其表达式为

$$x(t)=\mathrm{Sa}[\pi f_b(t+T_b)]-\mathrm{Sa}[\pi f_b(t-T_b)] \tag{3-5-13}$$

频谱为

$$X(f)=\begin{cases} j2T_b\sin 2\pi f T_b & |f|\leqslant \dfrac{f_b}{2} \\ 0 & |f|>\dfrac{f_b}{2} \end{cases} \tag{3-5-14}$$

如图 3-5-5 所示，可见，除了在间隔一个码元时间的相邻抽样时刻 $t=-T_b$ 和 $t=+T_b$ 处 $x(t)=1$ 外，其余的抽样时刻 $t=kT_b$(k 为整数)上 $x(t)$ 具有等间隔零点，且该信号的频谱在 $f=0$ 处存在零点，比较适合于无直流能量传输的信道。

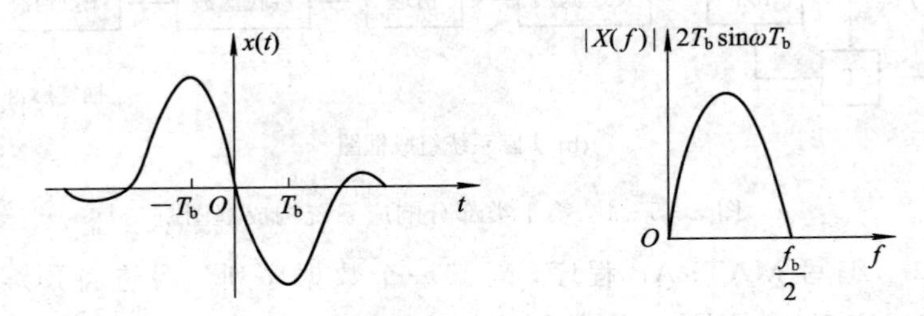

图 3-5-5 第Ⅳ类部分响应波形及其频谱

例 3-5-3 对第Ⅳ类部分响应基带传输系统的发、收滤波器进行设计。要求：信道带限且理想，系统总传输特性如式(3-5-14)所示，$G_R(f)$是 $G_T(f)$的匹配滤波器，阶数均为 31 的线性相位滤波器，码元宽度 T_b为 1。

解 参照例 3-5-1 进行。

本例 MATLAB 参考程序如下：

```
%参数设置
N = 31;
Tb = 1;
n = -(N-1)/2:(N-1)/2;              %g_T 的序号
%计算 g_T
for i = 1:length(n),
  g_T(i) = 0;
  for m = -(N-1)/2:(N-1)/2,
    if abs( 4 * m/(N * Tb) ) <= 1/(2 * Tb)
      g_T(i) = g_T(i) + sqrt(-2 * Tb * sin(8 * pi * m/N)) * exp(j * 2 * pi * m * n(i)/N);
    end
  end;
end;
g_T = real(g_T) ;
%得到频率响应特性
[G_T, W] = freqz(g_T, 1);                          %W 范围，0~π 对应于 f：0~fs/2
magG_T_in_dB = 20 * log10(abs(G_T)/max(abs(G_T))); %归一化幅度响应，以 dB 表示
fs = 4/Tb;
f_t = fs * W/(2 * pi);
%得到 g_R 和系统总的冲激响应
g_R = g_T;
```

```
x = conv(g_R, g_T);                                          %x(n)=g_T(n) * g_R(n)
[G_R, Wr] = freqz(g_R, 1);
magG_R_in_dB = 20 * log10(abs(G_R)/max(abs(G_R)));   %归一化幅度响应，以 dB 表示
f_r = fs * Wr/(2 * pi);
[X, Wx] = freqz(x, 1);
X_in_dB = 20 * log10(abs(X)/max(abs(X)));                    %归一化幅度响应，以 dB 表示
nn = -(N-1) : (N-1);
f_x = fs * Wx/(2 * pi);
dt = 1/fs;
t = -(N-1) * dt+dt/10 : dt : (N-1) * dt+dt/10;
xt = sinc((t+Tb)/Tb) - sinc((t-Tb)/Tb);

%画图
subplot(321)
stem(n+(N-1)/2, g_T./max(abs(g_T))); grid
title('g_T(n)');
ylabel('归一化幅度'); xlabel('n');
subplot(322)
plot(f_t, abs(G_T)./max(abs(G_T))); grid
title('g_T(n)的频率响应'); axis([0 fs/2 -0.2 1.2]);
ylabel('归一化幅度'); xlabel('f');
subplot(323)
stem(n+(N-1)/2, g_R./max(abs(g_R))); grid
title('g_R(n)');
ylabel('归一化幅度'); xlabel('n');
subplot(324)
plot(f_t, abs(G_R)./max(abs(G_R))); grid
title('g_R(n)的频率响应'); axis([0 fs/2 -0.2 1.2]);
ylabel('归一化幅度'); xlabel('f');
subplot(325)
stem(nn+(N-1), x./max(abs(x))); hold on
plot(t./dt+(N-1), xt./max(abs(xt)), 'r'); grid          %理想冲激响应
title('x(n)');
ylabel('归一化幅度'); xlabel('n');
subplot(326)
plot(f_x, abs(X)./max(abs(X))); grid
title('x(n)的频率响应'); axis([0 fs/2 -0.2 1.2]);
ylabel('归一化幅度'); xlabel('f');
```

本例程序运行结果如图 3-5-6 所示。图中同时还给出了 $f_s=4/T_b$ 抽样速率下对 $x(t)$ 抽样所得的理想冲激响应，从图中曲线可以看出本例设计得到的收、发滤波器级联后总的冲激响应与理想冲激响应是可比拟的。

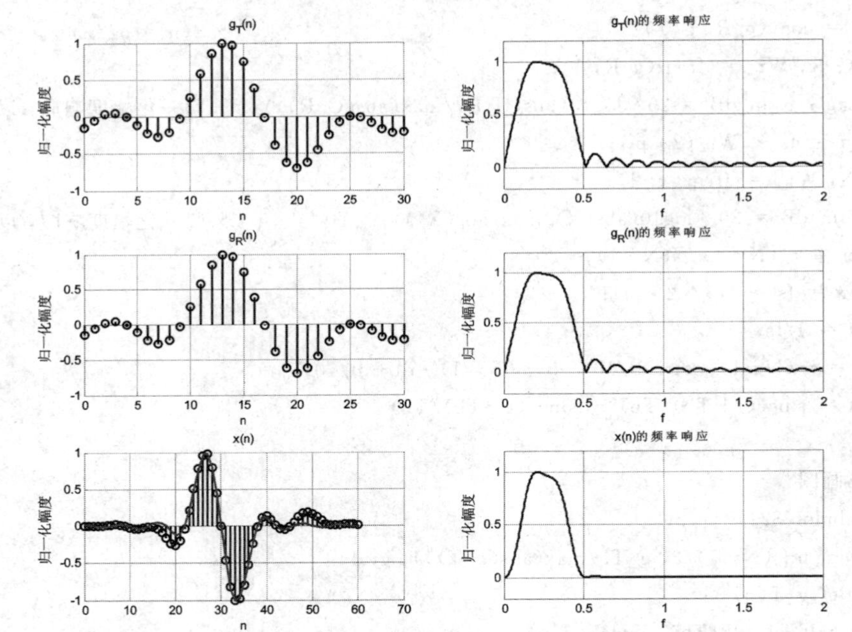

图 3-5-6　第Ⅳ类部分响应系统发、收滤波器与系统总冲激波形及其相应的频率响应

3.6 均衡技术

前几节对无码间串扰传输系统及部分响应系统设计的讨论都是在理想信道条件下进行的，而当信道特性 $C(f)$ 不理想时就不能再利用前述相应方法直接进行系统设计了。当信道特性不理想时，为实现无码间串扰传输，通常采用信道均衡技术来补偿信道特性畸变，具体做法是：先假设信道是理想的，按照前述理想信道条件下无码间串扰传输系统设计方法来设计收、发滤波器，然后在接收滤波器的输出端级联一个滤波器来消除因信道 $C(f)$ 不理想造成的影响，如图 3-6-1 所示。这个起补偿作用的滤波器就称为信道均衡器。

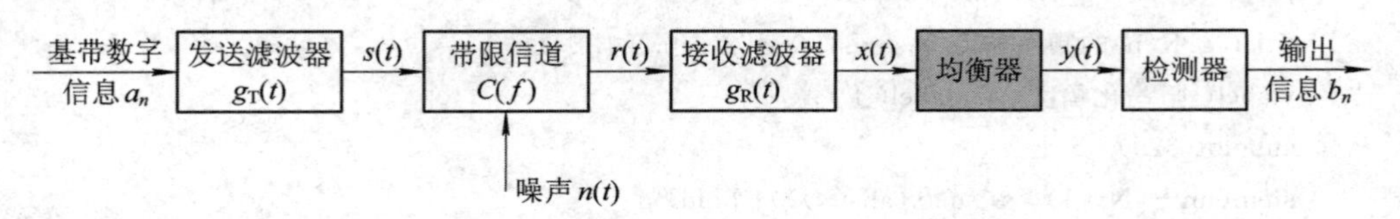

图 3-6-1　带有均衡器的数字基带传输系统框图

均衡器的种类有很多。若信道特性在通信系统设计时已获悉，则可事先设置好均衡器的参数，此种均衡器称为预置均衡器。若信道特性在通信过程中不断发生变化，则预置均衡器将不能很好地跟踪信道的变化，自然也不能完全补偿信道特性变化的影响。为提高补偿效果，此时通常采用自适应均衡器，即在通信过程中不断更新均衡器的参数以跟踪信道变化。此外，按研究的角度和领域分，均衡器可分为频域均衡器和时域均衡器两大类。频域均衡是从校正传输系统的频率特性出发，利用一个可调滤波器的频率特性去补偿信道或系统的频率特性，使包含均衡器在内的整个基带系统的总传输特性满足无失真传输条件。时域均衡是从时域响应角度考虑，使包括均衡器在内的整个系统的输出波形满足无码间串扰条件。一般来讲，频域均衡在信道特性在通信过程中保持不变且传输低速数据的情况下

用得比较多；而时域均衡可以根据信道特性的时变情况进行调整，能够有效地减小码间串扰，而且随着数字信号处理技术和超大规模集成电路的发展，时域均衡目前已成为高速数据传输中所使用的主要方法。本节重点介绍时域均衡技术。

通常用线性横向FIR滤波器作均衡器。研究表明，横向滤波器的抽头个数对均衡效果有很大影响。若抽头个数为无穷大，有可能完全消除系统中的码间串扰，但该滤波器是不能实际实现的。通常是选用具有 $2N+1$ 个抽头的有限长横向滤波器来作均衡器，如图3-6-2所示(图中 T_b 为符号宽度，$C_i(i=-N, -N+1, \cdots, N-1, N)$ 为滤波器的抽头系数)，此时只能消除部分码间串扰，是一种次优均衡方案。当信道中码间串扰比较严重时，为改善均衡效果，通常还在均衡器中引入一定的反馈机制，如判决反馈均衡(DFE, Decision-Feedback Equalization)，是一种非线性均衡，其均衡效果虽然仍不能达到MLSD(Maximum-Likelihood Sequence Detection)检测的最优性能，但要优于线性均衡器的。

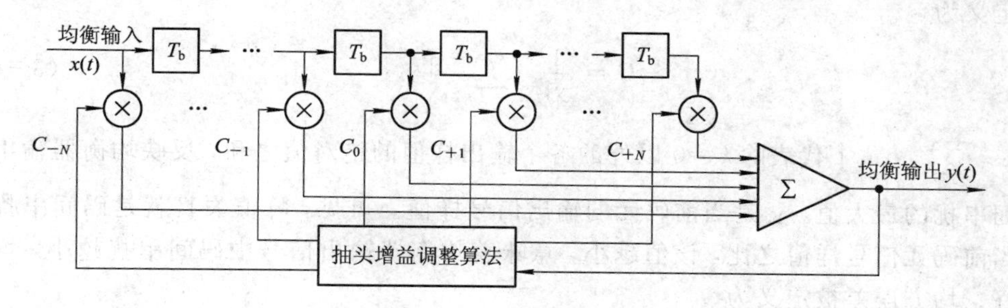

图3-6-2　线性横向滤波器

3.6.1　线性均衡器

1. 线性均衡原理

在如图3-6-2所示的线性横向滤波器中，作为均衡器输入的信号 $x(t)$ 是接收滤波器的输出，如图3-6-3(a)所示，由于系统特性的不理想，$x(t)$ 波形在其他码元抽样时刻的值 x_1、x_2、x_{-1}、x_{-2} 等不为零，即存在码间串扰。将 $x(t)$ 送入均衡器的目的就是要对其波形进行校正，使校正后的波形 $y(t)$(即均衡器的输出)在其他码元抽样点上的值为0，从而消除或减小码间串扰，如图3-6-3(b)所示。

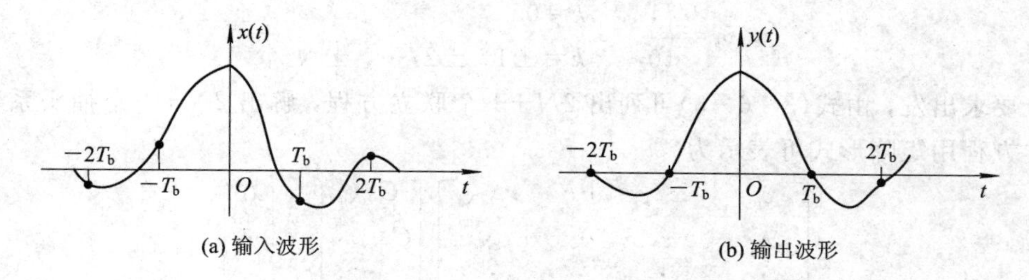

图3-6-3　均衡器的输入/输出波形示意图

根据线性系统原理，很容易得出均衡器的输出为

$$y(t)=\sum_{i=-N}^{N}C_i x(t-iT_b) \tag{3-6-1}$$

鉴于数字通信的特点，我们实际上不需要关心输出信号 $y(t)$ 在每一时刻上的取值，只需关心每个码元抽样时刻的输出值就够了。当 $t=kT_b$ 时，有

$$y(kT_b)=\sum_{i=-N}^{N}C_i x[(k-i)T_b] \tag{3-6-2}$$

可简写为

$$y_k=\sum_{i=-N}^{N}C_i x_{k-i} \tag{3-6-3}$$

上式表明，均衡器输出波形在第 k 个抽样时刻的样值 y_k 由 $2N+1$ 个值来确定，这些值是 $x(t)$ 经延迟后与相应的滤波器抽头系数 C_i 相乘的结果。对于有码间串扰的输入波形 $x(t)$，可以选择合适的抽头系数 C_i，使输出 $y(t)$ 的码间串扰在一定程度上得到减小。

为了衡量均衡器的均衡效果，通常用峰值失真和均方误差作度量标准。其中，峰值失真被定义为

$$D=\frac{1}{y_0}\sum_{k=-\infty,\ k\neq 0}^{\infty}|y_k| \tag{3-6-4}$$

式中，$\sum_{k=-\infty,\ k\neq 0}^{\infty}|y_k|$ 代表除 $k=0$ 以外的各个输出样值的绝对值之和，反映均衡器输出信号中码间串扰的最大值，y_0 是当前码元的输出信号样值。可见，峰值失真就是码间串扰的峰值与当前码元信号样值之比，该值越小，意味着均衡器输出信号中码间串扰越小，均衡效果越好。均方误差被定义为

$$\mathrm{MSE}=E[|y_k-I_k|^2] \tag{3-6-5}$$

式中，I_k 代表第 k 个发送码元符号。显然，均方误差值越小，意味着均衡器输出和发送符号越接近，相应地，均衡效果也越好。以峰值失真和均方误差为度量标准，通过使其数值尽可能小来优化均衡器的抽头系数，这就是均衡器设计的两大常用准则：峰值失真准则和最小均方误差准则。按这两个准则确定的均衡器抽头系数都可使均衡器输出的失真最小，获得最佳的均衡效果。

2. “迫零”均衡器

理论分析已证明，如果均衡前的峰值失真小于1(即眼图不完全闭合)，要想得到最小的峰值失真，输出 $y(t)$ 应满足下式要求：

$$y_k=\begin{cases}1 & k=0\\ 0 & k=\pm 1,\ \pm 2,\cdots,\ \pm N\end{cases} \tag{3-6-6}$$

从这个要求出发，由式(3-6-3)可列出 $2N+1$ 个联立方程，解出 $2N+1$ 个抽头系数 C_i。将联立方程用矩阵形式可表示为

$$\begin{bmatrix} x_0 & x_{-1} & \cdots & x_{-2N}\\ x_1 & x_0 & \cdots & x_{-2N+1}\\ \vdots & \vdots & \vdots & \vdots\\ x_N & x_{N-1} & \cdots & x_{-N}\\ \vdots & \vdots & \vdots & \vdots\\ x_{2N-1} & x_{2N-2} & \cdots & x_{-1}\\ x_{2N} & x_{2N-1} & \cdots & x_0 \end{bmatrix}\begin{bmatrix} C_{-N}\\ C_{-N+1}\\ \vdots\\ C_0\\ \vdots\\ C_{N-1}\\ C_N \end{bmatrix}=\begin{bmatrix}0\\ \vdots\\ 0\\ 1\\ 0\\ \vdots\\ 0\end{bmatrix} \tag{3-6-7}$$

如果x_{-2N}，…，x_0，…，x_{2N}已知，则求解上式线性方程组可以得到C_{-N}，…，C_0，…，C_N共$2N+1$个抽头系数值。使y_k在$k=0$两边各有N个零值的调整叫做"迫零"调整，按这种方法设计的均衡器称为"迫零"均衡器，此时峰值失真D最小，达到最佳均衡效果。

需要说明的是，"迫零"均衡器只确保均衡输出y_k在$k=0$两边各有N个零点，而在远离峰值的一些抽样点上仍会有码间串扰。一般来说，抽头个数有限时，不能完全消除码间串扰，但当抽头个数较多时，可以将码间串扰减小到相当小的程度。

例3-6-1　设在某均衡器的输入端输入一个存在信道失真的波形$x(t)$：

$$x(t)=\frac{1}{1+(2t/T_b)^2} \tag{3-6-8}$$

式中，T_b为符号速率。以$1/T_b$抽样率对该波形进行抽样，然后用"迫零"均衡器进行均衡。编程计算具有5个抽头的"迫零"均衡器的抽头系数。

解　抽头个数为5，则$N=2$。根据式(3-6-6)可知，该"迫零"均衡器必须满足下式：

$$y_k=\sum_{i=-2}^{2}C_i x((k-i)T_b)=\begin{cases}1 & k=0\\0 & k=\pm1,\pm2\end{cases} \tag{3-6-9}$$

将其表示成矩阵形式，为

$$\boldsymbol{Y}=\boldsymbol{XC} \tag{3-6-10}$$

式中，矩阵$\boldsymbol{X}$中元素为$x((k-i)T_b)$，由下式给出：

$$\boldsymbol{X}=\begin{bmatrix}1 & \frac{1}{5} & \frac{1}{17} & \frac{1}{37} & \frac{1}{65}\\ \frac{1}{5} & 1 & \frac{1}{5} & \frac{1}{17} & \frac{1}{37}\\ \frac{1}{17} & \frac{1}{5} & 1 & \frac{1}{5} & \frac{1}{17}\\ \frac{1}{37} & \frac{1}{17} & \frac{1}{5} & 1 & \frac{1}{5}\\ \frac{1}{65} & \frac{1}{37} & \frac{1}{17} & \frac{1}{5} & 1\end{bmatrix} \tag{3-6-11}$$

系数向量$\boldsymbol{C}$和输出向量$\boldsymbol{Y}$分别为

$$\boldsymbol{C}=\begin{bmatrix}C_{-2}\\C_{-1}\\C_0\\C_1\\C_2\end{bmatrix},\quad \boldsymbol{Y}=\begin{bmatrix}0\\0\\1\\0\\0\end{bmatrix} \tag{3-6-12}$$

通过对矩阵$\boldsymbol{X}$求逆，可求解线性方程$\boldsymbol{Y}=\boldsymbol{XC}$，得

$$\boldsymbol{C}_{\text{opt}}=\boldsymbol{X}^{-1}\boldsymbol{Y}=\begin{bmatrix}-0.0178\\-0.2006\\1.0823\\-0.2006\\-0.0178\end{bmatrix} \tag{3-6-13}$$

本例MATLAB参考程序如下：

```
%参数设置
Tb = 1;
N = 2;
t = -2 * N * Tb : Tb : 2 * N * Tb;
x = 1./(1+(2 * t/Tb).^2)
Y = [0 0 1 0 0]';
for i = 1 : 2 * N+1
  X(i, : ) = x(2 * N+i: -1: i);
end
Copt = inv(X) * Y;
%均衡
yy = filter(Copt', 1, [x 0 0]);
y = yy(3 : end);

%画图
tt = -2 * N: 2 * N;
stem(tt, x, 'o'); hold on
stem(tt, y, 'r * --'); grid
```

运行本例程序，画出原波形 $x(t)$和均衡输出波形 $y(t)$的样值，如图 3-6-4 所示。从图中可以看出，均衡输出信号 $y(t)$的样值中仍存在一些残余的码间串扰。

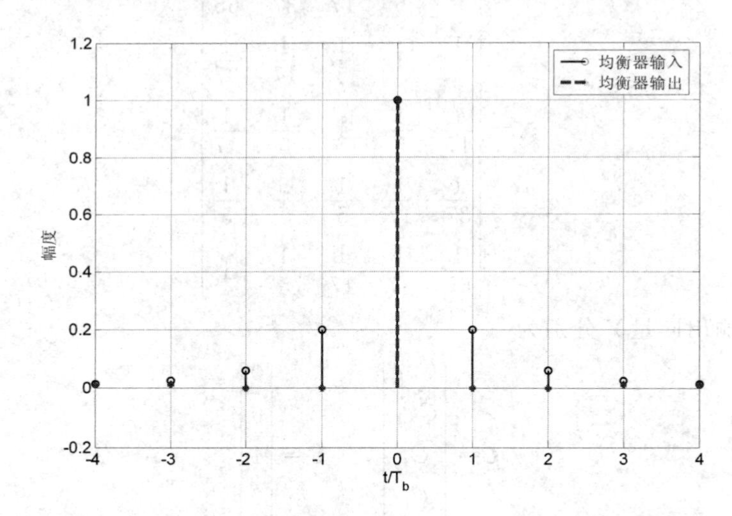

图 3-6-4 “迫零”均衡器的输入/输出波形样值

下面从频域的角度再来简要讨论“迫零”均衡器。在图 3-6-1 所示的数字基带传输系统框图中，假设发送和接收滤波器的频率响应分别为 $G_T(f)$和 $G_R(f)$，则由发送滤波器到接收滤波器间的总传递特性 $X(f)=G_T(f)C(f)G_R(f)$。假设均衡器的频率响应为 $C_E(f)$，则由发送滤波器到均衡器间的总传递特性 $Y(f)=X(f)C_E(f)=G_T(f)C(f)G_R(f)C_E(f)$。对于“迫零”均衡器，相当于是设计均衡器使 $C_E(f)=K/C(f)$，K 为常数。在 $C(f)$取值较小的频率范围内，“迫零”均衡器提供大的增益 $K/C(f)$来进行补偿。从这里可以看到，“迫零”均衡器实际上并没有考虑信道噪声的影响，而实际系统中信道噪声是一直存在的，这样，“迫零”均衡器在提供大增益补偿信道特性失真的同时可能会造成噪声的显著增强。这是“迫零”均衡器的一个显著缺点。

3. 最小均方误差均衡器

“迫零”均衡器依据的是峰值失真最小准则，而最小均方误差(MMSE，Minimum Mean Square Error)准则追求的则是使均衡器输出端 ISI 与加性噪声的组合功率最小，此时均衡器的设计是需要考虑信道噪声的影响的。下面简要介绍基于 MMSE 准则的均衡器设计过程。

假设受信道噪声影响的接收滤波器的输出信号为 $r(t)$，则均衡器的输出 $y(t)$ 为

$$y(t)=\sum_{i=-N}^{N}C_i r(t-iT_{\rm b}) \tag{3-6-14}$$

其在 $t=kT_{\rm b}$ 时刻的抽样值为

$$y(kT_{\rm b})=\sum_{i=-N}^{N}C_i r[(k-i)T_{\rm b}] \tag{3-6-15}$$

此时均衡器输出的期望值应是第 k 个发送码元 I_k。这样，均衡器实际输出样值 y_k 与期望值 I_k 间的均方误差(MSE)可表示为

$$\begin{aligned}\text{MSE}&=E[|y_k-I_k|^2]=E\left[\left|\sum_{i=-N}^{N}C_i r[(k-i)T_{\rm b}]-I_k\right|^2\right]\\&=\sum_{i=-N}^{N}\sum_{j=-N}^{N}C_iC_jR_{\rm r}(i-j)-2\sum_{i=-N}^{N}C_iR_{{\rm r}I_k}(i)+E[|I_k|^2]\end{aligned} \tag{3-6-16}$$

式中的相关函数为

$$\begin{cases}R_{\rm r}(i-j)=E[r[(k-j)T_{\rm b}]r^*[(k-i)T_{\rm b}]]\\R_{{\rm r}I_k}(i)=E[r[(k-i)T_{\rm b}]I_k^*]\end{cases} \tag{3-6-17}$$

式中，均值是对随机信息序列$\{I_k\}$和加性信道噪声取的。

用式(3-6-16)对均衡器系数$\{C_i\}$求微分，可得 MMSE 的解，这样可得 MMSE 的必要条件：

$$\sum_{j=-N}^{N}C_jR_{\rm r}(i-j)=R_{{\rm r}I_k}(i)\quad i=0,\pm1,\pm2,\cdots,\pm N \tag{3-6-18}$$

这是计算均衡器系数的 $2N+1$ 个线性方程组。与“迫零”均衡器不同，这些方程都与信道噪声的统计特性以及由自相关函数 $R_{\rm r}(i)$表示的 ISI 的统计特性有关。

在实际系统下，自相关矩阵 $\boldsymbol{R}_{\rm r}(i)$和互相关向量 $\boldsymbol{R}_{{\rm r}I_k}(i)$事先都是未知的。然而，这些相关序列可通过在信道上发送某一测试信号并采用时间平均而估算出来：

$$\begin{cases}\hat{R}_{\rm r}(i)=\dfrac{1}{N}\displaystyle\sum_{k=1}^{N}r(kT_{\rm b})r^*[(k-i)T_{\rm b}]\\\hat{R}_{{\rm r}I_k}(i)=\dfrac{1}{N}\displaystyle\sum_{k=1}^{N}r[(k-i)T_{\rm b}]I_k^*\end{cases} \tag{3-6-19}$$

代替为解由式(3-6-18)给出的均衡器系数而要求的集合平均。

例 3-6-2　编程实现以 MMSE 准则设计的 5 抽头均衡器，对例 3-6-1 中存在信道失真的信号 $x(t)$进行均衡。已知发送的信息符号具有零均值和单位方差，且互不相关，即有

$$\begin{cases}E(I_k)=0\qquad E(|I_k|^2)=1\\E(I_kI_j)=0\quad k\neq j\end{cases} \tag{3-6-20}$$

加性噪声 $n(t)$ 有零均值和自相关函数

$$R_n(\tau)=\frac{N_0}{2}\delta(\tau) \tag{3-6-21}$$

解　将 $N=2$ 代入式(3-6-18)，可求解出均衡器系数。元素为 $R_r(i-j)$ 的矩阵为

$$\boldsymbol{R}_r=\boldsymbol{X}^T\boldsymbol{X}+\frac{N_0}{2}\boldsymbol{I}_{2N+1} \tag{3-6-22}$$

式中，$\boldsymbol{X}$ 由式(3-6-11)给出，$\boldsymbol{I}_{2N+1}$ 为 $(2N+1)\times(2N+1)$ 的单位阵。元素为 $R_{rI_k}(i)$ 的向量为

$$\boldsymbol{R}_{rI_k}=\begin{bmatrix}\frac{1}{17}\\ \frac{1}{5}\\ 1\\ \frac{1}{5}\\ \frac{1}{17}\end{bmatrix} \tag{3-6-23}$$

代入式(3-6-18)，解得均衡器系数为

$$\boldsymbol{C}_{opt}=\boldsymbol{R}_r^{-1}\boldsymbol{R}_{rI_k}=\begin{bmatrix}-0.0182\\ -0.1971\\ 1.0748\\ -0.1971\\ -0.0182\end{bmatrix} \tag{3-6-24}$$

本例 MATLAB 参考程序如下：

```
%参数设置
Tb = 1;
N = 2;
t = -2 * N * Tb : Tb : 2 * N * Tb;
x = 1./(1+(2 * t/Tb).^2);
Y = [0 0 1 0 0]';
for i = 1 : 2 * N+1
   X(i, : ) = x(2 * N+i: -1: i);
end
N0 = 0.01;                                    %噪声单边谱密度
Rr = X' * X + (N0/2) * eye(2 * N+1);
Rri = [1/17 1/5 1 1/5 1/17]';
Copt = inv(Rr) * Rri;
%均衡
yy = filter(Copt', 1, [x 0 0]);
y = yy(3 : end);

%画图
tt = -2 * N: 2 * N;
```

```
stem(tt, x, 'o'); hold on
stem(tt, y, 'r*--'); grid
```

运行本例程序，画出原波形 $x(t)$和均衡输出波形 $y(t)$的样值，如图 3-6-5 所示。从图中可以看出，均衡输出信号 $y(t)$的样值中也仍存在一些残余的 ISI。

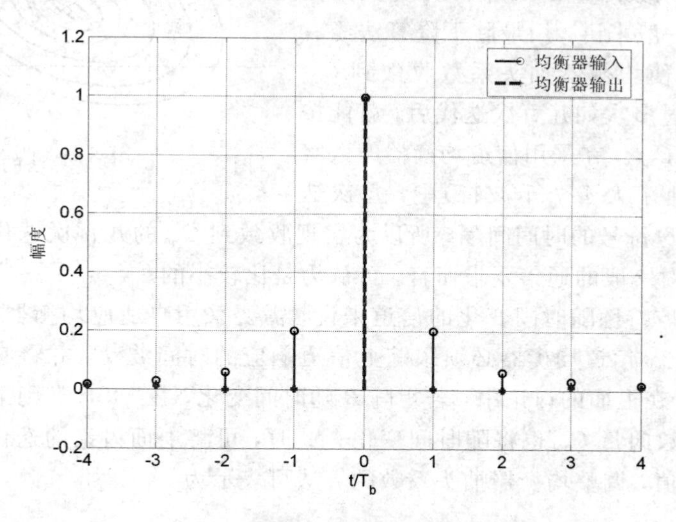

图 3-6-5　MMSE 均衡器的输入/输出波形样值($N_0=0.01$)

4. 自适应线性均衡器

在前面介绍的两种均衡器中，求解均衡器抽头系数的线性方程组都可以表示成一般的矩阵形式：

$$\boldsymbol{d}=\boldsymbol{BC} \tag{3-6-25}$$

其中，$\boldsymbol{B}$ 是$(2N+1)\times(2N+1)$的矩阵，$\boldsymbol{C}$ 是代表 $2N+1$ 个均衡器抽头系数的列向量，而 $\boldsymbol{d}$ 是$(2N+1)$维的列向量。上式的解为

$$\boldsymbol{C}_{\text{opt}}=\boldsymbol{B}^{-1}\boldsymbol{d} \tag{3-6-26}$$

在均衡器的实际实现中，为避免直接计算矩阵 $\boldsymbol{B}$ 的逆，式(3-6-26)对最佳系数向量的求解通常是通过迭代来实现的。根据均衡器设计依据的性能准则建立目标函数，通过多次迭代自动完成均衡器抽头系数的调整，这样的均衡器称为自适应均衡器。

最简单的迭代算法是最陡下降法。该迭代算法可简要描述如下：先任意选取系数向量 $\boldsymbol{C}$，比如将对应于正在优化的目标函数上的某个点 $\boldsymbol{C}_0$ 作为初始值，在 MSE 准则下初始值 $\boldsymbol{C}_0$ 对应于 $2N+1$ 维系数空间中二次 MSE 曲面上的某个点；定义梯度向量 $\boldsymbol{g}_0$ 是 MSE 对 $2N+1$ 个滤波器系数的导数，在目标曲面上的 $\boldsymbol{C}_0$ 点处计算相应的 $\boldsymbol{g}_0$ 值；更新抽头系数的值得 $\boldsymbol{C}_k$，使每个抽头系数都朝着与对应的梯度分量相反的方向改变，在第 j 个抽头系数上的变化正比于第 j 个梯度分量的大小；在新的 $\boldsymbol{C}_k$ 点处重新计算相应的 $\boldsymbol{g}_k$ 值，重复上述过程直到 MSE 达到期望值。在 MSE 准则下，取 MSE 对 $2N+1$ 个滤波器系数中的每一个的导数后，可求得的梯度向量为

$$\boldsymbol{g}_k=\boldsymbol{BC}_k-\boldsymbol{d}\qquad k=0,1,2,\cdots \tag{3-6-27}$$

系数向量 $\boldsymbol{C}_k$ 按下面的关系进行更新：

$$\boldsymbol{C}_{k+1}=\boldsymbol{C}_k-\Delta\boldsymbol{g}_k\qquad k=0,1,2,\cdots \tag{3-6-28}$$

式中，Δ 是迭代过程中的步长参数。为了确保迭代过程收敛，选一个小的正数作 Δ。在这种情况下，梯度向量 $\boldsymbol{g}_k$ 收敛到零，即当 $k\to\infty$ 时，$\boldsymbol{g}_k\to 0$。基于二维优化使系数向量 $\boldsymbol{C}_k\to\boldsymbol{C}_{\text{opt}}$ 的示意图如图 3-6-6 所示。一般来讲，用最陡下降算法经有限次迭代是不能使均衡器抽头系数收敛到 $\boldsymbol{C}_{\text{opt}}$ 的。然而，在经过多次如几百次迭代后，就能按要求接近最优解 $\boldsymbol{C}_{\text{opt}}$。在采用信道均衡器的数字通信系统(符号速率大于一千波特)中，每次迭代对应于一个发送符号的时间间隔，所以为实现收敛到 $\boldsymbol{C}_{\text{opt}}$ 的几百次迭代实际上花费的时间将不足一秒，对一般的通信要求而言，可认为是比较小的。

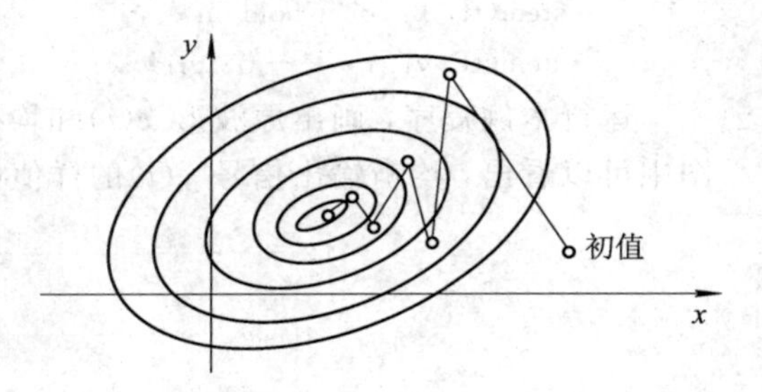

图 3-6-6 梯度算法的收敛过程示意图

对于频率响应特性随时间变化的信道来说，需要采用自适应均衡器。在这种情况下，ISI 也随时间变化。信道均衡器必须跟踪上信道响应的时间波动，并将它的系数自适应调整，以降低 ISI。在上面的讨论中，若矩阵 $\boldsymbol{B}$ 随时间变化，在 MSE 准则下向量 $\boldsymbol{d}$ 也随时间变化，则最佳系数向量 $\boldsymbol{C}_{\text{opt}}$ 也将随时间变化。此时，可将上面讨论的迭代算法修改为利用梯度分量的估计值，调整均衡器抽头系数的算法可表示为

$$\hat{\boldsymbol{C}}_{k+1}=\hat{\boldsymbol{C}}_k-\Delta\,\hat{\boldsymbol{g}}_k \qquad k=0,\ 1,\ 2,\ \cdots \tag{3-6-29}$$

式中，$\hat{\boldsymbol{g}}_k$ 代表梯度向量 $\boldsymbol{g}_k$ 的估计值，$\hat{\boldsymbol{C}}_k$ 代表抽头系数向量 $\boldsymbol{C}_k$ 的估计值。

在 MSE 准则下，由式(3-6-27)给出的梯度向量 $\hat{\boldsymbol{g}}_k$ 的估计值也可表示为

$$\hat{\boldsymbol{g}}_k=-E(e_k\boldsymbol{r}_k^*) \tag{3-6-30}$$

梯度向量在第 k 次迭代的估计值为

$$\hat{\boldsymbol{g}}_k=-e_k\boldsymbol{r}_k^* \tag{3-6-31}$$

式中，e_k 表示在第 k 个抽样时刻均衡器的期望输出与实际输出 y_k 之差，$\boldsymbol{r}_k$ 代表在第 k 个抽样时刻包含均衡器中 $2N+1$ 个接收信号样值的列向量。误差信号 e_k 可表示为

$$e_k=I_k-y_k \tag{3-6-32}$$

其中，$y_k=y(kT_{\text{b}})$ 是由式(3-6-15)给出的均衡器输出，I_k 是期望的数据符号。这样，将式(3-6-31)代入到式(3-6-29)，可得基于 MSE 准则的优化抽头系数的自适应算法：

$$\hat{\boldsymbol{C}}_{k+1}=\hat{\boldsymbol{C}}_k+\Delta e_k\boldsymbol{r}_k^* \qquad k=0,\ 1,\ 2,\ \cdots \tag{3-6-33}$$

由于这里用的是梯度向量的估计值，因此上式算法称为随机梯度算法，也称为 LMS 算法。

抽头系数按式(3-6-33)自适应调整的自适应均衡器框图如图 3-6-7 所示。这里，期望的输出 I_k 和来自均衡器的实际输出 y_k 之差用来构成误差信号 e_k，这个误差被步长参数 Δ 加权，加权后的误差信号 Δe_k 乘以 $2N+1$ 个抽头的接收信号 $r(kT_{\text{b}})$。将 $2N+1$ 个抽头的乘积 $\Delta e_k r^*(kT_{\text{b}})$ 按照式(3-6-33)加到这些抽头系数以前的值上实现抽头系数的更新。每接收到一个新的信号样值，这个计算过程就重复一次，因此均衡器的系数以符号率为频率进行更新。

在实际通信过程中，通常是在信息传输之前，先用一个已知的伪随机序列 $\{I_k\}$ 在信道上训练这个自适应均衡器。在接收机端，均衡器用这个已知序列去调整它的系数，一旦初

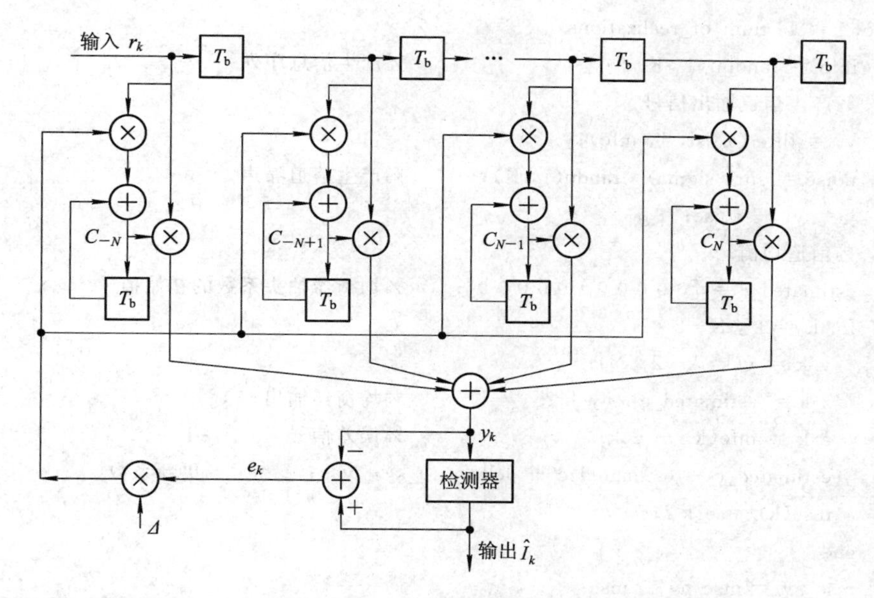

图 3-6-7　基于 MSE 准则的线性自适应均衡器(随机梯度 LMS 算法)框图

始调整完成，自适应均衡器就从一个训练模式切换到直接判决模式。在这种情况下，在检测器输出端的这些判决足够可靠，因此可以通过计算检测器输出和均衡器输出之间的差来形成误差信号，即

$$e_k = \hat{I}_k - y_k \tag{3-6-34}$$

其中，$\hat{I}_k$ 是检测器的输出。一般来讲，在检测器输出的判决差错是很少发生的，因此这样的误差对由式(3-6-33)给出的跟踪算法的性能几乎没有多少影响。

为了确保算法收敛和在慢变化信道中有好的跟踪能力，选择步长参数的一种经验公式是

$$\Delta = \frac{1}{5(2N+1)P_H} \tag{3-6-35}$$

其中，P_H代表接收到的发送信号与噪声的混和信号的功率，它可以从接收信号中估计出来。

例 3-6-3　基于由式(3-6-33)给出的 LMS 算法，编写 MATLAB 程序实现一个自适应均衡器。假设均衡器的抽头系数有 $2N+1=11$ 个，接收信号的功率 P_H归一化到 1，信道特性由向量 $\boldsymbol{X}$ 给出：$\boldsymbol{X}$=(0.05，−0.063，0.088，−0.126，−0.25，0.9047，0.25，0，0.126，0.038，0.088)。

解　根据前述的 LMS 算法原理，编写 MATLAB 仿真程序，代码如下：

```
%参数设置
K = 500;                                    %信息序列长度
N = 5;
x_isi=[0.05 -0.063 0.088 -0.126 -0.25 0.9047 0.25 0 0.126 0.038 0.088];
sigma = 0.01;
delta = 0.115;
num_of_realizations = 1000;                 %仿真次数，多次仿真求平均
mse_av = zeros(1, K-2*N);
```

```
for j = 1: num_of_realizations
  info = randint(1, K);                         %产生信息序列
  %产生信道输出信号
  yt = filter(x_isi, 1, info);
  noise = sqrt(sigma) * randn(1, K);            %产生信道噪声
  y = yt + noise;
  %信道均衡
  estimated_c = [0 0 0 0 0 1 0 0 0 0 0];       %均衡器抽头系数的初始值
  for k = 1 : K-2 * N
    y_k = y(k: k+2 * N);
    z_k = estimated_c * y_k';                   %均衡器输出
    e_k = info(k) - z_k;                        %误差信号
    estimated_c = estimated_c + delta * e_k * y_k;       %更新系数
    mse(k) = e_k^2;
  end
  mse_av = mse_av + mse;
end
mse_av = mse_av /num_of_realizations;          %平均 MSE
%画图
semilogy(mse_av, 'g'); hold on
axis([0 500 10^-3 1]); grid
```

运行本例程序，得到不同步长下 LMS 算法的收敛特性，如图 3-6-8 所示。图中曲线代表多次样本实现后的平均均方误差。由此可见，当 Δ 减小时，收敛稍变慢，但可达到更低的 MSE，这表明估计值的系数更接近 C_{opt}。

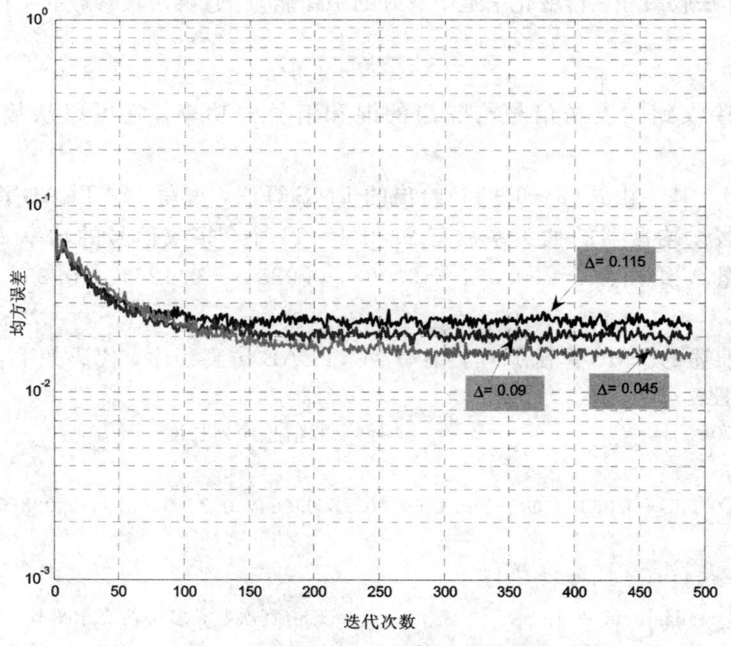

图 3-6-8　不同步长下 LMS 算法的最初收敛特性

自适应“迫零”均衡器抽头系数的调整过程和上述的 MSE 准则下自适应均衡器的类似，主要差别在于两者每次迭代中梯度向量 $\boldsymbol{g}_k$ 的估计值不同。这里不再给出详细过程。

3.6.2 非线性均衡器

前面讨论的线性均衡器在 ISI 不是很严重，诸如有线电话之类的信道上是很有效的，但在 ISI 比较严重的信道如无线信道中性能并不佳，此时通常采用一些非线性均衡器，如判决反馈均衡器(DFE，Decision-Feedback Equalizer)等。

判决反馈均衡器是一种非线性均衡器，它利用先前的判决来消除由前面检测出的符号在当前待检测符号上产生的码间串扰。图 3-6-9 给出了一个简单的 DFE 框图。DFE 由两个滤波器组成：前一个称为前馈滤波器，它一般是一个可调节抽头系数的 FIR 滤波器；后一个是反馈滤波器，它也是一个具有可调抽头系数的 FIR 滤波器，其输入是一组先前已检测出的符号。将反馈滤波器的输出从前馈滤波器的输出中减去，形成检测器的输入，有

$$y(kT_{\mathrm{b}})=\sum_{i=1}^{N_1}c_i r(kT_{\mathrm{b}}-i\tau)-\sum_{i=1}^{N_2}b_i\hat{I}_{k-i} \tag{3-6-36}$$

其中，$\{c_i\}$ 和 $\{b_i\}$ 分别是前馈和反馈滤波器的可调系数，$\hat{I}_{k-i}$，$i=1, 2, \cdots, N_2$ 是前面检测出的符号，N_1 和 N_2 分别是前馈和反馈滤波器的长度。根据输入 y_k，检测器判断哪一个可能的发送符号与输入信号 y_k 的距离最接近，据此作出判决并输出 $\hat{I}_k$。使 DFE 呈现非线性的是检测器的非线性特性，它为反馈滤波器提供输入。

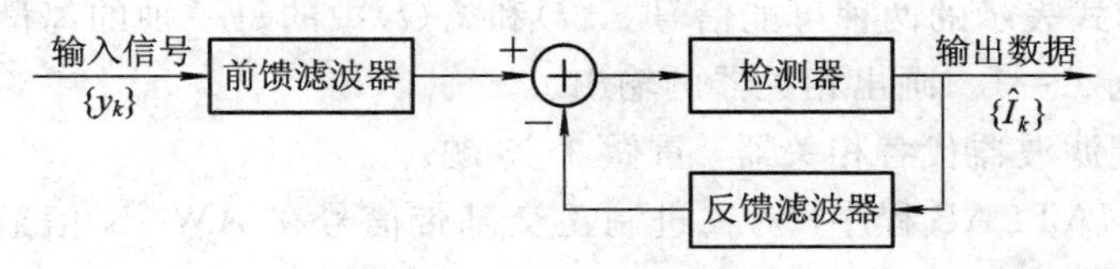

图 3-6-9 DFE 框图

前馈和反馈滤波器抽头系数的选取是为了优化某个期望的性能指标。为了使数学上简单，通常都采用 MSE 准则，而随机梯度算法一般用于实现自适应 DFE。此外，需要说明的是，反馈给反馈滤波器的来自检测器的判决误差，对 DFE 的性能只有很小的影响。

尽管 DFE 的均衡效果要比线性均衡器要好一些，但从接收机接收信号差错率最小的观点来看，DFE 也不是最优的。在通过会产生码间串扰的信道传输信息的数字通信系统中，最佳检测器是一个最大似然符号序列检测器(MLSD)，这类检测器在它的输出端对给定接收采用序列 $\{y_k\}$ 产生最大可能的符号序列 $\{\hat{I}_k\}$。也就是说，这个检测器找到使似然函数

$$\Lambda(\{I_k\})=\ln p(\{y_k\}|\{I_k\}) \tag{3-6-37}$$

最大的符号序列 $\{\hat{I}_k\}$，式中 $p(\{y_k\}|\{I_k\})$ 是在 $\{I_k\}$ 条件下的联合概率。寻找使这个联合条件概率最大的符号序列 $\{\hat{I}_k\}$ 的检测器就称为最大似然序列检测器。实现最大似然序列检测的算法是 Viterbi 算法，该算法原本是为卷积码译码设计的，这里不再作详细介绍。

习　题

3-1　利用MATLAB画出基本波形为三角波的双极性基带信号波形，并给出其功率谱密度曲线。

3-2　利用MATLAB画出基本波形为如图3-1所示正交波形的二进制基带信号波形，并给出其功率谱密度曲线。

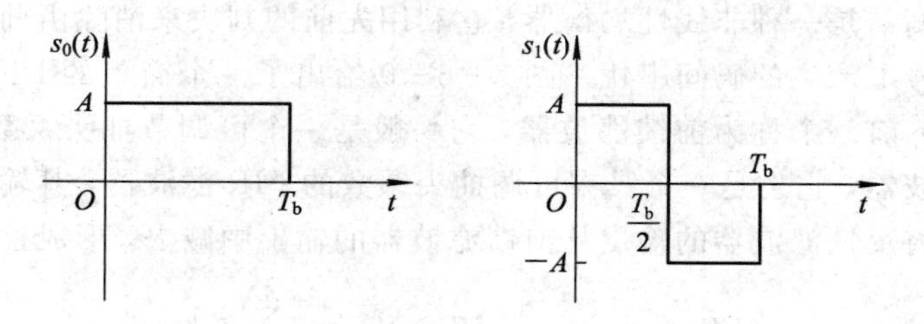

图3-1　正交波形信号 $s_0(t)$ 和 $s_1(t)$

3-3　假定图3-1所示的两个正交信号经由一个AWGN信道传输，接收信号波形以 $10/T_b$ 速率抽样，即每个比特区间内10个样本。信道噪声的样值序列 $\{n_k\}$ 是独立同分布的零均值、方差为 σ^2 的高斯随机变量。请编写MATLAB程序，对两种可能接收信号的每一种产生接收序列 $\{r_k\}$，在不同的加性高斯噪声方差 σ^2 分别为0、0.1、1.0和2.0时，完成序列 $\{r_k\}$ 与由抽样形式表示的两种可能信号 $s_0(t)$ 和 $s_1(t)$ 中的每一种的离散时间相关。信号幅度可以归一化到 $A=1$。画出相关器的输出。

3-4　用匹配滤波器代替相关器，重做3-3题。

3-5　编写MATLAB程序，对二进制正交基带信号在AWGN信道中传输进行性能仿真，假设抽样速率为码元速率的20倍。画出信噪比SNR在0～10 dB内的误码率曲线图。

3-6　对二进制双极性基带信号，重做3-5题。

3-7　对二进制单极性基带信号，重做3-5题。

3-8　编写MATLAB程序，产生具有任意滚降系数 α、由式(3-4-21)给出的发送滤波器的冲激响应 $g_T(t)$ 的样本，求出并画出 $\alpha=0.25$ 和 $N=31$ 时的 $g_T(n)$ 及与其匹配的滤波器级联的总冲激响应 $x(n)$。同时也要画出该滤波器及系统总传输特性的幅频特性。

3-9　编写MATLAB程序，实现第Ⅰ类部分响应系统。假设抽样速率 $f_s=8/T_b$。画出 $N=31$ 时的 $g_T(n)$ 及与其匹配的滤波器级联的总冲激响应 $x(n)$，同时也要画出该滤波器及系统总传输特性的幅频特性。

3-10　对于第Ⅳ部分响应系统，重做3-9题。

第 4 章　数字载波调制

4.1　概　　述

前面讨论了数字信息经由基带传输，在这种情况下载有信息的基带信号是直接通过低通信道传输的。然而，大多数通信信道都是带通信道，通过这类信道传输信号的唯一办法是将载有信息的基带信号调制到一个载波上，从而将其频谱搬移到信道的通带之内。

本章将讨论适合于带通信道传输的几种数字信号的载波调制，包括载波振幅调制(MASK)、载波频率调制(MFSK)、载波相位调制(MPSK 和 MDPSK)、最小频移键控调制(MSK)和正交振幅调制(MQAM)。

4.2　载波振幅调制(MASK)

4.2.1　MASK 调制原理

在基带数字脉冲幅度调制(PAM，Pulse Amplitude Modulation)中，信号波形具有如下形式：

$$s_m(t)=A_m g_{T_s}(t) \tag{4-2-1}$$

式中，A_m 为第 m 个波形的幅度，它的取值是离散的：$A_m=(m-1)2d$，$m=1, 2, \cdots, M$，其中 $2d$ 是两相邻信号点之间的欧氏距离。T_s为基带信号码元宽度；$g_{T_s}(t)$是某一个脉冲，它的形状决定了传输信号的频谱特性。

为了通过一个带通信道传输这个数字信号波形，就要将这个基带信号波形 $s_m(t)$，$m=1, 2, \cdots, M$ 乘以载波 $\cos 2\pi f_c t$，如图 4-2-1 所示，其中 f_c 是载波频率($f_c>W$)，对应于信道通带的中心频率。这样，传输的信号波形可表示为

$$u_m(t)=A_m g_{T_s}(t)\cos(2\pi f_c t) \quad m=1, 2, \cdots, M \tag{4-2-2}$$

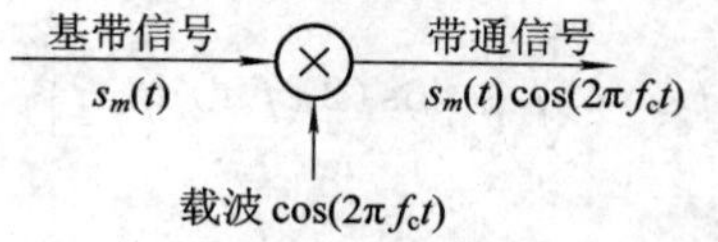

基带信号 $s_m(t)$ → ⊗ → 带通信号 $s_m(t)\cos(2\pi f_c t)$；载波 $\cos(2\pi f_c t)$

图 4-2-1　载波振幅调制原理

当传输的脉冲形状 $g_{T_s}(t)$是矩形波时，即

$$g_{T_s}(t)=\begin{cases}\sqrt{2/T_s} & 0\leqslant t\leqslant T_s \\ 0 & \text{其余 } t\end{cases} \tag{4-2-3}$$

这个幅度已调的载波信号通常被称为振幅键控(MASK, Mary Amplitude-Shift)。当 $M=4$ 时的4ASK波形示意图如图4-2-2所示。

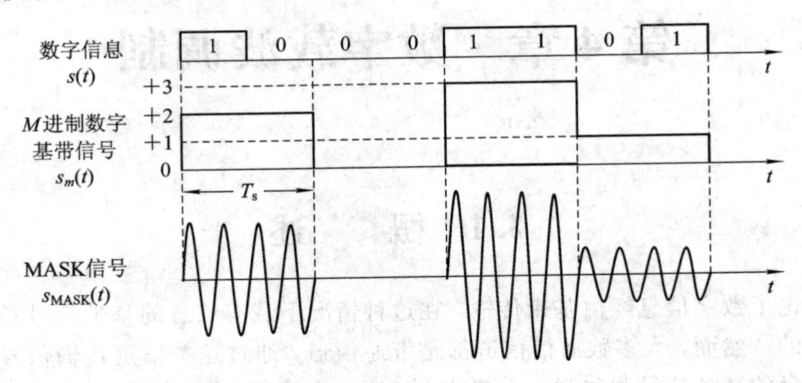

图4-2-2 4ASK信号的波形

4.2.2 MASK信号解调原理

MASK信号的解调有两种方式：相干解调和包络解调。

1. 相干解调

设接收的MASK信号表示为

$$r(t)=A_m g_{T_s}(t)\cos(2\pi f_c t)+n(t) \tag{4-2-4}$$

其中，$n(t)$是加性高斯白噪声，其功率谱密度为$n_0/2$。解调此MASK信号的相干解调器的原理图如图4-2-3所示。

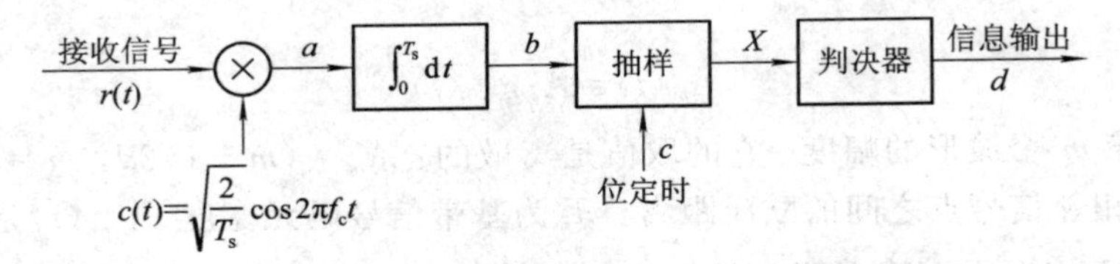

图4-2-3 MASK相干解调器原理框图

图4-2-3中，接收信号与本地载波$c(t)$相乘后进行积分，每个码元结束时刻进行抽样，最后对抽样值进行判决，用于判决的样值X为一高斯随机变量：

$$\begin{aligned}X &= \int_0^{T_s}[A_m g_{T_s}(t)\cos(2\pi f_c t)+n(t)]\cdot\sqrt{\frac{2}{T_s}}\cos(2\pi f_c t)\,\mathrm{d}t\\&=\int_0^{T_s}A_m g_{T_s}(t)\cos(2\pi f_c t)\cdot\sqrt{\frac{2}{T_s}}\cos(2\pi f_c t)\,\mathrm{d}t+\int_0^{T_s}n(t)\cdot\sqrt{\frac{2}{T_s}}\cos(2\pi f_c t)\,\mathrm{d}t\end{aligned} \tag{4-2-5}$$

其均值和方差分别为

$$\begin{cases}E[X]=A_m\\ \sigma_X^2=\dfrac{n_0}{2}\displaystyle\int_0^{T_s}c^2(t)\,\mathrm{d}t=\dfrac{1}{2}n_0\end{cases} \tag{4-2-6}$$

发送不同码元时，均值A_m不同，经推导可得图4-2-3所示接收机的误码率公式，为

$$P_e=\frac{M-1}{M}\mathrm{erfc}\left(\frac{d}{\sqrt{2}\sigma_X}\right) \tag{4-2-7}$$

式中，d 与发送信号的平均符号能量有关，关系式如下：

$$\begin{aligned}E_{avs}&=\frac{1}{2M}\sum_{m=1}^{M}A_m^2\ \|g_{T_s}(t)\|^2\\&=\frac{1}{2M}[0^2+(2d)^2+\cdots+((M-1)2d)^2]\|g_{T_s}(t)\|^2\\&=\frac{2}{3}d^2(M-1)(2M-1)\end{aligned} \tag{4-2-8}$$

将式(4-2-8)中的 d 和式(4-2-6)中的 σ_X^2 代入式(4-2-7)，可得用发送信号的平均符号能量与白噪声单边功率谱密度之比 E_{avs}/n_0 来表示的误码率，为

$$P_e=\frac{M-1}{M}\mathrm{erfc}\left(\sqrt{\frac{3}{2(M-1)(2M-1)}\cdot\frac{E_{avs}}{n_0}}\right) \tag{4-2-9}$$

2. 包络解调

MASK 信号的包络解调器框图如图 4-2-4 所示。

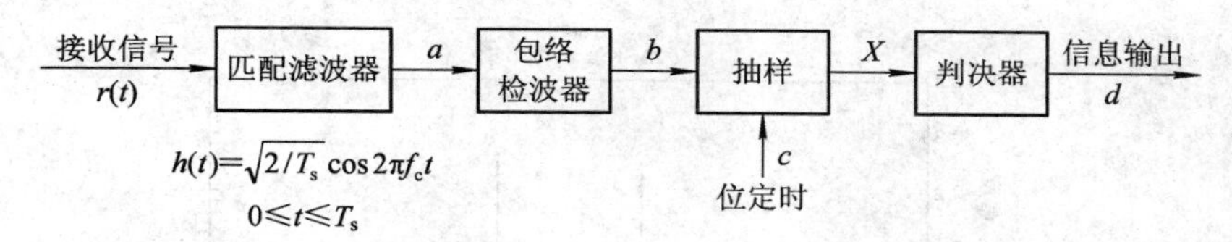

图 4-2-4　MASK 信号的包络解调器原理框图

这种解调方式中，对接收信号首先进行匹配滤波，然后检出包络，并在每个码元的终止位置对包络进行抽样，最后对抽样值进行判决。需要注意的是，若为 $M>2$ 的 MASK 信号，则判决门限多于 1 个，例如，$M=4$ 时，判决门限为 d、$3d$ 和 $5d$ 共计 3 个。

当 $M=2$ 时的 2ASK 信号的包络解调的误码率为

$$P_e=\frac{1}{2}e^{-\frac{E_b}{4n_0}} \tag{4-2-10}$$

其中 E_b 为发送"1"码时的能量。

例 4-2-1　2ASK 是 MASK 当 $M=2$ 时的振幅调制方式。在这种调制方式中，发送"0"码时，发送信号的幅度为 0，符号能量 $E_s=0$；发送"1"码时，发送信号的幅度为 A，符号能量为 $E_s=\frac{1}{2}A^2T_s$。在 2ASK 信号中，符号能量即为比特能量。编程实现：

(1) 产生 2ASK 信号，并求其功率谱；

(2) 仿真 2ASK 信号在高斯白噪声信道中传输时包络解调的误码率，并与理论误码率对比。

解　根据 MASK 调制、解调原理建立仿真模型，如图 4-2-5 所示。

(1) 在仿真 2ASK 调制系统时，随机数产生器产生 0、1 两种符号，"1"码时对应载波振幅 $A=1$，"0"码时对应载波振幅为 0。产生 2ASK 波形后，对其作 FFT 变换，画出 FFT 变换模的平方，即为 2ASK 信号的功率谱。仿真产生的 2ASK 波形及其功率谱如图 4-2-6 所示。

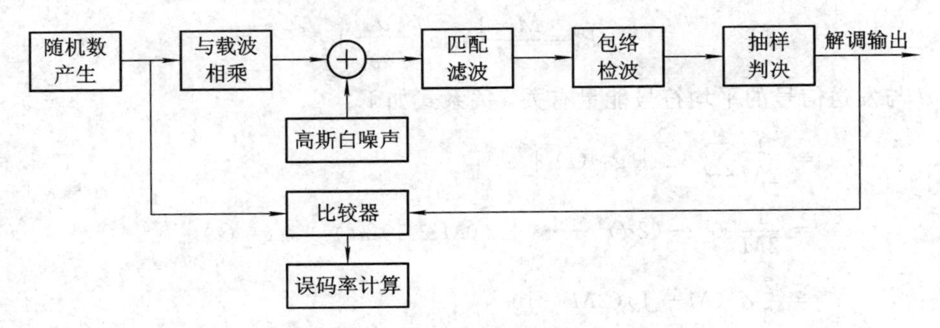

图 4-2-5　MASK 调制系统仿真模型

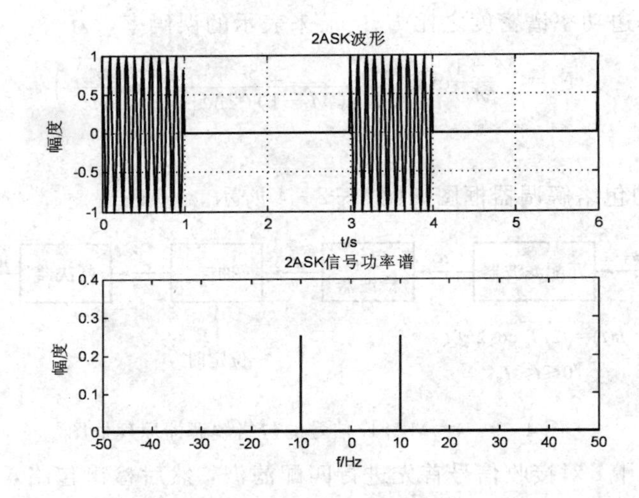

图 4-2-6　2ASK 信号及其功率谱

（2）在已产生的 2ASK 波形的每个抽样点上加入高斯白噪声随机值，然后通过卷积完成匹配滤波，再通过解析信号方法求出匹配滤波器输出信号的包络，并在码元的终止时刻抽样判决。仿真和理论误码率曲线如图 4-2-7 所示。

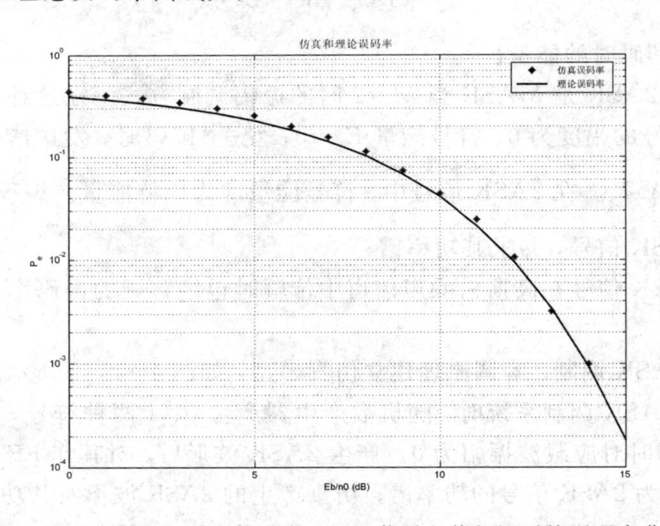

图 4-2-7　高斯白噪声信道中 2ASK 信号包络解调系统误码率曲线

在下面的 MATLAB 程序中，设码元宽度为 1 s，载波频率为 10 Hz，抽样频率为载波频率的 10 倍。画出 6 个码元的 2ASK 波形。

```
%文件：ASKenvelop4_2_1.m
%2ASK 包络解调(匹配滤波器)
clear all;
T=1;        %符号宽度
A=1;        %载波振幅
fc=10;      %载波频率
phi=0;              %载波相位
constant=10;        %常数
fs=fc*constant;     %抽样速率
ts=1/fs;            %抽样间隔
num=10000;
a=randint(1, num);
b1=a';
b2=b1*ones(1, T/ts);
b3=b2';
b=reshape(b3, 1, []);     %对信息序列抽样
t=0: ts: num*T-ts;
ct=A*cos(2*pi*fc*t);
ask=b.*ct;
ASK=fftshift(fft(ask, length(ask))/(sum(a)*fs));
df=fs/length(ask);
f=[0: df: (length(ask)-1)*df]-fs/2;
%画图
figure(1);
subplot(2, 1, 1);
plot(t(1: 601), ask(1: 601)); grid on;
xlabel('t/s'); ylabel('幅度'); title('2ASK 波形');
subplot(2, 1, 2);
plot(f, (abs(ASK).^2));
xlabel('f/Hz'); ylabel('幅度'); title('2ASK 信号功率谱');

t1=0: ts: T-ts;
h=cos(2*pi*fc*t1);          %匹配滤波器
r_db=0: 15;
Eb=A*A*T/2;
for i=1: length(r_db)
  r=10^(r_db(i)/10);
  n0=Eb/r;
  delta2=n0*fs/2;
  n=sqrt(delta2)*randn(1, length(ask));
  recev=ask+n;
```

```
    %匹配滤波
    y1=conv(recev, h) * ts;           %匹配滤波
    %包络检波
    t2=0: ts: (length(y1)-1) * ts;
    z=hilbert(y1);                    %求带通信号的解析信号
    z1=z. * exp(-sqrt(-1) * 2 * pi * fc * t2);
    y=abs(z1);                        %包络检波器输出
    %判决
    Vth=A * T/4;                      %判决门限
    for j=1: num
      if y(j * T/ts)>=Vth
        decis(j)=1;
      else
        decis(j)=0;
      end
    end
    %统计误码率
    error=0;
    for j=1: num
      if decis(j)~=a(j)
        error=error+1;
      else
        error=error;
      end
    end
    pe(i)=error/num;
    peth(i)=0.5 * exp(-r/4);
  end
  %画图
  figure(2);
  semilogy(r_db, pe, '*'); hold on;
  semilogy(r_db, peth); grid on;
  xlabel('Eb/n0 (dB)'); ylabel('P_e');
  legend('仿真误码率', '理论误码率'); title('仿真和理论误码率');
```

4.3　载波相位调制(MPSK、MDPSK)

多进制数字相位调制有绝对相移键控(MPSK)和差分相移键控(MDPSK)两种。

4.3.1　MPSK 调制与解调

1. MPSK 信号波形

在 MPSK 调制中，用 M 进制数字基带信号控制已调载波与未调载波(参考载波)之间

的相位差。由于 M 进制基带信号有 M 种不同的码元，那么与之对应的相位差就有 M 种。例如，当四进制码元分别为 00、10、11、01 时，已调载波与参考载波间的相位差可分别取值 0、$\pi/2$、π 和 $3\pi/2$。按照这种相位取值的 4PSK 信号波形如图 4-3-1 所示(设参考载波初相为 0，且 $T_s=2T_c$)。

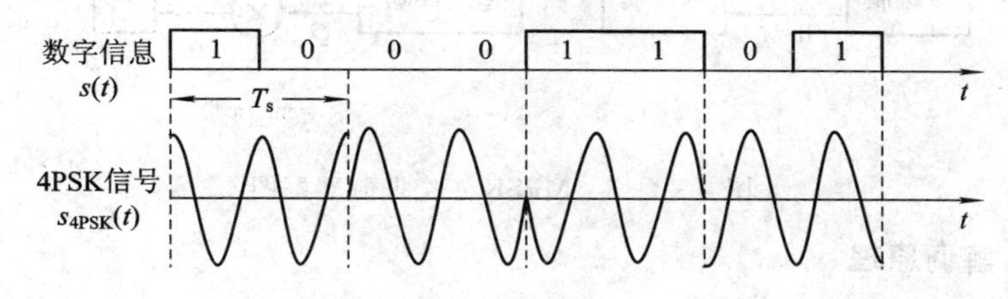

图 4-3-1　4PSK 信号的波形

因此，任一码元内的 4PSK 信号的表达式为

$$s_{\mathrm{MPSK}}(t)=Ag_{T_s}(t)\cos(2\pi f_c t+\varphi_i) \tag{4-3-1}$$

在 2PSK 信号中，φ_i 的取值只有 0 和 π 两种，而在 MPSK 信号中，φ_i 的取值有 M 种。

2. MPSK 信号的带宽及频带利用率

可以证明，MPSK 信号功率谱的形状如图 4-3-2 所示。

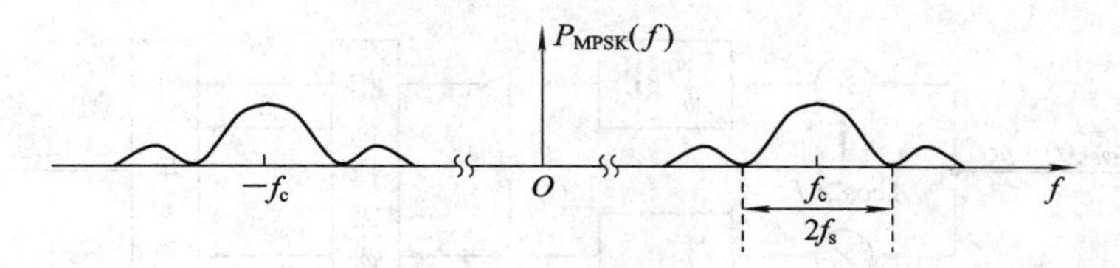

图 4-3-2　MPSK 信号功率谱

由此可见，MPSK 信号的带宽为

$$B_{\mathrm{MPSK}}=2f_s=2R_s \tag{4-3-2}$$

故 MPSK 信号的信息频带利用率为

$$\eta_{\mathrm{MPSK}}=\frac{R_b}{B_{\mathrm{MPSK}}}=\frac{R_s\,\mathrm{lb}M}{2R_s}=\frac{1}{2}\mathrm{lb}M\quad \mathrm{bit/s/Hz} \tag{4-3-3}$$

显然，M 越大，频带利用率越高。例如，4PSK 信号的信息频带利用率为 $\eta_{\mathrm{4PSK}}=1$ bit/s/Hz，是 2PSK 信号的 2 倍。

3. MPSK 调制原理

产生 MPSK 信号最常用的方法是正交调制法，其基本思想是：通过分解 MPSK 信号表达式，从而得到合成 MPSK 信号的方法。

MPSK 表达式可分解为

$$\begin{aligned}s_{\mathrm{MPSK}}(t)&=A\cos\varphi_i\cos(2\pi f_c t)-A\sin\varphi_i\sin(2\pi f_c t)\\&=I_i\cdot A\cos(2\pi f_c t)-Q_i\cdot A\sin(2\pi f_c t)\end{aligned} \tag{4-3-4}$$

式中，$I_i=\cos\varphi_i$，$Q_i=\sin\varphi_i$。可见，只要信息组(码元)给定，根据预先选定的调制规则就可确定 φ_i，进而计算出 $I_i=\cos\varphi_i$ 和 $Q_i=\sin\varphi_i$，然后分别乘以余弦载波和正弦载波，最后相减即可合成出给定码元内的 MPSK 信号。按这种思路构建的 MPSK 调制器框图如图 4-3-3所示。

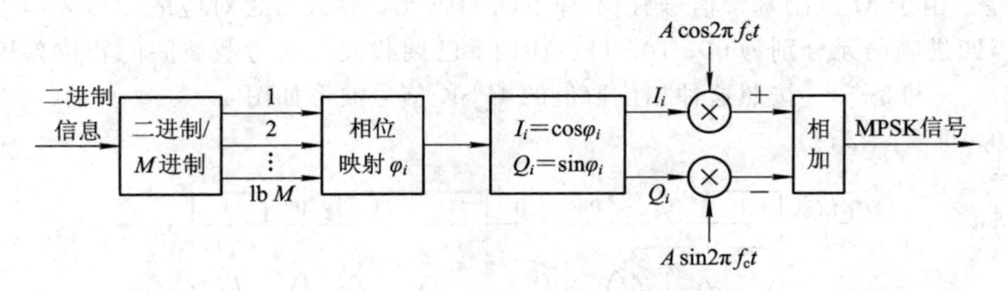

图 4-3-3 MPSK 正交调制器框图

4. MPSK 解调原理

MPSK 信号只能采用相干解调方式进行解调，解调器原理图如图 4-3-4 所示。图中，相位检测器的任务是计算相位值：

$$\hat{\varphi}_i=\arctan\left(\frac{x_Q}{x_I}\right) \tag{4-3-5}$$

然后，从可能发送的所有载波相位中选择出最接近于此估计值的相位，再根据调制时载波相位与信息之间的对应关系得到 lb M 位二进制信息，最后通过并/串变换输出串行的二进制信息。

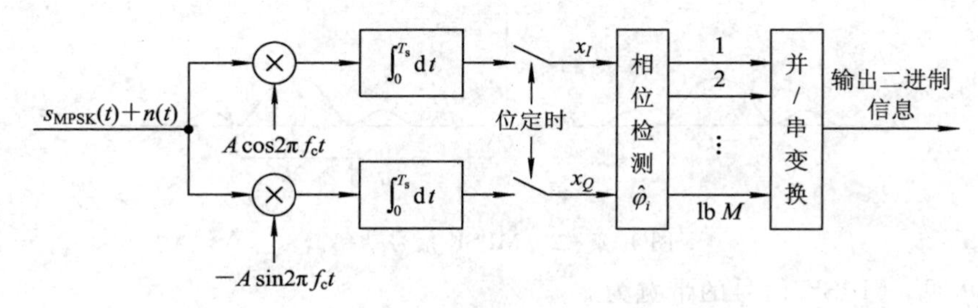

图 4-3-4 MPSK 相干解调器原理图

噪声的存在会引起相邻相位之间的错判，从而导致解调输出误码。可以证明，当 $M\geqslant 4$时，MPSK 相干解调器的误码率近似为

$$P_{\mathrm{e}}=\mathrm{erfc}\left(\sqrt{\frac{E_{\mathrm{s}}}{n_0}}\sin\left(\frac{\pi}{M}\right)\right) \tag{4-3-6}$$

式中，$E_{\mathrm{s}}=\mathrm{lb}\,M\cdot E_{\mathrm{b}}$ 是平均符号能量。可见，随着进制数 M 的增大，误码性能下降，这是因为，当 M 增大时，设置的相位个数增加，使得相邻相位间隔变小，因而受到噪声影响时更容易引起错判。

当调制规则采用格雷码编码，即相邻相位所对应的信息组之间只有一个比特不同时，由相邻相位之间的错判而导致的误码只会引起一个比特的错误。而通信系统中的误码绝大多数是由相邻相位的错判引起的，故我们可近似地认为，MPSK 系统中的一个误码引起一个比特的错误，因而可得 MPSK 的误比特率为

$$P_{\mathrm{b}}=\frac{P_{\mathrm{e}}}{\mathrm{lb}\,M}=\frac{1}{\mathrm{lb}\,M}\mathrm{erfc}\left(\sqrt{\frac{E_{\mathrm{s}}}{n_0}}\sin\left(\frac{\pi}{M}\right)\right) \tag{4-3-7}$$

当 $M=4$，即 4PSK(QPSK)时，$E_{\mathrm{s}}=2E_{\mathrm{b}}$，所以误比特率为 $P_{\mathrm{b}}=\frac{1}{2}\mathrm{erfc}\left(\sqrt{\frac{E_{\mathrm{b}}}{n_0}}\right)$。可见，

4PSK 与 2PSK 具有相同的误比特率性能。但 4PSK 的频带利用率却是 2PSK 的 2 倍，因此 4PSK 在实际中得到了广泛应用。

例 4-3-1　编程仿真 MPSK 调制系统，要求：

(1) 画出 6 个码元内的 4PSK(QPSK)波形。

(2) 完成 4PSK 系统误比特率的 Monte Carlo 仿真。

解　用 M 进制基带信号控制已调载波与未调载波(参考载波)之间的相位差。由于 M 进制基带信号有 M 种不同的码元，那么与之对应的相位差就有 M 种。图 4-3-5 是 $M=4$ 时 4 种码元(双比特信息)与 4 种相位差之间的关系。例如，在 B 方式中，当码元分别为 11、01、00、10 时，已调载波与参考载波的相位差分别为 $\pi/4$、$3\pi/4$、$5\pi/4$ 和 $7\pi/4$，这种相位配置也称为 $\pi/4$ 型相位配置，下面的仿真我们将采用这种相位配置。

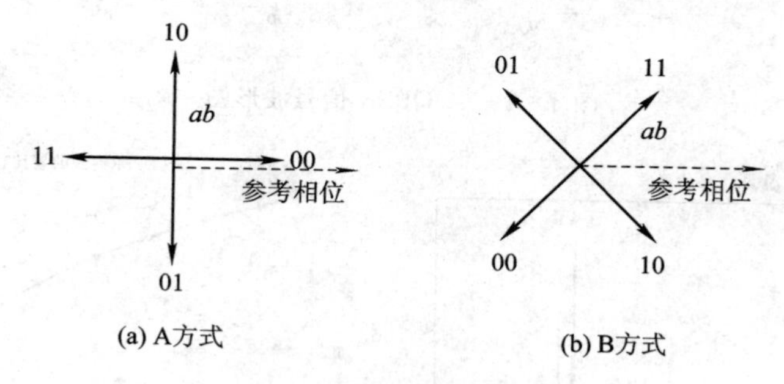

图 4-3-5　4PSK 两种相位配置

(1) 为完成本例题的仿真，构建如图 4-3-6 所示的仿真模型。首先产生二进制随机序列，每个双比特码元(两位二进制比特)对应一个相位值(按图 4-3-5 中的 B 方式)，然后根据设置的载波频率和幅度按式(4-3-1)产生 QPSK 信号或根据图 4-3-3 先产生上、下支路的同相分量 I_i 和正交分量 Q_i，再分别与余弦和正弦载波相乘，最后相减得到。仿真输出 QPSK 信号的波形和频谱分别如图 4-3-7 和图 4-3-8 所示。

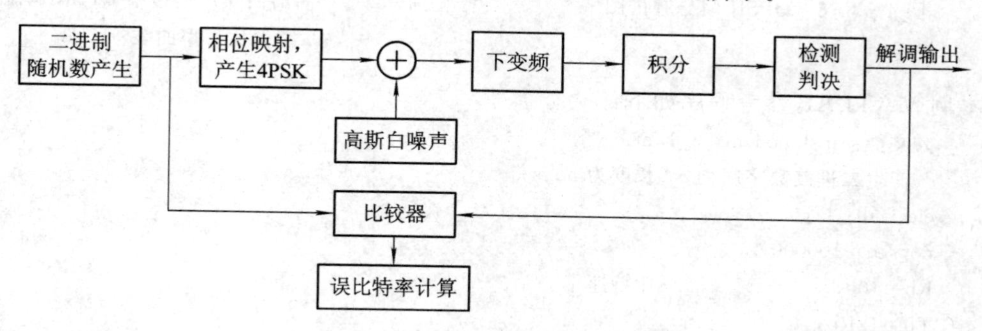

图 4-3-6　MPSK 调制系统仿真模型

(2) 高斯白噪声产生器产生符合信噪比要求的高斯白噪声，分别加到信号的每个抽样点上，即得到了发送信号与噪声的混合信号作为接收机解调器的接收信号。解调过程按图 4-3-4 所示解调器框图进行，上、下支路先分别将接收信号与余弦和正弦信号相乘，再在一个双比特码元内积分，用上、下支路的积分值计算相位角，再与由 0、$\pi/2$、π、$3\pi/2$ 为边界构成的判决区域进行比较，判决出发送相位，进而断定发送的双比特信息。最后将判决出的信息序列与发送端发送的二进制序列进行比较，统计出错误比特数，用错误比特数除以发送的总比特数即可得到误比特率。仿真输出的误比特率曲线如图 4-3-9 所示。

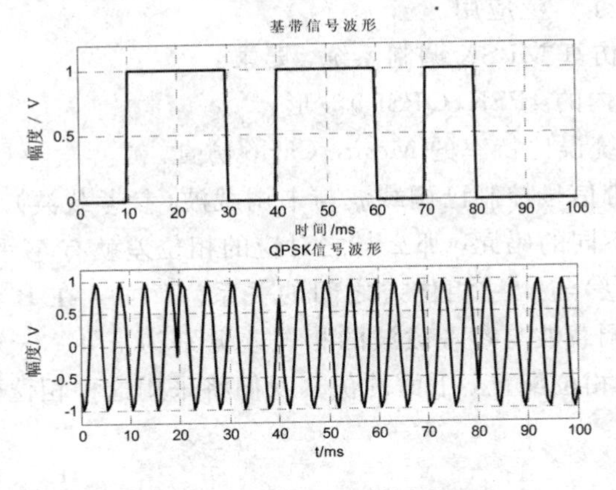

图 4-3-7　QPSK 信号波形图

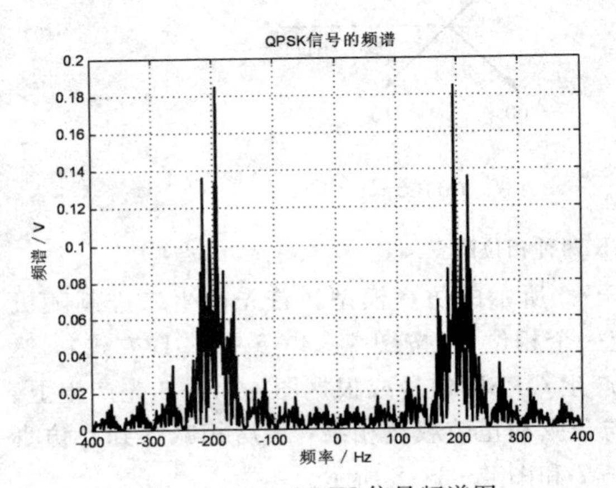

图 4-3-8　QPSK 信号频谱图

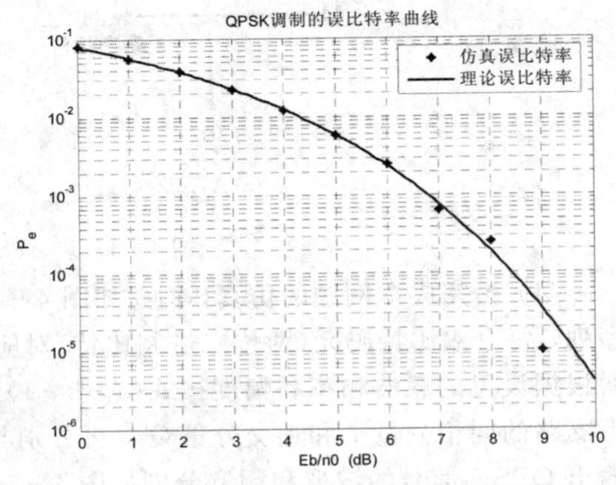

图 4-3-9　高斯白噪声信道中 QPSK 调制系统误比特率曲线

本例 MATLAB 参考程序如下：

```
%文件：qpskmodem4_3_1.m
%产生二进制数字序列 a，长度为 no_seq
clear all;
no_seq=100000;
Rb=100;                    %比特速率
Tb=1/Rb;
Ts=2*Tb;
fc=2*Rb;                   %载波频率
A=1;
constant=10;               %抽样常数
fs=constant*fc;            %以 constant 倍的载波频率抽样
ts=1/fs;                   %抽样间隔
N=Tb/ts;                   %一个比特内的样点数
a=randint(1, no_seq);           %产生长度为 no_seq 的二进制序列
```

```
No_sample=length(a) * N;    %样点总数
%内插及显示原码序列
a1=a(:);
a2=a1 * ones(1, N);
a3=a2';
a4=reshape(a3, 1, []);
t=[0: No_sample-1] * ts;
figure(1);
subplot(2, 1, 1);
plot(t * 1000, a4); grid;              %以毫秒为单位
xlabel('时间/ms'); ylabel('幅度/V');
title('基带信号波形'); axis([0 100 0 1.2]);

%产生π/4型相位配置的QPSK信号
mapping=[5 * pi/4 3 * pi/4 7 * pi/4 pi/4];
qpsk=[];
for k=1: 2: no_seq
  index=0;
  for j=k: k+1
    index=2 * index+a(j);
  end
  index=index+1;
  theta=mapping(index);
  qpsk=[qpsk, A * cos(2 * pi * fc * t((k-1) * N+1: (k+1) * N)+theta)];
end
%画出开始部分若干个码元内的QPSK波形
subplot(2, 1, 2);
plot(t * 1000, qpsk); grid;
title('QPSK信号波形'); axis([0 100 -1.2 1.2]);
xlabel('t/ms'); ylabel('幅度/ V');

%求4PSK信号的频谱
df=fs/2000;                            %频域分辨率，2000点FFT
f=[0: df: df * (2000-1)]-fs/2;         %设置频率轴
QPSK=fft(qpsk, 2000) /fs;
%画出QPSK信号的频谱
figure(2);
plot(f, abs(fftshift(QPSK))); grid;
axis([-400 400 0 0.2]); title('QPSK信号的频谱');
ylabel('频谱/V'); xlabel('频率/Hz');

%QPSK经过有噪信道，解调，误码率统计
Eb=(1/2) * (A^2) * Tb;                 %接收信号的比特能量
```

```
snr_in_db1=0：10；                          %仿真Eb/n0范围，以dB为单位
for k=1：length(snr_in_db1)
%引入噪声后接收QPSK信号
  snr=10^(snr_in_db1(k)/10)；
    n0=Eb/snr；
    delta=sqrt(n0 * (fs/2))；
    noise=delta * randn(1，No_sample)；
    rqpsk=qpsk+noise；
    %QPSK信号解调
    %同相支路与cos(2πfct)，正交支路与-sin(2πfct)相乘
    Xc1=rqpsk. * cos(2 * pi * fc * t)；
    Xs1=rqpsk. * (-sin(2 * pi * fc * t))；
    %同相支路和正交支路各在一个码元宽度内积分，得到Xc和Xs
    Xc2=reshape(Xc1，Ts/ts，[])；        %按一个码元宽度内的点数排序
    Xc=sum(Xc2) * ts；
    Xs2=reshape(Xs1，Ts/ts，[])；        %按一个码元宽度内的点数排序
    Xs=sum(Xs2) * ts；
    %判决
    decis=[]；
    for m=1：no_seq/2
      theta=mod(angle(Xc(m)+i * Xs(m))，2 * pi)；
      if(theta>3 * pi/2)
        decis=[decis 1 0]；
      else if(theta<pi/2)
        decis=[decis 1 1]；
      else if(theta<pi)
        decis=[decis 0 1]；
      else
        decis=[decis 0 0]；
      end
    end
    %误比特数统计
    biterror=0；
    for n=1：no_seq
      if (a(n)~=decis(n))
        biterror=biterror+1；
      end
    end
    %计算误比特率
    pb(k)=biterror/no_seq；
end
%根据公式计算理论误比特率
snr_in_db2=0：0.1：10；        %计算理论曲线信噪比取值，以dB为单位
```

```
for i=1: length(snr_in_db2)
   snr=10^(snr_in_db2(i)/10);
   theo_pb(i)=(1/2)*erfc(sqrt(snr));
end
%画误比特率曲线图
figure(3)
semilogy(snr_in_db1, pb, '*'); hold on
semilogy(snr_in_db2, theo_pb); grid;
title('QPSK 调制的误比特率曲线');
xlabel('Eb/n0   (dB)'); ylabel('P_e');
legend('仿真误比特率', '理论误比特率');
```

4.3.2　差分相位调制与解调

在 MDPSK 中，用 M 进制数字基带信号控制相邻两个码元间已调载波的相位差。若当前码元内已调载波的初相用 φ_k 表示，则

$$\varphi_k=\varphi_{k-1}+\Delta\varphi \tag{4-3-8}$$

式中，φ_{k-1} 为前一码元内已调载波的初相，$\Delta\varphi$ 是相邻码元间已调载波的相位差，它由当前输入信息码元与调制规则确定。例如，$M=4$ 时的调制规则如图 4-3-10 所示，即信息码元(这里一个码元包含 2 个信息比特)分别为 00、01、11、10 时，$\Delta\varphi$ 分别为 0、$\pi/2$、π 和 $3\pi/2$。

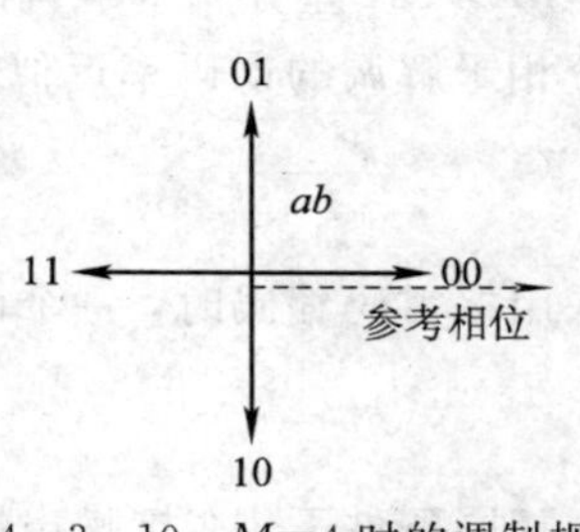

图 4-3-10　$M=4$ 时的调制规则

1. MDPSK 表达式

MDPSK 信号的表达式为

$$s_{\text{MDPSK}}(t)=A\cos(2\pi f_c t+\varphi_k) \tag{4-3-9}$$

式中的 φ_k 由式(4-3-8)计算，即不仅与当前码元有关，而且还与前一码元已调载波的相位有关。

2. MDPSK 功率谱

MDPSK 信号的功率谱与 MPSK 的相同，其带宽为

$$B_{\text{MDPSK}}=\frac{2}{T_s}=2R_s \tag{4-3-10}$$

频带利用率为

$$\eta=\frac{R_b}{B_{\text{MPSK}}}=\frac{R_s\,\text{lb}M}{2R_s}=\frac{1}{2}\text{lb}\ M\ \text{bit/s/Hz} \tag{4-3-11}$$

随着进制数 M 的增大，频带利用率变大。例如，当 $M=4$ 时，4DPSK 信号的频带利用率为 1 bit/s/Hz，是 2DPSK 的 2 倍。

3. MDPSK 调制器

MDPSK 信号的产生框图与 MPSK 信号的产生框图完全相同，如图 4-3-2 所示。只不过，图中载波相位 φ_k 的计算要用式(4-3-8)，如果采用软件编程来实现，此法甚为方便。

4. MDPSK 信号解调

在实际应用中，MDPSK 信号的解调通常采用差分相干解调，此方法的基本思想是检测出 MDPSK 波形相邻码元间的载波相位差，再根据调制时载波相位差与信息组之间的对应关系，从而恢复出所传送的信息，解调器框图如图 4-3-11 所示。

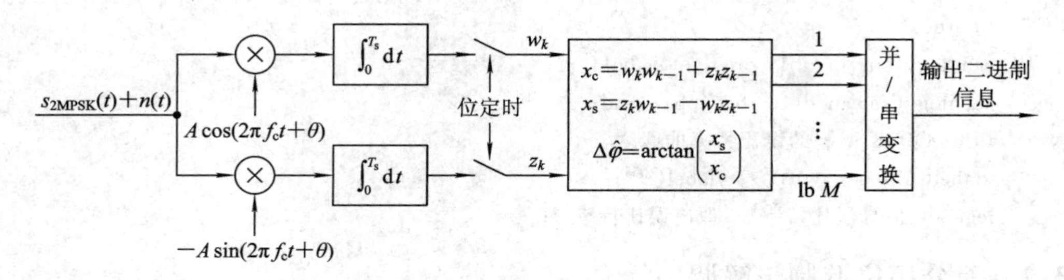

图 4-3-11 MDPSK 差分相干解调器框图

需要注意的是，此解调器中的本地载波不是相干载波。因为即使本地载波与接收信号中的载波有相位差 θ 也不会影响最后的判决，故差分相干解调是一种非相干解调方法。

MDPSK 差分相干解调的误码率推导十分复杂，当 $M\geqslant 4$，且 E_b/n_0 较大时，MDPSK 差分相干解调的误码率近似为

$$P_e=\text{erfc}\left(\sqrt{\frac{2E_s}{n_0}}\sin\left(\frac{\pi}{2M}\right)\right) \tag{4-3-12}$$

当采用格雷码编码时，一个误码近似产生一个比特的错误，故 MDPSK 的误比特率为

$$P_b=\frac{P_e}{\text{lb}\ M} \tag{4-3-13}$$

相同条件下，在抗噪声性能方面，MDPSK 比 MPSK 稍差，但差分相干 MDPSK 的优点是解调时无需提取相干载波，所以设备简单。

例 4-3-2 仿真 MDPSK 系统，要求：

(1) 画出 6 个码元内的 4DPSK(DQPSK)波形；

(2) 完成 4DPSK 系统的 Monte Carlo 误比特率仿真。

解 构建仿真模型，如图 4-3-12 所示。

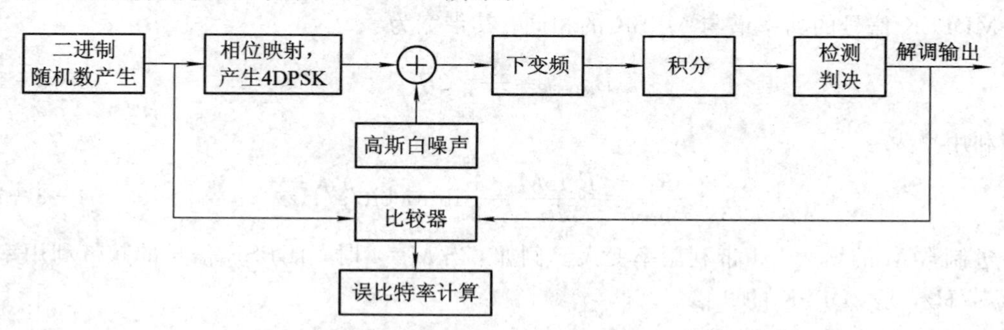

图 4-3-12 MDPSK 调制系统仿真模型

本例 MATLAB 参考程序如下：

```
%文件：dqpskmodem4_3_2.m
%产生二进制数字序列 a，长度为 no_seq
```

```
clear all;
no_seq=10000;          %产生 10000 个二进制码元
j=sqrt(-1);
Rb=100;                %比特速率
Tb=1/Rb; Ts=2 * Tb;
fc=2 * Rb;             %载波频率
A=1;                   %载波幅度
constant=10;           %抽样常数
fs=constant * fc;      %以 constant 倍的载波频率抽样
ts=1/fs;               %抽样间隔
N=Tb/ts;               %一个比特内的样点数
a_send=randint(1, no_seq);          %产生长度为 no_seq 的二进制序列，发送信息序列
a=[00 a_send];                      %在发送信息前面增加两位 00 作为参考信号
No_sample=length(a) * N;            %样点总数
%内插及显示原码序列
a1=a(:); a2=a1 * ones(1, N);
a3=a2'; a4=reshape(a3, 1, []);
t=[0: No_sample-1] * ts;
figure(1);
subplot(2, 1, 1);
plot(t * 1000, a4); grid;           %以毫秒为单位
xlabel('时间/ms'); ylabel('幅度/V');
axis([0 100 0 1.2]); title('基带信号波形');

%产生π/2型相位配置的 DQPSK 信号
mapping=[0 pi/2 3 * pi/2 pi];
theta=0;                            %初始参考相位
dqpsk=[];
for k=1: 2: no_seq+2
  index=0;
  for i=k: k+1
    index=2 * index+a(i);
  end
  index=index+1;
  theta=mod(mapping(index)+theta, 2 * pi);
  dqpsk=[dqpsk, A * sin(2 * pi * fc * t((k-1) * N+1: (k+1) * N)+theta)];
end
%画出开始部分若干个码元内的 DQPSK 波形
subplot(2, 1, 2);
plot(t * 1000, dqpsk); grid;
axis([0 100 -1.2 1.2]); title('DQPSK 信号波形');
xlabel('t/ms'); ylabel('幅度/V');
```

```
%求 DQPSK 信号的频谱
df=fs/2000;                              %分辨率，2000 点 FFT
f=[0: df: df*(2000-1)]-fs/2;             %设置频率轴
DQPSK=fft(dqpsk, 2000);
%画出 DQPSK 信号的频谱
figure(2);
plot(f, abs(fftshift(DQPSK))/fs); grid;
axis([-400 400 0 0.2]); title('DQPSK 信号的频谱');
xlabel('频率/Hz'); ylabel('频谱/V');

%DQPSK 经过有噪信道，解调，误码率统计
Eb=(1/2)*(A^2)*Tb;                       %接收信号的比特能量
snr_in_db1=0: 10;                        %仿真 Eb/n0 范围，以 dB 为单位
for k=1: length(snr_in_db1)
%引入噪声后接收 DQPSK 信号
  snr=10^(snr_in_db1(k)/10);
  n0=Eb/snr;
  delta=sqrt(n0*(fs/2));
  noise=delta*randn(1, No_sample);
  rdqpsk=dqpsk+noise;
  %DQPSK 信号解调
  %同相支路与 cos(2πfct)，正交支路与-sin(2πfct)相乘
  wk1=rdqpsk.*cos(2*pi*fc*t);
  zk1=rdqpsk.*(-sin(2*pi*fc*t));
  %同相支路和正交支路各在一个码元宽度内积分，得到 wk 和 zk
  wk2=reshape(wk1, Ts/ts, []);           %按一个码元宽度内的点数排序
  wk=sum(wk2)*ts;
  zk2=reshape(zk1, Ts/ts, []);           %按一个码元宽度内的点数排序
  zk=sum(zk2)*ts;
  %计算相位差，判决
  decis=[];
  i=sqrt(-1);                            %定义虚部单位
  for m=1: no_seq/2
    xc=wk(m+1)*wk(m)+zk(m+1)*zk(m);
    xs=zk(m+1)*wk(m)-wk(m+1)*zk(m);
    delta_theta=mod(angle(xc+xs*i), 2*pi);
    if((delta_theta<pi/4)|(delta_theta>7*pi/4))          %"|"为或运算
      decis=[decis 0 0];
    elseif(delta_theta<3*pi/4)
      decis=[decis 0 1];
    elseif(delta_theta<5*pi/4)
      decis=[decis 1 1];
```

```
        else
            decis=[decis 1 0];
        end
    end
    %误比特率统计
    biterror=0;
    for n=1: no_seq
        if (a_send(n)~=decis(n))
            biterror=biterror+1;
        end
    end
    %计算误比特率
    pb(k)=biterror/no_seq;
end
%根据公式计算理论误比特率
snr_in_db2=0: 0.1: 10;              %计算理论曲线信噪比取值，以 dB 为单位
for i=1: length(snr_in_db2)
    snr=10^(snr_in_db2(i)/10)
    theo_pb(i)=(1/2)*erfc(2*sin(pi/8)*sqrt(snr));
end

%画误比特率曲线图
figure(3)
semilogy(snr_in_db1, pb, '*'); hold on
semilogy(snr_in_db2, theo_pb); grid;
title('DQPSK 调制的误比特率曲线');
xlabel('Eb/n0  (dB)'); ylabel('P_e');
legend('仿真误比特率', '理论误比特率');
```

本例程序运行结果如图 4-3-13、图 4-3-14 和图 4-3-15 所示。

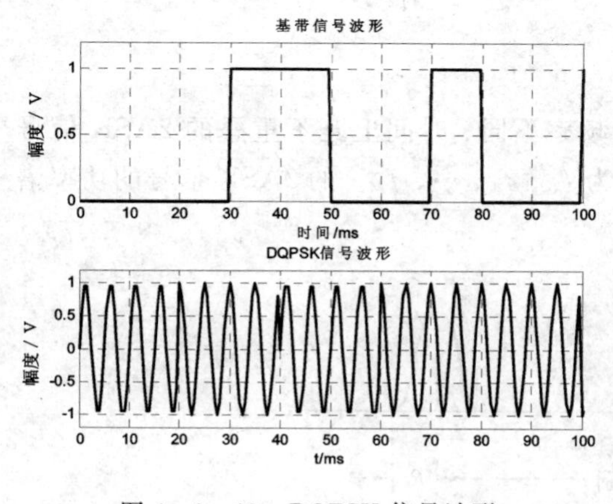

图 4-3-13 DQPSK 信号波形

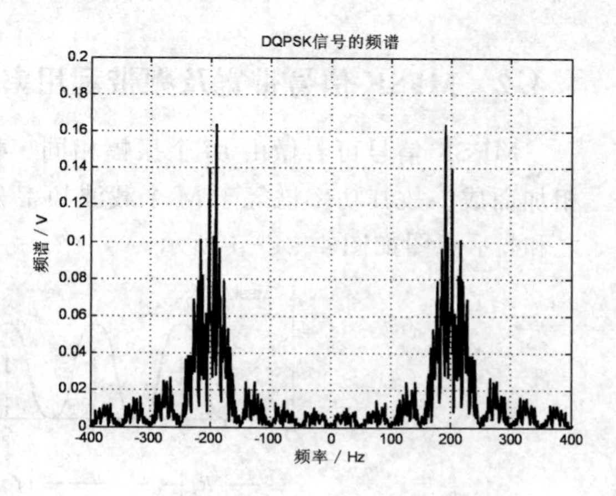

图 4-3-14 DQPSK 信号频谱

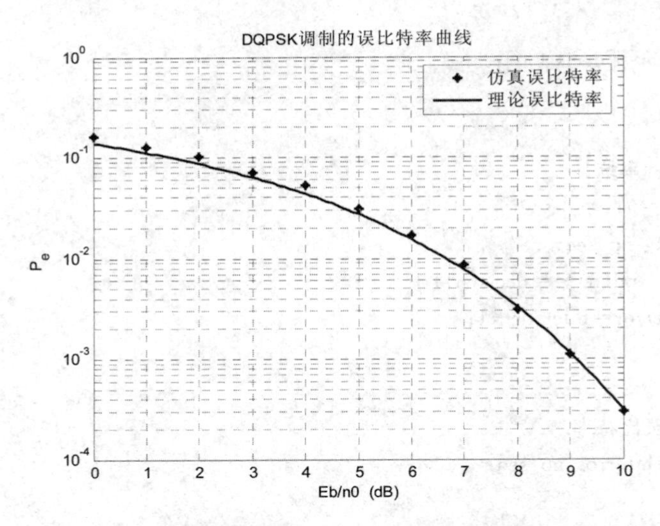

图 4-3-15 高斯白噪声信道中 DQPSK 调制系统误比特率曲线

4.4 载波频率调制(MFSK)

在 MFSK 调制中，用 M 进制数字基带信号控制载波的频率，故 MFSK 信号有 M 种离散的频率值。

4.4.1 MFSK 表达式

MFSK 信号的表达式为

$$s_{\mathrm{MFSK}}(t)=A\cos 2\pi f_i t \qquad 0\leqslant t\leqslant T_s;\ i=0,1,\cdots,M-1 \tag{4-4-1}$$

式中，f_i 是载波频率，有 M 种可能的取值，每种取值与 M 进制基带信号的一种码元相对应，载波频率之间两两正交，即

$$\int_0^{T_s} A\cos 2\pi f_k t\cdot A\cos 2\pi f_j t\,\mathrm{d}t=\begin{cases}E_{\mathrm{av}} & k=j\\ 0 & k\neq j\end{cases} \tag{4-4-2}$$

4.4.2 MFSK 信号带宽及频带利用率

MFSK 信号可看做由 M 个振幅相同、载波频率不同、时间上互不重叠的 2ASK 信号相加而成。故其功率谱等于 M 个载波频率分别为 f_0、f_1、…、f_{M-1} 的 2ASK 信号的功率谱之和，示意图如图 4-4-1 所示。

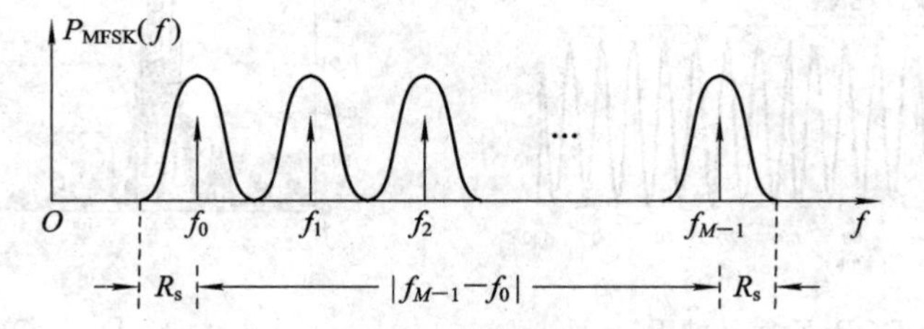

图 4-4-1 MFSK 信号功率谱示意图(单边谱)

MFSK 信号的带宽为

$$B_{MFSK}=|f_{M-1}-f_0|+2R_s \tag{4-4-3}$$

其中，$R_s=1/T_s$ 为 M 进制基带信号的码元速率。若两相邻载波频率之差等于 $2R_s$，即功率谱主瓣刚好互不重叠，则此时 MFSK 信号的带宽为

$$B_{MFSK}=2MR_s \tag{4-4-4}$$

频带利用率为

$$\eta=\frac{R_b}{B_{MFSK}}=\frac{R_s\,\mathrm{lb}\,M}{2MR_s}=\frac{\mathrm{lb}\,M}{2M}\quad \text{bit/s/Hz} \tag{4-4-5}$$

可见，随着进制数 M 的增大，MFSK 信号的带宽变大，频带利用率下降。

4.4.3 MFSK 信号的解调

MFSK 信号的解调也有相干解调和包络解调两种方法。实际应用中，MFSK 信号通常采用包络解调，MFSK 包络解调器有 M 个支路，M 个支路上的抽样值进行择大判决，如图 4-4-2 所示。其误码率公式的推导在大多数数字通信的教材中都能找到，有如下表达式：

$$P_e=\sum_{n=1}^{M-1}(-1)^{n+1}\binom{M-1}{n}\frac{1}{n+1}\exp\left(-\frac{nkE_s}{n_0(n+1)}\right) \tag{4-4-6}$$

其中，$E_s=kE_b$ 是接收到的 MFSK 信号的符号能量，$k=\mathrm{lb}\,M$，E_b 为比特能量。当 $M=2$ 时，这个表达式就变成了 2FSK 调制的误码率公式，即

$$P_e=\frac{1}{2}\exp\left(-\frac{E_b}{2n_0}\right) \tag{4-4-7}$$

对于 $M>2$，利用下面的关系：

$$P_b=\frac{2^{k-1}}{2^k-1}P_e \tag{4-4-8}$$

可以从误码率(符号差错率)得出比特差错率(误比特率)。

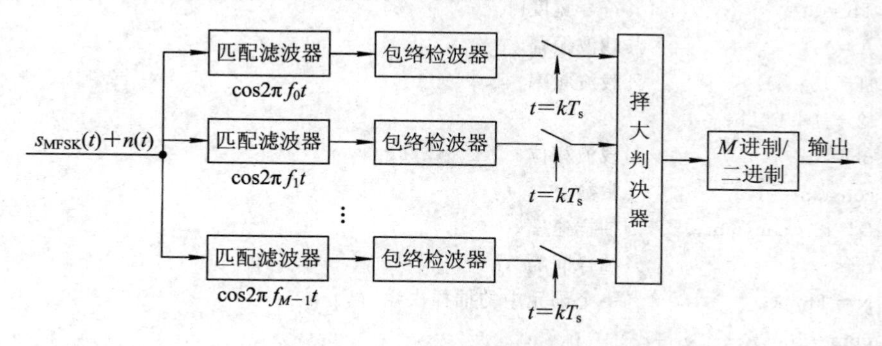

图 4-4-2 MFSK 包络解调器

MFSK 调制的主要缺点是带宽大、频带利用率低；优点是抗衰落能力强。这是因为在信息传输速率相同时，码元宽度更宽，因而能有效地减小由于多径效应造成的码间干扰的影响。故 MFSK 调制一般应用在信息速率要求不高的衰落信道中，如短波信道。

例 4-4-1 编程实现 2FSK 调制系统仿真。完成一个 2FSK 通信系统的 Monte Carlo 仿真，其中信号波形由式(4-4-1)给出，$f_2=f_1+1/T_b$，解调采用图 4-4-2 所示的包络解调器。

解 由图 4-4-2 包络解调器框图可知，当 $M=2$ 时，解调器只剩两个支路，择大判决器变成比较器，由此得到 2FSK 包络解调器框图，如图 4-4-3 所示。

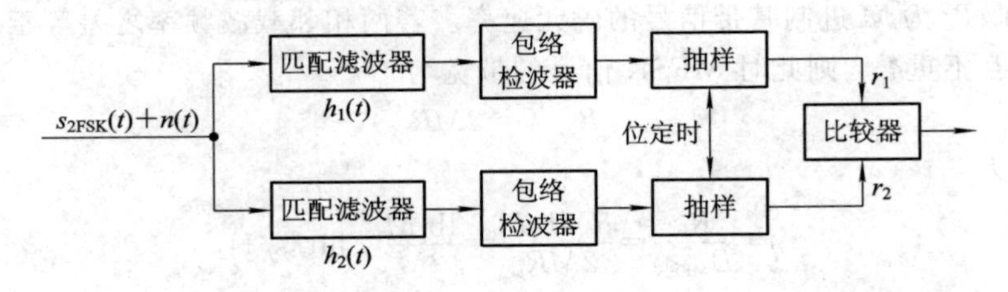

图 4-4-3 2FSK 包络解调器

按照仿真要求，本例构建仿真模型，如图 4-4-4 所示。

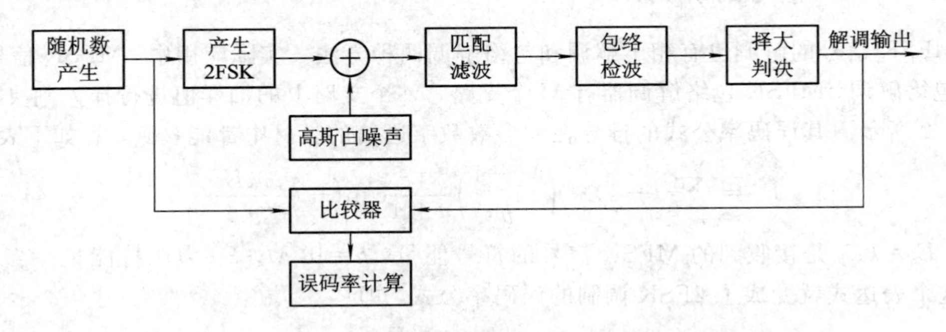

图 4-4-4 MFSK 调制系统仿真模型

本例 MATLAB 参考程序如下：

```
%文件：FSKenvelop4_4_1.m
%2FSK 包络解调(匹配滤波器)
clear all;
Tb=1;                    %符号宽度
A=1;                     %载波振幅
f1=10;                   %载波频率
f2=f1+1/Tb;
phi=0;                   %载波相位
constant=10;             %常数
fs=f2 * constant;        %抽样速率
ts=1/fs;                 %抽样间隔
N=Tb/ts;                 %一个码元中的抽样次数
num=10000;
a=randint(1, num);
%产生 2FSK 信号
t=0: ts: num * Tb-ts;
fsk=[];
for n=1: length(a)
  if (a(n)==0)
    fsk=[fsk cos(2 * pi * f1 * t((n-1) * N+1: n * N))];
  else
```

```
    fsk=[fsk cos(2 * pi * f2 * t((n-1) * N+1: n * N))];
  end
end
figure(1);
subplot(2, 1, 1); plot(t, fsk); grid;
xlabel('t/s'); ylabel('幅度 /V'); title('2FSK 信号波形'); axis([0 7 -1 1]);

%求 2FSK 信号功率谱
FSK=fftshift(fft(fsk, length(fsk))/(sum(a) * fs));
df=fs/length(fsk);
f=[0: df: (length(fsk)-1) * df]-fs/2;
subplot(2, 1, 2); plot(f, (abs(FSK).^2));
xlabel('f/Hz'); ylabel('幅度'); title('2FSK 信号功率谱');

%2FSK 解调
%匹配滤波器冲激响应
t1=0: ts: Tb-ts;
h1=cos(2 * pi * f1 * t1);            %f1 频率信号的匹配滤波器
h2=cos(2 * pi * f2 * t1);            %f2 频率信号的匹配滤波器
%仿真 2FSK 误码率
r_db1=0: 15;
Eb=A * A * Tb/2;
for i=1: length(r_db1)
  r=10^(r_db1(i)/10);
  n0=Eb/r;
  delta2=n0 * fs/2;
  n=sqrt(delta2) * randn(1, length(fsk));
  recev=fsk+n;
  %匹配滤波
  y1=conv(recev, h1) * ts;           %匹配滤波
  y2=conv(recev, h2) * ts;           %匹配滤波
  %包络检波
  t2=0: ts: (length(y1)-1) * ts;
  zc=hilbert(y1);                    %求带通信号的解析信号
  zc1=zc. * exp(-sqrt(-1) * 2 * pi * f1 * t2);
  yc=abs(zc1);                       %包络检波器输出
  zs=hilbert(y2);                    %求带通信号的解析信号
  zs1=zs. * exp(-sqrt(-1) * 2 * pi * f2 * t2);
  ys=abs(zs1);                       %包络检波器输出
  %判决
  for j=1: num
    if (yc(j * Tb/ts)>=ys(j * Tb/ts))
      decis(j)=0;
```

```
        else
          decis(j)=1;
        end
      end
      %统计误码率
      error=0;
      for j=1:num
        if decis(j)~=a(j)
          error=error+1;
        else
          error=error;
        end
      end
      pb(i)=error/num;
    end
    %计算理论误码率
    r_db2=0:0.1:15;
    for i=1:length(r_db2)
      r=10^(r_db2(i)/10)
      pb_theo(i)=0.5*exp(-r/2);
    end
    %画出误码率曲线
    figure(2);
    semilogy(r_db1, pb, '*'); hold on;
    semilogy(r_db2, pb_theo); grid;
    xlabel('Eb/n0  (dB)'); ylabel('P_e');
    title('2FSK调制的仿真和理论误码率曲线'); legend('仿真误码率','理论误码率');
```

本例程序运行结果如图 4-4-5、图 4-4-6 所示。

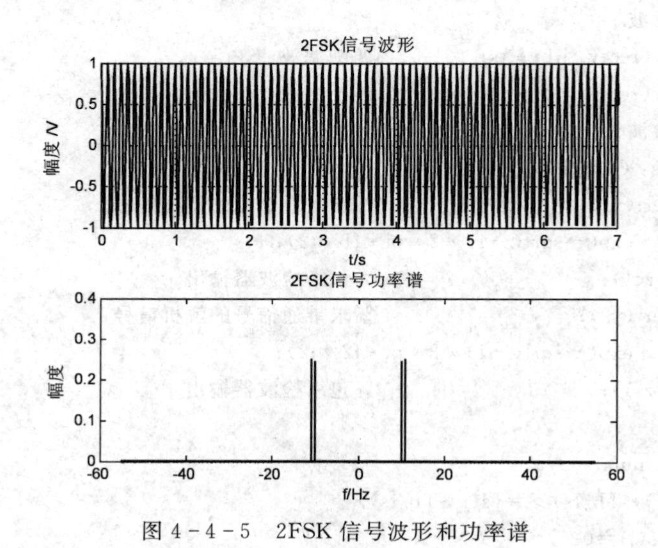

图 4-4-5　2FSK 信号波形和功率谱

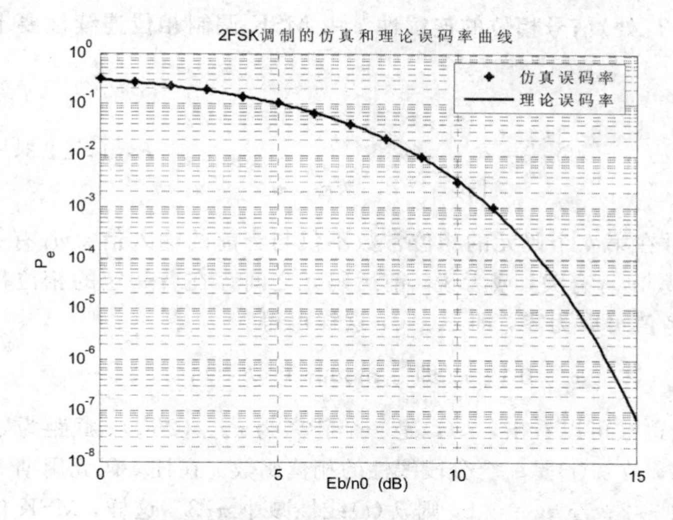

图 4-4-6　高斯白噪声中 2FSK 信号包络解调误码率曲线

4.5　最小频移键控调制(MSK)

最小频移键控调制(MSK，Minimum Frequency Shift Keying)是一种调制指数为 0.5、相位连续的正交 2FSK 调制，具有信号包络恒定、功率谱主瓣窄、带外辐射小和抗干扰能力强等突出优点，在实际通信系统中得到了广泛应用，且以其为基础的 GMSK 调制也常被作为现代卫星通信系统的首选调制方式之一。

4.5.1　MSK 调制与解调原理

2FSK 调制的调制指数定义为

$$h=(f_1-f_2)T_b \tag{4-5-1}$$

式中，f_1和 f_2分别为 2FSK 调制的两个载频，T_b为码元宽度。令

$$f_c=\frac{1}{2}(f_1+f_2) \tag{4-5-2}$$

为 2FSK 信号中两个可能的载波频率 f_1和 f_2的中值。MSK 调制是一种调制指数 h 为 0.5、相位连续的正交 2FSK 调制，其中的两个载频可分别表示为

$$f_1=f_c+\frac{h}{2T_b}=f_c+f_d \tag{4-5-3}$$

$$f_2=f_c-\frac{h}{2T_b}=f_c-f_d \tag{4-5-4}$$

式中，$f_d=1/(4T_b)$。假设输入信息为“+1”时，载波频率为 f_1；输入信息为“-1”时，载波频率为 f_2，则第 k 个码元内 MSK 信号的一般表达式可表示为

$$s_{\mathrm{MSK}}(t)=\cos(2\pi(f_c+a_kf_d)t+\varphi_k)=\cos(2\pi f_ct+\theta_k(t))$$
$$kT_b\leqslant t\leqslant(k+1)T_b\quad k=0,1,2,3,\cdots \tag{4-5-5}$$

式中，$a_k=\pm1$ 为第 k 个码元的输入信息；$\theta_k(t)=2\pi a_kf_dt+\varphi_k$ 称为附加相位，其中 φ_k 为初始相位，在一个码元周期 T_b内是常数，但在不同码元内可取不同的值，其作用是保证在码

元转换时刻($t=kT_b$处)信号相位的连续性。由 MSK 调制相位连续性要求可得如下相位约束关系：

$$\varphi_k=\varphi_{k-1}+(a_{k-1}-a_k)\frac{k\pi}{2}=\begin{cases}\varphi_{k-1} & a_{k-1}=a_k\\ \varphi_{k-1}+a_{k-1}k\pi & a_{k-1}\neq a_k\end{cases}\quad k=1,2,3,\cdots \tag{4-5-6}$$

这说明 MSK 信号在第 k 个码元的相位常数不仅与当前的输入信息 a_k 有关，还和前一码元的 a_{k-1} 和相位常数 φ_{k-1} 有关，或者说，前后码元之间存在着一定的相位相关性。不失一般性，φ_k 的初始参考值可取为零，即 $\varphi_0=0$，这样可得

$$\varphi_k=0 \text{ 或 } \pi(\text{即 } \varphi_k \bmod 2\pi)\quad k=1,2,3,\cdots \tag{4-5-7}$$

由 $\theta_k(t)$ 的表达式可以看出，$\theta_k(t)$ 是一个斜率为 $\pi a_k/(2T_b)$、截距为 φ_k 的直线方程。由于 a_k 的取值为 ±1，故 $\theta_k(t)$ 是一个分段线性的相位函数。在任一码元周期 T_b 内，若 $a_k=+1$，则 $\theta_k(t)$ 线性增加 $\pi/2$；若 $a_k=-1$，则 $\theta_k(t)$ 线性减小 $\pi/2$。这样，MSK 信号的整个相位路径是由间隔为 T_b 的一系列直线段所连成的折线。图 4-5-1 为某一 MSK 信号的附加相位路径图。从图中可以看出，在码元转换点，MSK 信号的相位是连续的。对于各种可能的输入信号序列，其可能的附加相位路径均为[$-\pi$, π]范围内网格图中的折线段。

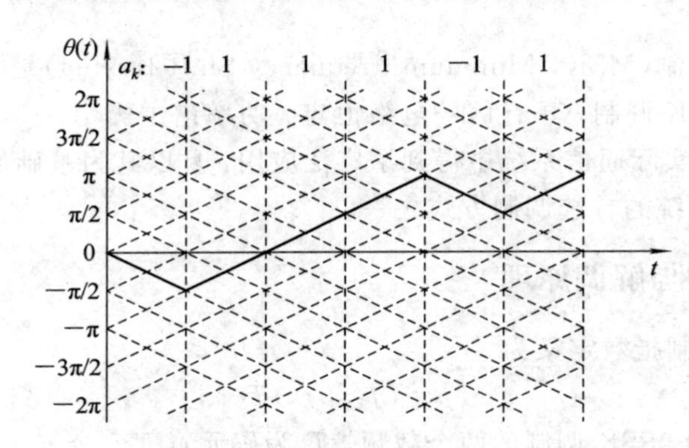

图 4-5-1　MSK 信号的附加相位路径图

式(4-5-5)可改写为

$$s_{\text{MSK}}(t)=\begin{cases}\cos(2\pi f_1 t+\varphi_k) & a_k=+1\\ \cos(2\pi f_2 t+\varphi_k) & a_k=-1\end{cases}\quad kT_b\leqslant t\leqslant(k+1)T_b \tag{4-5-8}$$

由于 MSK 信号本质上是一个正交的 2FSK 信号，故满足

$$\int_0^{T_b}\cos(2\pi f_1 t+\varphi_k)\cos(2\pi f_2 t+\varphi_k)\,\mathrm{d}t=0 \tag{4-5-9}$$

即

$$\frac{\sin(2\pi(f_1+f_2)T_b+2\varphi_k)}{2\pi(f_1+f_2)}+\frac{\sin(2\pi(f_1-f_2)T_b)}{2\pi(f_1-f_2)}-\frac{\sin(2\varphi_k)}{2\pi(f_1+f_2)}-\frac{\sin(0)}{2\pi(f_1-f_2)}=0 \tag{4-5-10}$$

上式各项应分别等于零。第 4 项本身即为零，根据 MSK 调制的定义及式(4-5-1)和式(4-5-6)可知，上式中第 2、3 项也均为零。而要求第 1 项为零，则需 $\sin(4\pi f_c T_b)=0$，即

$$T_b=\frac{n}{4f_c} \quad n=1, 2, 3, \cdots \tag{4-5-11}$$

这说明，MSK 信号的每个码元周期 T_b 内包含的波形周期数必须是 1/4 载波周期的整数倍。

综上所述，MSK 信号具有以下特点：

(1) 已调信号的振幅是恒定的。

(2) 在码元转换时刻，信号的相位是连续的，或者说信号的波形没有突跳。

(3) 以载波相位为基准的信号相位在一个码元期间内准确地线性变化 $\pm\pi/2$。

(4) 信号的调制指数 $h=|f_1-f_2|T_b=0.5$，相应的频率偏移严格等于 $\pm1/(4T_b)$。

(5) 在一个码元期间内，信号应包括 1/4 载波周期的整数倍，或者说载波的中值频率 f_c 应等于 1/4 码元速率的整数倍。

且研究表明，凡是满足上述 5 个特点的已调信号均属于 MSK 调制。

经数学推导可得，MSK 信号的单边功率谱密度为

$$P_{MSK}(f)=\frac{8T_b}{\pi^2}\left[\frac{\cos 2\pi(f-f_c)T_b}{1-16(f-f_c)^2T_b^2}\right]^2 \tag{4-5-12}$$

主瓣宽度为 $1.5/T_b=1.5R_B$，包含 99.5%的功率。故 MSK 信号的带宽和频带利用率分别为

$$B_{MSK}=1.5R_B \tag{4-5-13}$$

$$\eta=\frac{2}{3} \quad \text{b/s/Hz} \tag{4-5-14}$$

与 QPSK(四相相移键控)、OQPSK(偏移相移键控)相比，MSK 信号的功率谱主瓣宽度较宽，相同信息速率下需占据更宽的信道，但 MSK 信号的能量更为集中，功率谱旁瓣衰减快，对相邻信道的干扰小。研究表明，MSK 信号的功率谱近似与 f^4 成反比，而 QPSK、OQPSK 信号的功率谱近似与 f^2 成反比，旁瓣衰减比较慢。此外，研究还发现，如果以 99%能量集中程度为标准，MSK 信号的频带宽度约为 $1.2R_B$，而 QPSK、OQPSK 信号的频带宽度约为 $10.3R_B$。另外，频带受限的 MSK 信号，包络起伏更小。可见，MSK 信号在带限的非线性信道上具有更好的频谱特性。

对式(4-5-5)进行变换，可得第 k 个码元内 MSK 信号的正交表示：

$$s_{MSK}(t)=I_k\cos(2\pi f_d t)\cos(2\pi f_c t)-Q_k\sin(2\pi f_d t)\sin(2\pi f_c t) \tag{4-5-15}$$

$I_k\cos(2\pi f_d t)$ 和 $Q_k\sin(2\pi f_d t)$ 分别称为同相分量和正交分量，$\cos(2\pi f_d t)$ 和 $\sin(2\pi f_d t)$ 分别称为同相分量和正交分量的加权函数，$I_k=\cos\varphi_k$ 和 $Q_k=a_k\cos\varphi_k$ 分别称为同相分量和正交分量的等效数据。根据式(4-5-6)和式(4-5-7)可知，I_k 和 Q_k 取值 ±1，且

$$I_k=\cos\varphi_k=\begin{cases} I_{k-1} & a_k=a_{k-1} \\ I_{k-1} & a_k\neq a_{k-1}，k\text{ 为偶数} \\ -I_{k-1} & a_k\neq a_{k-1}，k\text{ 为奇数} \end{cases} \tag{4-5-16}$$

$$Q_k=a_k\cos\varphi_k=\begin{cases} Q_{k-1} & a_k=a_{k-1} \\ Q_{k-1} & a_k\neq a_{k-1}，k\text{ 为奇数} \\ -Q_{k-1} & a_k\neq a_{k-1}，k\text{ 为偶数} \end{cases} \tag{4-5-17}$$

由上述关系可得如下结论：

(1) I_k在奇数个码元处有可能改变极性，Q_k在偶数个码元处有可能改变极性，两者宽度均为 $2T_b$。

(2) I_k和Q_k不可能同时改变极性，极性转换点在时间轴上错开 T_b。

(3) I_k和Q_k相当于对 a_k进行差分编码后再进行串/并变换的输出，且 Q 支路要延迟 T_b。

由此可得 MSK 信号的正交调制器和解调器原理框图，分别如图 4-5-2 和图 4-5-3 所示。由该原理框图可见，MSK 调制也可被看做一种被正弦加权的 OQPSK 调制。

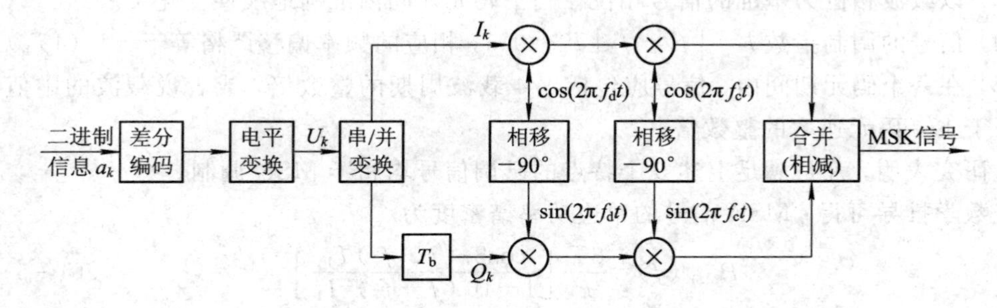

图 4-5-2　MSK 正交调制器框图

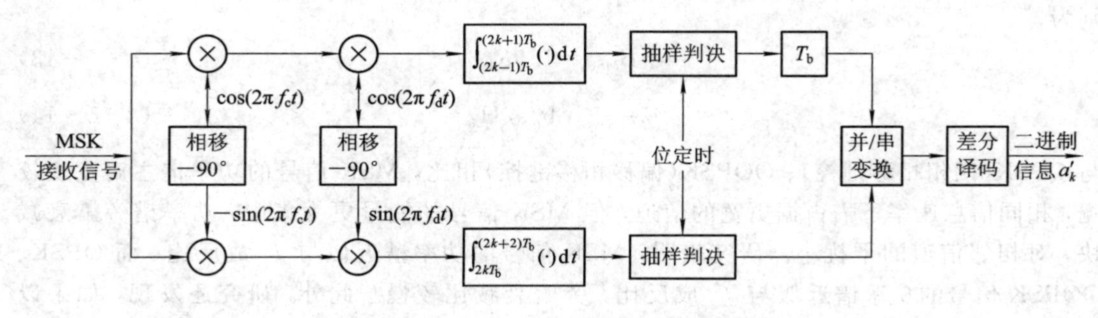

图 4-5-3　MSK 正交解调器框图

图 4-5-3 中的解调器为相干解调器，其中上、下两支路均为 BPSK 解调，在加性高斯白噪声信道中误比特率均为

$$P_e \approx \frac{1}{2}\text{erfc}\left(\sqrt{\frac{E_b}{n_0}}\right) \tag{4-5-18}$$

并/串变换、差分译码后系统误比特率增倍，即为

$$P_b = 2P_e(1-P_e) \approx \text{erfc}\left(\sqrt{\frac{E_b}{n_0}}\right) \tag{4-5-19}$$

与 QPSK 的误码率相同。

需要注意的是，MSK 本质上是一种 FSK 调制，而为什么能达到和 QPSK 一样的抗噪声性能呢？分析可见，MSK 调制是一种相位连续的 2FSK 调制，对信号相位附加了约束条件，这相当于是一种相位编码，图 4-5-3 所示的正交解调器按两个比特区间进行检测，充分利用了这种相位约束条件。如果把 MSK 看做 FSK 信号用相干解调方法在每个码元持续时间内直接进行解调，而不考虑该相位约束条件，其性能会有 3 dB 损失。

4.5.2 MSK 调制系统的 MATLAB 仿真

分析可见，图 4-5-2 所示的 MSK 调制器原理框图与前述结论间存在如下矛盾：

(1) 式(4-5-5)中规定第 k 个码元内 t 的取值范围为 $kT_b \leqslant t \leqslant (k+1)T_b$，且前述结论中要求"$I_k$在第奇数个码元处有可能改变极性，$Q_k$在第偶数个码元处有可能改变极性"，这意味着，$I_k$有可能改变极性的时刻为 $t=(2i-1)T_b$，$i=0, 1, 2, 3, \cdots$ 处，Q_k有可能改变极性的时刻为 $t=2iT_b$，$i=0, 1, 2, 3, \cdots$ 处，即 I_k 和 Q_k 的符号区间分别为$(2i-1)T_b \sim (2i+1)T_b$和 $2iT_b \sim (2i+2)T_b$。

(2) 图 4-5-2 中差分编码及电平变换后的数据$\{U_k\}$经串/并变换及 Q 路延迟 T_b后，同相、正交支路输出的 I_k($\{U_k\}$中的奇数位信息，记为 U_{2i-1})和 Q_k($\{U_k\}$中的偶数位信息被延迟了 T_b，记为 U_{2i})的符号区间分别为$(2i-2)T_b \sim 2iT_b$和$(2i-1)T_b \sim (2i+1)T_b$，$i=1, 2, 3, \cdots$。这与结论中要求的 I_k和 Q_k的符号区间相比均滞后了 T_b。

同时考虑到在$(2i-1)T_b \sim (2i+1)T_b$和 $2iT_b \sim (2i+2)T_b$，$i=0, 1, 2, 3, \cdots$ 区间范围内，加权函数 $\cos(2\pi f_d t)$和 $\sin(2\pi f_d t)$满足：

$$\cos(2\pi f_d t)\big|_{t=(2i-1)T_b \sim (2i+1)T_b} = \sin(2\pi f_d t)\big|_{t=2iT_b \sim (2i+2)T_b} \tag{4-5-20}$$

$$\sin(2\pi f_d t)\big|_{t=2iT_b \sim (2i+2)T_b} = -\cos(2\pi f_d t)\big|_{t=(2i+1)T_b \sim (2i+3)T_b} \tag{4-5-21}$$

且均保持极性不变，则在具体实现时 MSK 调制器中的同相和正交支路的加权函数应分别为 $\sin(2\pi f_d t)$和$-\cos(2\pi f_d t)$，相应地实现框图中的合并器应采用加法器，此时的输出信号可表示为

$$s_{\text{MSK}}(t) = I_k \sin(2\pi f_d t)\cos(2\pi f_c t) + Q_k \cos(2\pi f_d t)\sin(2\pi f_c t) \tag{4-5-22}$$

式中，I_k、Q_k宽度均为 $2T_b$，$k \geqslant 1$，$t \geqslant 0$。以码元宽度 T_b为单位来重新表示上式，有

$$s_{\text{MSK}}(t) = I_n \sin(2\pi f_d t)\cos(2\pi f_c t) + Q_n \cos(2\pi f_d t)\sin(2\pi f_c t) \quad n \geqslant 1 \tag{4-5-23}$$

式中，$I_n = [U_1\ U_1\ U_3\ U_3\ U_5\ U_5 \cdots U_{2i-1}\ U_{2i-1} \cdots]$，$Q_n = [U_0\ U_2\ U_2\ U_4\ U_4\ U_6\ U_6 \cdots U_{2i}\ U_{2i} \cdots]$，其中 $U_n(n \geqslant 1)$为串/并变换器的输入信号，取值+1 或-1，宽度为 T_b，也即输入信息差分编码后的双极性信号；U_0为 Q_n的初始值，取值+1 或-1。这样，MSK 调制器的实现框图可重新表示成图 4-5-4，解调器与之相对应即可。

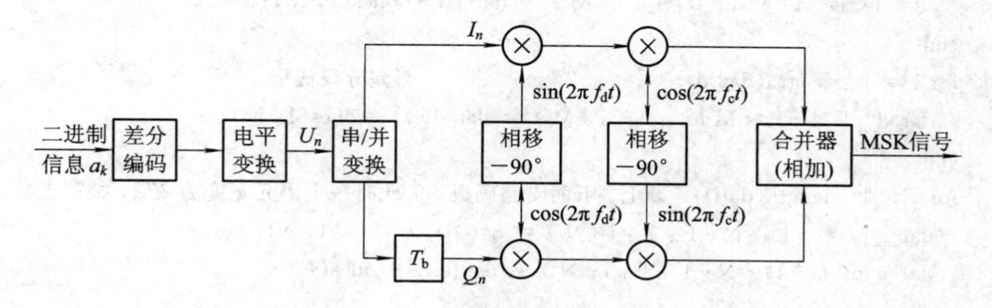

图 4-5-4　MSK 正交调制器的一种实现框图

例 4-5-1　编程产生 MSK 调制信号，并给出 MSK 信号的功率谱。

解　按照图 4-5-4 给出的 MSK 调制器实现框图产生 MSK 信号，然后给出信号的频谱。仿真中，假设系统信息速率为 1000 b/s，载波频率为 2000 Hz。

本例 MATLAB 参考程序如下：

```
%参数设置
frame_length = 10001;                    %按帧计算，每帧比特数为奇数
M = 30;                                  %每输入码元内的抽样点个数
N = 2 * M;                               %上、下两支路每码元的抽样点个数
Rb = 1000;                               %码元速率(B)
Tb = 1/Rb;                               %码元宽度
ts = Tb/M;                               %抽样间隔
fs = 1/ts;                               %抽样频率
fc = 2 * Rb;                             %载波中心频率，每个码元间隔内有 2 个载波周期
fd = Rb/4;                               %最大峰值频偏
t = 0 : ts : (frame_length + 2) * Tb - ts;         %仿真时间段
df = fs/M/(frame_length+2);
f = 0 : df : fs-df;

%产生信源
dat = randint(1, frame_length);                    %单极性 0、1
%差分编码
dat_d(1) = 1;                                      %初始化
for i = 1: length(dat)
  dat_d(i+1) = xor(dat_d(i), dat(i));
end
%单极性转为双极性
datt = (-1).^dat_d;                                %映射关系：0 → 1，1 → -1
%串/并变换
dati = datt(1: 2: end);
datq = datt(2: 2: end);
%基带方波成形
for i = 1 : length(dat)                            %信源信息成形
   dat_p( (i-1) * M+1 : 1 : i * M ) = dat(i). * ones(1, M);
end
for i = 1 : length(dat_d)                          %差分码成形
  dat_d_p( (i-1) * M+1 : 1 : i * M ) = dat_d(i). * ones(1, M);
end
for i = 1 : length(dati)    %上、下两支路码成形，此时一个码元宽度为 2Tb，抽样点数为 2M
  dat_i_p( (i-1) * N+1 : 1 : i * N ) = dati(i). * ones(1, N);
  dat_q_p( (i-1) * N+1 : 1 : i * N ) = datq(i). * ones(1, N);
end
%Q 支路延迟 Tb
head_q = (-1).^ones(1, M);
tail_i = (-1).^zeros(1, M);
dat_i = [dat_i_p tail_i];
dat_q = [head_q dat_q_p];
```

```
%正交调制
quan_i = sin(2 * pi * fd * t);                    %加权函数
quan_q = cos(2 * pi * fd * t);
dat_ii = dat_i . * quan_i;                        %加权后基带信号
dat_qq = dat_q . * quan_q;
%上变频
carii = cos(2 * pi * fc * t);
cariq = sin(2 * pi * fc * t);
smski = dat_ii . * carii;
smskq = dat_qq . * cariq;
%上、下支路合并输出
smsk = smski + smskq;

%计算信号功率谱
P_msk0 = (abs(fft(smsk))/fs).^2;                  %MSK 信号功率谱
P_msk1 = P_msk0./max(P_msk0);                     %归一化谱
P_msk2 = 10 * log10(P_msk1);                      %以 dB 表示
M_s0 = (abs(fft((-1).^dat_p))/fs).^2;             %基带信号功率谱
M_s1 = M_s0./max(M_s0);                           %归一化谱
M_s2 = 10 * log10(M_s1);

%画图
t0 = t * 1000;                                          %以 ms 为单位画图
t1 = 1000 * (0 : ts : frame_length * Tb - ts);          %源信息持续时间段
t2 = 1000 * (0 : ts : (frame_length+1) * Tb - ts);      %差分码持续时间段
T = 20;
df1 = fs/M/frame_length;
f1 = 0 : df1 : fs-df1;
figure(1)
subplot(5, 1, 1)
plot(t0, dat_i); hold on                  %I 路信息
plot(t0, dat_ii, 'r--'); grid             %I 路加权输出波
axis([0 T  -1.1  1.1]); title('I 路数据及加权函数');
xlabel('t (ms)'); ylabel('幅度');
legend('I 路信息', '加权函数');
subplot(5, 1, 2)
plot(t0, dat_q); hold on                  %Q 路信息
plot(t0, dat_qq, 'r--'); grid             %Q 路加权输出波
axis([0 T  -1.1  1.1]); title('Q 路数据及加权函数');
xlabel('t (ms)'); ylabel('幅度');
legend('Q 路信息', '加权函数');
subplot(5, 1, 3)
plot(t0, smski); grid                     %I 路上变频输出波
```

```
axis([0 T  -1.1  1.1]); title('I路信号波形');
xlabel('t (ms)'); ylabel('幅度');
subplot(5, 1, 4)
plot(t0, smskq); grid                %Q路上变频输出波
axis([0 T  -1.1  1.1]); title('Q路信号波形');
xlabel('t (ms)'); ylabel('幅度');
subplot(5, 1, 5)
plot(t0, smsk); hold on              %MSK调制器输出波
plot(t1, dat_p, 'r--'); grid         %源信息
axis([0 T  -1.1  1.1]); title('基带信号和MSK信号波形');
xlabel('t (ms)'); ylabel('幅度');
legend('MSK信号', '基带信号');

figure(2)
subplot(211)
plot(f1/1000, M_s2 ); grid
axis([0 4 * Rb/1000 -100 1.1]);
xlabel('f (kHz)'); ylabel('归一化功率谱(dB)');
title('基带信号频谱');
subplot(212)
plot(f/1000, P_msk2); grid
axis([0 (fc+4 * Rb)/1000 -100 1.1]);
xlabel('f (kHz)'); ylabel('归一化功率谱(dB)'); title('MSK信号频谱');
```

本程序运行结果如图4-5-5和图4-5-6所示。从图中可以看出调制后信号的带宽、功率谱旁瓣相对于主瓣的衰减情况。

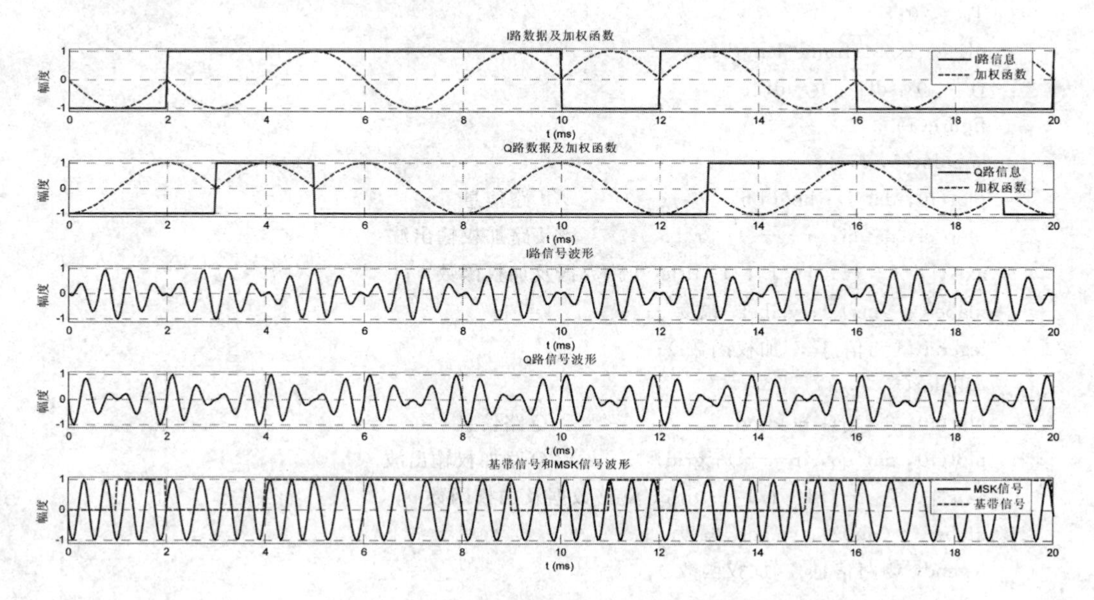

图4-5-5 MSK调制器中各点波形

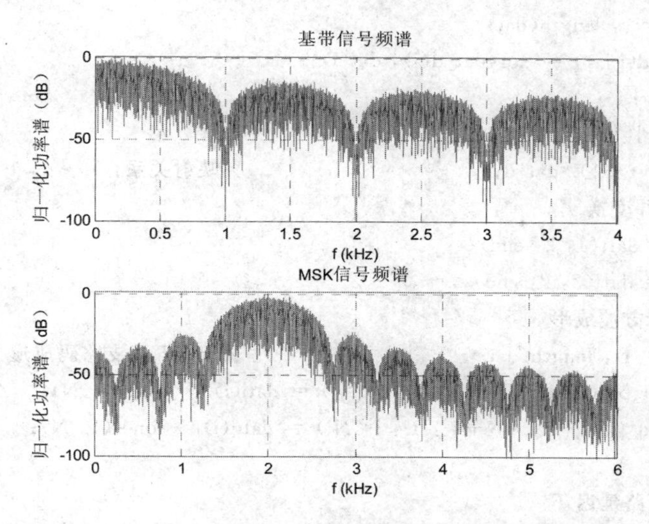

图 4-5-6　MSK 信号及其源基带信号的归一化功率谱

例 4-5-2　编程仿真高斯白噪声信道中 MSK 调制系统的误码性能，画出误码率 P_e 随 SNR 变化的曲线。

解　按照图 4-5-4 给出的 MSK 调制器实现框图产生 MSK 输出信号，然后采用与之相对应的解调器对经过 AWGN 信道的 MSK 信号进行解调，最后统计系统的误码率。仿真中，假设系统信息速率为 1000 bit/s，载波中心频率为 2000 Hz。

本例 MATLAB 参考程序如下：

```
%参数设置
frame_length = 99;                  %按帧计算，每帧比特数为奇数
M = 30;                             %每输入码元内的抽样点数
N = 2 * M;                          %上、下两支路每码元的抽样点数
Rb = 1000;                          %码元速率
Tb = 1/Rb;                          %码元宽度
ts = Tb/M;                          %抽样间隔
fc = 2 * Rb;                        %载波频率，每个码元间隔内有 2 个载波周期
fd = Rb/4;                          %最大峰值频偏
t = 0 : ts : (frame_length + 2) * Tb - ts;    %仿真时间段
snr_dB = 0 : 2: 10;
snr = 10.^(snr_dB/10);
for k = 1 : length(snr)
  error_bit = 0;
  frame_num = 0;
  while  error_bit <200
    %调制器
    %产生信源
    dat = randint(1, frame_length);          %单极性 0、1
    %差分编码
    dat_d(1) = 1;                            %初始化
```

```
for i = 1: length(dat)
  dat_d(i+1) = xor(dat_d(i), dat(i));
end
%单极性转为双极性
datt = (-1).^dat_d;                                  %映射关系: 0 → 1, 1 → -1
%串/并变换
dati = datt(1: 2: end);
datq = datt(2: 2: end);
%基带方波成形
for i = 1 : length(dati)                             %上、下两支路码成形
  dat_i_p( (i-1) * N+1 : 1 : i * N ) = dati(i). * ones(1, N);
  dat_q_p( (i-1) * N+1 : 1 : i * N ) = datq(i). * ones(1, N);
end
%Q 支路延迟 Tb
head_q = (-1).^ones(1, M);
tail_i = (-1).^zeros(1, M);
dat_i = [dat_i_p tail_i];
dat_q = [head_q dat_q_p];
%正交调制
quan_i = sin(2 * pi * fd * t);                       %加权函数
quan_q = cos(2 * pi * fd * t);
dat_ii = dat_i . * quan_i;                           %加权后基带信号
dat_qq = dat_q . * quan_q;
%上变频
carii = cos(2 * pi * fc * t);
cariq = sin(2 * pi * fc * t);
smski = dat_ii . * carii;
smskq = dat_qq . * cariq;
%上、下支路合并输出
smsk = smski + smskq;
%产生噪声
n = sqrt(N/8/snr(k)) * (randn(1, length(smsk)) . * cos(2 * pi * fc * t) +
                        randn(1, length(smsk)) . * sin(2 * pi * fc * t));
r = smsk + n;                      %接收信号
%解调器，相关器最佳相干解调
cariir = cos(2 * pi * fc * t);     %本地载波
cariqr = sin(2 * pi * fc * t);
ri = r . * quan_i . * cariir ;
rq_temp = r . * quan_q . * cariqr;
rq = rq_temp(M+1 : 1: end);               %Q 支路提前，相当于 I 支路滞后 Tb
%积分器
for i = 1 :   length(dati)
  r_i(i) = sum( ri((i-1) * N+1: 1: i * N) )/N;
```

```
        r_q(i) = sum( rq((i-1) * N+1: 1: i * N) )/N;
    end
    %判决恢复数据
    r_ii = (1-sign(real(r_i)) )/2;           %映射关系：0→1，1→-1
    r_qq = (1-sign(real(r_q)) )/2;
    %并/串变换
    r_dat = zeros(1, frame_length+1);
    r_dat(1: 2: end) = r_ii;
    r_dat(2: 2: end) = r_qq;
    r_data = xor(r_dat(1: end-1), r_dat(2: end));    %差分译码
    %计算本帧差错的比特数，并进行多帧统计
    temp_bit = sum( xor(dat, r_data));   %本帧差错比特数，统计最终接收数据中的误码
    error_bit = error_bit + temp_bit;    %多帧统计
    frame_num = frame_num + 1;
  end
  Pb(k) = error_bit / frame_length / frame_num;     %计算误码率
end
Pe = erfc(sqrt(snr));        %误码率理论值

%画图
semilogy(snr_dB, Pb, 's'); hold on
semilogy(snr_dB, Pe, 'r-'); grid
xlabel('Eb/n0  (dB)'); ylabel('P_e');
title('MSK 调制的误码率曲线');
legend('仿真误码率', '理论误码率');
```

本例程序运行结果如图 4-5-7 所示。

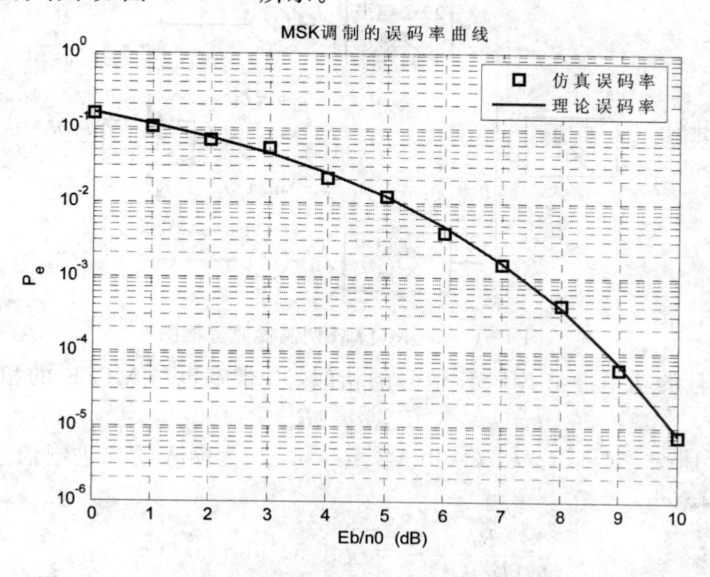

图 4-5-7 高斯白噪声信道中 MSK 调制系统的误码率曲线

4.6 正交振幅调制(QAM)

正交振幅调制(QAM，Quadrature Amplitude Modulation)是 MASK 和 MPSK 相结合的一种高效数字调制方式，它综合了 MASK 与 MPSK 的优点，通过采用多进制符号进行信息传输，有效提高了系统的频带利用率。由于现代通信系统对信息传输速率和系统带宽不断提出新要求，因此 QAM 调制得到了非常广泛的关注，目前在有线电视网络中的高速数据传输、大中容量数字微波通信系统、卫星通信系统等多个领域得到了广泛的应用。

4.6.1 MQAM 调制与解调原理

MQAM 调制是用 M 进制的数字基带信号同时控制正弦载波的振幅和相位，使载波的振幅和相位随数字基带信号的变化而变化。第 n 个码元内的 MQAM 信号可表示为

$$s_{\mathrm{QAM}}(t)=A_n\cos(2\pi f_c t+\varphi_n)\quad (n-1)T_s\leqslant t\leqslant nT_s \tag{4-6-1}$$

其中，A_n 和 φ_n 分别是第 n 个码元内 MQAM 信号的振幅和相位，受控于数字基带信号，不同的码元对应于不同的 A_n 和 φ_n。将上式展开，可得

$$\begin{aligned}s_{\mathrm{QAM}}(t)&=A_n\cos\varphi_n\cos2\pi f_c t-A_n\sin\varphi_n\sin2\pi f_c t\\&=I_n\cos2\pi f_c t-Q_n\sin2\pi f_c t\quad (n-1)T_s\leqslant t\leqslant nT_s\end{aligned} \tag{4-6-2}$$

式中，$I_n=A_n\cos\varphi_n$，$Q_n=A_n\sin\varphi_n$，为可取多个离散值的随机变量，具体取值与输入的数字基带信号的码元有关。

由式(4-6-2)可见，MQAM 信号是由两个相互正交的载波组成的，每个载波被一组离散的幅度所调制，这也正是其名称的由来。MQAM 调制器的原理框图如图 4-6-1 所示，通常取 $M=2^k$，k 为偶数，且有 $L=2^{k/2}$。

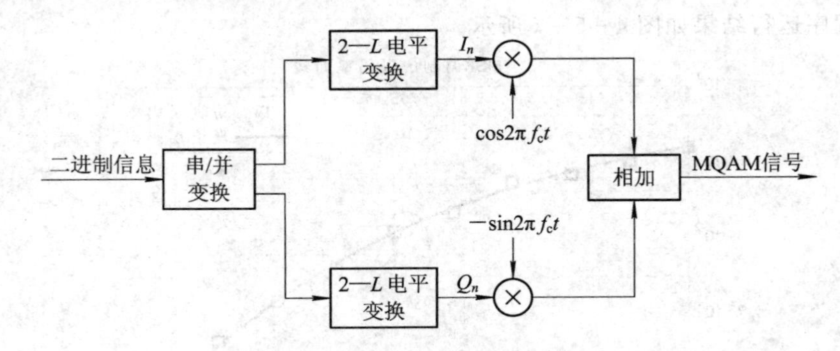

图 4-6-1 MQAM 调制器原理框图

MQAM 信号的功率谱与 MPSK 信号的相似，其带宽也与 MPSK 的相同，即为

$$B_{\mathrm{QAM}}=2R_s \tag{4-6-3}$$

其中，R_s 为码元速率，$R_s=R_b/k$，$k=\mathrm{lb}\ M$，$R_b=1/T_b$ 为输入的二进制信息速率。MQAM 的信息频带利用率为

$$\eta=\frac{R_b}{B_{\mathrm{QAM}}}=\frac{k}{2}=\frac{1}{2}\mathrm{lb}\ M\quad \mathrm{bit/s/Hz} \tag{4-6-4}$$

M 越大，信息频带利用率越高。

MQAM 解调是其调制的逆过程，其正交解调器原理框图如图 4-6-2 所示。

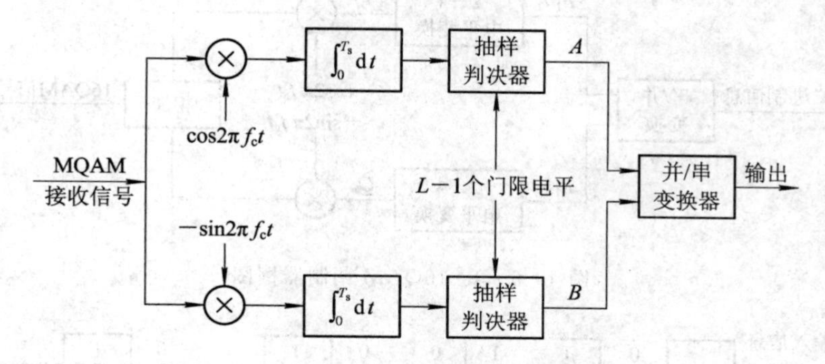

图 4-6-2　MQAM 解调器原理框图

由图 4-6-2 可知，MQAM 解调器中上、下两支路具有相同的误码率，其表达式为

$$P_e'=\left(1-\frac{1}{\sqrt{M}}\right)\mathrm{erfc}\left(\sqrt{\frac{E_0}{n_0}}\right) \tag{4-6-5}$$

式中，E_0 为 MQAM 信号中幅度最小的正交或同相分量的符号能量，或

$$P_e'=\left(1-\frac{1}{\sqrt{M}}\right)\mathrm{erfc}\left(\sqrt{\frac{3E_{av}}{2(M-1)n_0}}\right) \tag{4-6-6}$$

式中，E_{av} 为 MQAM 信号的平均符号能量。MQAM 解调器输出的码元符号由上、下两支路的恢复码元符号构成，当上、下两支路的恢复码元符号都正确时，MQAM 解调器输出的码元符号才是正确的，所以 MQAM 解调器输出正确码元符号的概率为

$$P_c=(1-P_e')^2\approx 1-2P_e' \tag{4-6-7}$$

这样，MQAM 解调器的误码率为

$$P_e=1-P_c\approx 2P_e'=2\left(1-\frac{1}{\sqrt{M}}\right)\mathrm{erfc}\left(\sqrt{\frac{E_0}{n_0}}\right) \tag{4-6-8}$$

或

$$P_e=2\left(1-\frac{1}{\sqrt{M}}\right)\mathrm{erfc}\left(\sqrt{\frac{3E_{av}}{2(M-1)n_0}}\right) \tag{4-6-9}$$

由此误码率公式可见，当平均符号能量相同时，M 越大，则门限电平数越多，门限之间的距离就越小，越容易造成错误判决，所以误码率也越高。当然，M 越大，频带利用率也越高。目前，M 较大的 MQAM 调制主要应用于有线通信等线性恒参信道的通信中，如有线电视就采用了 64QAM 调制。

4.6.2　MQAM 调制系统的 MATLAB 仿真

典型的 MQAM 调制是十六进制的，即 $M=16$，$k=4$，$L=4$，记为 16QAM，其调制器框图如图 4-6-3 所示。图中串/并变换器将速率为 R_b 的二进制信息序列分配到上、下两个支路上，每条支路上的比特速率均为 $R_b/2$。2—4 电平变换器是一个四电平双极性基带信号产生器，其输入/输出波形如图 4-6-4 所示。

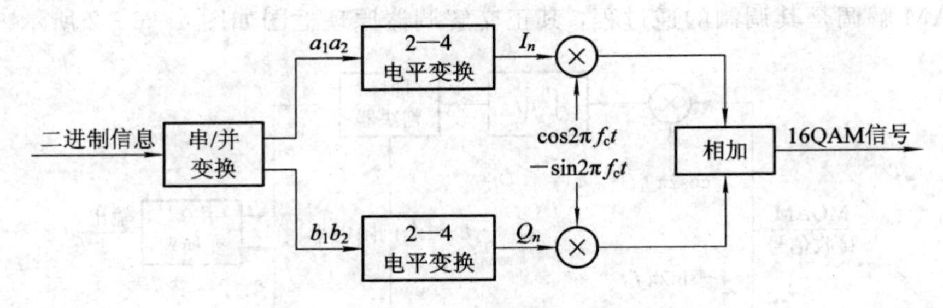

图 4-6-3 16QAM 调制器框图

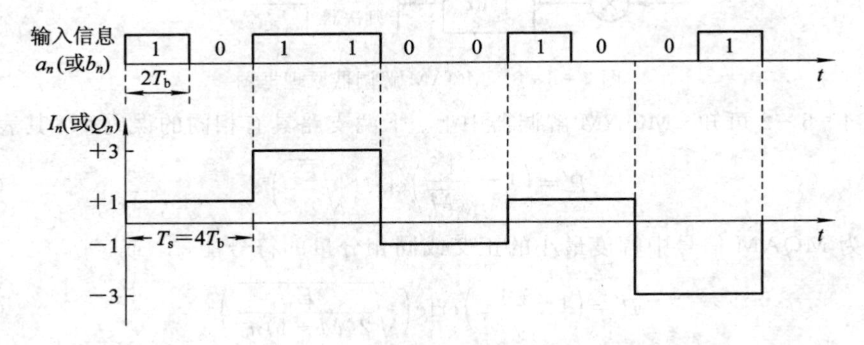

图 4-6-4 2—4 电平变换器的输入/输出波形

双比特信息和 4 个双极性电平之间存在多种对应关系，但为了使系统误比特率尽可能低，该对应关系应符合格雷码编码的要求，即相邻两电平所表示的两个双比特信息中只有一位不同。波形图 4-6-4 中所采用的对应关系是：01→−3、00→−1、10→+1、11→+3。所以 I_n和 Q_n 可能的组合有 16 种，合成后的 16QAM 信号有 16 个状态，可构成如图 4-6-5所示的星座图。星座图中 16 个符号点与 4 位比特之间的对应关系也就是 16QAM 调制符号的映射规则。仅就星座图而言，这种调制符号的映射规则有多种，相应地，16QAM 调制的星座图也有很多种。

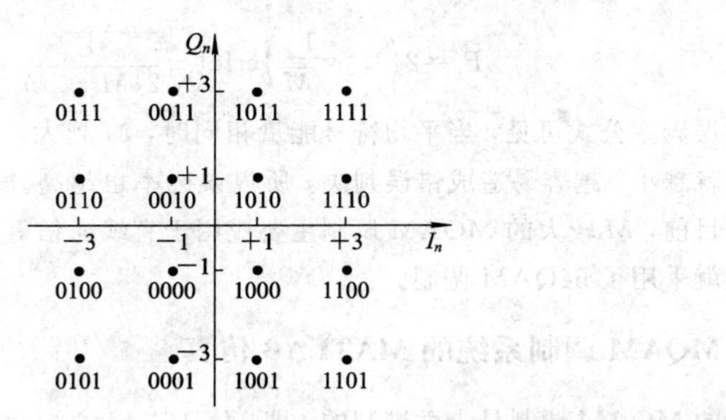

图 4-6-5 16QAM 调制星座图

16QAM 的解调器框图如图 4-6-6 所示。相应于图 4-6-5 所示星座图的调制规则，16QAM 解调器中的抽样判决器有 3 个门限电平，分别是 0、±2，判决规则如下：

(1) 当抽样值大于+2 时，判为+3 电平，输出双比特信息 11；

(2) 当抽样值介于 0 和+2 之间时，判为+1 电平，输出双比特信息 10；

（3）当抽样值介于0和−2之间时，判为−1电平，输出双比特信息00；

（4）当抽样值小于−2时，判为−3电平，输出双比特信息01。

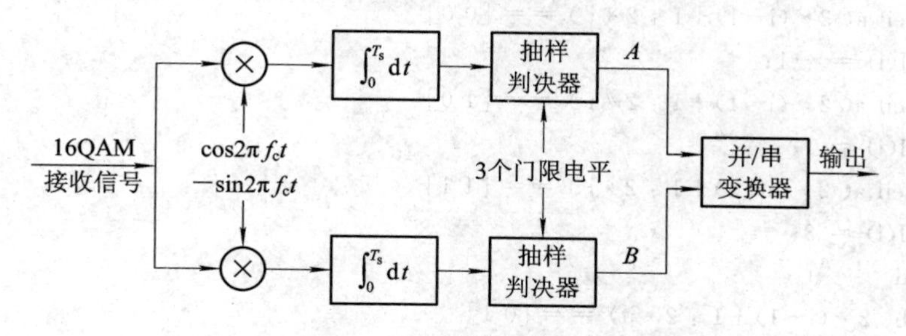

图4-6-6　16QAM解调器原理框图

由上节介绍的MQAM调制原理可得，16QAM调制的信息频带利用率为2 bit/s/Hz，其一个符号内携带4 bit信息（上支路2 bit、下支路2 bit），是一种频带利用率比较高的数字调制方式；16QAM调制的误码率公式为

$$P_e = \frac{3}{2}\operatorname{erfc}\left(\sqrt{\frac{E_0}{n_0}}\right) \tag{4-6-10}$$

或

$$P_e = \frac{3}{2}\operatorname{erfc}\left(\sqrt{\frac{E_{av}}{10n_0}}\right) \tag{4-6-11}$$

例4-6-1　编程产生16QAM调制信号，并画出16QAM信号的功率谱图。

解　按照图4-6-3给出的16QAM调制器实现框图产生16QAM信号，然后计算信号的频谱。仿真中，假设系统信息速率为1000 bit/s，载波频率为2000 Hz。

本例MATLAB参考程序如下：

```
%参数设置
Rs = 250;                    %码元速率
Ts = 1/Rs;                   %码元宽度
Rb = 4 * Rs;                 %比特速率
Tb = 1/Rb;                   %比特宽度
fc = 2 * Rb;                 %载波速率
M = 40;                      %每比特内的抽样点数
fs = M * Rb;                 %抽样速率
ts = 1/fs;                   %时域抽样间隔
frame_length = 100;          %发送码元个数
t = 0 : ts : (4 * frame_length * Tb-ts);          %信号时域范围
df = fs/(frame_length * 4 * M);                   %频域抽样间隔
f = -fs/2 : df : fs/2-df;                         %信号频域范围
%产生16QAM信号
s = randint(1, frame_length * 4);                 %产生发送的比特
%串/并转换
a = s(1: 2: end);                                 %调制器上支路比特
b = s(2: 2: end);                                 %调制器下支路比特
%2-4电平变换，映射关系：01 → -3，00 → -1，10 → 1，11 → 3
for i = 1: length(a)/2
```

```
    if a( 2 * (i-1)+1 : 2 * i ) == [0 1]
      I(i) = -3;
    elseif a( 2 * (i-1)+1 : 2 * i ) == [0 0]
      I(i) = -1;
    elseif a( 2 * (i-1)+1 : 2 * i ) == [1 0]
      I(i) = 1;
    elseif a( 2 * (i-1)+1 : 2 * i ) == [1 1]
      I(i) = 3;
    end
    if b( 2 * (i-1)+1 : 2 * i ) == [0 1]
      Q(i) = -3;
    elseif b( 2 * (i-1)+1 : 2 * i ) == [0 0]
      Q(i) = -1;
    elseif b( 2 * (i-1)+1 : 2 * i ) == [1 0]
      Q(i) = 1;
    elseif b( 2 * (i-1)+1 : 2 * i ) == [1 1]
      Q(i) = 3;
    end
  end
  for i = 1: length(I)
    s_i( 4 * M * (i-1)+1 : 4 * M * i ) = I(i);
    s_q( 4 * M * (i-1)+1 : 4 * M * i ) = Q(i);
  end
  %上变频
  carri = cos(2 * pi * fc * t);          %上支路载波
  carrq = -sin(2 * pi * fc * t);         %下支路载波
  x_i = s_i . * carri;
  x_q = s_q . * carrq;
  %产生 16QAM 输出信号
  x_16QAM = x_i + x_q;
  %计算生成信号的功率谱
  P_16QAM0 = abs(fft(x_16QAM)/fs).^2 ;
  P_16QAM1 = P_16QAM0. /max(P_16QAM0);                    %频带归一化谱
  P_16QAM = 10 * log10(P_16QAM1);                         %以 dB 表示
  %发送比特波形
  for i = 1: length(s);
    x_s(M * (i-1)+1 : M * i) = s(i);
  end
  %串/并变换后信号波形
  for i = 1: length(a)
    sa( 2 * M * (i-1)+1 : 2 * M * i ) = a(i);
    sb( 2 * M * (i-1)+1 : 2 * M * i ) = b(i);
  end
```

```
%发送基带信号功率谱
P_s0 = abs(fft((-1).^x_s)/fs).^2;
P_s1 = P_s0./max(P_s0);                                       %基带归一化谱
P_s = 10*log10(P_s1);                                          %以 dB 表示

%画图
tt = 1000 *t;          %以 ms 为单位画图
T = 20;
figure(1)
subplot(511)
plot(tt, s_i); grid
axis([0, T, -4 4]); title('I支路数据');
xlabel('t (ms)'); ylabel('幅度');
subplot(512)
plot(tt, s_q); grid
axis([0, T, -4 4]); title('Q支路数据');
xlabel('t (ms)'); ylabel('幅度');
subplot(513)
plot(tt, x_i); grid
axis([0, T, -4 4]); title('I支路调制信号波形');
xlabel('t (ms)'); ylabel('幅度');
subplot(514)
plot(tt, x_q); grid
axis([0, T, -4 4]); title('Q支路调制信号波形');
xlabel('t (ms)'); ylabel('幅度');
subplot(515)
plot(tt, x_16QAM); grid
axis([0, T, -5 5]); title('16QAM调制信号波形');
xlabel('t (ms)'); ylabel('幅度');

figure(2)
subplot(211)
plot( f./1000, fftshift(P_s) ); grid
axis([-4*Rb/1000, 4*Rb/1000, -100 10]); title('基带信号功率谱');
xlabel('f (kHz)'); ylabel('归一化功率谱图  (dB)');
subplot(212)
plot(f./1000, fftshift(P_16QAM)); grid
axis([0, (fc+4*Rs)/1000, -100 10]); title('16QAM信号功率谱')
xlabel('f (kHz)'); ylabel('归一化功率谱图  (dB)');
```

本程序运行结果如图4-6-7和图4-6-8所示，从图中可以看出调制后信号的带宽、功率谱旁瓣相对于主瓣的衰减情况。

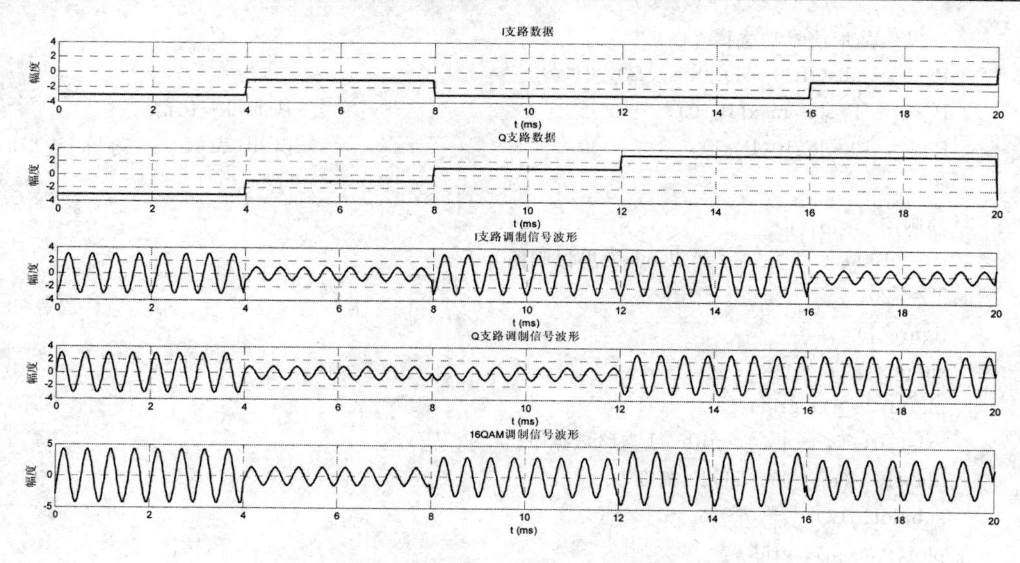

图 4-6-7　16QAM 调制器中各点波形

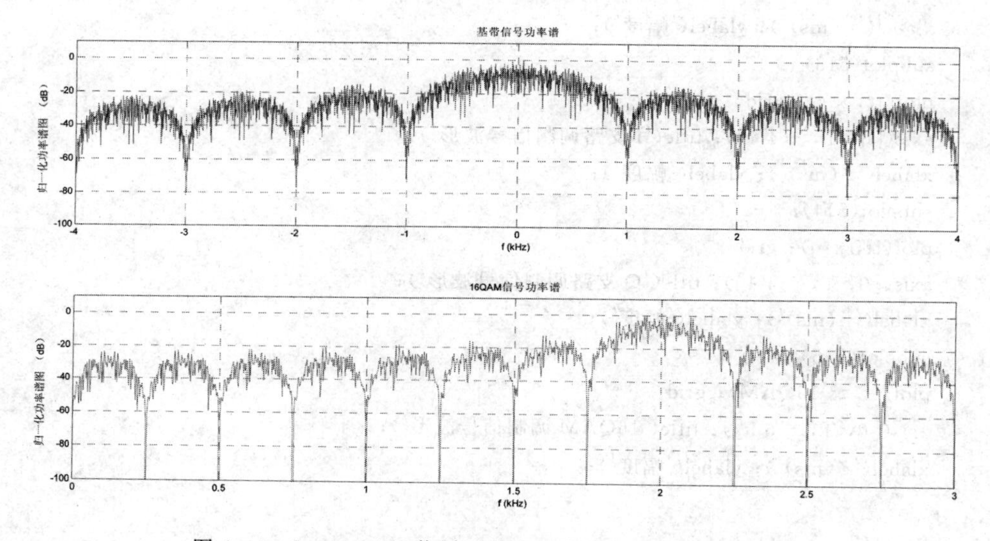

图 4-6-8　16QAM 信号及其源基带信号的归一化功率谱

例 4-6-2　编程仿真高斯白噪声信道中 16QAM 调制系统的误码性能，画出误码率 P_e 随 SNR 变化的曲线。

解　按照图 4-6-3 给出的 16QAM 调制器实现框图产生 16QAM 输出信号，然后采用图 4-6-6 所示的解调器对经过 AWGN 信道的 16QAM 信号进行解调，最后统计系统的误码率。仿真中，假设系统信息速率为 1000 bit/s，载波频率为 2000 Hz。

本例 MATLAB 参考程序如下：

```
%参数设置
Rs = 250;                %码元速率
Ts = 1/Rs;               %码元宽度
Rb = 4 * Rs;             %比特速率
Tb = 1/Rb;               %比特宽度
```

```
fc = 2 * Rb;                %载波速率
M = 20;                     %每比特内的抽样点数
fs = M * Rb;                %抽样速率
ts = 1/fs;                  %时域抽样间隔
frame_length = 200;         %发送码元个数
t = 0 : ts : (4 * frame_length * Tb-ts);      %信号时域范围
snr_dB = 1 : 2: 20;
snr = 10.^(snr_dB/10);
for k = 1 : length(snr)
  error_bit = 0;
  error_sy = 0;
  frame_num = 0;
  while  error_sy < 2 * 10^4 / (snr_dB(k)^2+1)
    %产生 16QAM 信号
    s = randint(1, frame_length * 4);       %产生发送的比特
    %串/并变换
    a = s(1: 2: end);       %调制器上支路比特
    b = s(2: 2: end);       %调制器下支路比特
    %2-4 电平变换，映射关系：01 → -3，00 → -1，10 → 1，11 → 3
    for i = 1: length(a)/2
      if a( 2 * (i-1)+1 : 2 * i ) == [0 1]
        I(i) = -3;
      elseif a( 2 * (i-1)+1 : 2 * i ) == [0 0]
        I(i) = -1;
      elseif a( 2 * (i-1)+1 : 2 * i ) == [1 0]
        I(i) = 1;
      elseif a( 2 * (i-1)+1 : 2 * i ) == [1 1]
        I(i) = 3;
      end
      if b( 2 * (i-1)+1 : 2 * i ) == [0 1]
        Q(i) = -3;
      elseif b( 2 * (i-1)+1 : 2 * i ) == [0 0]
        Q(i) = -1;
      elseif b( 2 * (i-1)+1 : 2 * i ) == [1 0]
        Q(i) = 1;
      elseif b( 2 * (i-1)+1 : 2 * i ) == [1 1]
        Q(i) = 3;
      end
    end
    for i = 1: length(I)
      s_i( 4 * M * (i-1)+1 : 4 * M * i ) = I(i);
      s_q( 4 * M * (i-1)+1 : 4 * M * i ) = Q(i);
    end
```

```
%上变频
carri = cos(2 * pi * fc * t);         %上支路载波
carrq = -sin(2 * pi * fc * t);        %下支路载波
x_i = s_i .* carri;
x_q = s_q .* carrq;
%产生 16QAM 输出信号
x_16QAM = x_i + x_q;
Eav = 10;
n = sqrt(Eav * 4 * M/snr(k)/4) * (randn(1, length(x_16QAM)) .* cos(2 * pi * fc * t) +
        randn(1, length(x_16QAM)) .* sin(2 * pi * fc * t) );    %SNR = Eav/n0
%产生接收信号
y = x_16QAM + n;
%正交解调
carri = 2 * cos(2 * pi * fc * t);
carrq = -2 * sin(2 * pi * fc * t);
y_i = y .* carri;
y_q = y .* carrq;
for i = 1: length(y)/M/4
  y_ii(i) = sum( y_i( 4 * M * (i-1)+1 : 4 * M * i ) ) * ts/Ts;
  y_qq(i) = sum( y_q( 4 * M * (i-1)+1 : 4 * M * i ) ) * ts/Ts;
end
%判决器，判决规则：d<=-2，判为01；-2<d<=0，判为00；0<d<=2，判为10；d>2，判为11
for i = 1: length(y_ii)
  if y_ii(i) <= -2
    I_bit(2 * (i-1)+1: 2 * i) = [0 1];
  elseif y_ii(i) <= 0
    I_bit(2 * (i-1)+1: 2 * i) = [0 0];
  elseif y_ii(i) <= 2
    I_bit(2 * (i-1)+1: 2 * i) = [1 0];
  else
    I_bit(2 * (i-1)+1: 2 * i) = [1 1];
  end
  if y_qq(i) <= -2
     Q_bit(2 * (i-1)+1: 2 * i) = [0 1];
  elseif y_qq(i) <= 0
     Q_bit(2 * (i-1)+1: 2 * i) = [0 0];
  elseif y_qq(i) <= 2
     Q_bit(2 * (i-1)+1: 2 * i) = [1 0];
  else
     Q_bit(2 * (i-1)+1: 2 * i) = [1 1];
  end
end
d = zeros(1, 2 * length(I_bit));
```

```
        d( 1 : 2 : end ) = I_bit;
        d( 2 : 2 : end ) = Q_bit;
        %统计误码数和误比特数
        err = sum(xor(s, d));                         %统计一帧内的误比特数
        error_bit = error_bit + err;                  %统计多帧内的误比特数
        err_s = 0;
        for i = 1: frame_length                       %统计一帧内的误码数
          if sum(xor(s( 4 * (i-1)+1 : 4 * i ), d( 4 * (i-1)+1 : 4 * i ))) ~= 0
              err_s = err_s + 1;
          end
        end
        error_sy = error_sy + err_s;                   %统计多帧内的误码数
        frame_num = frame_num + 1;
    end
    Pb(k) = error_bit /frame_num/frame_length/4       %误比特率
    Ps(k) = error_sy /frame_num/frame_length          %误码率
end
%误码率理论值
Pe =  1.5 * erfc(sqrt(snr/10))

%画图
semilogy(snr_dB, Pb, 's-'); hold on
semilogy(snr_dB, Ps, 'r * -'); hold on
semilogy(snr_dB, Pe, 'ko-'); grid
xlabel('E_a_v/n_0  (dB)'); ylabel('P_e');
legend('误比特率,仿真','误码率,仿真','误码率,理论');
title('16QAM调制的抗噪声性能曲线');
```

本例程序的仿真结果如图4-6-9所示。

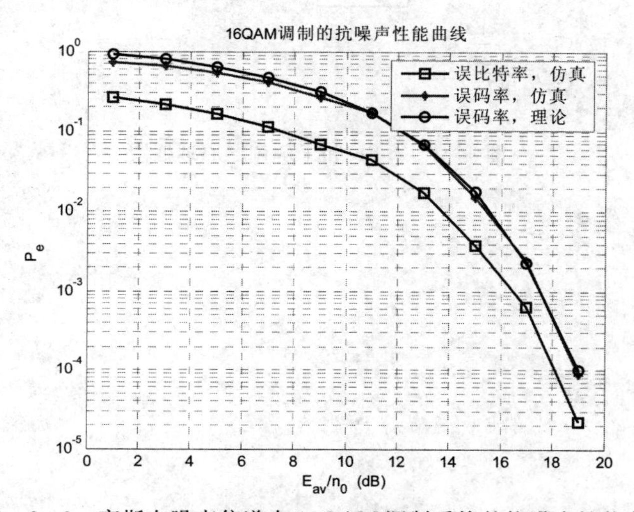

图4-6-9　高斯白噪声信道中16QAM调制系统的抗噪声性能曲线

习 题

4-1 仿真 2ASK 相干解调抗噪声性能，并画出 2ASK 波形和功率谱。

4-2 仿真 4ASK 相干解调抗噪声性能，画出 4ASK 波形及功率谱。

4-3 在例 4-2-1 程序中补上部分程序，观察匹配滤波器及包络解调器输出端波形。

4-4 修改例 4-3-1 例程，仿真 8PSK 信号波形、功率谱及抗噪声性能。

4-5 对图 4-3-4 所示解调器中的同相支路和正交支路的积分值分别进行判决，以恢复发送比特序列。试确定判决规则，并对此方法的抗噪声性能进行计算机仿真，与式(4-3-7)所示的理论误比特率进行比较。

4-6 修改例 4-3-2 程序，将其改为 $\pi/4$ 型 DQPSK 仿真系统。

4-7 修改例 4-3-2 程序，将其改写为 8DPSK 调制系统仿真。

4-8 修改例 4-3-2 程序中的有关参数，观察解调载波相位对解调性能的影响。

4-9 修改例 4-3-2 程序，将其改为 2DPSK 调制系统仿真。

4-10 2DPSK 调制信号的产生可通过差分编码，再进行 2PSK 调制来产生。其解调也可通过 2PSK 解调，再进行差分译码完成。试按此方法编写 MATLAB 程序，仿真产生 2DPSK 信号，画出其频谱，仿真其抗噪声性能并与理论值进行比较。

4-11 参考例 4-4-1 程序，试编制 4FSK 包络解调仿真系统程序。

4-12 2FSK 相干解调器原理框图如图 4-1 所示，试编制 2FSK 相干解调抗噪声性能仿真程序。

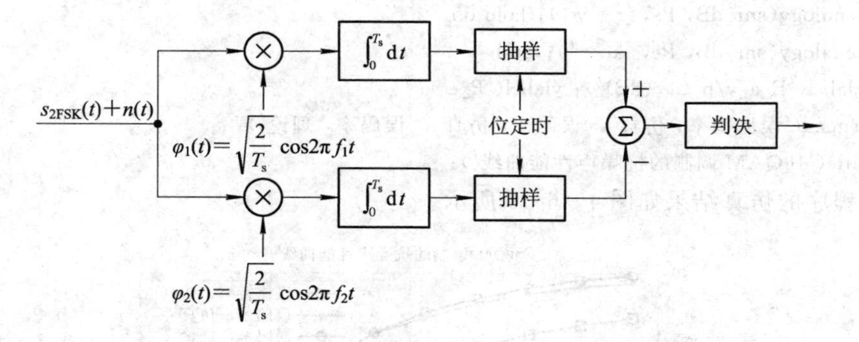

图 4-1 2FSK 相干解调器原理框图

第 5 章　模拟信号的数字化

5.1　概　　述

在实际通信系统中，许多信源产生的信号是模拟信号，如语音、图像和各种遥测信号等。然而数字信号更易处理、进行通信和储存，因而在许多场合通常会将模拟信号转换为数字信号。将模拟信号转换为数字信号的过程，通常被称为模拟信号的数字化、模/数转换等，是数据压缩技术中的一种特例。数据压缩技术一般有两个主要分支：

1. 量化（有损数据压缩）

量化即将模拟信号用预先规定的有限个电平来表示。在该过程中，不可避免地会发生失真，导致一些信息丢失，而且这个丢失的信息不能被恢复。一般的模拟信号数字化技术，如脉冲编码调制（PCM）、差分脉冲编码调制（DPCM）、增量调制（ΔM）等都属于这一类。

2. 无噪声编码（无损数据压缩）

无噪声编码以尽量少的比特数来表示数字数据（通常是量化后的结果），实现对数字数据的压缩，同时能保证原始数据序列能够完全从已压缩的序列中恢复出来。信源编码技术，如 Huffman 编码、Lempel-Ziv 编码以及算术编码等都属于这一类。在这类编码方法中，不会丢失任何信息。

本章主要讨论量化这种有损的数据压缩方法，重点讨论均匀量化、非均匀量化及矢量量化的具体实现，并在此基础上对 PCM 和 ΔM 两种系统进行建模仿真。

5.2　量　　化

一般来说，量化方法可分为标量量化和矢量量化两种。在标量量化中每个信源输出被单独量化，而在矢量量化中信源输出被分组量化。标量量化可进一步划分为均匀量化和非均匀量化。均匀量化的量化间隔是等长的，非均匀量化的量化间隔是不等长的。一般来说，非均匀量化的性能优于均匀量化的。

5.2.1　标量量化

1. 量化性能指标

在标量量化中，将随机变量 X（模拟信源）的取值范围划分为 N 个互不重叠的区域 R_i，$1 \leqslant i \leqslant N$，称为量化区域或量化区间；在每个量化区域内选择一个点，称为量化电平；相邻两个量化电平之间的距离称为量化间隔。标量量化实际上就是将落入量化区域 R_i 内的

所有随机变量的值都用该区域内的量化电平 $\tilde{x}_i$ 来表示，即

$$x \in R_i \Leftrightarrow Q(x)=\tilde{x}_i \quad \tilde{x}_i \in R_i \tag{5-2-1}$$

显然，这种形式的量化引入了$x-\tilde{x}_i$的量化误差，其均方误差即为量化噪声功率，可表示为

$$N_q = \sum_{i=1}^{N} \int_{R_i} (x-\tilde{x}_i)^2 f_X(x) \mathrm{d}x \tag{5-2-2}$$

式中，$f_X(x)$代表随机变量的概率密度函数。量化器输出的信号功率为

$$S_q = E[X^2] = \sum_{i=1}^{N} \tilde{x}_i^2 p(\tilde{x}_i) = \sum_{i=1}^{N} \int_{R_i} x^2 f_X(x) \mathrm{d}x \tag{5-2-3}$$

式中，$p(\tilde{x}_i)$代表量化电平 $\tilde{x}_i$ 出现的概率。这样，信号量化信噪比(SQNR)可定义为

$$\mathrm{SQNR}|_{\mathrm{dB}} = 10\lg\left(\frac{S_q}{N_q}\right) \tag{5-2-4}$$

2. 均匀量化

在均匀量化中，除去第一个和最后一个区域(也就是 R_1 和 R_N)以外，其他所有的量化区域都具有相等的长度，并记为 Δ。因此，有

$$R_1=(-\infty, a]$$
$$R_2=(a, a+\Delta]$$
$$R_3=(a+\Delta, a+2\Delta]$$
$$\vdots$$
$$R_N=(a+(N-2)\Delta, \infty]$$

这种设置主要适用于量化器设计时针对的待量化模拟信号的取值范围(又称动态范围)未知的情况。若量化器设计时针对的待量化模拟信号的取值范围已知，各量化区域均分整个取值范围，可看做待量化信号取值范围未知情况的一种特例。可以证明，在每个量化区域内，最佳的量化电平是这个区域的质心，即

$$\tilde{x}_i = E[X \mid X \in R_i] = \frac{\int_{R_i} x f_X(x) \mathrm{d}x}{\int_{R_i} f_X(x) \mathrm{d}x} \quad 1 \leqslant i \leqslant N \tag{5-2-5}$$

因此，均匀量化器的设计实际上等效于确定 a 和 Δ。在 a 和 Δ 被确定之后，$\tilde{x}_i$ 的值和产生的失真很容易用式(5-2-5)和式(5-2-2)确定。在某些情况下，为方便起见，可将量化区域的中心作为量化电平，即距离量化区域边界 $\Delta/2$ 处。此时，若待量化信号的取值区域已知，则各量化间隔相等且等于各量化区域的长度 Δ。对于一个具有对称概率密度分布函数的 X，它在 N 为奇数和偶数情况下的量化函数 $Q(x)$曲线分别如图 5-2-1 和图 5-2-2 所示。

对于对称概率密度函数，问题变得更为简单。在这种情况下：

$$R_i = \begin{cases} (a_{i-1}, a_i] & 1 \leqslant i \leqslant N-1 \\ (a_{i-1}, a_N) & i=N \end{cases} \tag{5-2-6}$$

式中，

$$\begin{cases} a_0=-\infty \\ a_i=(i-\dfrac{N}{2})\Delta \quad 1\leqslant i\leqslant N-1 \\ a_N=\infty \end{cases}$$

这时，为了实现最小失真，仅有一个参数 Δ 需要选取。

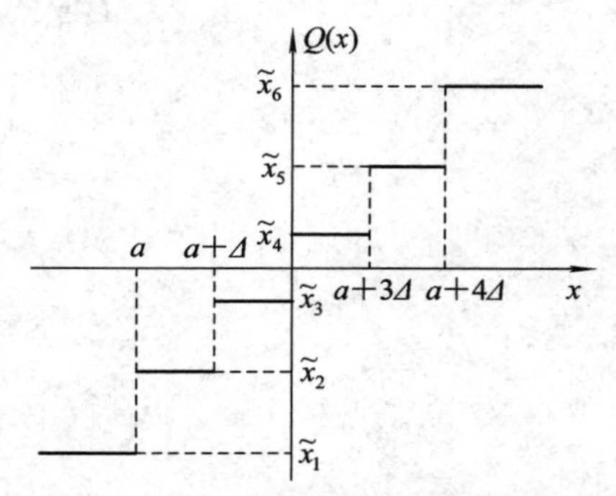

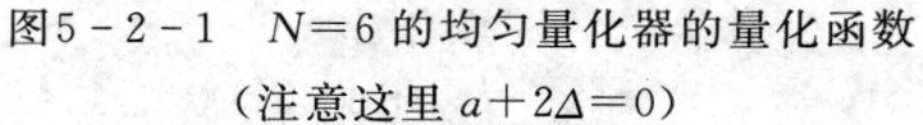
图5-2-1　$N=6$ 的均匀量化器的量化函数

（注意这里 $a+2\Delta=0$）

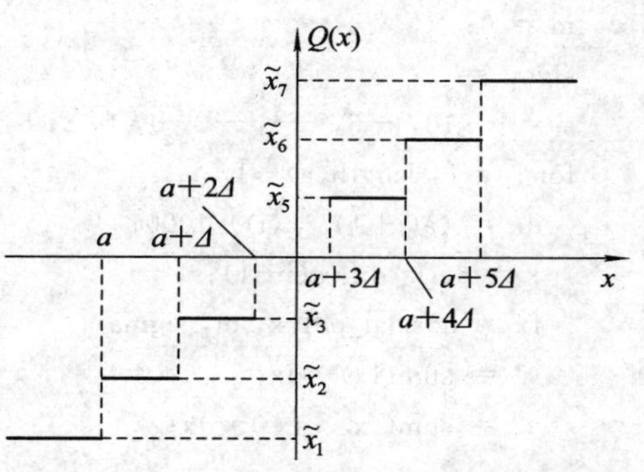

图5-2-2　$N=7$ 的均匀量化器的量化函数

（注意这里 $\tilde{x}_4=0$）

例 5-2-1　确定均值 m 为 0、方差 σ^2 为 1 的高斯分布的量化区域的质心（量化电平），其中量化区域的界限为（−5，−4，−2，0，1，3，5）。

解　首先产生均值为 0、方差为 1 的高斯分布函数，然后按照式(5-2-5)计算每个量化区域的量化电平。注意，高斯分布的取值区域为($-\infty$，∞)，但当进行数值计算时，为了便于处理，仅考察该分布标准方差的数倍的范围就足够了，例如($m-10\sigma$，$m+10\sigma$)，这里 σ 为高斯分布的标准方差。本例假设标准高斯分布的取值范围为(−10，10)。

本例 MATLAB 参考程序如下：

```
m = 0;
sigma = 1;
a = [-10, -5, -4, -2, 0, 1, 3, 5, 10];
for i = 1: length(a)-1
  dx = (a(i+1)-a(i))/1000;
  x = a(i): dx: a(i+1);
  fx = normal_pdf(x, m, sigma);
  y1 = sum(fx) * dx;
  y2 = sum( x. * fx ) * dx;
  y(i) = y2/y1;
end
y

%----------------------------------------------
function[y] = normal_pdf(x, m, sigma)
%均值为 m、方差为 sigma 的高斯分布函数
%取值区间为[a b]
y = exp(-(x-m).^2/(2 * sigma)) /sqrt(2 * pi * sigma);
```

运行本例程序，输出量化电平如下：

−5.1841、−4.2164、−2.3698、−0.7223、0.4598、1.5093、3.2818、5.1841

例 5-2-2 确定例 5-2-1 中的量化噪声功率。

解 令 a=(−10，−5，−4，−2，0，1，3，5，10)，利用式(5-2-2)计算量化噪声功率。本例 MATLAB 参考程序如下：

```
m = 0;
sigma = 1;
a = [-10, -5, -4, -2, 0, 1, 3, 5, 10];
for i = 1: length(a)-1
  dx = (a(i+1)-a(i))/1000;
  x = a(i): dx: a(i+1);
  fx = normal_pdf(x, m, sigma);
  y1 = sum(fx) * dx;
  y2 = sum( x. * fx ) * dx;
  y(i) = y2/y1;
  k = x - y(i);
  N(i) = sum(k.^2. * fx) * dx
end
Nq = sum(N)
```

运行本例程序，输出量化噪声功率为 0.1775。

例 5-2-3 编程计算均匀量化器的量化失真。一个方差为 4 的零均值高斯信源，其输出用具有 12 个量化电平、量化区域宽度为 1 的均匀量化器量化，计算量化噪声功率。假设量化区域以该分布的均值为中心呈对称分布。

解 根据量化区域的对称分布假设，量化区域的边界分别是 0、±1、±2、±3、±4、±5 和±α，相应地，可得量化区域分别为(−∞，−5]、(−5，−4]、(−4，−3]、(−3，−2]、(−2，−1]、(−1，0]、(0，1]、(1，2]、(2，3]、(3，4]、(4，5]、(5，∞)。本例以 10 代替∞。本例 MATLAB 参考程序如下：

```
m = 0;
sigma = 4;
a = [-10, -5, -4, -3, -2, -1, 0, 1, 2, 3, 4, 5, 10];
for i = 1: length(a)-1
  dx = (a(i+1)-a(i))/1000;
  x = a(i): dx: a(i+1);
  fx = normal_pdf(x, m, sigma);
  y1 = sum(fx) * dx;
  y2 = sum( x. * fx ) * dx;
  y(i) = y2/y1;                    %量化电平
  k = x - y(i);
  N(i) = sum(k.^2. * fx) * dx;
end
y
Nq = sum(N)
```

运行本例程序，输出量化电平为±5.6430、±4.408、±3.4284、±2.4486、±1.4690、±0.4897，量化噪声功率为0.0854。

例5-2-4　编程计算量化电平设置在中点的均匀量化器的量化失真。假设上例中均匀量化器各量化区域内的量化电平为该区域的中点，求此时的量化噪声功率。

解　将上例中的量化电平设置为每个量化区域的中点，分别为±0.5、±1.5、±2.5、±3.5、±4.5、±7.5。

本例MATLAB参考程序如下：

```
m = 0;
sigma = 4;
a = [-10, -5, -4, -3, -2, -1, 0, 1, 2, 3, 4, 5, 10];
y = [-7.5  -4.5  -3.5  -2.5  -1.5  -0.5  0.5  1.5  2.5  3.5  4.5  7.5]; %量化电平
for i = 1: length(a)-1
   dx = (a(i+1)-a(i))/1000;
   x = a(i): dx: a(i+1);
   fx = normal_pdf(x, m, sigma);
   k = x - y(i);
N(i) = sum(k.^2. * fx) * dx;
end
Nq = sum(N)
```

运行本例程序，输出量化噪声功率为0.1299。

与上例结果进行比较可见，量化电平不同，量化器量化失真也不同。

例5-2-5　对模拟信源$x(t)=\sin 2\pi t(0<t<1)$进行均匀量化，量化电平数为4，每个量化区域的中点为量化电平。编程画出量化输出结果。

解　量化区域分别为[-1，-0.5]、(-0.5，0]、(0，0.5]、(0.5，1]，相应的量化电平分别为-0.75、-0.25、0.25、0.75。

本例MATLAB参考程序如下：

```
%产生模拟信源
T  = 2;
t = 0 : 0.01 : T;
x = sin(2 * pi * t);
%抽样
fs = 10;          %抽样频率
ts = 1/fs;
t1 = 0 : ts : T;
xs = sin(2 * pi * t1);
%量化
n = 4;
x_width = max(x)-min(x);                 %量化范围的大小
delta = x_width/n;                       %量化间隔
xx = min(x) : delta : max(x)             %量化分层电平值，量化区域
q = min(x) + delta/2 : delta : max(x)    %量化电平值
```

```
for i = 1: length(xs)
  if xs(i) < xx(2)          %小于第 2 个量化分层电平的均属于第 1 量化级
    xq(i) = q(1);
  end
  k = 2;
  while k < n+1
    if (xs(i) > xx(k)) & (xs(i) <= xx(k+1))   %xx(k) < x(i) ⩽ xx(k+1), 位于分层
                                               %电平值上的向下量化
      xq(i) = q(k);
      k = n+1;
    end
    k = k+1;
  end
end

%画图
plot(t, x, 'r'); hold on          %画模拟信源
plot(t1, xs, 'go'); hold on       %画抽样值
plot(t1, xq, '*');                %画量化输出信号
axis([0 1.2 -1.2 1.2])
title('模拟信源与抽样信号');
ylabel('幅度');
xlabel('t/sec');
legend('模拟信源', '抽样值', '量化信号');
```

运行本例程序，输出量化信号，如图 5-2-3 所示。

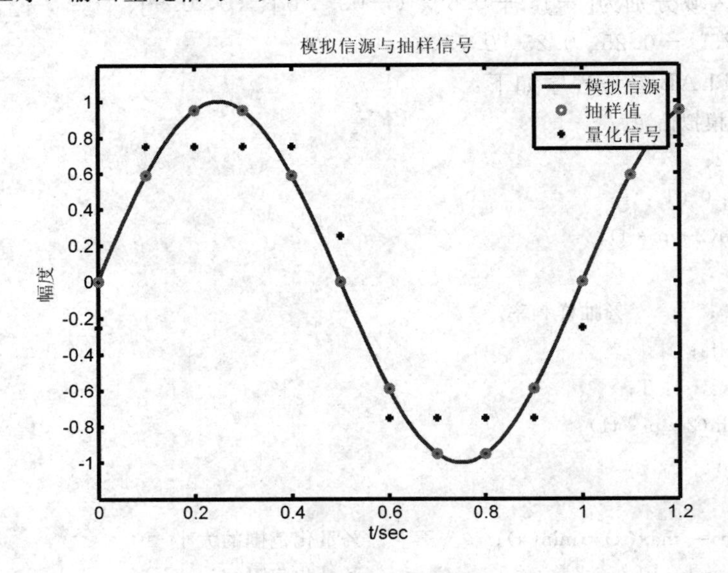

图 5-2-3 正弦信号均匀量化输出信号

3. 非均匀量化

非均匀量化是在待量化信号的整个取值范围内量化区域不等长的一种量化方法。实际上，非均匀量化是根据输入信号的概率密度函数来设置量化区域和量化电平以改善量化性能的，其特点是：概率密度大的地方，量化区域小；概率密度小的地方，量化区域大。

在非均匀量化中，量化区域与量化电平的设置可采用多种方法。其中一种采用多次迭代的 Lloyd-Max 量化算法通常被认为是最优方法，具体描述如下：量化电平与量化区域的边界分别为

$$\begin{cases} \tilde{x}_i = \dfrac{\int_{a_{i-1}}^{a_i} x f_X(x)\mathrm{d}x}{\int_{a_{i-1}}^{a_i} f_X(x)\mathrm{d}x} \\ a_i = \dfrac{(\tilde{x}_{i-1} + \tilde{x}_i)}{2} \end{cases} \tag{5-2-7}$$

最优量化电平为相应量化区域的质心，量化区域之间的最佳边界是量化电平之间的中间值。为得到该方程的解，可初始设置一组量化区域的边界 a_i，由该组边界 a_i 根据上式可得到一组新的量化电平 $\tilde{x}_i$，并计算此时的量化失真；然后由该组量化电平根据上式得到一组新的边界 a_i，再由该组新边界得到一组新的量化电平和相应的量化失真；将前后两次迭代的量化失真进行比较，直到前后两次迭代的量化失真不再有明显的变化，才终止上述迭代过程。该算法保证量化失真收敛到某个局部最小值，但一般不保证可实现全局最小值。

例 5-2-6　编程实现 Lloyd-Max 量化器。对一个零均值、单位方差的高斯信源进行 10 电平的 Lloyd-Max 量化。

解　对于零均值、单位方差的高斯信源，取[−10，10]为其取值范围就足够了。将此范围分为 10 个量化区域，为方便起见，可暂采取均分的方式设置每个量化区域的初始边界，每个区域的中点为初始量化电平值 $\tilde{x}_i$。

本例 MATLAB 参考程序如下：

```
%设置初始量化电平值
n = 10;                    %量化电平数
b = 10;                    %量化范围:[-b b]
delta = 2 * b/n;           %以均匀量化方式设置初始量化间隔
a = -b : delta : b;        %初始量化边界
m = 0;                     %均值
sigma = 1;                 %方差
Nq = sigma;

%计算初始量化噪声功率
for i = 1: length(a)-1
  dx = (a(i+1)-a(i))/1000;
  x = a(i): dx: a(i+1);
  fx = normal_pdf(x, m, sigma);
  y1 = sum(fx) * dx;
```

```
      y2 = sum( x. * fx ) * dx;
      y(i) = y2/y1;
      k = x - y(i);
      N(i) = sum(k.^2. * fx) * dx;
   end
   Nq_new = sum(N);
   while Nq_new < 0.99 * Nq
      %设置新的量化区间边界
      for  i = 2: n
         a(i) = (y(i-1)+y(i))/2;
      end
      Nq = Nq_new;
      %计算新的量化噪声功率
      for i = 1: length(a)-1
         dx = (a(i+1)-a(i))/10000;
         x = a(i): dx: a(i+1);
         fx = normal_pdf(x, m, sigma);
         y1 = sum(fx) * dx;
         y2 = sum( x. * fx ) * dx;
         y(i) = y2/y1;                   %新的量化电平
         k = x - y(i);
         N(i) = sum(k.^2. * fx) * dx;
      end
      Nq_new = sum(N);                   %新的量化噪声功率
   end
```

运行本例程序，输出最后得到的量化边界 a 和量化电平 y，分别为

a=±10.0000、±2.1651、±1.5115、±0.9773、±0.4822、0.0000

y=±2.5199、±1.7752、±1.2153、±0.7150、±0.2365

量化噪声功率为 Nq_new = 0.0242。

语音信号是通信系统中要处理的一类非常重要和常见的信号。在语音信号中，幅度小的信号出现的概率大，幅度大的信号出现的概率小，因此语音信号也通常被称为小信号。对语音信号进行量化时，若采用均匀量化，则会带来较大的量化失真；而若采用非均匀量化，则量化失真会被大大减小。因而，通常采用非均匀量化对语音信号进行量化处理，将其转变为数字信号后再通过数字通信系统传输。语音信号非均匀量化的特点表现为：小信号，量化区域小；大信号，量化区域大，也即通常讲的小信号用小台阶，大信号用大台阶。

对语音信号进行非均匀量化，具体实现时通常是将语音信号通过一个“压缩器”，对小信号起放大作用，对大信号起压缩作用，然后对这个经过压缩的信号进行均匀量化。在接收端，对接收到的被压缩的量化信号先进行扩展处理，其作用正好与压缩相反，将受压缩信号复原。通常使用的压缩器中，大多采用对数式压缩。如在商业电话中，一种简单而又稳定的非均匀量化器为对数量化器，该量化器在出现概率比较高的小幅度语音信号处采用小的量化间隔，而在出现概率不高的大幅度语音信号处采用大的量化间隔。被广泛采用的

两种对数压扩特性是 μ 律和 A 律压扩。早期的 μ 律和 A 律压扩特性是用非线性模拟电路实现的。由于对数压扩特性是连续曲线，且随压扩参数而不同，在电路上实现这样的函数规律是相当复杂的，因而精度和稳定度都受到很大限制。随着数字电路特别是大规模集成电路的发展，另一种压扩技术——数字压扩技术日益获得广泛应用，它是利用数字电路形成许多条折线段来逼近对数压扩特性。在实际中常用的两种数字压扩方法是 A 律 13 折线法和 μ 律 15 折线法。其中，A 律 13 折线法是采用 13 段折线近似 A 律压缩特性，主要应用于我国和英国、法国、德国等欧洲各国的 PCM 30/32 路基群中；μ 律 15 折线法是采用 15 段折线近似 μ 律压缩特性，主要应用于美国、加拿大和日本等国的 PCM 24 路基群中。CCITT(国际电报电话咨询委员会)建议 G.711 规定上述两种折线近似压缩特性为国际标准，且在国际间数字系统相互连接时以 A 律为标准。下面着重介绍采用 A 律 13 折线法的非均匀量化。

1) A 律 13 折线

采用 13 段折线来逼近 A 律特性的示意图如图 5-2-4 所示。输入信号幅度的归一化范围为 $-1\sim1$，图中只画出了输入信号为正时的情形。13 折线形成的具体过程是：

(1) 对输入信号 x 轴和输出信号 y 轴采用两种不同的方法划分：对 x 轴在 $0\sim1$(归一化)范围内采用对分法，将其非等间隔地分成 8 段，分配规律是每次在二分之一处进行对分，即第一次在 0 到 1 之间的 1/2 处对分，第二次在 0 到 1/2 之间的 1/4 处对分，第三次在 0 到 1/4 之间的 1/8 处对分，其余类推；对 y 轴在 $0\sim1$(归一化)范围内采用等分法，等间隔地分成 8 段，每段间隔均为 1/8。

(2) 把 x、y 轴上各对应段的交点连接起来构成 8 段线段，如图 5-2-4 所示，从 0 到 1 的方向，8 段线段的序号分别用 $0\sim7$ 表示，称为段号。其中，第 0 段和第 1 段线段的斜率相同(均为 16)，因此可视为一条线段，这样在输入信号为正的第一象限内共有 7 段斜率不同的折线。

(3) 当输入信号为负时(语音信号是双极性信号)，情况与上述情况完全相同，即在第三象限内也同样有 7 段斜率不同的折线。

(4) 由于第一象限内的第一段折线与第三象限内的第一段折线斜率也相同，均为 16，这样两个象限内的 14 段折线实际上可合并为 13 段折线，这样在输入信号幅度的整个归一化范围内就形成了 13 段折线，故称其为 13 折线。

由于这 13 段折线形成的压缩特性与 $A=87.6$ 的 A 律特性非常接近，通常还称其为 A 律 13 折线。此外，需要注意的是，虽然以折线的斜率记在输入信号幅度的归一化范围内共有 13 段折线，但在定量计算时仍以正、负各有 8 段为准。

2) 13 折线非均匀量化

由图 5-2-4 可见，在信号的输入范围内非等间隔地分成 16 段(正、负)，我们可再将每段的中间点设置为量化电平，输入信号落入哪个段内，就将其量化到此段内的量化电平上，这样共有 16 个非均匀设置的量化电平，每个量化电平可以用 4 位二进制编码来表示。使用数字技术很容易实现这种非均匀量化，但需要说明的是：这种量化方式相当于输入信号经图 5-2-4 所示的压缩特性压缩后再量化到等间隔设置的 16 个电平上，即压缩后再均匀量化。

如果直接按上述方法进行量化，由于设置的量化电平数太少，量化间隔太大，性能上

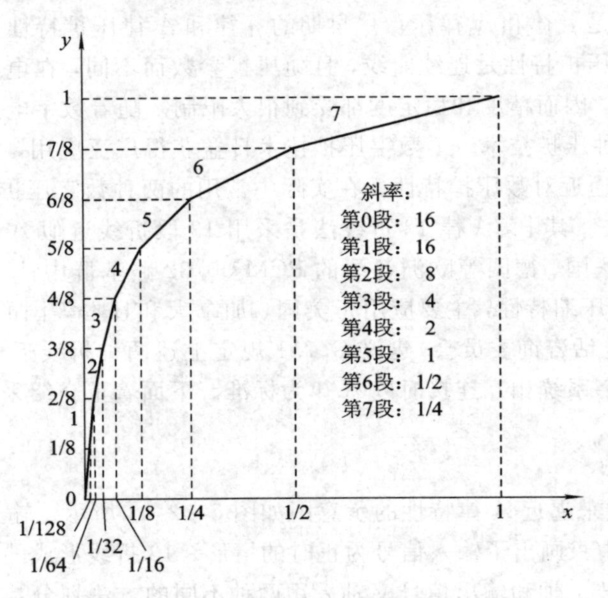

图 5-2-4　*A* 律 13 折线的形成

很难满足通信要求。因此，实用的 13 折线量化是将 16 个段中的每段再等间隔地分成 16 个量化级(其序号称为量化级号，用 0～15 表示)，再将每个量化级的中间点设置为一个量化电平，这样正、负两个方向共有 16×16=256 个量化电平，即 $M=256=2^8$，每个量化电平用 8 位二进制编码表示。可见，13 折线量化是一种非均匀量化和均匀量化相结合的量化方法，即段间采用非均匀量化，段内采用均匀量化。观察每一段中的量化台阶，由于正、负两个方向完全对称，所以下面只讨论正向的 8 段。

第 0 段与第 1 段长度相同，是 8 段中长度最短的段，16 等分后的量化台阶也是最小的，它等于第 0 段的段长除以 16，其归一化值为

$$\Delta=\frac{1}{128}\div 16=\frac{1}{2048}$$

第 1 段的量化台阶与第 0 段的量化台阶相同。依次类推，可计算出其他各段中的量化台阶。为表示方便，将各段的起止电平化成以 Δ 为单位的值，如第 2 段起始电平为 1/64，则以 Δ 为单位时为

$$\frac{1}{64}=32\times\frac{1}{2048}=32\Delta$$

各段的量化台阶及各段的起止电平如表 5-2-1 所示。

表 5-2-1　13 折线量化时正向 8 段的起止电平及量化台阶

	第 0 段	第 1 段	第 2 段	第 3 段	第 4 段	第 5 段	第 6 段	第 7 段
起电平	0	16Δ	32Δ	64Δ	128Δ	256Δ	512Δ	1024Δ
止电平	16Δ	32Δ	64Δ	128Δ	256Δ	512Δ	1024Δ	2048Δ
量化台阶	Δ	Δ	2Δ	4Δ	8Δ	16Δ	32Δ	64Δ

明确了每一段的起止电平和段内的量化台阶后，对输入的抽样值进行 13 折线量化，其输出的量化电平值就能很容易确定了。

(1) 确定抽样值位于哪一段及该段的哪一级，得到相应的段号和量化级号及所处段内的量化台阶。

(2) 根据下式计算相应的量化电平值：

$$\text{量化电平值}=\text{段落开始电平}+\text{量化级号}\times\text{本段量化台阶}+\frac{\text{本段量化台阶}}{2} \tag{5-2-8}$$

由此得到的量化电平与抽样值间的量化误差的绝对值要小于抽样值所在段落的量化台阶的一半。

例 5-2-7 编程画出 A 律 13 折线近似的压缩特性曲线，同时画出 $A=87.6$ 的 A 律压缩特性曲线并与近似曲线进行对比。A 律压缩特性如下：

$$y=\begin{cases}\dfrac{Ax}{1+\ln A} & 0\leqslant x\leqslant\dfrac{1}{A}\\[2ex] \dfrac{1+\ln Ax}{1+\ln A} & \dfrac{1}{A}\leqslant x\leqslant 1\end{cases} \tag{5-2-9}$$

解 按照 A 律 13 折线的形成方法产生 13 折线。

本例 MATLAB 参考程序如下：

```
%对 x 轴对分
x(1) = 0;
x(9) = 1;
for i = 7 : -1 : 1
  x(9-i) = 1/(2^i);
end
%对 y 轴等分
y = 0 : 1/8 : 1;
%A 律特性
A = 87.6;
dt = 1/1000;
xx = 0 : dt : 1;
for i = 1 : length(xx)
  if xx(i) <= 1/A
    yy(i) = A * xx(i)/(1+log(A));
  else
    yy(i) = (1+log(A * xx(i)))/(1+log(A));
  end
end

%画图
plot(xx, yy); hold on                %A 律压缩特性曲线
plot(x, y, 'ro--'); hold on          %A 律 13 折线
xlabel('归一化输入'); ylabel('归一化输出');
title('A 律压缩特性'); grid
legend('A 律压缩特性', 'A 律 13 折线')
```

运行本例程序，结果如图 5-2-5 所示。

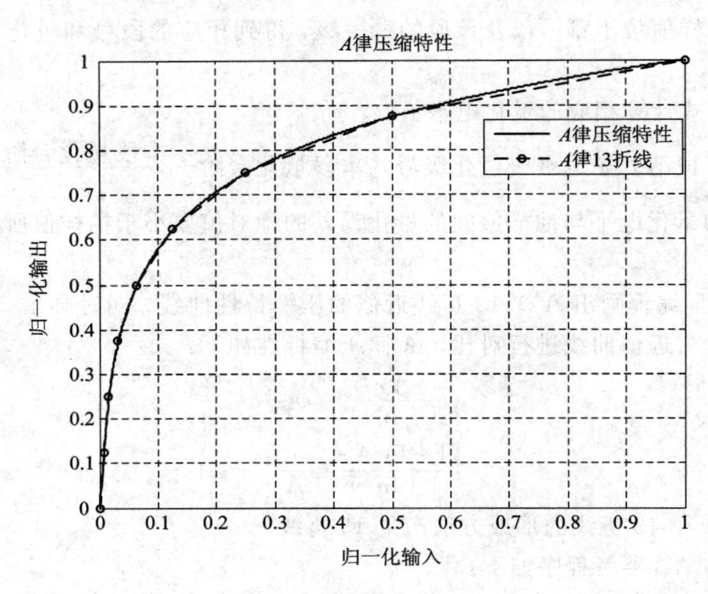

图 5-2-5　A 律 13 折线压缩特性曲线

例 5-2-8　设某抽样脉冲值为 589Δ，采用 13 折线量化，编程计算此抽样值的量化电平和量化误差。

解　由表 5-2-1 可见，此抽样值落入第 6 段，由于第 6 段又细分了 16 个量化级，每级长度为 32Δ，由此可算出此抽样值落入的级数：

$$(589\Delta-512\Delta)\div 32\Delta=2 \text{ .... 余 } 13\Delta$$

可见，抽样值 589Δ 落在第 6 段的第 2 级。由于量化电平设置在每一级的中间点，可得量化电平为

$$512\Delta+2\times 32\Delta+32\Delta\div 2=592\Delta$$

即抽样值 589Δ 的 13 折线量化电平为 592Δ，量化误差为

$$589\Delta-592\Delta=-3\Delta$$

本例 MATLAB 参考程序如下：

```
%参数设置
delta = 1/128/16;          %最小量化间隔
x = 589 * delta;           %归一化输入信号
x_sign = sign(x);
x_abs = abs(x)/delta;
x_ql= [0 1/2^7  1/2^6  1/2^5  1/2^4  1/2^3  1/2^2   1/2  1]./delta; %段落分层电平
%确定段落
if x_abs < x_ql(2)   %小于第 2 个量化分层电平的均属于第 1 段
  xql =  x_ql(1);
  k = 1;
else
  for i = 2 : length(x_ql)
    if (x_abs > x_ql(i)) & (x_abs <= x_ql(i+1))   %x_ql(i) < x_abs ≤ x_ql(i+1),
                                                  %位于分层电平值上的向下量化
```

```
            xq1 = x_q1(i);
            k = i;
        end
    end
end
%确定量化级
delta_d = [1 1 2 4 8 16 32 64];        %每段的量化间隔
xq2_temp = floor((x_abs-x_q1(k))/delta_d(k));
xq2 = xq2_temp * delta_d(k);
%得到量化电平值与量化误差
xq = xq1 + xq2 + delta_d(k)/2;
xqq = x_sign * xq
xq_err = x/delta - xqq
```

运行本例程序，输出结果($/\Delta$)为

量化电平：592；

量化误差：－3。

5.2.2　矢量量化

在标量量化中，离散时间信息源的每个输出被分别量化，然后进行编码。例如，如果采用一个 4 电平的标量量化器，并将每个电平编码成 2 个比特，那么每个信源输出就要用 2 个比特表示。这种量化方法如图 5－2－6 所示。

现在，如果每次考虑两个信息源样本，并将这两个样本看成在某个平面上的一个点，那么这个标量量化器就将整个平面划分成 16 个量化区域，如图 5－2－7 所示。

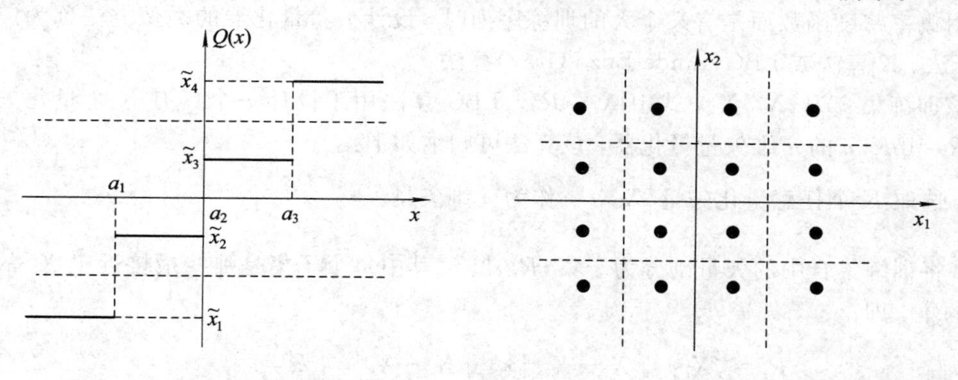

图 5－2－6　4 电平标量量化器　　　图 5－2－7　用于 2 个样本的标量 4 电平量化

可以看到，在二维空间内这些量化区域全部都是矩形形状的。这意味着，用 16 个量化区域一次对两个信源输出进行量化，等效于用每两个信源输出 4 个比特，即每个信源输出的比特数等于在标量量化中所获得的比特数实现 16 个量化电平的量化，相比于前述的 4 电平标量量化器会大大减小量化失真。如果放宽具有矩形量化区域的要求，允许采用任意形状的 16 个区域，性能还可以得到进一步改善。如果一次取 3 个样本，并将整个三维空间量化为 64 个量化区域，则可获得甚至比用每个信源输出相同的比特数能获得的更小失真。这样的量化方法被称为矢量量化，即取长度为 n 的信息源组，并在 n 维的欧氏空间内设计

量化器，而不是在一维空间内根据单个样本进行量化。

假设在 n 维空间的量化区域记为 R_i，$1 \leqslant i \leqslant K$，这 K 个量化区域将 n 维空间进行剖分。长度为 n 的每个信源输出组记为 $X \in R^n$，并且若 $X \in R_i$，它就被量化到 $Q(X)=\tilde{X}_i$。图 5-2-7 给出的是 $n=2$ 时的这种量化方法。现在，因为总共有 K 个量化电平值，用 $\mathrm{lb}K$ 比特就足以表示这些值了，这就是说每 n 个信息源输出需要 $\mathrm{lb}K$ 个比特，或者信源码率是

$$R=\frac{\mathrm{lb}K}{n}=\frac{\text{比特数}}{\text{信源输出组大小}} \tag{5-2-10}$$

总之，n 维并且量化电平数为 K 的最优矢量量化器是这样一种量化器，它利用在标量量化中采用的相同步骤，选取依据下列准则选定的量化区域 R_i 和量化值 $\tilde{X}_i$，以使产生的量化失真最小：

(1) 在 n 维空间内，区域 R_i 是全部这样的点的集合：对于全部 $j \neq i$，这些点比任何其他的 $\tilde{X}_j$ 都更接近于 $\tilde{X}_i$，即

$$R_i=\{X \in R^n: \| X-\tilde{X}_i \| < \| X-\tilde{X}_j \|, \ \forall j \neq i\} \tag{5-2-11}$$

(2) $\tilde{X}_i$ 是区域 R_i 的质心：

$$\tilde{X}_i=\frac{1}{p(X \in R_i)}\iint \cdots \int_{R_i} X f_X(X)\mathrm{d}X \tag{5-2-12}$$

设计最优矢量量化器的可行途径与基于设计最优标量量化器时采用的途径相同。从某一给定的量化区域集合入手，利用上述的准则(2)导出对于这些量化区域的最优量化矢量，然后利用准则(1)重新分割量化空间，如此反复多次，直到在失真上的变化可以忽略为止。当不是用概率密度函数而是有某个大的训练序列时，设计矢量量化器的类似方法称为广义 Lloyd 算法、K 算法或 LBG(Linde-Buzo-Gray)算法。

令该训练集合为 $\{X_i\}_{i=1}^N$，式中 $X_i \in R^n$。LBG 算法用于设计一个具有 K 个量化矢量和码率 $R=\mathrm{lb}K/n$ 的 n 维矢量量化器，该算法可归纳如下：

(1) 选取 K 个任意量化矢量 $\left\{\tilde{X}_k\right\}_{k=1}^K$ 作为 n 维矢量。

(2) 将训练集合中的矢量剖分为子集 $\{R_k\}_{k=1}^K$，其中每个子集是那些最接近于 $\tilde{X}_k$ 的训练矢量的集，即

$$R_k=\{X_i: \| X_i-\tilde{X}_k \| < \| X_i-\tilde{X}_{k'} \|, \ k' \neq k\} \tag{5-2-13}$$

(3) 通过 R_k 的质心更新量化矢量，将在 R_k 中的训练矢量的个数记为 $\| R_k \|$，求得更新后的量化矢量为

$$\tilde{X}_k=\frac{1}{\| R_k \|}\sum_{X \in R_k} X \tag{5-2-14}$$

(4) 计算失真。如果在最后一步失真没有显著变化，就终止，否则再回到第(2)步。

在语音和图像编码中，矢量量化已获得了广泛应用，并为了降低它的计算复杂度，业界已提出了很多算法。对于平稳和各态遍历的信源来说，可以证明，随着 n 的增大，矢量量化器的性能接近于由率失真函数给出的最佳性能。

5.3　脉冲编码调制(PCM)

脉冲编码调制(PCM，Pulse Code Modulation)简称脉码调制，是一种将模拟信号进行抽样、量化并编码成二进制代码的模拟信号数字化方法。PCM 的概念是 1937 年由法国工程师 Alec Reeres 最早提出来的。1946 年美国 Bell 实验室实现了第一台 PCM 数字电话终端机。1962 年后，晶体管 PCM 终端机大量应用于市话网中局间中继线，使市话电缆传输电话路数扩大了 24～30 倍。20 世纪 70 年代后期，超大规模集成电路的 PCM 编译码器的出现，使 PCM 在光纤通信、数字微波通信和卫星通信等领域获得了更广泛的应用。因此，PCM 已成为数字通信中一项广泛应用的基本原理和技术。

在 PCM 中，模拟信号首先以高于奈奎斯特速率的速率进行抽样，然后将所得样本量化。假设模拟信号是在$[-x_{\max}, x_{\max}]$区间内分布的，可根据量化性能要求设置量化电平数和量化电平，量化电平可以是等间隔的，也可以是不等间隔的，前者属于均匀 PCM，而后者属于非均匀 PCM。量化后的信号通常还要进行编码，通常把对均匀量化信号的编码称为线性编码，对非均匀量化信号的编码称为非线性编码。

5.3.1　均匀 PCM

在均匀 PCM 中，长度为$2x_{\max}$的区间$[-x_{\max}, x_{\max}]$被划分为 N 个相等长度的子区间，每个子区间的长度为$\Delta=2x_{\max}/N$。如果 N 足够大，那么在每个子区间内输入信号的概率密度函数就可以被认为是均匀的，产生的量化噪声功率为$N_q=\Delta^2/12$。如果 N 是 2 的幂次方，即 $N=2^k$，那么就可用 k 位比特的代码来表示这些量化电平。这意味着，如果模拟信号的带宽是 W，抽样又是在奈奎斯特速率下完成的，那么传输该 PCM 信号所要求的带宽至少是 kW(实际系统中通常接近 1.5 kW)。这时的量化噪声功率由下式给出：

$$N_q=\frac{\Delta^2}{12}=\frac{x_{\max}^2}{3N^2}=\frac{x_{\max}^2}{3\times 4^k} \tag{5-3-1}$$

如果模拟信号量化后的功率用 S_q 表示，则量化信号与量化噪声功率之比(SQNR)为

$$\text{SQNR}=3N^2\ \frac{S_q}{x_{\max}^2}=3\times 4^k\ \frac{S_q}{x_{\max}^2} \tag{5-3-2}$$

以分贝(dB)计的 SQNR 为

$$\text{SQNR}\big|_{\text{dB}}=4.8+6k+\frac{S_q}{x_{\max}^2}\bigg|_{\text{dB}} \tag{5-3-3}$$

量化以后，这些已量化的电平分别用 k 位比特的代码进行编码表示。编码方法通常使用自然二进制码(NBC)，即最低电平映射为全 0 码，最高电平映射为全 1 码，其余的全部电平按已量化值的递增次序映射。

例 5-3-1　编程产生一个幅度为 1、频率 $f=1$ Hz 的正弦信号，以均匀 PCM 方法分别用 8 电平和 16 电平进行量化，分别画出原正弦信号及其量化信号，并比较两种不同量化电平数情况下的 SQNR。

解　选取正弦信号的两个周期作为考察对象，按 f_s的速率进行抽样，对每个抽样值分别进行 8 电平和 16 电平的均匀量化，然后再分别用 3 位和 4 位比特自然二进制码表示，并

计算相应的 SQNR。

本例 MATLAB 参考程序如下：

```
%产生模拟信源
A = 1;                              %正弦信号幅度
fc = 1;                             %正弦信号频率
T = 2;
t = 0 : 0.005 : T;                  %观察区间
x = A * sin(2 * pi * fc * t);
%抽样
fs = 10;                            %抽样频率
ts = 1/fs;
t1 = 0 : ts : T-ts;
xs = A * sin(2 * pi * fc * t1);     %抽样信号
%量化与编码
n = 8;                              %量化电平数
[xq, code_n, delta] = unipcm(xs, n);
%计算量化噪声功率和量化信噪比
Nq = delta^2 /12; Sq = (norm(xq))^2 * ts/T;
sqnr = 10 * log10(Sq/Nq)
%画图
subplot(211)
plot(t, x, 'r'); hold on            %画模拟信源
stem(t1, xs, ' * '); hold on        %画抽样值
stem(t1, xq, 'go'); grid            %画量化信号
axis([0 2 -1.2 1.2])
title('模拟信源及其抽样信号和量化信号');
ylabel('幅度'); xlabel('t (s)'); legend('模拟信源', '抽样信号', '量化信号');
subplot(212)
k = log2(n);
ts2 = ts/k;
t2 = 0 : ts2 : T-ts2;
stem(t2, code_n, 'ro'); grid        %画输出码字
axis([0 2 -0.2 1.2])
title('编码输出'); ylabel('幅度'); xlabel('t (s)');

%------------------------------------------------------
function[x_q, code, delta] = unipcm(x, n)
%均匀量化与自然编码，x—模拟信源，n—量化级数
M = log2(n);
x_width = max(x)-min(x);                    %量化范围的大小
delta = x_width/n;                          %量化间隔
xx = min(x) : delta : max(x);               %量化分层电平值
q = min(x) + delta/2 : delta : max(x);      %量化电平值
```

```
for i = 1: length(x)
  if x(i) < xx(2)          %小于第2个量化分层电平的均属于第1量化级
    x_q(i) = q(1);
    index(i) = 1;
  end
  k = 2;
  while k < n+1
    if (x(i) > xx(k)) & (x(i) <= xx(k+1))   %xx(k) < x(i) ≤ xx(k+1),位于分层电
                                             %平值上的向下量化
      index(i) = k;
      x_q(i) = q(k);
      k = n+1;
    end
    k = k+1;
  end
  code( i*M : -1: (i-1)*M+1 ) = de2bi(index(i)-1, M);     %二进制码编码
end
```

图5-3-1和图5-3-2分别为用8电平和16电平均匀量化器对正弦信号进行量化时得到的量化信号及其编码输出信号。两种情况下所得的SQNR分别为：8电平PCM为19.5134 dB，16电平PCM为25.6561 dB。这表明，量化电平数越大，量化间隔会越小，量化失真就越小，量化信噪比就越高。

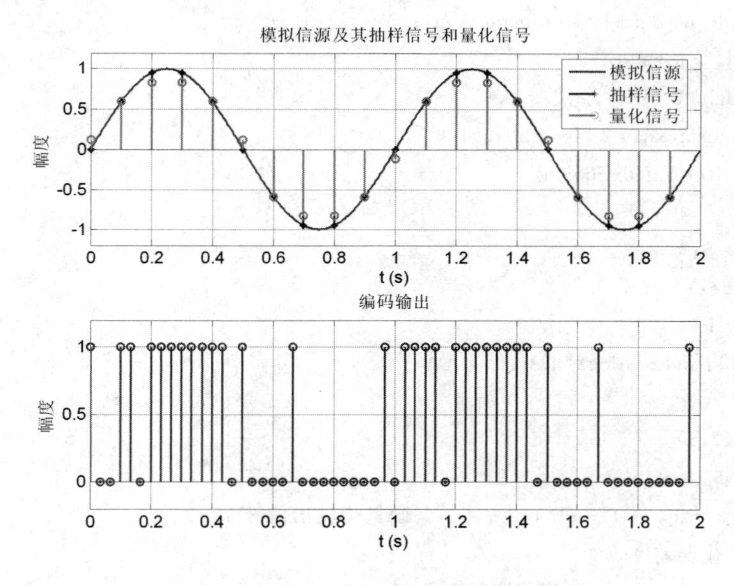

图5-3-1　正弦信号的8电平PCM

例5-3-2　产生长度为500的零均值、单位方差的高斯随机变量序列，利用量化电平数为64的均匀PCM量化器进行量化，计算SQNR，并给出该序列的前5个值、相应的量化电平值和码字。画出量化误差(定义为输入样值与量化电平值之间的差)及以输入序列为函数的量化输出信号图。

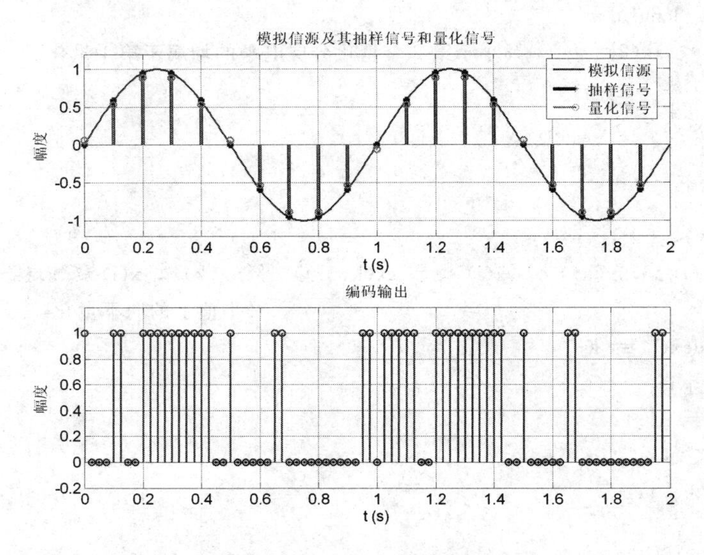

图 5-3-2　正弦信号的 16 电平 PCM

解　本例 MATLAB 参考程序如下：

```
%产生高斯随机变量序列
x = randn(1, 500);
%量化与编码
n = 64;
[xq, code_n, delta] = unipcm(x, n);
%计算量化信噪功率比
Nq = delta^2 /12;
Sq = (norm(xq))^2 /length(xq);
sqnr = 10 * log10(Sq/Nq)

index = 5;
x(1: index)
xq(1: index)
code_n(1: index * log2(n))
%画图
subplot(211)
t = 1: 1: length(x);
plot(t, x-xq, 'r'); hold on          %画量化输出信号
title('量化误差');
ylabel('幅度'); xlabel('样值序数');
subplot(212)
[y, I] = sort(x);
plot(y, xq(I)); grid
title('以输入序列为函数的量化输出信号');
ylabel('幅度'); xlabel('输入序列值');
```

运行本例程序，输出 SQNR＝ 31.7782 dB，输入序列的前 5 个值、相应的量化值和相应的码字分别为

输　入：－1.4440　　0.6123　　－1.3235　　－0.6616　　－0.1461

量化值：－1.4263　　0.5897　　－1.3423　　－0.6703　　－0.1663

码　字：001110　　100110　　001111　　010111　　011101

量化输出信号波形如图 5-3-3 所示。若将均匀 PCM 量化器的量化电平数改为 16 和 128，运行上述程序，输出波形分别如图 5-3-4 和图 5-3-5 所示，输出 SQNR 分别为 19.4866 dB 和 37.1331 dB。对比这些图可以明显看出，量化电平数越大，量化误差越小，这与我们所期望的是一致的。另外还需要注意，对于大的量化电平数，输入样值和量化电平值间的关系趋近于通过原点、斜率为 1 的一条直线，这表明输入样值和量化电平值几乎是相等的；而当量化电平数较小时，这个关系离相等比较远。

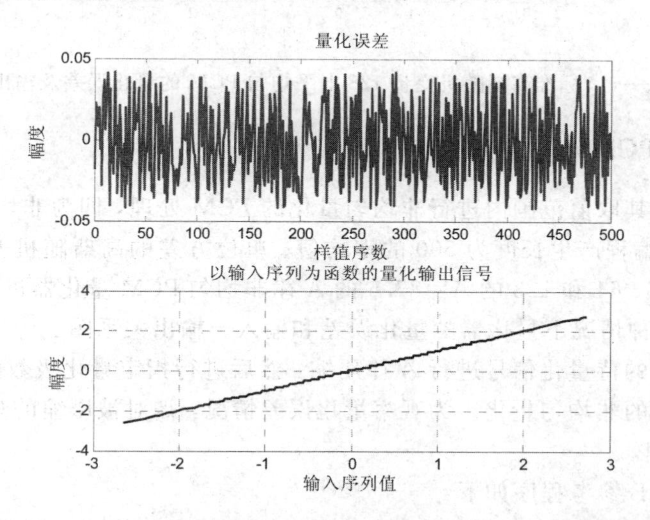

图 5-3-3　标准高斯随机变量 64 电平均匀 PCM 的量化误差及输出波形

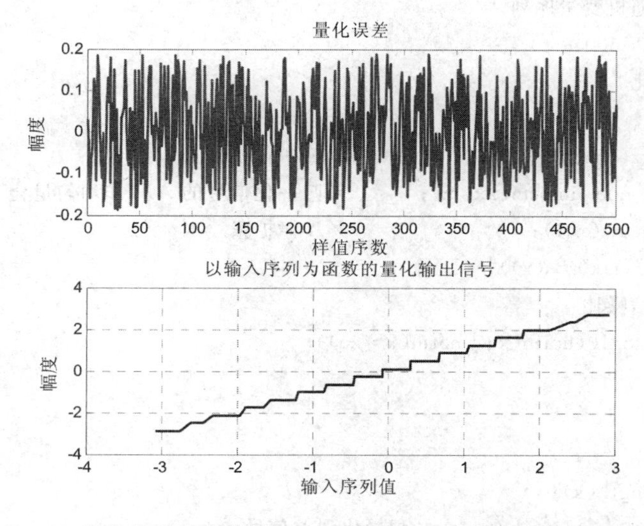

图 5-3-4　标准高斯随机变量 16 电平均匀 PCM 的量化误差及输出波形

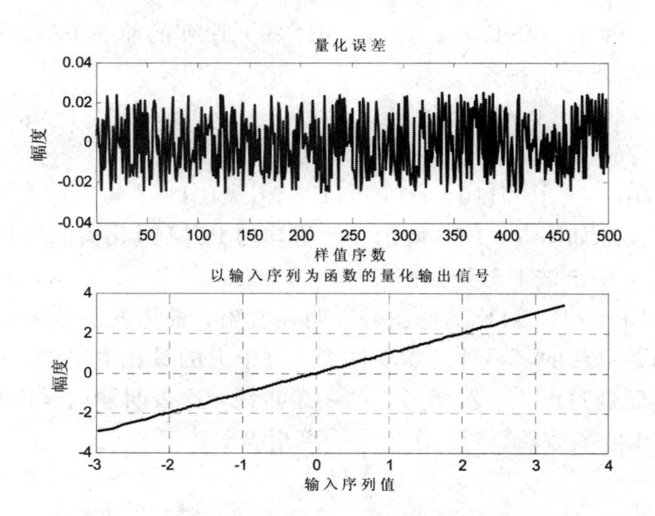

图 5-3-5　标准高斯随机变量128电平均匀PCM的量化误差及输出波形

5.3.2　非均匀PCM

对输入信号在其取值范围内进行非均匀量化的PCM处理，即为非均匀PCM。

例5-3-3　编程产生长度为500的零均值、单位方差的高斯随机变量序列。利用量化电平数分别为16、64和128的$A=87.6$的A律非均匀PCM量化器进行量化，计算相应的SQNR，画出每种情况下量化器的量化误差和输入一输出关系图。

解　先对输入的待量化信号进行A律压缩，然后进行指定量化级数的均匀量化，从而实现指定量化级数的非均匀量化。为观察量化误差情况，需对被压缩的量化信号进行同参数的A律扩张处理。

本例MATLAB参考程序如下：

```
%A=87.6的A律非均匀量化
%产生高斯随机变量序列
x = randn(1, 500);
%非均匀量化
n = 16;
xx = x./max(abs(x));                    %归一化处理
xq1 = Alaw_non_unipcm(xx, n);          %归一化信号的A律非均匀量化
xq2 = Alaw_inv(xq1);                    %A律扩张
xq = xq2 * max(abs(x));
%计算量化信噪比
sqnr = 20 * log10(norm(xq)/norm(x-xq))

%画图
subplot(211)
t = 1:1:length(x);
plot(t, x-xq, 'r'); grid          %画量化误差信号
title('量化误差'); ylabel('幅度'); xlabel('样值序数');
```

```
subplot(212)
[xi, I] = sort(x);
plot(xi, xq(I)); grid
title('以输入序列为函数的量化信号'); ylabel('幅度'); xlabel('输入序列值');
%----------------------------------------------------
function[y_q] = Alaw_non_unipcm(x, n)
%A=87.6 的 A 律非均匀量化，x—归一化模拟信源，n—量化级数
y = Alaw(x);               %A 律压缩
%均匀量化
y_width = max(y)-min(y);                   %量化范围的大小
delta = y_width/n;                         %量化间隔
yy = min(y) : delta : max(y) ;             %量化分层电平值
q = min(y) + delta/2 : delta : max(y);     %量化电平值
for i = 1: length(y)
  if y(i) < yy(2)       %小于第 2 个量化分层电平的均属于第 1 量化级
    y_q(i) = q(1);
  end
  k = 2;
  while k < n+1
    if (y(i) > yy(k)) & (y(i) <= yy(k+1))  %yy(k) < y(i) ≤ yy(k+1)，位于分层电
                                           %平值上的向下量化
      y_q(i) = q(k);
      k = n+1;
    end
    k = k+1;
  end
end
%----------------------------------------------------
function[y] = Alaw(x)          %A 律压缩器函数
%x—归一化输入，y—归一化输出
A = 87.6;                      %A 律特性
for i = 1: length(x)
    if abs(x(i)) > 1/A
        y(i) = (1+log(A * abs(x(i))))/(1+log(A));
    else
        y(i) = A * abs(x(i))/(1+log(A));
    end
end
y = y . * sign(x);
%----------------------------------------------------
function[y] = Alaw_inv(x)    %A 律扩张器函数
%x—归一化输入，y—归一化输出
A = 87.6;                    %A 律特性
```

```
for i = 1: length(x)
  if abs(x(i)) > 1/(1+log(A))
    y(i) = exp((1+log(A)) * abs(x(i))-1)/A;
  else
    y(i) = abs(x(i)) * (1+log(A))/A;
  end
end
y = y .* sign(x);
```

运行本例程序，可得量化电平数分别为16、64和128时的SQNR分别为14.0697 dB、26.1471 dB、32.1358 dB，量化误差与输入—输出关系分别如图5-3-6、图5-3-7和图5-3-8所示。与例5-3-2中的均匀PCM相比，可见相同量化电平数情况下非均匀PCM的性能比均匀PCM的差。出现这种结果的原因是这里的输入为标准高斯随机变量，其动态范围不够大。

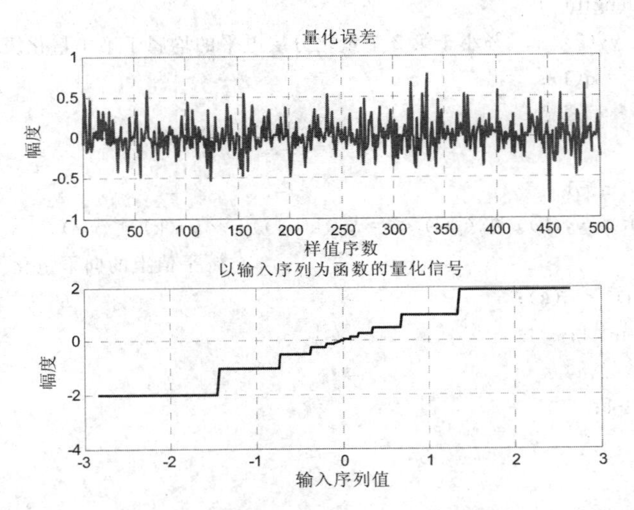

图5-3-6 标准高斯随机变量16电平A律非均匀PCM的量化误差与输入—输出关系

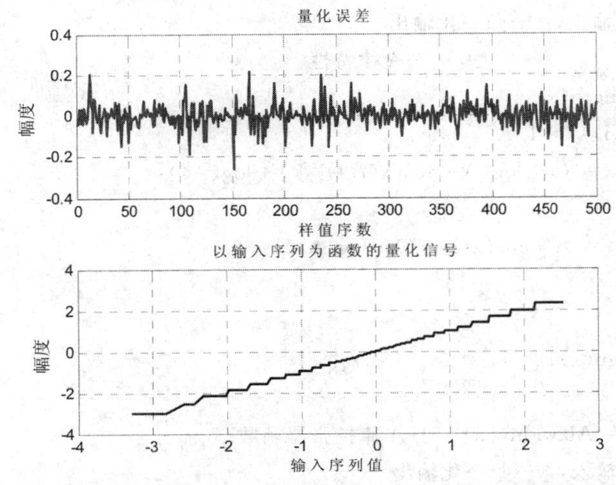

图5-3-7 标准高斯随机变量64电平A律非均匀PCM的量化误差与输入—输出关系

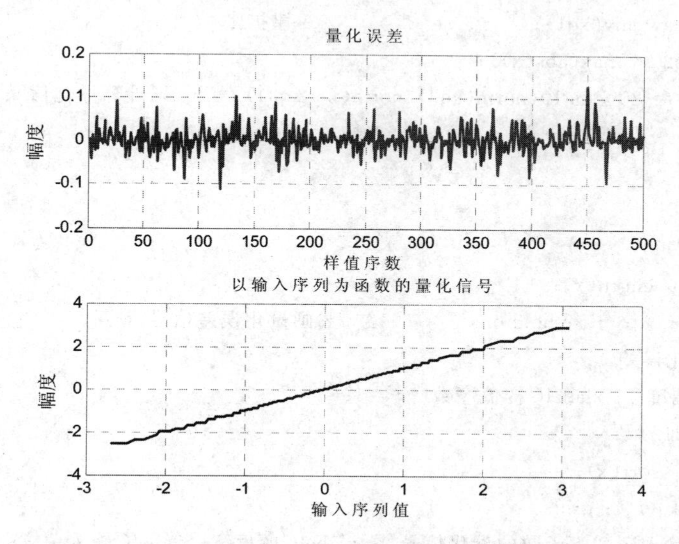

图 5-3-8　标准高斯随机变量 128 电平 A 律非均匀 PCM 的量化误差与输入—输出关系

例 5-3-4　编程产生长度为 500 的非平稳序列，由两部分组成：前 50 个样本是均值为零、方差为 400 的高斯随机变量序列；其余 450 个样本是零均值、单位方差的高斯随机变量序列。这个序列分别用量化电平数为 16 的均匀 PCM 和 $A=87.6$ 的 A 律非均匀 PCM 量化器进行量化，比较两种情况下所得的 SQNR，画出每种情况下量化器的量化误差和输入—输出关系。

解　综合前面两个例子的处理方法，完成本例编程。

本例 MATLAB 参考程序如下：

```
%产生不同方差的高斯随机变量序列
sigma1 = 400;
sigma2 = 1;
num1 = 50;
num2 = 500-num1;
x1 = sqrt(sigma1) .* randn(1, num1);
x2 = sqrt(sigma2) .* randn(1, num2);
x = [x1 x2];
n = 16;                                    %量化电平数

%均匀 PCM
[xq, code_n, delta] = unipcm(x, n);
Nq = delta^2 /12;
Sq = (norm(xq))^2 /length(xq);
sqnr_uni = 10 * log10(Sq/Nq)               %计算量化信噪比

%A=87.6 的 A 律非均匀 PCM
xx = x./max(abs(x));                       %归一化处理
xq1 = Alaw_non_unipcm(xx, n);
```

```
xq2 = Alaw_inv(xq1);                    %A 律扩张
xq3 = xq2 * max(abs(x));
sqnr_non = 20 * log10(norm(xq3)/norm(x-xq3))        %计算量化信噪比

%画图
figure(1)
subplot(211)
t = 1: 1: length(x);
plot(t, x-xq, 'r'); hold on             %画量化误差信号
title('量化误差');
ylabel('幅度'); xlabel('样值序数');
subplot(212)
[xi, I] = sort(x);
plot(xi, xq(I)); grid
title('以输入序列为函数的量化信号'); ylabel('幅度'); xlabel('输入值');

figure(2)
subplot(211)
plot(t, x-xq3, 'r'); hold on            %画量化误差信号
title('量化误差'); ylabel('幅度'); xlabel('样值序数');
subplot(212)
[xi1, I] = sort(x);
plot(xi1, xq3(I)); grid
title('以输入序列为函数的量化信号'); ylabel('幅度'); xlabel('输入值');
```

运行本例程序，相同量化电平数情况下均匀 PCM 和非均匀 PCM 的 SQNR 分别为 11.2966 dB 和 12.8756 dB。量化误差与输入—输出关系分别如图 5-3-9 和图 5-3-10 所示。在本例输入信号情况下，非均匀 PCM 的性能稍优于均匀 PCM 的。

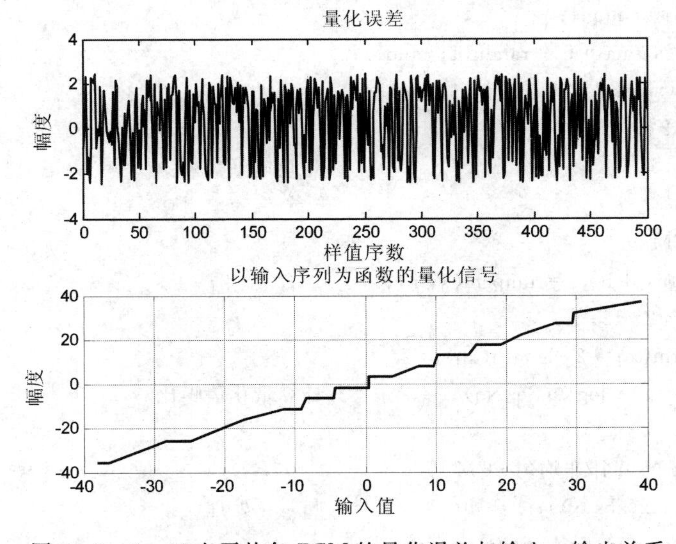

图 5-3-9　16 电平均匀 PCM 的量化误差与输入—输出关系

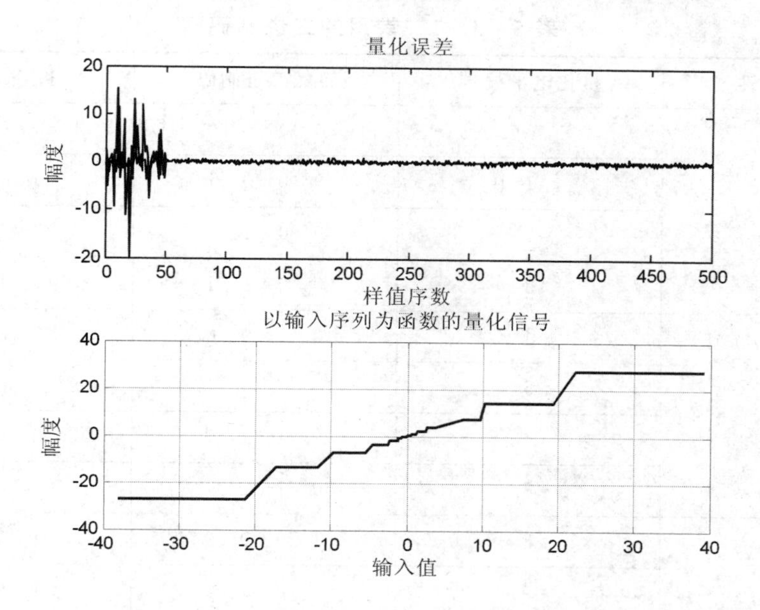

图 5-3-10 16电平 A 律($A=87.6$)非均匀 PCM 的量化误差与输入—输出关系

在非均匀 PCM 中，输入信号量化后除了可将量化值以自然二进制码表示外，还常常以折叠二进制码表示。折叠二进制码是一种符号幅度码。左边第1位表示信号的极性，信号为正值时用“1”表示，信号为负值时用“0”表示；第2位至最后一位表示信号的幅度。由于正、负绝对值相同，折叠码的上半部分与下半部分相对于零电平对称折叠，故称其为折叠码。折叠二进制码中的幅度码是按自然二进制码规则对信号幅度从小到大进行编码获得的。与自然二进制码相比，折叠二进制码的一个优点是对于语音这样的双极性信号，只要绝对值相同，则可采用单极性信号的编码方法，使编码过程大大简化；另一个优点是在传输中出现的误码对小信号的影响较小。例如当误码发生在小信号时，假如由1000错为0000，从表5-3-1可见，自然二进制码由8错为0，误差为8个量化间隔，而折叠二进制码的误差为1个量化间隔。但当误码发生在大信号时，假如由1111错成0111，则自然二进制码的误差为8个量化间隔，折叠二进制码的误差为15个量化间隔。显然，大信号时误码对折叠二进制码的影响较大，这是折叠二进制码的一个缺点。折叠二进制码中误码对小信号的影响较小这一特性对语音信号处理来讲是尤为重要的，因为语音信号中小幅度信号出现的概率比大幅度信号的大得多，其信号处理的着眼点为小信号的传输效果。在 PCM 通信系统中，折叠二进制码比自然二进制码优越，被用作 A 律13折线 PCM30/32 路基群设备中的信号码型。

在进行非均匀量化编码时，码位数的选择不仅关系到通信质量的好坏，而且还涉及设备的复杂程度。码位数的多少，直接决定了量化分层区间的多少。在信号变化范围一定时，用的码位数越多，量化分层越细，量化误差越小，通信质量当然就越好。但码位数越多，设备越复杂，同时还会使总的传码率增加，传输带宽加大。一般来讲，从满足语音信号的可理解度来说，采用3～4位非均匀量化编码就可以了，若增至7～8位，通信质量就比较理想了。

表 5-3-1　常用的二进制码

抽样值极性	量化电平编号	自然二进制码	折叠二进制码
负极性部分	0	0 0 0 0	0 1 1 1
	1	0 0 0 1	0 1 1 0
	2	0 0 1 0	0 1 0 1
	3	0 0 1 1	0 1 0 0
	4	0 1 0 0	0 0 1 1
	5	0 1 0 1	0 0 1 0
	6	0 1 1 0	0 0 0 1
	7	0 1 1 1	0 0 0 0
正极性部分	8	1 0 0 0	1 0 0 0
	9	1 0 0 1	1 0 0 1
	10	1 0 1 0	1 0 1 0
	11	1 0 1 1	1 0 1 1
	12	1 1 0 0	1 1 0 0
	13	1 1 0 1	1 1 0 1
	14	1 1 1 0	1 1 1 0
	15	1 1 1 1	1 1 1 1

对13折线非均匀量化后的信号进行的编码通常称为13折线编码，它普遍采用了8位折叠二进制码。13折线量化共设置量化电平256个，所以每个量化电平要用8位二进制码表示。设8位折叠二进制码为 $C_1\ C_2\ C_3\ C_4\ C_5\ C_6\ C_7\ C_8$，各位安排如下：

极性码	段落码	段内码
C_1	$C_2C_3C_4$	$C_5C_6C_7C_8$

第1位码 C_1 的取值“1”“0”分别表示信号的正、负极性，称为极性码。$C_1=1$ 表示信号极性为正，$C_1=0$ 表示信号极性为负。当然，也可采用相反的表示方法，不过通常按此法表示。对于正、负对称的双极性信号，在极性判决后被整流(相当于取绝对值)，此后对信号的幅度值进行编码，因此只需考虑13折线中正方向的8段折线就行了。这8段折线共包含128个量化级，正好用剩下的7位幅度码 $C_2\ C_3\ C_4\ C_5\ C_6\ C_7\ C_8$ 表示。第2至4位码 $C_2\ C_3\ C_4$ 为段落码，表示量化信号的幅度值处在哪个段落，3位二进制共有8种组合，分别表示8个段落号，3位二进制码与段落号的对应关系如表5-3-2所示。第5至8位码 $C_5\ C_6\ C_7\ C_8$ 为段内码。每一段落内被等间隔分成16个量化级，每个量化级内设置一个量化电平，共16个量化电平，落在某一级内的所有样值都用该级内的量化电平所代替，所以编码时只要知道抽样值落在哪个量化级即可。这4位段内码的16种组合就用来分别代表每一段落内的16个均匀划分的量化级，其与16个量化级间的对应关系如表5-3-3所示。

表 5-3-2　段落码

段落号	段落码 $C_2C_3C_4$
0	0 0 0
1	0 0 1
2	0 1 0
3	0 1 1
4	1 0 0
5	1 0 1
6	1 1 0
7	1 1 1

表 5-3-3　段内码

量化级号	段内码 $C_5C_6C_7C_8$	量化级号	段内码 $C_5C_6C_7C_8$
0	0 0 0 0	8	1 0 0 0
1	0 0 0 1	9	1 0 0 1
2	0 0 1 0	10	1 0 1 0
3	0 0 1 1	11	1 0 1 1
4	0 1 0 0	12	1 1 0 0
5	0 1 0 1	13	1 1 0 1
6	0 1 1 0	14	1 1 1 0
7	0 1 1 1	15	1 1 1 1

由此可见，13 折线非均匀 PCM 中抽样一次编 8 位码，需经三个步骤：

(1) 确定抽样值的极性；

(2) 确定抽样值的段落号；

(3) 确定抽样值在某段内的量化级号。

例 5-3-5　编程对模拟信源 $x(t)=\sin 2\pi t$ 进行 A 律 13 折线非均匀量化与 PCM 编码，经传输后接收端进行 PCM 译码，并画出原模拟信号波形及经 PCM 编码、译码后的波形。

解　依据前述量化与编码方法，完成本例程序。

本例 MATLAB 参考程序如下：

```
%产生模拟信源
T = 2;
t = 0 : 0.001 : T;
x = sin(2 * pi * t);
%抽样
```

```
fs = 10;                    %抽样频率
ts = 1/fs;
t1 = 0 : ts : T-ts ;
xs = sin(2 * pi * t1);      %抽样信号
%量化与编码
code8 = APCM8(xs);
M = 20;
for i = 1: length(code8)
  code_bx( (i-1) * M+1 : i * M )  = code8(i) * ones(1, M);    %编码信号波形
end
%译码
y = APCM_decode(code8) * max(abs(xs));    %译码输出量化信号
err_q = xs - y;                           %量化误差

%画图
subplot(311)
plot(t, x, 'r'); hold on                  %画模拟信源
plot(t1, xs, 'o'); grid                   %画抽样信号
axis([0 T -1.2 1.2]);
title('模拟信源与抽样信号');
legend('模拟信源', '抽样信号')
ylabel('幅度'); xlabel('t (s)');

subplot(312)
k = 8;
tm = ts/k/M;
t2 = 0 : tm : T-tm;
plot(t2, code_bx); hold on                %画编码输出波形
tk = ts/k;
t3 = 0 : tk : T-tk;
plot(t3, code8, 'ro'); grid
axis([0 T -0.2 1.2])
title('编码波形'); legend('编码输出波形', '编码码字');
ylabel('幅度'); xlabel('t (s)');

subplot(313)
plot(t, x, 'r'); hold on                  %画模拟信源
plot(t1, y, 'o--'); grid                  %画译码输出的量化信号
axis([0 T -1.2 1.2]);
title('模拟信源与译码恢复信号');
legend('模拟信源', '译码恢复信号')
ylabel('幅度'); xlabel('t (s)');
```

```
%------------------------------------------------------------------------
function[code] = APCM8(x)
%A 律 13 折线 PCM 编码，输出 8 位码
%参数设置
  code_length = 8 * length(x);
  code = zeros(1, code_length);
  xmax = max(abs(x));
  xx = abs(x)./xmax;        %幅度归一化
  delta = 1/2048;           %最小量化间隔
  xq = xx ./ delta;         %以最小量化间隔形式表示输入样值的幅度
  x_q1=[0 1/2^7 1/2^6 1/2^5 1/2^4  1/2^3  1/2^2  1/2 1]./delta; %段落分层电平
  x_q2 = [1 1 2 4 8 16 32 64];                              %每段内的量化台阶
%量化与编码
  for i = 1: length(x)
  %第 1 位 C1—极性码：x>=0, C1=1; x<0, C1=0
    if x(i) >= 0
      code((i-1) * 8+1) = 1;
    else
      code((i-1) * 8+1) = 0;
    end
  %第 2~4 位 C2C3C4—段落码
    if xq(i) <= x_q1(2)       %小于等于第 2 个段落分层电平的均属于第 0 段落
      index(i) = 0;
    end
    k = 2;
    while k <= 8
      if (xq(i) > x_q1(k)) & (xq(i) <= x_q1(k+1))   %x_q1(k) < abs(x(i)) ≤ x_q1(k+1),
                                                    %位于分层电平值上的向下量化
        index(i) = k-1;
        k = 9;
      else
        k = k+1;
      end
    end
    code( (i-1) * 8+2 : (i-1) * 8+4 ) = de2bi(index(i), 3, 'left-msb');      %段落码
  %第 5~8 位 C5C6C7C8—段内码
    M(i) = floor( ( xq(i)- x_q1(index(i)+1) )/x_q2(index(i)+1) );
    if M(i) == 16        %对于位于段落分层电平值上的样值，向下量化
      M(i) = 15;
    end
    code( (i-1) * 8+5 : (i-1) * 8+8 ) = de2bi(M(i), 4, 'left-msb');      %段内码
end
```

```
%-----------------------------------------------------------
function[y] = APCM_decode(code)
%A 律 13 折线 PCM 编码译码，输出归一化量化电平值
delta = 1/2048;              %最小量化间隔
x_q1=[0 1/2^7  1/2^6  1/2^5  1/2^4  1/2^3  1/2^2 1/2  1]./delta;   %段落分层电平
x_q2 = [1 1 2 4 8 16 32 64];                                       %每段内的量化台阶
for i = 1:length(code)/8
  d_index(i) = bi2de( code( (i-1) * 8+2:(i-1) * 8+4),'left-msb'); %段落号 0~7
  j_index(i) = bi2de( code( (i-1) * 8+5:(i-1) * 8+8),'left-msb'); %段内量化级 0~15
  temp = x_q1(d_index(i)+1) + x_q2(d_index(i)+1) * j_index(i) + x_q2(d_index(i)+1)/2;
  if code((i-1) * 8+1) == 1
    y(i) = temp;
  else
    y(i) = -temp;
  end
end
y = y . * delta;
```

运行本例程序，输出原模拟信号波形及经 PCM 编码、译码后的波形，如图 5-3-11 所示。

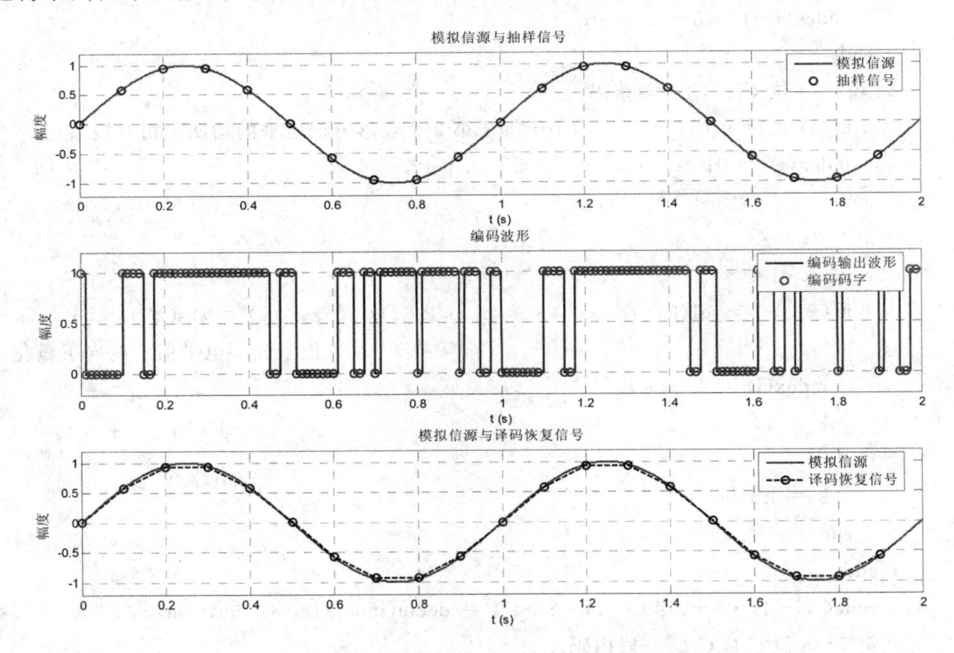

图 5-3-11 原模拟信号波形及经 PCM 编码、译码后的波形

5.4 增量调制(ΔM)

增量调制是继 PCM 后出现的另一种语音信号数字化方法，其目的在于简化语音编码方法。不难想到，对于一个语音信号，如果抽样速率很高(远大于奈奎斯特速率)，抽样间

隔很小，那么相邻抽样值之间的幅度变化不会很大，相邻抽样值的相对大小(差值)同样能反映模拟信号的变化规律。若对这些差值进行编码传输，同样可传输模拟信号所包含的信息。此即差分脉冲编码调制(DPCM)的基本思想。此差值又称"增量"，其值可正可负。用1位代码来表示该差值正、负的差分编码方法，称为"简单增量调制"，缩写为DM(Delta Modulation)或ΔM，可看做DPCM的一个重要特例。在ΔM中，用一位编码表示相邻抽样值的相对大小，从而反映出抽样时刻波形的变化趋势，与抽样值本身的大小无关。需要注意的是，虽然ΔM与PCM都是用二进制码表示模拟信号的编码方式，但是在PCM中代码表示的是抽样值本身的大小，所需码位数较多，进而使得编译码设备相对比较复杂。

与PCM相比，ΔM的编译码器比较简单，低比特率时的量化信噪比相对较高，对数字通信系统的误码率要求也较低，因而在军事和工业部门的主要通信网和卫星通信中得到了广泛应用，近年来在高速超大规模集成电路中也常用于A/D转换器。

5.4.1　ΔM编译码的基本思想

在ΔM编码原理中，是对前后抽样值的差值进行量化编码，而在实际实现时通常是对当前抽样值与前一个抽样值的量化电平间的差值进行量化编码的。如果当前抽样值大于前一抽样值的量化电平，则差值被量化为$+\delta$，编码输出"1"，当前抽样值的量化电平等于前一抽样值的量化电平加上δ，也就是在前一抽样值量化电平的基础上上升一个台阶δ；反之，如果当前抽样值小于前一抽样值的量化电平，则差值被量化为$-\delta$，编码输出"0"，当前抽样值的量化电平等于前一抽样值的量化电平减去δ，也就是在前一抽样值量化电平的基础上下降一个台阶δ。ΔM编码原理示意图如图5-4-1所示。图中$m(t)$代表时间连续变化的模拟信号，抽样间隔为t_s，抽样速率为$f_s=1/t_s$。由图可见，在0时刻，信号的抽样值比前一时刻抽样值的量化电平小(前一时刻抽样值的量化电平标在图的纵轴上)，所以编码输出"0"，同时量化电平下降一个δ；同样在t_s时刻，信号的抽样值小于0时刻抽样值的量化电平值，编码输出"0"，同时t_s时刻的量化电平值在0时刻量化电平值的基础上再下降一个δ。依此类推，可得到每个抽样时刻抽样值的量化电平及其编码输出。如图5-4-1所示的模拟信号$m(t)$在各个抽样时刻的编码输出序列为0001111100000，由各抽样值的量化电平所确定的波形呈阶梯状，称为阶梯波，记为$m_1(t)$。由图可见，只要抽样间隔t_s和台阶δ都足够小，则阶梯波$m_1(t)$和原模拟信号$m(t)$将会相当接近，所以可以用$m_1(t)$来逼近$m(t)$，即用阶梯波$m_1(t)$近似代替原模拟信号$m(t)$。$m_1(t)$是$m(t)$的量化信号，两者之间的差值即为量化误差。量化信号$m_1(t)$可用一串二进制码元序列表示(如图中波形编码为0001111100000)，即$m_1(t)$上升一个台阶δ，编码输出"1"；$m_1(t)$下降一个台阶δ，编码输出"0"，这样就可完成模拟信号到数字信号的转换。阶梯波$m_1(t)$有两个特点：第一，在每个抽样间隔t_s内，$m_1(t)$的幅值不变；第二，相邻间隔的幅值差不是$+\delta$(上升一个量化台阶)，就是$-\delta$(下降一个量化台阶)。当然，也可以用另一种形式的波形——锯齿波$m_2(t)$来逼近$m(t)$，如图5-4-1中虚线所示：按斜率δ/t_s上升一个台阶δ和按斜率$-\delta/t_s$下降一个台阶δ，用"1"码表示正斜率，用"0"码表示负斜率，同样可获得一个二进制编码序列。这两种近似波形在相邻抽样时刻，其波形幅度变化都只增加或减少一个固定的台阶δ，因此它们没有本质的区别。但由于锯齿波$m_2(t)$在电路上更容易实现，因此，在工程实现中通常采用它来近似$m(t)$。

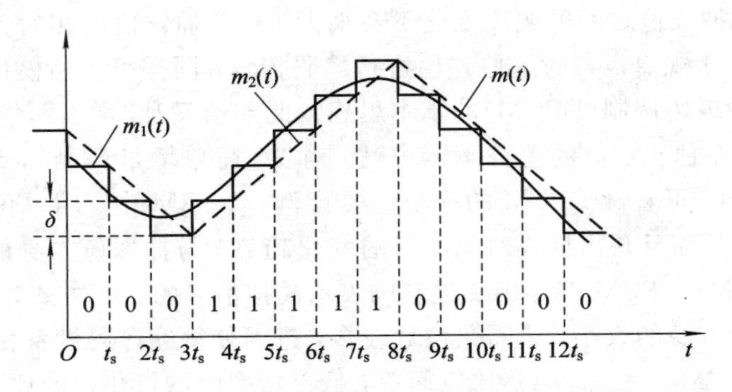

图 5-4-1　ΔM 编码原理示意图

与编码相对应，译码也有两种形式：一种是收到"1"码译码恢复信号上升一个台阶 δ（跳变），收到"0"码下降一个台阶 δ（跳变），这样可把二进制码经过译码后变为 $m_1(t)$这样的阶梯波，完成数字信号到模拟信号的转换；另一种是收到"1"码后产生一个正斜率电压，在 t_s时间内上升一个台阶 δ，收到"0"码后产生一个负斜率电压，在 t_s时间内下降一个台阶 δ，这样可把二进制码经过译码后变为如 $m_2(t)$这样的锯齿波。考虑到电路实现上的简易程度，一般都采用后一种方法。这种方法可用一个简单的 RC 积分电路把二进制码变为 $m_2(t)$这样的锯齿波，如图 5-4-2 所示。

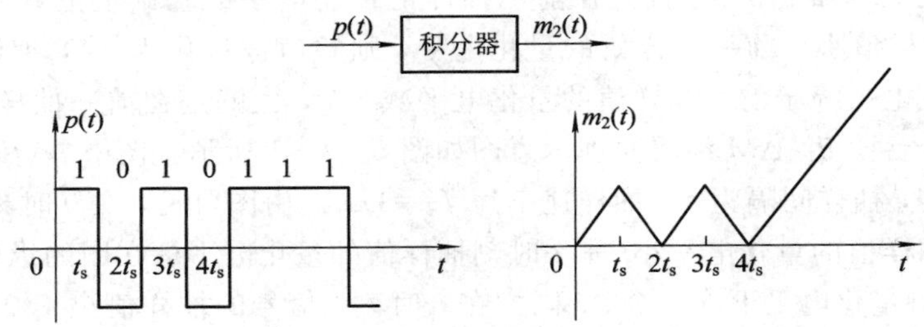

图 5-4-2　积分器译码原理

5.4.2　简单 ΔM 系统模型

从 ΔM 编译码的基本思想出发，可以组成一个如图 5-4-3 所示的简单 ΔM 系统框图。发送端编码器是由相减器、判决器、积分器及脉冲发生器（极性变换电路）组成的一个闭环反馈电路。其中，相减器的作用是取出差值 $e(t)=m(t)-m_2(t)$，判决器也称比较器或数码形成器，其作用是对差值 $e(t)$的极性进行识别和判决，以便在抽样时刻输出二进制编码（增量码）$c(t)$，即如果在给定抽样时刻 t_i上，有

$$e(t_i)=m(t_i)-m_2(t_i)>0 \tag{5-4-1}$$

则判决器输出"1"码；如有

$$e(t_i)=m(t_i)-m_2(t_i)<0 \tag{5-4-2}$$

则输出"0"码。积分器和脉冲发生器组成本地译码器，其作用是根据二进制编码信号 $c(t)$，形成近似信号 $m_2(t)$，即 $c(t)$为"1"码时 $m_2(t)$上升一个台阶 δ，$c(t)$为"0"码时下降一个台阶 δ，并送到相减器与 $m(t)$进行幅度比较。需要注意的是，若用阶梯波 $m_1(t)$作为近似信号，则抽样时刻 t_i应改为 t_i^-，表示 t_i时刻的前一瞬间，即相当于译码恢复波形跃变点的前

一瞬间。在 t_i^- 时刻，锯齿波与阶梯波有完全相同的值。在该编码实现过程中，实际上是对当前的抽样值与由本地译码器产生的近似信号样值的差值进行编码处理的，而不是按前述的 ΔM 编码原理中对前后抽样值的差值直接进行编码的。

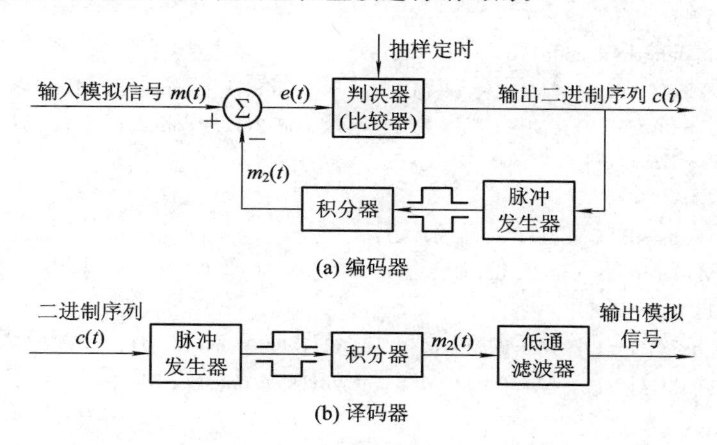

图 5－4－3　简单 ΔM 系统框图

接收端译码器由脉冲产生器、积分器和低通滤波器组成。其中，脉冲产生器和积分器的作用与发送端的本地译码器相同，将接收到的二进制编码信号 $c(t)$ 转换成近似信号 $m_2(t)$；低通滤波器的作用是滤除 $m_2(t)$ 中的高频成分(即平滑波形)，使滤波后的信号更加接近于原模拟信号 $m(t)$。

例 5－4－1　编程对模拟信源 $x(t)=\sin 100\pi t+0.4\sin 200\pi t$ 进行 ΔM 编码。假设抽样间隔为 1 ms，量化台阶为 $\delta=0.3$，译码器初始值为 0。画出原模拟信号波形经 ΔM 编码、译码后的波形。

解　本例中分别考虑了比较前后抽样值直接进行量化编码的 ΔM 实现(ΔM 原理)与比较当前抽样值和前一抽样值的量化电平值进行量化编码的 ΔM 实现(ΔM 实际实现)两种情况。运行程序可观察到两种不同情况下的输出是不一样的，其中后者带来的量化误差更小，故实际实现时通常采用此方法，而不是对原理的直接实现(即前者)。读者可根据运行结果进一步思考其原因。调整程序中量化台阶和抽样速率的大小，可观察到过载量化噪声的变化。

本例 MATLAB 参考程序如下：

```
%产生模拟信源
T = 0.05;
t = 0 : 0.0001 : T;
x = sin(100 * pi * t) + 0.4 * sin(200 * pi * t);

%抽样
fs = 1000;           %抽样频率
ts = 1/fs;
t1 = 0 : ts : T-ts;
xs = sin(100 * pi * t1) + 0.4 * sin(200 * pi * t1);
%量化与编码
```

```
delta_x = 0.3;          %量化台阶
A = 0;                  %译码初值
[x_code1, x_code2] = DM(xs, delta_x, A);
M = 20;
for i = 1: length(x_code1)
    code_bx1( (i-1) * M+1 : i * M )  = x_code1(i) * ones(1, M);
    code_bx2( (i-1) * M+1 : i * M )  = x_code2(i) * ones(1, M);
end
%译码
y1 = DM_decode(x_code1, delta_x, A);
y2 = DM_decode(x_code2, delta_x, A);
for i = 1: length(y1)
    qua_bx1( (i-1) * M+1 : i * M )  = y1(i) * ones(1, M);
    qua_bx2( (i-1) * M+1 : i * M )  = y2(i) * ones(1, M);
end

%量化误差
err_q1 = xs - y1;
err_q2 = xs - y2;

%画图
subplot(411)
plot(t, x, 'r'); hold on                %画模拟信源
plot(t1, xs, 'o');                      %画抽样信号
title('模拟信源与抽样信号');
ylabel('幅度'); xlabel('t (s)');
legend('模拟信源','抽样信号')

subplot(412)
tm = ts/M;
t2 = 0 : tm : T-ts-tm;
plot(t2, code_bx1); hold on             %画编码输出波形
t0 = ts : ts : T-ts;
plot(t0, x_code1, 'ro');                %画输出代码
axis([0 T -0.2 1.2])
title('前后样值比较的量化编码波形');
ylabel('幅度'); xlabel('t (s)');
legend('编码输出波形','编码码字')

subplot(413)
plot(t2, code_bx2); hold on             %画编码输出波形
plot(t0, x_code2, 'ro');                %画输出代码
axis([0 T -0.2 1.2])
```

```
title('当前样值与前一样值的量化值比较的量化编码波形');
ylabel('幅度'); xlabel('t (s)');
legend('编码输出波形', '编码码字')

subplot(414)
plot(t, x, 'r'); hold on                    %画模拟信源
t3 = 0 : tm : T-tm;
plot(t3, qua_bx1, '--'); hold on   %画量化输出信号
plot(t3, qua_bx2, 'g-.'); hold on  %画量化输出信号
title('模拟信源与译码恢复信号');
legend('模拟信源', '前后样值比较的量化输出信号', '当前样值与前一样值的量化值比较的量
       化输出信号')
ylabel('幅度'); xlabel('t (s)');
%-------------------------------------------------------
function[code1, code2] = DM(x, delta_x, A)
%简单增量调制——量化与编码
%前后抽样值比较量化编码
temp1 = x(2: end) - x(1: end-1);        %前后抽样值比较
code1 = (1+sign(temp1))/2;              %样值差>0, c=1; 样值差<0, c=0
%当前抽样值与前一样值的量化值比较量化编码
y(1) = A;           %译码初值
for i = 2: length(x)
  temp2(i-1) = x(i) - y(i-1);
  code2(i-1) = (1+sign(temp2(i-1)))/2;      %样值差>0, c=1; 样值差<0, c=0
  if code2(i-1) == 1
    y(i) = y(i-1) + delta_x;
  else
    y(i) = y(i-1) - delta_x;
  end
end
%-------------------------------------------------------
function[y] = DM_decode(x_code, delta_x, A)  %简单增量调制——译码
y(1) = A;           %译码初值
for i = 1: length(x_code)
  if x_code(i) == 1
    y(i+1) = y(i) + delta_x;
  else
    y(i+1) = y(i) - delta_x;
  end
end
```

运行本例程序，输出原模拟信号波形及经 ΔM 编码、译码后的波形，如图 5-4-4 所示。

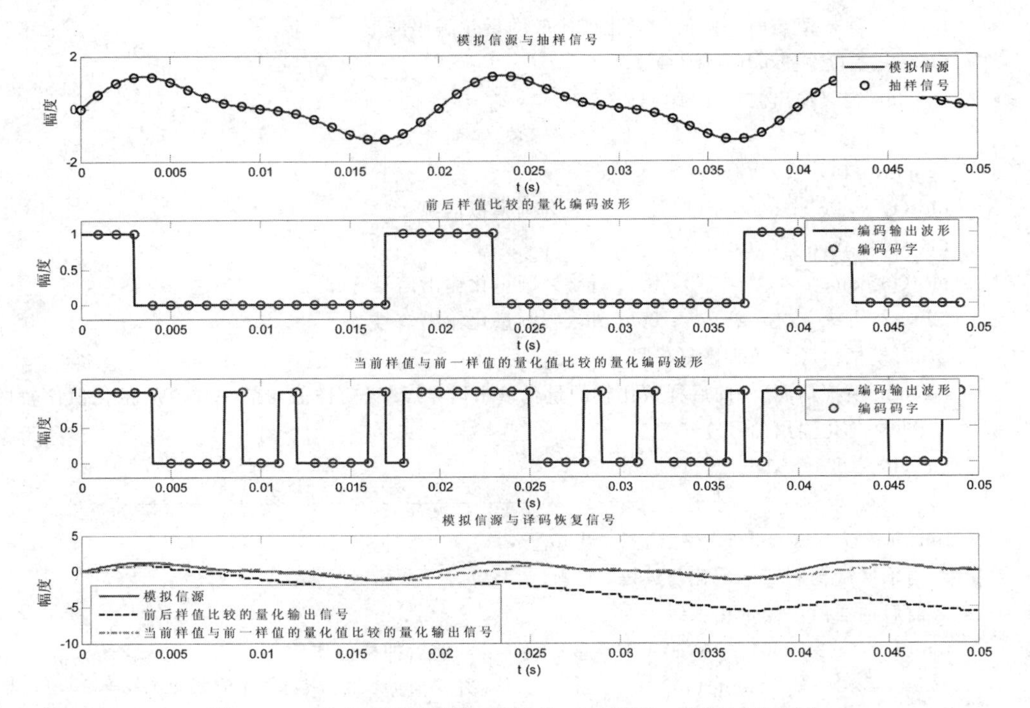

图 5-4-4　原模拟信号波形及经 ΔM 编码、译码后的波形

习　题

5-1　用一个均匀量化器对零均值、单位方差的高斯信源输出进行量化，假设该量化器在区间[−10, 10]内作均匀量化。假定量化电平设在各个量化区域的中间点，求量化电平数 N=4、5、6、7、8、9 和 10 时，量化噪声功率随量化电平数 N 的变化关系图。

5-2　周期信号 $x(t)$的周期为 2，在区间[0, 2]内定义为

$$x(t)=\begin{cases} t & 0\leqslant t\leqslant 1 \\ -t+2, & 0\leqslant t\leqslant 1 \end{cases}$$

(a) 对这个信号设计一个 8 电平的均匀 PCM 量化器，画出这个系统的量化输出信号；

(b) 画出该系统的量化误差曲线；

(c) 通过计算误差信号的功率，求该系统的 SQNR(以 dB 计)；

(d) 用 16 电平均匀 PCM 系统重作(a)、(b)和(c)这 3 个步骤。

5-3　产生 1000 个零均值、方差为 1 的高斯随机序列，为这个序列设计 4、8、16、32 和 64 电平的均匀 PCM，计算 SQNR(以 dB 计)，并画出 SQNR 随量化器电平数的变化关系图。

5-4　用 A=87.6 的 A 律非均匀 PCM 重作 5-2 题。

5-5　用 A=87.6 的 A 律非均匀 PCM 重作 5-3 题。

第6章 信道编码

信道编码又称差错控制编码，即利用编码和译码的方法控制数字通信系统信息比特差错概率的大小，以便达到设计指标。信道编码技术是提高数字信息传输可靠性的有效方法之一，它产生于20世纪50年代，发展于60年代，在70年代趋于成熟。本章主要介绍常用的检错码、线性分组码、卷积码、Turbo码和LDPC码的编译码原理及其计算机仿真。

6.1 概　　述

6.1.1 差错控制方式

由于数字信号在传输过程中受到干扰的影响，信号码元波形变坏，故传输到接收端后可能发生错误判决。通常在设计数字通信系统时，首先应从合理地选择调制方式、解调方式以及发送功率等方面考虑。若采取上述措施仍难以满足要求，则就要考虑采用一定的差错控制措施了。从差错控制角度看，按干扰引起的错码分布规律的不同，信道可以分为三类，即随机信道、突发信道和混合信道。在随机信道中，错码的出现是随机的，且错码之间是统计独立的。例如，由正态分布的白噪声引起的错码就具有这种性质。因此，当信道中的干扰主要是这种噪声时，就称这种信道为随机信道。在突发信道中，错码是成串集中出现的，也就是说，在一些短促的时间区间内会出现大量错码，而在这些短促的时间区间之间却又存在较长的无错码区间。这种成串出现的错码称为突发错码。产生突发错码的主要原因之一是脉冲干扰，信道中的衰落现象也是产生突发错码的另一主要原因。当信道中的干扰主要是这种干扰时，便称这种信道为突发信道。把既存在随机错码又存在突发错码，且哪一种错又都不能忽略不计的信道，称为混合信道。对于不同类型的信道，应采用不同的差错控制技术。

常用的差错控制方法有以下几种：

(1) 检错重发法(ARQ)。接收端在收到的信码中检测出错码时，设法通知发送端重发，直到收到正确的为止。所谓检测出错码，是指在若干接收码元中知道有一个或多个是错码，但不一定知道该错码的准确位置。采用这种差错控制方法需要具备双向信道。

(2) 前向纠错法(FEC)。接收端不仅能在收到的信码中发现错码，而且还能够纠正错码。对于二进制系统，如果能够确定错码的位置，就能够纠正它。这种方法不需要反向信道(传递重发指令)，也不存在由于反复重发而延误时间，实时性好。但是纠错设备要比检错设备复杂。

(3) 反馈校验法(IF)。接收端将收到的信码原封不动地转发回发送端，并与原发送信码相比较。如果发现错误，则发送端进行重发。这种方法原理和设备都较简单，但需要有双向信道；因为每一信码都相当于至少传送了两次，所以传输效率较低。

上述三种差错控制方法可以结合使用，例如，检错和纠错结合使用；当出现少量错码并在接收端能够纠正时，即用前向纠错法纠正；当错码较多而超过纠正能力但尚能检测时，就采用检错重发法。此外，在某些特定场合，可采用检错删除，即接收端将其中存在错误的部分码元删除，不送给输出端。此法适用于信息内容有大量多余度或多次重复发送的场合。在上述三种方法中，前两种方法的共同点都是在接收端识别有无错码。那么，接收端根据什么来识别呢？由于信息码元序列是一种随机序列，接收端是无法预知的(如果预先知道，就没有必要发送了)，也无法识别其中有无错码。为了解决这个问题，可以由发送端的信道编码器在信息码元序列中增加一些监督码元。这些监督码和信码之间形成一定关系，接收端可以利用这种关系由信道译码器来发现或纠正可能存在的错码。

6.1.2 信道编码的基本原理及相关概念

1. 信道编码的纠、检错原理

信道编码的基本思想是在被传输信息中增加一些监督码元，使监督码元和信息码元间拥有一定的关系(规律)，接收端利用监督码元和信息码元之间的这种关系加以检验，以检测和纠正错误。下面举例说明信道编码的纠、检错原理。

设发送端发送 A 和 B 两种消息，要表示 A、B 两种消息只需要一位编码，即可用“0”表示 A，用“1”表示 B。这种编码无冗余度，效率最高，但同时它也无抗干扰能力。若在传输过程中发生误码，即“1”错成“0”或“0”错成“1”，接收端无法判断收到的码元是否发生错误，因为“1”和“0”都是发送端可能发送的码元，所以这种编码方法无纠、检错能力，如图 6-1-1(a)所示。

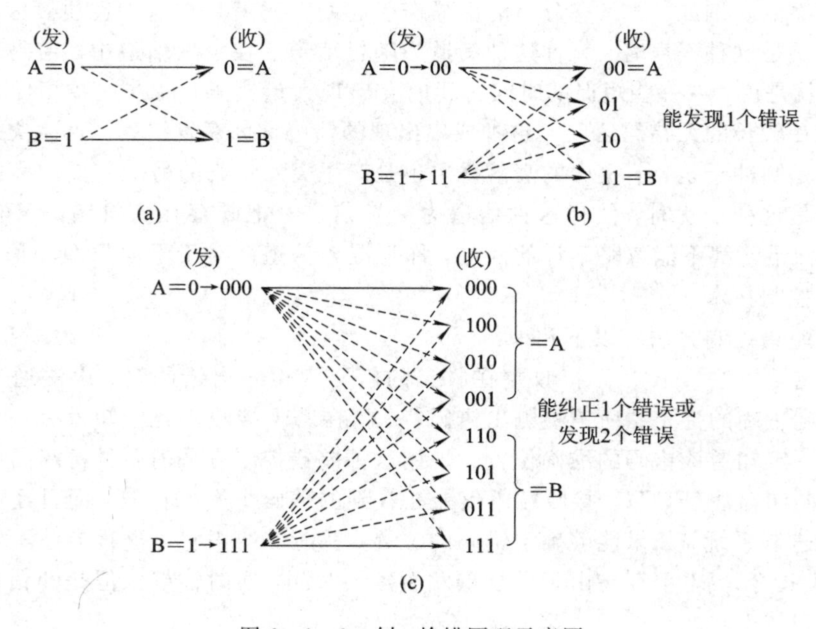

图 6-1-1 纠、检错原理示意图

若增加 1 位监督元，增加的监督元与信息码元相同，即用“00”表示消息 A，用“11”表示消息 B，如传输过程中发生 1 位错误，则“11”变成“01”或“10”，“00”变成“01”或“10”，此时接收端能发现这种错误，因为发送端没有发送“01”或“10”。但它不能纠错，因为“11”和“00”出现 1 位错误时都有可能变成“01”或“10”，所以当接收端收到“01”或“10”时，它无法确定发送端发送的是“11”还是“00”，如图 6-1-1(b)所示。

若增加 2 位监督码元，监督码元仍和信息码元相同，即用“000”表示消息 A，用“111”表示消息 B，则可以纠正传输过程中出现的 1 位错误。如发送端发送“111”，传输中出现 1 位错误，设接收端收到“110”，此时显然能发现这个错误，因为发送端只可能送“111”或“000”。再根据“110”与“111”“000”的相似程度，将“110”翻译为“111”，这样“110”中的 1 位错误就得到了纠正。如果“111”在传输过程中出现 2 位错误，接收端收到“100”或“010”，或“001”，因为它们既不代表消息 A，也不代表消息 B，于是接收端能发现出了错误，但无法纠正这 2 位错误；如果一定要纠错的话，根据相似度来判定会将“100”“010”或“001”翻译成“000”，显然这样纠错没成功，如图 6-1-1(c)所示。

上述增加冗余的过程，即为信道编码，从该例子可见增加冗余度能提高信道编码的纠、检错能力。对于按分组传输的二进制数字信息，每 k 个二进制位(码元)为一组，称为信息组，经信道编码后转换成每 n 个二进制位为一组的码字(也称为码组)，信道编码过程为其增加 $n-k$ 位的冗余，称为监督码元。而对于 n 位长的码组，共有 2^n 个码字，其中只有 2^k 个用来表示要发送的信息，称为许用码组；其他的码字都称为禁用码组。

2. 信道编码的基本参数

下面分别介绍码长、码重、码距、最小码距和编码效率等基本参数的含义。

一个码字中码元的个数称为码字的长度，简称为码长，通常用 n 表示。如码字“11011”，码长 $n=5$。

码字中“1”码元的数目称为码字的重量，简称为码重，通常用 W 表示。如码字“11011”，码重 $W=4$。

两个等长码字之间对应码元不同的数目称为这两个码字的汉明距离，简称为码距，通常用 d 表示。如码字“11011”和“00101”之间有 4 个码元不同，故码距 $d=4$。由于两个码字对应位模 2 相加，对应码元不同的位必为 1，对应码元相同的位必为 0，所以两个码字对应位模 2 相加得到的新码组的重量就是这两个码字之间的距离。如：$11011 \oplus 00101 = 11110$，11110 的码重为 4，即码字“11011”与码字“00101”之间的码距为 4，此结果与前面得到的结果相同。

一个码通常由多个码字构成。码字集合中两两码字之间距离的最小值称为这个码的最小距离，通常用 d_0 表示；它决定了一个码的纠、检错能力，是一个极为重要的参数。

信息码元数与码长之比定义为编码效率，通常用 η 表示，其表达式为

$$\eta=\frac{k}{n} \tag{6-1-1}$$

编码效率是衡量码性能的又一个重要参数。编码效率越高，传信率越高，但此时纠、检错能力较弱，当 $\eta=1$ 时就没有纠、检错能力了。

3. 信道编码的纠、检错能力

一种信道编码的最小码距 d_0 的大小直接关系着该信道编码的检错和纠错能力，下面将

具体说明。

(1) 为检测 e 个错码，要求最小码距

$$d_0 \geqslant e+1 \tag{6-1-2}$$

(2) 为纠正 t 个错码，要求最小码距

$$d_0 \geqslant 2t+1 \tag{6-1-3}$$

(3) 为纠正 t 个错码，同时检测 e 个错码，要求最小码距

$$d_0 \geqslant e+t+1 \quad e>t \tag{6-1-4}$$

在解释此式之前，先来说明什么是“纠正 t 个错码，同时检测 e 个错码”(简称纠检结合)。在某些情况下，要求对于出现较频繁但错码数很少的码组，按前向纠错方式工作，以节省反馈重发时间；同时又希望对一些错码数较多的码组，在超过该码的纠错能力后，能自动按检错重发方式工作，以降低系统的总误码率。这种工作方式就是“纠检结合”。

在上述“纠检结合”系统中，差错控制设备按照接收码组与许用码组的距离自动改变工作方式。若接收码组与某一许用码组间的距离在纠错能力 t 范围内，则将按纠错方式工作；若与任何许用码组间的距离都超过 t，则按检错方式工作。

在简要讨论信道编码的纠(检)错能力之后，现在转过来分析采用差错控制编码的效用。假设在随机信道中发送“0”时的错误概率和发送“1”时的相等，都等于 p，且 $p<1$，则容易证明，在码长为 n 的码组中恰好发生 r 个错码的概率为

$$P_n(r)=\mathrm{C}_n^r p^r(1-p)^{n-r} \approx \frac{n!}{r!\,(n-r)!}p^r \tag{6-1-5}$$

例如，当码长 $n=7$，$p=10^{-3}$ 时，则有

$$P_7(1) \approx 7p=7\times10^{-3}$$

$$P_7(2) \approx 21p^2=2.1\times10^{-5}$$

$$P_7(3) \approx 35p^3=3.5\times10^{-8}$$

可见，采用差错控制编码，即使仅能纠正(或检测)这种码组中 1～2 个错误，也可以使系统误码率下降几个数量级。这就表明，即使是较简单的差错控制编码，也具有较大的实用价值。不过，在突发信道中，由于错码是成串集中出现的，故上述仅能纠正码组中 1～2 个错码的信道编码，其效用就不像在随机信道中那样显著了。

4. 信道编码的分类

信道编码有许多种分类方法，下面进行简要介绍：

(1) 根据监督码元与信息码元之间的关系，可以分为线性码和非线性码。若监督码元与信息码元之间的关系可用线性方程来表示，即监督码元是信息码元的线性组合，则称为线性码；反之，若两者之间不存在线性关系，则称为非线性码。

(2) 根据监督码元与信息码元之间关系所涉及的范围，可分为分组码和卷积码。分组码的各监督码元仅与本组的信息码元有关；而卷积码中的码元不仅与本组信息码元有关，而且还与前面若干组的信息码元有关。卷积码又称为连环码。线性分组码中，把具有循环移位特性的码称为循环码，否则称为非循环码。

(3) 根据码字中信息码元在编码前后是否发生变化，可分为系统码和非系统码。编码前后信息码元保持原样不变的称为系统码；反之称为非系统码。

(4) 根据码的用途，可分为检错码和纠错码。以检测(发现)错误为目的的码称为检错码，以纠正错误为目的的码称为纠错码。纠错码一定能检错，但检错码不一定能纠错。通常将纠、检错码统称为纠错码。

(5) 根据纠(检)错误的类型，可分为纠(检)随机错误码、纠(检)突发错误码和既能纠(检)随机错误同时又能纠(检)突发错误码。

(6) 根据码元取值的进制，可分为二进制码和多进制码。这里我们仅讨论二进制码。

6.2 线性分组码

6.2.1 线性分组码的编译码原理

由信道编码的分类可知，监督码元中仅与本组信息有关的码称为分组码；监督码元与信息码元之间的关系可以用线性方程表示的，称为线性码。所以在线性分组码中，一个码字中的监督码元只与本码字中的信息码元有关，而且这种关系可以用线性方程来表示。线性分组码通常记为(n, k)，n为码字长度，k为信息码元长度，$r=n-k$为监督码元长度。如(7，3)线性分组码的码长为7，一个码字内信息码元数为3，监督码元数为4。码字用$A=[a_6a_5a_4a_3a_2a_1a_0]$表示，若为系统码，前3位表示信息码元，后4位表示监督码元，监督码元与信息码元之间的关系可用如下线性方程组表示：

$$\begin{cases} a_3 = a_6 \quad\quad + a_4 \\ a_2 = a_6 + a_5 + a_4 \\ a_1 = a_6 + a_5 \\ a_0 = \quad\quad a_5 + a_4 \end{cases} \tag{6-2-1}$$

显然，当3位信息码元$a_6a_5a_4$给定时，根据式(6-2-1)即可计算出4位监督码元$a_3a_2a_1a_0$，然后由这7位构成一个码字输出。所以编码器的任务就是根据收到的信息码元，按编码规则计算监督码元，然后将由信息码元和监督码元构成的码字输出。注意本章中所有的“+”均指模2加，下面不再另行说明。

线性分组码有一个重要特点——封闭性，即码字集中任意两个码字对应位模2加后得到的组合仍然是该码字集中的一个码字。由该特点可知，线性分组码的最小码距必等于码字集中非全0码字的最小重量，它决定了该线性分组码的纠、检错能力。

1. 线性分组码的编码

下面我们仍以上述(7，3)线性分组码为例，用矩阵理论来讨论线性分组码的编码过程，并得到两个重要矩阵：监督矩阵$\boldsymbol{H}$和生成矩阵$\boldsymbol{G}$。

式(6-2-1)所示监督方程组可改写如下：

$$\begin{cases} a_6 \quad\quad + a_4 + a_3 \quad\quad\quad\quad = 0 \\ a_6 + a_5 + a_4 \quad\quad + a_2 \quad\quad = 0 \\ a_6 + a_5 \quad\quad\quad\quad + a_1 \quad = 0 \\ \quad\quad a_5 + a_4 \quad\quad\quad\quad + a_0 = 0 \end{cases}$$

写成矩阵形式，为

$$\begin{bmatrix}1&0&1&1&0&0&0\\1&1&1&0&1&0&0\\1&1&0&0&0&1&0\\0&1&1&0&0&0&1\end{bmatrix}\begin{bmatrix}a_6\\a_5\\a_4\\a_3\\a_2\\a_1\\a_0\end{bmatrix}=\begin{bmatrix}0\\0\\0\\0\end{bmatrix}$$

可简记为

$$\boldsymbol{H}\cdot\boldsymbol{A}^{\mathrm{T}}=\boldsymbol{0}^{\mathrm{T}} \tag{6-2-2}$$

两边转置，得

$$\boldsymbol{A}\cdot\boldsymbol{H}^{\mathrm{T}}=\boldsymbol{0} \tag{6-2-3}$$

其中，$\boldsymbol{A}^{\mathrm{T}}$ 是码字 $\boldsymbol{A}$ 的转置，$\boldsymbol{0}^{\mathrm{T}}$ 是零向量 $\boldsymbol{0}=[0\quad 0\quad 0\quad 0]$的转置，$\boldsymbol{H}^{\mathrm{T}}$ 是 $\boldsymbol{H}$ 的转置，$\boldsymbol{H}$ 为

$$\boldsymbol{H}=\begin{bmatrix}1&0&1&1&0&0&0\\1&1&1&0&1&0&0\\1&1&0&0&0&1&0\\0&1&1&0&0&0&1\end{bmatrix} \tag{6-2-4}$$

称为此(7，3)分组码的监督矩阵。(n，k)线性分组码的监督矩阵 $\boldsymbol{H}$ 由 r 行 n 列组成，$r=n-k$，且这 r 行是线性无关的。上述监督矩阵具有如下形式：

$$\boldsymbol{H}=[\boldsymbol{P}\boldsymbol{I}_r]$$

其中，$\boldsymbol{I}_r$ 为 $r\times r$ 的单位矩阵，$\boldsymbol{P}$ 是 $r\times k$ 的矩阵，这样的监督矩阵称为典型监督矩阵。对式(6-2-4)有

$$\boldsymbol{P}=\begin{bmatrix}1&0&1\\1&1&1\\1&1&0\\0&1&1\end{bmatrix}\qquad \boldsymbol{I}_r=\begin{bmatrix}1&0&0&0\\0&1&0&0\\0&0&1&0\\0&0&0&1\end{bmatrix}$$

若信息码元已知，可通过以下矩阵运算求出监督码元：

$$\begin{bmatrix}a_3\\a_2\\a_1\\a_0\end{bmatrix}=\boldsymbol{P}\cdot\begin{bmatrix}a_6\\a_5\\a_4\end{bmatrix} \tag{6-2-5}$$

或

$$[a_3\quad a_2\quad a_1\quad a_0]=[a_6\quad a_5\quad a_4]\cdot\boldsymbol{P}^{\mathrm{T}}$$

求出监督码元后，由信息码元和监督码元即可构成码字 $\boldsymbol{A}=[a_6\quad a_5\quad a_4\quad a_3\quad a_2\quad a_1\quad a_0]$。

为了更加直观，也可以用生成矩阵 $\boldsymbol{G}$ 来求码字。线性分组码(n，k)的典型生成矩阵 $\boldsymbol{G}$ 为

$$\boldsymbol{G}=[\boldsymbol{I}_k\boldsymbol{P}^{\mathrm{T}}] \tag{6-2-6}$$

它是一个 k 行 n 列的矩阵，其中 $\boldsymbol{I}_k$ 是 $k\times k$ 的单位矩阵。由此生成矩阵生成的码是系统码。

显然生成矩阵 $\boldsymbol{G}$ 可以由监督矩阵 $\boldsymbol{H}$ 确定。因此，与式(6-2-4)相对应的生成矩阵为

$$\boldsymbol{G}=\begin{bmatrix}1 & 0 & 0 & 1 & 1 & 1 & 0\\ 0 & 1 & 0 & 0 & 1 & 1 & 1\\ 0 & 0 & 1 & 1 & 1 & 0 & 1\end{bmatrix} \tag{6-2-7}$$

当信息码元给定时，由生成矩阵求码字的方法是

$$\boldsymbol{A}=\boldsymbol{M}\cdot\boldsymbol{G} \tag{6-2-8}$$

其中，$\boldsymbol{M}$ 为信息矩阵，让其包含所有可能的 k 位信息组合，即可利用上式求出该码的全部码字。

2. 线性分组码的译码

设发送端发送码字 $\boldsymbol{A}=[a_{n-1}a_{n-2}\cdots a_1a_0]$，此码字在信道中传输可能会引入错误，故接收码字一般说来与 $\boldsymbol{A}$ 可能不同。设接收码字 $\boldsymbol{B}=[b_{n-1}b_{n-2}\cdots b_1b_0]$，则发送码字和接收码字之差为

$$\boldsymbol{B}-\boldsymbol{A}=\boldsymbol{E}$$

由于在模 2 加中，减法和加法是相同的，故上式也可写成

$$\boldsymbol{B}=\boldsymbol{A}+\boldsymbol{E}$$

$\boldsymbol{E}$ 是码字 $\boldsymbol{A}$ 在传输中产生的错码矩阵，是一个 1 行 n 列的矩阵，表示为

$$\boldsymbol{E}=[e_{n-1}e_{n-2}\cdots e_1e_0]$$

如果 $\boldsymbol{A}$ 在传输过程中的第 i 位发生错误，则 $e_i=1$，反之，则 $e_i=0$。例如，若发送码字 $\boldsymbol{A}=[1001110]$，接收码字 $\boldsymbol{B}=[1001100]$，则错码矩阵 $\boldsymbol{E}=[0000010]$。错码矩阵表示了错误出现的位置，通常也称为错误图样。

译码器的任务就是判别接收码字 $\boldsymbol{B}$ 中是否有错，如果有错，则设法确定错误位置并加以纠正，以恢复发送码字 $\boldsymbol{A}$。

由式(6-2-3)可知，码字 $\boldsymbol{A}$ 与监督矩阵 $\boldsymbol{H}$ 有如下约束关系：

$$\boldsymbol{A}\cdot\boldsymbol{H}^{\mathrm{T}}=\boldsymbol{0}$$

当 $\boldsymbol{B}=\boldsymbol{A}$ 时，有

$$\boldsymbol{B}\cdot\boldsymbol{H}^{\mathrm{T}}=\boldsymbol{0}$$

当 $\boldsymbol{B}\neq\boldsymbol{A}$ 时，说明传输过程中发生了错误，此时

$$\boldsymbol{B}\cdot\boldsymbol{H}^{\mathrm{T}}=(\boldsymbol{A}+\boldsymbol{E})\cdot\boldsymbol{H}^{\mathrm{T}}=\boldsymbol{A}\cdot\boldsymbol{H}^{\mathrm{T}}+\boldsymbol{E}\cdot\boldsymbol{H}^{\mathrm{T}}=\boldsymbol{E}\cdot\boldsymbol{H}^{\mathrm{T}}\neq\boldsymbol{0}$$

令

$$\boldsymbol{S}=\boldsymbol{B}\cdot\boldsymbol{H}^{\mathrm{T}}=\boldsymbol{E}\cdot\boldsymbol{H}^{\mathrm{T}} \tag{6-2-9}$$

称矩阵 $\boldsymbol{S}$ 为伴随式，它是 1 行 r 列的矩阵。由上面的分析可见，当接收码字无错误时，$\boldsymbol{S}=\boldsymbol{0}$；当接收码字有错误时，$\boldsymbol{S}\neq\boldsymbol{0}$。观察式(6-2-9)可知，$\boldsymbol{S}$ 与错误图样有对应关系，与发送码字无关。故 $\boldsymbol{S}$ 能确定传输中是否发生了错误及错误的位置。

综上所述，线性分组码的译码过程如下：

(1) 首先根据该码的纠错能力，列出所有可能的错误图样，得到错误图样矩阵 $\boldsymbol{E}$，然后根据式(6-2-9)求出错误图样 $\boldsymbol{E}$ 与伴随式 $\boldsymbol{S}$ 之间的关系，并将结果保存在译码器中。

(2) 当译码器工作时，首先计算接收码字 $\boldsymbol{B}$ 的伴随式 $\boldsymbol{S}$，然后查找第(1)步保存的结果，得到具体的错误图样 $\boldsymbol{E}_i$。

(3) 用错误图样纠正接收码字中的错误：$\hat{\boldsymbol{A}}=\boldsymbol{B}+\boldsymbol{E}_i$。

需要注意的是，若接收码字中错误位数超过其纠错能力，译码计算得到的 $\boldsymbol{S}$ 也可能与纠错范围内的某个伴随式相同，这样译码后反而会出现“越纠越错”的情况。

3. 汉明码

汉明(Hamming)码是一种高效的纠单个错误的线性分组码，以发明者 Richard Wesley Hamming 的名字命名，其编译码简单，在实际中应用广泛。汉明码作为一类特殊的线性分组码，其特点是最小码距 $d_0=3$，码长 n 与监督码元个数 r 满足关系式

$$n=2^r-1 \tag{6-2-10}$$

其中 $r\geqslant 3$。所以有(7, 4)、(15, 11)、(31, 26)等汉明码。

汉明码的编码效率为

$$\eta=\frac{k}{n}=\frac{n-r}{n}=1-\frac{r}{n}=1-\frac{r}{2^r-1}$$

当 r 很大时，其编码效率接近1。汉明码结构简单，可以采用与一般线性分组码相同的方法来实现其编译码，这里不再赘述。

6.2.2　线性分组码的MATLAB仿真

1. 自编代码实现编译码

下面通过几个实例，给出利用MATLAB语言编写代码实现线性分组码编译码以及系统误比特率性能仿真的方法。

例 6-2-1　某(10, 4)线性分组码的生成矩阵如下：

$$\boldsymbol{G}=\begin{bmatrix}1&0&0&1&1&1&0&1&1&1\\1&1&1&0&0&0&1&1&1&0\\0&1&1&0&1&1&0&1&0&1\\1&1&0&1&1&1&1&0&0&1\end{bmatrix}$$

求该码的全部码字以及最小码距。

解　首先产生所有可能的信息位，然后与生成矩阵相乘即可产生所有的码字。由线性分组码的特性可知，其最小码距即为该码字集中非全零码的最小码重。

本例MATLAB参考程序如下：

```
%例6-2-1的MATLAB代码
clear all;
%依题意得出生成矩阵G
G = [1 0 0 1 1 1 0 1 1 1;
     1 1 1 0 0 0 1 1 1 0;
     0 1 1 0 1 1 0 1 0 1;
     1 1 0 1 1 1 1 0 0 1];
%产生所有的信息序列，记作矩阵M，也可以直接列出信息矩阵M
k=4;
for i=1:2^k
  for j=k:-1:1
```

```
        if rem(i-1, 2^(-j+k+1))>=2^(-j+k)
          M(i, j)=1;
        else
          M(i, j)=0;
        end
        echo off ;
      end
    end
    %编码
    A=rem(M*G, 2);
    disp(['编码码字为：'])
    disp([num2str(A)])
    %求最小码距
    w_min=min(sum((A(2: 2^k, : ))'));
    disp(['最小码距为：', num2str(w_min)])
```

运行本例程序，结果如下：

```
编码码字为：
0  0  0  0  0  0  0  0  0  0
1  1  0  1  1  1  1  0  0  1
0  1  1  0  1  1  0  1  0  1
1  0  1  1  0  0  1  1  0  0
1  1  1  0  0  0  1  1  1  0
0  0  1  1  1  1  0  1  1  1
1  0  0  0  1  1  1  0  1  1
0  1  0  1  0  0  0  0  1  0
1  0  0  1  1  1  0  1  1  1
0  1  0  0  0  0  1  1  1  0
1  1  1  1  0  0  0  0  1  0
0  0  1  0  1  1  1  0  1  1
0  1  1  1  1  1  1  0  0  1
1  0  1  0  0  0  0  0  0  0
0  0  0  1  0  0  1  1  0  0
1  1  0  0  1  1  0  1  0  1
最小码距为：2
```

例 6-2-2 某(7，4)汉明码的生成矩阵为

$$G=\begin{bmatrix}1&0&0&0&1&0&1\\0&1&0&0&1&1&1\\0&0&1&0&1&1&0\\0&0&0&1&0&1&1\end{bmatrix}$$

请编程得出其所有码字，假设接收端收到的码字为 $\boldsymbol{B}=[1\quad 0\quad 1\quad 0\quad 1\quad 1\quad 1]$，试对其进行译码。

解 编码思路同上题；译码方法如下：首先由生成矩阵得出监督矩阵即 $\boldsymbol{H}\rightarrow\boldsymbol{G}$，然后列

出所有的错误矩阵 $\boldsymbol{E}$，由此计算出校正子向量 $\boldsymbol{S}=\boldsymbol{E}*\boldsymbol{H}'$，根据接收码字 $\boldsymbol{B}$，计算其校正子 $\boldsymbol{S}=\boldsymbol{B}*\boldsymbol{H}'$，对照找出错误向量 $\boldsymbol{E}_i$，最后纠错 $\boldsymbol{A}'=\boldsymbol{B}+\boldsymbol{E}_i$。

本例MATLAB参考程序如下：

```
%(7, 4)汉明码编译码
clear all; clc
%生成矩阵和监督矩阵
G = [1 0 0 0 1 0 1;
    0 1 0 0 1 1 1;
    0 0 1 0 1 1 0;
    0 0 0 1 0 1 1];
H=[G(:, 5:7)', eye(3, 3)];
%列出错误矩阵E
E = [1 0 0 0 0 0 0;
    0 1 0 0 0 0 0;
    0 0 1 0 0 0 0;
    0 0 0 1 0 0 0;
    0 0 0 0 1 0 0;
    0 0 0 0 0 1 0;
    0 0 0 0 0 0 1];
K=size(E, 1);
Syndrome= mod(mtimes(E, H'), 2);    %得出校正子向量S=E*H'
B=[1 0 1 0 1 1 1];        %接收码字
display(['校正子阵',' 对应的错误图样阵']);
display(num2str([Syndrome  E]));
S=mod(B*H', 2);           %根据接收码字B，计算校正子S=B*H'
for kk=1: K
  if Syndrome(kk, :)==S
    idxe=kk;                   %记录校正子序号
  end
end
display(['校正子向量为：', num2str(Syndrome(idxe, :))]);    %显示找到的校正子向量
error=E(idxe, :);
display(['错误图样为： ', num2str(error)]);                 %显示找到的错误图样
cword=xor(B, error);                                        %纠错
display(['纠错后码字为：', num2str(cword)]);                %显示纠错后的码字
```

本例程序运行后结果如下：

```
校正子阵S     对应的错误图样阵E
1  0  1       1  0  0  0  0  0  0
1  1  1       0  1  0  0  0  0  0
1  1  0       0  0  1  0  0  0  0
0  1  1       0  0  0  1  0  0  0
1  0  0       0  0  0  0  1  0  0
```

```
0 1 0       0 0 0 0 0 1 0
0 0 1       0 0 0 0 0 0 1
校正子向量为：1 0 0
错误图样为： 0 0 0 0 1 0 0
纠错后码字为：1 0 1 0 0 1 1
```

例 6-2-3 某系统采用双极性信号在AWGN信道上传输，请仿真对比采用(7，4)汉明码编码与不采用其编码时的系统误码性能。给定(7，4)汉明码的生成矩阵如下：

$$\boldsymbol{G}=\begin{bmatrix}1&0&0&0&1&0&1\\0&1&0&0&1&1&1\\0&0&1&0&1&1&0\\0&0&0&1&0&1&1\end{bmatrix}$$

解 为公平对比，必须保证编码和不编码两种情况下对应于每个信息比特的 E_b/N_0 相同。具体编程步骤如下：

Step1 得出生成矩阵/监督矩阵：$\boldsymbol{H}\leftrightarrow\boldsymbol{G}$；

Step2 列出错误向量 $\boldsymbol{E}$；

Step3 产生信息数据 sig，将 sig 排成 $4*L$ 的矩阵；

Step4 对 sig 的每一列做(7，4)汉明编码；

Step5 编码完成后再还原为长 $7*L$ 的行向量 xig；

Step6 产生噪声 noise；

Step7 通过信道 xig_n＝xig＋noise；

Step8 硬判决 xig_n →rig；

Step9 将 rig 变为 $7*L$ 的矩阵；

Step10 对 rig 的每一列做译码，方法同上，即 $\boldsymbol{S}=\boldsymbol{E}*\boldsymbol{H}'$，$\boldsymbol{S}=\boldsymbol{B}*\boldsymbol{H}'$，$\boldsymbol{S}\rightarrow\boldsymbol{E}_i$，$\boldsymbol{A}'=\boldsymbol{B}+\boldsymbol{E}_i$；

Step11 计算 BER；

Step12 改变信噪比，重复 Step6～Step11。

说明：未编码的仿真过程比较简单，此处略去。

本例 MATLAB 参考程序如下：

```
%AWGN信道，双极性传输，(7，4)汉明码与未编码误码性能对比
clear all;
G = [1 0 0 0 1 0 1;
     0 1 0 0 1 1 1;
     0 0 1 0 1 1 0;
     0 0 0 1 0 1 1];        %生成矩阵
H = [1 1 1 0 1 0 0;
     0 1 1 1 0 1 0;
     1 1 0 1 0 0 1];        %监督矩阵
E = [1 0 0 0 0 0 0;
     0 1 0 0 0 0 0;
     0 0 1 0 0 0 0;
     0 0 0 1 0 0 0;
     0 0 0 0 1 0 0;
```

```
    0 0 0 0 0 1 0;
    0 0 0 0 0 0 1;
    0 0 0 0 0 0 0];        %错误图样
K2=size(E, 1);
Syndrome=mod(mtimes(E, H'), 2);          %伴随式矩阵
L1=2.5*10^5;
K=4*L1;                                  %总比特数目
sig_b=round(rand(1, K));                 %产生信息比特
sig_2=reshape(sig_b, 4, L1);             %每列 4 比特
xig_1=mod(G'*sig_2, 2);                  %逐列编码
xig_2=2*reshape(xig_1, 1, 7*L1)-1;       %并/串变换，双极性表示
AWnoise1=randn(1, 7*L1);                 %编码情况下的 AWGN 噪声
AWnoise2=randn(1, 4*L1);                 %未编码情况下的 AWGN 噪声
%改变信噪比计算 BER
for ii=1:14
  SNRdb=ii;
  SNR=10^(SNRdb/10);
  xig_n=sqrt(SNR*4/7)*xig_2+AWnoise1;          %加噪声
  rig_1=(1+sign(xig_n))/2;                     %硬判决
  B=reshape(rig_1, 7, L1)';                    %串并变换，得到 7 比特的码字
  S=mod(B*H', 2);                              %开始译码
  for k1=1:L1
    for k2=1:K2
      if Syndrome(k2, :)==S(k1, :)
        idxe=k2;                               %得到伴随式序号
      end
    end
    error=E(idxe, :);                          %查错误图样表
    cword=xor(r(k1, :), error);                %纠错
    sigcw(:, k1)=cword(1:4);                   %得到信息位
  end
  cw=reshape(sigcw, 1, K);
  BER_coded(ii)=sum(abs(cw-sig_b))/K;          %编码情况下的 BER
  %未编码情况下的 BER
  xig_3=2*sig_b-1;                             %双极性表示
  xig_m=sqrt(SNR)*xig_3+AWnoise2;              %加噪声
  rig_1=(1+sign(xig_m))/2;                     %硬判决
  BER_uncoded(ii)=sum(abs(rig_1-sig_b))/K;     %计算 BER
end
EboverN=[1:14]-3;                              %SNR=2Eb/N0

%画图
semilogy(EboverN, BER_coded, 'r--', EboverN, BER_uncoded, '-'); grid
```

```
legend('编码','未编码'); axis([0 12 1e-6 1]);
xlabel('Eb/N0 (dB)');
ylabel('P_e');
title('AWGN 信道中双极性传输系统的误码性能曲线')
```

运行本例程序，结果如图 6-2-1 所示。从图中仿真结果可以看出，当 E_b/N_0 较小时，编码系统反而性能更差；只有当 E_b/N_0 超过一定限度时，编码优势才能体现出来。请读者思考其中的原因。

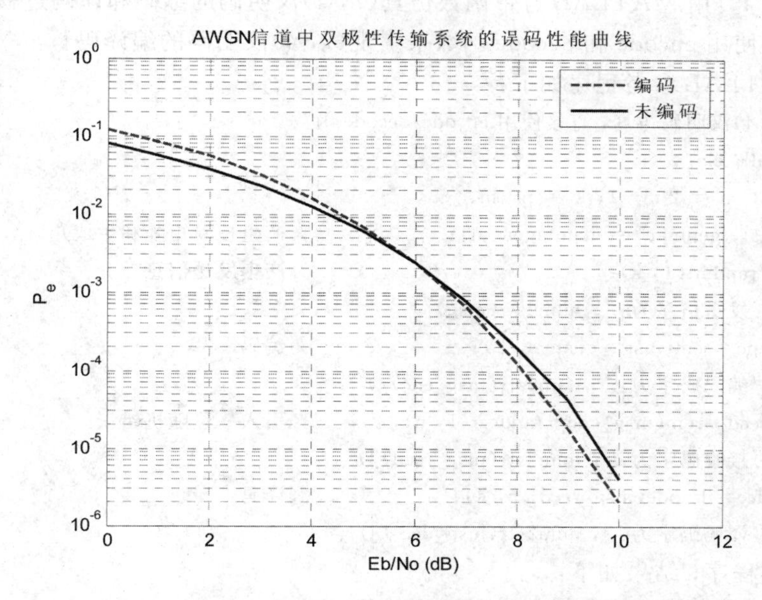

图 6-2-1 双极性传输系统采用(7, 4)汉明码编码与非编码时的误码性能曲线

2. 使用工具箱函数实现编译码

除了采用上述方法实现线性分组码的编译码之外，也可以利用 MATLAB 通信工具箱自带的函数来实现。MATLAB 提供了一系列线性分组码编译码函数及其辅助函数，如 encode、decode、gen2par、syndtable、hammgen 等，下面简要介绍其用法。

(1) code = encode(msg, n, k, 'linear/fmt', genmat)。该函数可用来进行一般的(n, k)线性分组码的编码，msg 为待编码的信息，n 为码字长度，k 为信息位长度，genmat 为 $k \times n$维的生成矩阵，可选参数/fmt 取值可以是 binary 或 decimal，分别用来说明输入的待编码数据是二进制还是十进制。当使用 code = encode(msg, n, k)时，默认进行(n, k)汉明编码。此外，该函数也可以用作循环码编码，具体用法请参考 MATLAB 的在线帮助。

(2) msg = decode(code, n, k, 'linear/fmt', genmat, trt)。该函数可用来完成(n, k)线性分组码的译码，code 为待译码的码字，trt 为用 syndtable 函数产生的 $2^{n-k} \times n$ 维的译码表，其余参数与 encode 中的含义相同。当使用 msg = decode(code, n, k)时，默认对(n, k)汉明码进行译码。

(3) parmat = gen2par(genmat)或 genmat = gen2par(parmat)。该函数用来完成校验矩阵(监督矩阵)与生成矩阵之间的转换。(n, k)线性分组码的校验矩阵(监督矩阵)为 $(n-k) \times n$ 维，生成矩阵为 $k \times n$ 维。

(4) t = syndtable(h)。该函数可产生用于纠错的译码表，对于(n, k)线性分组码，其维数为 $2^{n-k}\times n$，其中每一行对应一种错误模式。具体来讲，如果一个接收码字的伴随式用十进制表示为 s，则其错误模式为矩阵 t 的第 $s+1$ 行。

(5) h = hammgen(m)或[h, g] = hammgen(m)。该函数用来产生(n, k)汉明码的生成矩阵和校验矩阵(监督矩阵)，其中 m=$n-k$，h 为 $m\times n$ 维的汉明码校验矩阵，g 为 $k\times n$ 维的汉明码生成矩阵。

例 6-2-4　用 MATLAB 自带函数仿真(7, 4)汉明码的编码和译码过程。

解　直接使用 encode 和 decode 函数来实现(7, 4)汉明码的编译码。

本例 MATLAB 参考程序如下：

```
%(7, 4)汉明码仿真，直接使用 encode/decode 函数
clear all; clc;
m = 3; n = 2^m-1; k = n-m;
[parmat, genmat] = hammgen(m);                    %产生校验矩阵和生成矩阵
msg=randint(1, k);                                %产生发送信息
disp(['发送信息为：', num2str(msg)])
msg_enc=rem(msg * genmat, 2);                     %编码
disp(['编码码字为：', num2str(msg_enc)])
msg_recd=rem(msg_enc+randerr(1, n), 2);           %引入一位随机错误
disp(['接收码字为：', num2str(msg_recd)])
msg_dec=decode(msg_recd, n, k);                   %译码
disp(['译码码字为：', num2str(msg_dec')])
```

运行本例程序，结果如下：

```
发送信息为：1  1  0  0
编码码字为：1  0  1  1  1  0  0
接收码字为：1  0  1  0  1  0  0
译码码字为：1  1  0  0
```

从结果可以看出，接收码字引入了 1 比特错误，但经过汉明译码后成功实现了纠错。

除了上述利用 decode 函数译码之外，也可以利用 syndtable 函数基于伴随式来实现译码，以加深对译码过程的理解。MATLAB 程序代码如下：

```
%(7, 4)汉明码仿真，使用伴随式译码表
clear all; clc
m = 3; n = 2^m-1;
k = n-m;
[parmat, genmat] = hammgen(m);                    %产生校验矩阵和生成矩阵
msg=[1 1 0 0];                                    %与上例一样的信息码字
disp(['发送信息为：', num2str(msg)])
msg_enc=rem(msg * genmat, 2);                     %编码
disp(['编码码字为：', num2str(msg_enc)])
trt = syndtable(parmat);                          %产生伴随式译码表
disp(['译码表如下：'])
disp([num2str(trt)])
```

```
recd = [1 0 1 0 1 0 0];                          %与上例一样的接收码字
disp(['接收码字为：', num2str(recd)])
syndrome = rem(recd * parmat', 2);
syndrome_de = bi2de(syndrome, 'left-msb');  %转化成十进制形式
disp(['伴随式二进制为：', num2str(syndrome), '，十进制为：', num2str(syndrome_de)])
corrvect = trt(1+syndrome_de, :);                %找到错误模式
correctedcode = rem(corrvect+recd, 2);          %纠错
disp(['纠错后码字：', num2str(correctedcode)])
msg_dec=correctedcode(:, m+1: end);             %得到译码码字
disp(['译码码字为：', num2str(msg_dec)])
```

程序运行后结果如下：

```
发送信息为：1  1  0  0
编码码字为：1  0  1  1  1  0  0
译码表如下：
0  0  0  0  0  0  0
0  0  1  0  0  0  0
0  1  0  0  0  0  0
0  0  0  0  1  0  0
1  0  0  0  0  0  0
0  0  0  0  0  0  1
0  0  0  1  0  0  0
0  0  0  0  0  1  0
接收码字为：1  0  1  0  1  0  0
伴随式二进制为：1  1  0，十进制为：6
纠错后码字：1  0  1  1  1  0  0
译码码字为：1  1  0  0
```

同样正确实现了译码，请仔细体会上述过程。注意倒数第二行是取纠错后码字的后 k 位作为译码的信息位输出，请读者自行分析其中的原因。

最后说明一下，MATLAB 通信工具箱不仅能支持普通的线性分组码，而且还包括了处理循环码、BCH 码和 RS 码的函数，如表 6-2-1 所示，具体使用方法可查阅其在线帮助。

表 6-2-1 线性分组码工具箱函数

编码方法	函 数
线性分组码	encode，decode，gen2par，syndtable
循环码	encode，decode，cyclpoly，cyclgen，gen2par，syndtable
BCH 码	encode，decode，bchenco，bchdeco，bchpoly，cyclgen，gen2par，syndtable
汉明码	encode，decode，hammgen，gen2par，syndtable
RS 码	encode，decode，rsenco，rsdeco，rsencode，rsdecode，rspoly，rsencof，rsdecof，syntable

6.3 卷　积　码

6.3.1 卷积码的编译码原理

1. 卷积码的概念

通过对分组码的分析可以看出，分组码编码时，首先将信息序列分成固定长度的信息组，然后逐组进行编码，各信息组互不相关，编好的码组也互不相关；译码也是分组进行的，对一个码组译码时不会使用其他码组的信息。卷积码是不同于分组码的另一类常用信道编码，其与分组码的最大区别就是：编码时输出的码字不仅与本组输入信息有关，还与前面若干组输入的信息有关，同时本组输入信息还影响其后若干码组的输出，即码组之间存在关联关系。

卷积码常用(n, k, m)表示，每个(n, k)码字（通常称其为子码，码字长度较短）内的 n 个码元不仅与该码字内的信息码元有关，而且还与其前面 m 个码字内的信息码元有关，或者说，各子码内的监督码元不仅对本子码而且对前面 m 个子码内的信息码元都起监督作用。通常称 m 为编码存储，它反映了输入信息码元在编码器中需要存储的时间长短；称 $N=m+1$为编码约束度，它是相互约束的码字个数；称 nN 为编码约束长度，它是相互约束的码元个数。

图 6-3-1 是(2，1，2)卷积码的一个编码器，由移位寄存器、模 2 加法器及开关电路组成。起始状态，各级移位寄存器清零，即 $S_1S_2S_3$ 为 000。S_1 等于当前输入数据，而移位寄存器状态 S_2S_3 存储以前的数据，输出码字 C 由下式确定：

$$\begin{cases} C_1=S_1\oplus S_2\oplus S_3 \\ C_2=S_1\oplus S_3 \end{cases} \tag{6-3-1}$$

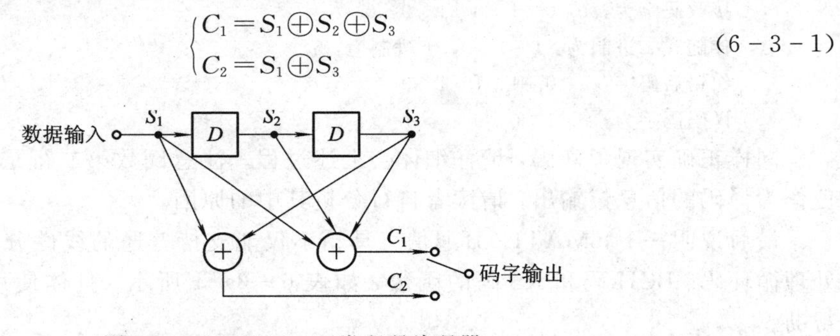

图 6-3-1　(2，1，2)卷积码编码器

当输入数据 $D=[11010]$时，输出码字可以计算出来，具体计算过程如表 6-3-1 所示。另外，为了保证全部数据通过寄存器，还必须在数据位后加 3 个 0，称为卷尾。从上述计算过程可知，(2，1，2)卷积码中每 1 位数据影响 3 个输出子码，即编码约束度为 3，由于每个子码有 2 个码元，编码约束度为 6。

表 6-3-1　(2，1，2)卷积码编码器的工作过程

S_1	1	1	0	1	0	0	0	0
S_3S_2	00	01	11	10	01	10	00	00
C_1C_2	11	01	01	00	10	11	00	00
状态	a	b	d	c	b	c	a	a

2. 卷积码的描述

卷积码同样也可以用矩阵的方法描述，但较抽象。因此，通常采用图解的方法直观描述其编码过程。常用的图解法有3种：状态图、树图和格图。

1）状态图

图6-3-2是(2，1，2)卷积码编码器的状态图。在图中有4个节点a、b、c、d，同样分别表示S_3S_2的4种可能状态：00、01、10和11。每个节点有两条线离开该节点，实线表示输入数据为0，虚线表示输入数据为1，线旁的数字即为输出码字。

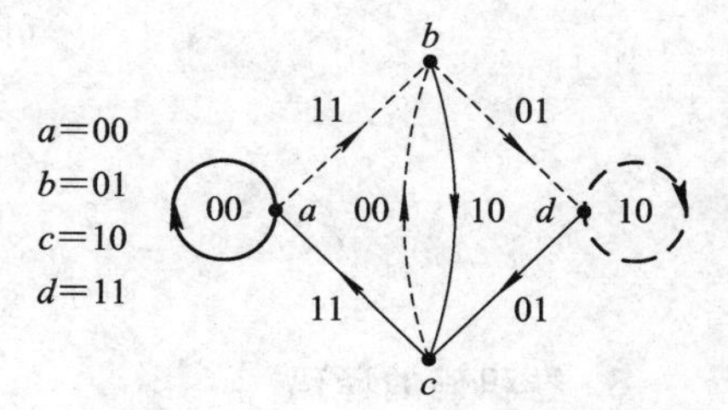

图6-3-2　(2，1，2)卷积码的状态图

2）树图

树图描述的是在任何数据序列输入时，码字所有可能的输出。对应图6-3-1所示的(2，1，2)卷积码的编码电路，可以画出其树图，如图6-3-3所示。

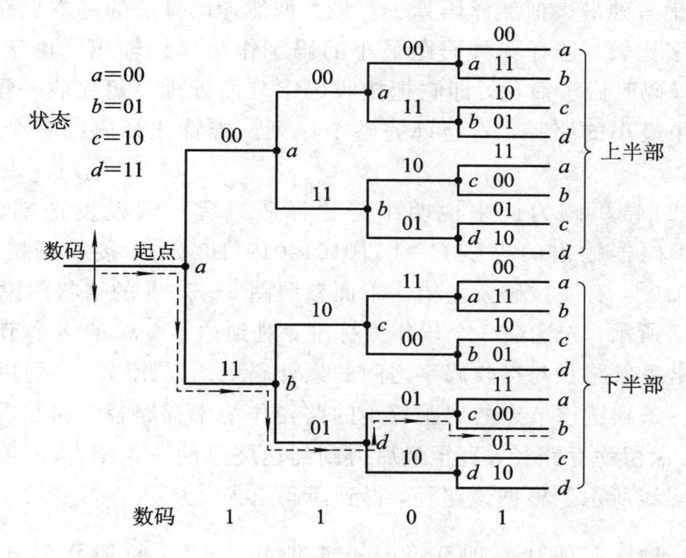

图6-3-3　(2，1，2)卷积码的树图

以$S_1S_2S_3=000$作为起点。若第一位数据$S_1=0$，输出$C_1C_2=00$，从起点通过上支路到达状态a，即$S_3S_2=00$；若$S_1=1$，输出$C_1C_2=11$，从起点通过下支路到达状态b，即$S_3S_2=01$；依次类推，可得整个树图。输入不同的信息序列，编码器就走不同的路径，输出不同的码序列。例如当输入数据为[11010]时，其路径如图中虚线所示，并得到输出码序列为[11010100…]，与表6-3-1的结果一致。

3）格状图

格状图也称网络图或篱笆图，它由状态图在时间上展开而得到，如图6-3-4所示。图中画出了所有可能数据输入时，状态转移的全部可能轨迹，实线表示输入数据为0，虚线表示输入数据为1，线旁数字为输出码字，节点表示状态。

以上3种卷积码的描述方法，不但有助于求解输出码字，了解编码工作过程，而且对研究译码方法也很有用。

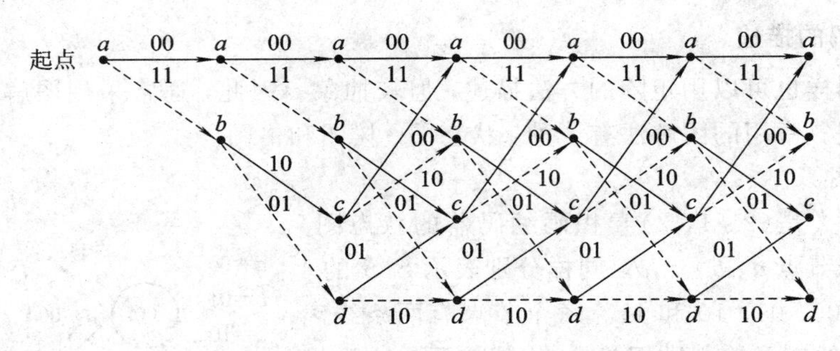

图 6-3-4　(2，1，2)卷积码的格状图

3. 卷积码的译码

卷积码的译码可分为代数译码和概率译码两大类。代数译码是利用生成矩阵和监督矩阵来译码，最主要的方法是大数逻辑译码。比较实用的概率译码有两种：维特比译码和序列译码。目前，概率译码已成为卷积码最主要的译码方法。本节将简要讨论维特比译码。

维特比译码是一种最大似然译码算法。最大似然译码算法的基本思路是，把接收码字与所有可能的码字比较，选择一种码距最小的码字作为译码输出。由于接收序列通常很长，所以维特比译码时做了简化，即它把接收码字分段处理。每接收一段码字，计算、比较一次，保留码距最小的路径，直至译完整个序列。维特比译码的三个基本步骤可概括为：加—比—选。

现以(2，1，2)卷积码为例来说明维特比译码过程。假设发送端的信息数据 $\boldsymbol{D}$=[11010000]，由编码器输出的码字 $\boldsymbol{C}$=[1101010010110000]，接收端接收的码序列 $\boldsymbol{B}$=[0101011010010010]，有 4 位码元差错。下面参照图 6-3-4 的格状图说明译码过程。

如图 6-3-5 所示，先选前 3 个码作为标准，对到达第 3 级的 4 个节点的 8 条路径进行比较，逐步算出每条路径与接收码字之间的累计码距。累计码距分别用括号内的数字标出，对照后保留一条到达该节点的码距较小的路径作为幸存路径。再将当前节点移到第 4 级，计算、比较、保留幸存路径，直至最后得到到达终点的一条幸存路径，即为译码路径，如图 6-3-5 中实线所示。根据该路径，得到译码结果。

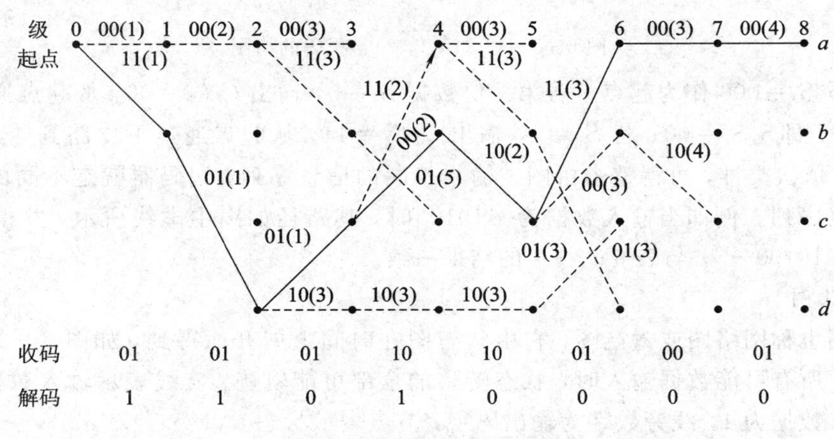

图 6-3-5　维特比译码格状图

6.3.2 卷积码的MATLAB仿真

1. 卷积码的编码仿真

在(n, k, m)卷积码中，将k个信息比特映射成长为n的编码序列，该序列不仅取决于当前输入的k个比特，还与前m段即mk个输入比特有关。换言之，编码器每个时刻的输出，不但与输入序列有关，而且还与编码器的状态有关，这个状态就是由前mk个输入决定的。图6-3-6给出了一种(3, 2, 3)卷积码的编码器框图。这里，编码器初始状态为全0，发送信息每次通过2比特送入移位寄存器，并按图示连接关系计算得到3比特编码输出。

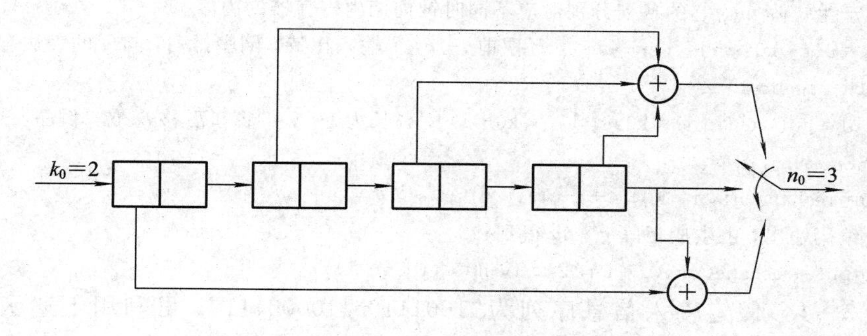

图6-3-6 (3, 2, 3)卷积码编码器框图

为编程实现卷积码的编码，对每一输出比特c_i，可以采用生成序列$\boldsymbol{g}_i$来描述每个移位寄存器与该输出的连接关系，有连接则对应元素为1，否则为0，显然序列$\boldsymbol{g}_i$的长度为$k(m+1)$。完整描述一个卷积码需要n个这样的生成序列，也可以将这n个生成序列组成一个$n\times k(m+1)$维的生成矩阵$\boldsymbol{G}$。对于图6-3-6所示的卷积码，其生成矩阵为

$$\boldsymbol{G}=\begin{bmatrix}\boldsymbol{g}_1\\ \boldsymbol{g}_2\\ \boldsymbol{g}_3\end{bmatrix}=\begin{bmatrix}0 & 0 & 1 & 0 & 1 & 0 & 0 & 1\\ 0 & 0 & 0 & 0 & 0 & 0 & 0 & 1\\ 1 & 0 & 0 & 0 & 0 & 0 & 0 & 1\end{bmatrix}$$

编码器的初始状态为0，且编码后也要使编码器回到0状态，因此需要将信息比特末尾补mk个0。此外，也要求信息比特长度为k的倍数，否则也要补0使其满足此要求。下面给出的是实现卷积码编码的MATLAB函数。

```
function output=cnv_encd(g, k0, input)
%cnv_encd(g, k0, input)
%卷积编码函数
%g：卷积码生成矩阵
%k0：每次进入移位寄存器的信息长度
%input：输入序列
%output：编码输出
%根据需要补零，输入input必须是k0的整数倍
if rem(length(input), k0) > 0
   input=[input, zeros(size(1: k0-rem(length(input), k0)))];
end
```

```
n=length(input)/k0;
%检查g的维数是否满足要求
if rem(size(g, 2), k0) > 0
  error('Error, g is not of the right size.')
end
%计算约束长度t和编码长度n0
t=size(g, 2)/k0;
n0=size(g, 1);
%输入信息位补零，使编码后寄存器回到全0状态
u=[zeros(size(1: (t-1) * k0)), input, zeros(size(1: (t-1) * k0))];
%产生矩阵uu，它的各列分别对应不同时钟周期内寄存器的内容
u1=u(t * k0: -1: 1);          %取前t*k0个输入比特，倒序排列，与g的表达有关
for i=1: n+t-2
  u1=[u1, u((i+t) * k0: -1: i * k0+1)]; %长为t*k0的窗口后移k0位，倒序，补在原u1后
end
uu=reshape(u1, t * k0, n+t-1);
%编码输出，由生成矩阵g*uu得到
output=reshape(rem(g * uu, 2), 1, n0 * (t+n-1));
```

例6-3-1　假定输入信息序列为“10011100110000111”，可利用上述函数求出图6-3-6所示的卷积码编码器的输出。

解　本例MATLAB参考程序如下：

```
k0=2;
g=[0 0 1 0 1 0 0 1; 0 0 0 0 0 0 0 1; 1 0 0 0 0 0 0 1];
input=[1 0 0 1 1 1 0 0 1 1 0 0 0 0 1 1 1];
output=cnv_encd(g, k0, input)
```

求得输出序列如下：

0 0 0 0 0 1 1 0 1 1 1 1 1 0 1 0 1 1 1 0 0 1 1 0 1 0 0 1 0 0 1 1 1 1 1 1

2. 卷积码的译码仿真

维特比算法是应用最广泛的卷积码译码方法，它属于最大似然译码算法，一旦接收到码字，就通过搜索网格图找出最可能产生这个接收序列的路径。如果采用硬判决译码，该算法就找到与接收序列在汉明距离上最小的那条路径。采用硬判决的维特比算法主要步骤如下：

Step1　将接收到的序列分成长为n_0的m组子序列。

Step2　对所研究的码画出深度为m级的网格图。对该网格图的最后m级，仅画出对应于全0输入序列的路径。

Step3　置$t=1$，并置初始全0状态的度量等于0。

Step4　对网格图中把第t级状态连接至第$t+1$级状态的所有支路，求出该接收序列中第t个子序列的距离。

Step5　将这些距离加到第t级的各状态的度量上，得到对$t+1$级状态的度量候选，对于第$t+1$级的每个状态，有2^{k_0}个候选度量，其中每个都对应终止在该状态的一条支路。

Step6　对于在第$t+1$级的每个状态，挑选出最小的候选度量，并将对应于这个最小

值的支路记为“幸存支路”，同时指定这个候选度量的最小值作为第$(t+1)$级状态的度量。

Step7 若$t=m$，则转到Step8，否则将t加1后转至Step4。

Step8 在第$m+1$级以全0状态开始，沿着幸存支路通过网格图回到初始全0状态，这条路径就是最佳路径，对应于该路径的输入比特序列就是译码输出序列，注意此时需要将最后mk_0个0从输出序列中去掉。

从上述算法中可以看出，当接收序列非常长时，译码的延时非常大。实际中通常采用“路径存储截断”的次优处理方法，即译码过程中仅往回搜索δ级，而不回到网格图的出发点。当$\delta \geqslant 5L$时，截断处理造成的性能损失可以忽略不计。

下面给出MATLAB实现的维特比译码算法。

```
function [decoder_output, survivor_state, cumulated_metric]= viterbi(G, k, channel_output)
%viterbi 卷积码的维特比译码算法
%G 为卷积码的生成矩阵，与编码对应
%k 为信息位长度
%channel_output 为待译码序列
%decoder_output 为译码输出
%survivor_state 为幸存路径
%cumulated_metric 为累积度量值
n=size(G, 1);
%检查 G 的维数
if rem(size(G, 2), k) ~=0
  error('Size of G and k do not agree')
end
if rem(size(channel_output, 2), n) ~=0
  error('channel output not of the right size')
end
L=size(G, 2)/k;
number_of_states=2^((L-1) * k);
%产生状态转移矩阵，输出矩阵和输入矩阵
for j=0: number_of_states-1
  for t=0: 2^k-1
    [next_state, memory_contents]=nxt_stat(j, t, L, k);
    input(j+1, next_state+1)=t;
    branch_output=rem(memory_contents * G', 2);
    nextstate(j+1, t+1)=next_state;
    output(j+1, t+1)=bin2deci(branch_output);
  end
end
state_metric=zeros(number_of_states, 2);
depth_of_trellis=length(channel_output)/n;
channel_output_matrix=reshape(channel_output, n, depth_of_trellis);
survivor_state=zeros(number_of_states, depth_of_trellis+1);
%开始非尾比特的译码
```

```
%i 为段，j 为每一阶段的状态，t 为输入
for i=1：depth_of_trellis-L+1
  flag=zeros(1，number_of_states)；
  if i <= L
    step=2^((L-i) * k)；
  else
    step=1；
  end
  for j=0：step：number_of_states-1
    for t=0：2^k-1
      branch_metric=0；
      binary_output=deci2bin(output(j+1，t+1)，n)；
      for tt=1：n
        branch_metric=branch_metric +
        metric(channel_output_matrix(tt，i)，binary_output(tt))；
      end
      if((state_metric(nextstate(j+1，t+1)+1，2) > state_metric(j+1，1)...
        +branch_metric) | flag(nextstate(j+1，t+1)+1)==0)
        state_metric(nextstate(j+1，t+1)+1，2) = state_metric(j+1，1)+branch_metric；
        survivor_state(nextstate(j+1，t+1)+1，i+1)=j；
        flag(nextstate(j+1，t+1)+1)=1；
      end
    end
  end
  state_metric=state_metric(：，2：-1：1)；
end
%开始尾比特的译码
for i=depth_of_trellis-L+2：depth_of_trellis
  flag=zeros(1，number_of_states)；
  last_stop=number_of_states/(2^((i-depth_of_trellis+L-2) * k))；
  for j=0：last_stop-1
      branch_metric=0；
      binary_output=deci2bin(output(j+1，1)，n)；
      for tt=1：n
        branch_metric=branch_metric +
                       metric(channel_output_matrix(tt，i)，binary_output(tt))；
      end
      if((state_metric(nextstate(j+1，1)+1，2) > state_metric(j+1，1)...
        +branch_metric) | flag(nextstate(j+1，1)+1)==0)
        state_metric(nextstate(j+1，1)+1，2) = state_metric(j+1，1)+branch_metric；
        survivor_state(nextstate(j+1，1)+1，i+1)=j；
        flag(nextstate(j+1，1)+1)=1；
      end
```

```
    end
    state_metric=state_metric(：，2：-1：1)；
  end
  %从最右路径产生译码输出
  %得到状态序列，再由状态序列从 input 矩阵中得到该段的输出
  state_sequence=zeros(1，depth_of_trellis+1)；
  state_sequence(1，depth_of_trellis)=survivor_state(1，depth_of_trellis+1)；
  for i=1 ：depth_of_trellis
    state_sequence(1，depth_of_trellis-i+1)=survivor_state((state_sequence(1，depth_of_trellis
                +2-i)+1)，depth_of_trellis-i+2)；
  end
  decodeder_output_matrix=zeros(k，depth_of_trellis-L+1)；
  for i=1 ：depth_of_trellis-L+1
    dec_output_deci=input(state_sequence(1，i)+1，state_sequence(1，i+1)+1)；
    dec_output_bin=deci2bin(dec_output_deci，k)；
    decoder_output_matrix(：，i)=dec_output_bin(k：-1：1)'；
  end
  decoder_output=reshape(decoder_output_matrix，1，k*(depth_of_trellis-L+1))；
  cumulated_metric=state_metric(1，1)；
```

上述函数中用到的子函数代码如下：

```
  function distance=metric(x，y)
  %计算度量值——汉明距离
  if x==y
    distance=0；
  else
    distance=1；
  end

  %------------------------------------------------------------------------
  function [next_state，memory_contents]=nxt_stat(current_state，input，L，k)
  %计算状态转移矩阵
  binary_state=deci2bin(current_state，k*(L-1))；
  binary_input=deci2bin(input，k)；
  next_state_binary=[binary_input ，binary_state(1：(L-2)*k)]；
  next_state=bin2deci(next_state_binary)；
  memory_contents=[binary_input，binary_state]；

  %------------------------------------------------------------------------
  function y=bin2deci(x)
  %二进制到十进制转换
  l=length(x)；
  y=(l-1：-1：0)；
  y=2.^y；
```

```
    y=x*y';

%------------------------------------------------
function y=deci2bin(x, t)
%十进制到二进制转换，二进制至少表示为t位
y = zeros(1, t);
i = 1;
while x>=0 & i<=t
    y(i)=rem(x, 2);
        x=(x-y(i))/2;
        i=i+1;
end
y=y(t:-1:1);
```

例 6-3-2 对于图 6-3-6 所示的卷积码编码器，假定输入序列为“1 0 1 1 1 0 0 1”，利用编码函数进行编码，在接收端引入随机错误，并利用 viterbi 译码函数进行译码。

解 本例 MATLAB 参考程序如下：

```
clear all;
k0=2;
g=[0 0 1 0 1 0 0 1; 0 0 0 0 0 0 0 1; 1 0 0 0 0 0 0 1];
input=[1 0 1 1 1 0 0 1];
output=cnv_encd(g, k0, input);
numerr=1;
channel_output=rem(output+randerr(1, length(output), numerr), 2);
[decoder_output, survior_state, cumulated_metric]=viterbi(g, k0, channel_output);
```

本例程序运行结果如下：

```
input             = 1  0  1  1  1  0  0  1
decoder_output    = 1  0  1  1  1  0  0  1
cumulated_metric  = 1
```

可以看出，viterbi 译码函数正确实现了译码。读者可以修改上述程序参数，进一步增加出错位数，观察译码效果并分析其原因。

3. 卷积码工具箱的使用

除了上述编写代码实现卷积编译码之外，也可以利用 MATLAB 提供的工具箱快速实现卷积码的编译码。MATLAB 也提供了很多与卷积码相关的函数，主要包括 poly2trellis、convenc、vitdec 等。

1) poly2trellis

该函数的功能是将卷积码的码多项式转换成网格图描述，典型用法如下：

trellis = poly2trellis(ConstraintLength, CodeGenerator)

该函数以卷积码编码器的多项式为输入，返回相应的网格图描述。其输出可以作为卷积码编码函数 convenc 和译码函数 vitdec 的输入。对于一个(n, k, m)卷积码来说，其中输入参数 ConstraintLength 为卷积码的约束长度，是一个 k 维行向量；输入参数 CodeGenerator 为卷积码的生成多项式系数矩阵，其元素采用八进制表示，是一个 $k\times n$ 维的矩阵，用于指定

与编码器的 k 个输入比特相应的 n 个输出之间的关系。输出 trellis 是一个结构体，包含如下内容：

（1）numInputSymbols：编码器的输入符号数，值为 2^k。

（2）numOutputSymbols：编码器的输出符号数，值为 2^n。

（3）numStates：编码器的状态数。

（4）nextStates：在当前输入和当前状态下所有可能的下一状态组合，是 numStates×2^k 维矩阵；

（5）outputs：当前输入和当前状态下所有组合的输出（八进制形式），是 numStates×2^k 维矩阵。

图 6-3-7 为某 2/3 码率的卷积码编码器结构。对于该编码器，输入参数 ConstraintLength 为[5 4]，参数 CodeGenerator 为矩阵[23 35 0；0 5 13]，在 MATLAB 命令窗口中输入：

```
trellis = poly2trellis([5 4],[23 35 0; 0 5 13])
```

即可得到该编码器的网格图描述，结果如下：

```
trellis =
        numInputSymbols: 4
        numOutputSymbols: 8
              numStates: 128
             nextStates: [128x4 double]
                outputs: [128x4 double]
```

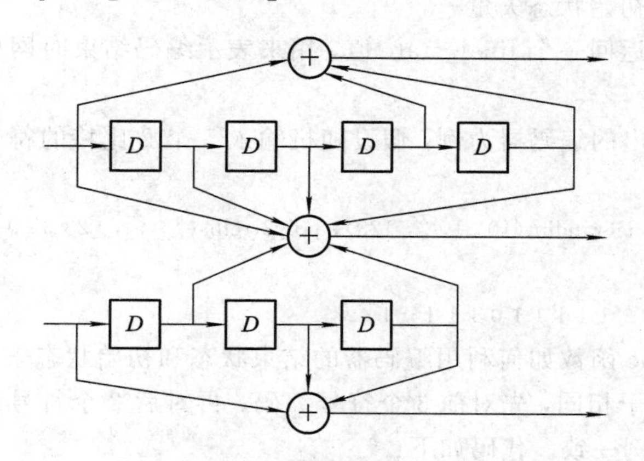

图 6-3-7 码率为 2/3 的卷积码编码器

对于该编码器，每时刻输入符号包含比特数 $k=2$，因此 trellis. numInputSymbols 值为 4；每时刻输出符号包含比特数 $n=3$，因此 trellis. numOutputSymbols 值为 8；编码器中共有 7 个移位寄存器，所有可能的状态数为 $2^7=128$，即 trellis. numStates 值为 128。trellis. nextStates 和 trellis. outputs 矩阵的具体值，可以在 MATLAB 的数据空间里查看，比如 trellis. nextStates 的第 1 行为

```
0  64  8  72
```

其含义为：如果编码器从全 0 状态开始并接收输入分别为 00、01、10 或 11 时的网格图下一状态分别为第 0 个、第 64 个、第 8 个和第 72 个状态，转换为二进制对应的每个比特值

即为编码器中移位寄存器的状态(0或1)。其余行含义类似。trellis. outputs 的第1行为

    0 1 6 7

其表示与 trellis. nextStates 的第1行所示的状态转移所对应的输出符号分别为八进制的0、1、6和7,转换为二进制,即为每符号的3比特输出。

2) convenc

该函数实现对二进制数据的卷积编码,用法为

```
code = convenc(msg, trellis)
code = convenc(msg, trellis, puncpat)
code = convenc(msg, trellis, …, init_state)
[code, final_state] = convenc(…)
```

其中,输入参数 msg 是待编码信息符号矢量,trellis 是卷积码的网格图描述,返回值 code 是编码输出码字。msg 中每个符号包含 log2(trellis. numInputSymbols)个比特,矢量 msg 包含一个或多个符号;输出矢量 code 包含与 msg 相同数目的符号,每个符号包含 log2(trellis. numOutputSymbols)个比特。

第2种用法适用于打孔卷积码,参数 puncpat 用来描述具体的打孔模式,是一个包含元素0和1的矢量,0表示打孔删掉相应位置上的比特,使其不出现在输出码字中,其长度至少为 log2(trellis. numOutputSymbols)比特。

第3种用法还包含一个输入参数 init_state,用来指定编码开始时移位寄存器的初始状态,其值为0到 trellis. numStates-1 之间的整数,且必须是最后一个参数。将其设置为0或[]即可使用默认的初始状态矢量。

第4种用法额外返回一个 final_state 值,用来表示编码结束时网格图的状态,格式与参数 init_state 相同。

以图6-3-7给出的编码器为例,假设随机输入5个2比特的符号,对其进行编码的命令如下:

```
code1 = convenc(randint(10, 1, 2, 123), poly2trellis([5 4], [23 35 0; 0 5 13]));
```

编码得到

```
code1=[ 0 0 0 1 1 1 1 1 1 0 1 1 1 0 1]'
```

下面介绍 convenc 函数如何利用编码器的结束状态和初始状态来实现连续编码,假设输入数据与上面的例子相同,先对前3个符号编码,再对后2个符号编码,将两次编码结果合并,看是否与上例一致。代码如下:

```
trel = poly2trellis([5 4], [23 35 0; 0 5 13]);
msg = randint(10, 1, 2, 123);
%对 msg 的前 3 个符号编码,记录编码器的结束状态
[code2, fstate] = convenc(msg(1: 6), trel);
%对 msg 的后 2 个符号编码,编码初始状态为前一轮编码的结束状态
code3 = convenc(msg(7: 10), trel, fstate);
```

运行本例程序,结果如下:

```
code2=[ 0  0  0  1  1  1  1  1  1]'
fstate=108
code3=[0  1  1  1  0  1]'
```

从结果可以看出，连续编码得到的合并码字[code2; code3]与上面例子的输出码字code1完全一样。

3）vitdec

该函数用于实现卷积码的Viterbi译码，用法如下：

```
decoded = vitdec(code, trellis, tblen, opmode, dectype)
decoded = vitdec(code, trellis, tblen, opmode, 'soft', nsdec)
decoded = vitdec(code, trellis, tblen, opmode, dectype, puncpat)
decoded = vitdec(code, trellis, tblen, opmode, dectype, puncpat, eraspat)
decoded = vitdec(…, 'cont', …, initmetric, initstates, initinputs)
[decoded, finalmetric, finalstates, finalinputs] = vitdec(…, 'cont', …)
```

第1种用法中，输入参数trellis为表示卷积码网格图的结构体，code为一个或多个编码符号，返回值decoded包含相同数目的译码输出符号，tblen是一个标量，表示译码的回溯长度，如果码率为1/2，则典型的回溯长度为卷积码约束长度的5倍；输入参数opmode是一个字符串，表示卷积码的操作模式，其具体取值及含义如下：

(1) cont：假设编码器从全零状态开始编码，译码器从路径度量值最优的状态开始回溯译码，输出第1个译码符号前有tblen个符号的延时。在重复调用vitdec函数并希望保持译码连续性时使用该选项。

(2) term：假设编码器从全0状态开始编码，编码结束时回到全0状态。译码器从全0状态开始回溯译码。该模式不引入译码延时，在待编码信息（即convenc函数的输入）的末尾有足够多的0来使编码器的所有移位寄存器在编码结束时又回到全0状态的情况下使用该选项。如果编码器有k个输入流，且约束长度矢量为ConstraintLength，有$k\times$max(ConstraintLength－1)个0就足够多了。

(3) trunc：假设编码器从全0状态开始编码，编码结束时回到全0状态。译码器从全0状态开始回溯译码。该模式不引入译码延时。在不能够假设编码器以全0状态开始结束编码或不希望在连续调用译码函数时保持连续性的情况下使用该选项。输入参数dectype为一个字符串，用于表示译码器的判决类型，不同取值情况下，译码器对输入参数code的数据类型要求也不同。

(a) unquant：输入参数code为实数值，其中1代表逻辑0，－1代表逻辑1。

(b) hard：输入参数code中包含的是二进制数值。

(c) soft：对于软判决译码，详见第2种用法。

第2种用法是软判决译码，其中参数nsdec是软判决译码必需的参数。这时输入参数code包含的值为$0\sim2^{nsdec}-1$之间的整数，0表示最可信的0，$2^{nsdec}-1$表示最可信的1。

第3、4种用法用于打孔卷积码的译码。

第5、6种用法用于实现连续操作模式的Viterbi译码。连续操作模式可以记录译码器的内部状态信息，供下一次调用vitdec函数时使用。一般情况下，在数据被分割成多个较短的矢量且循环译码过程中需要重复调用vitdec函数实现连续译码。

下面举例说明其用法。

例6-3-3　首先对随机数据进行卷积编码，然后进行3种不同方式的译码。

解　对于不量化以及软判决译码模式，卷积码编码输出的数据类型与vitdec函数希望的输入数据类型不同，因此译码前必须先处理编码输出 ucode。在计算误比特率时，必须考虑连续操作模式引入的延时。

本例 MATLAB 参考程序如下：

```
trel = poly2trellis(3, [6 7]);        %定义网格图
msg = randi([0 1], 1000, 1);          %MATLAB R2009a 自带函数，产生随机数据
code = convenc(msg, trel);            %编码
tblen = 5;                            %译码回溯长度
%"0"映射为 1.0，"1"映射为-1.0，同时加入 AWGN 噪声
ucode = real(awgn(1-2*code, 3, 'measured'));
%硬判决译码，输入为二进制
hcode = ucode<0;
decoded1 = vitdec(hcode, trel, tblen, 'cont', 'hard');
%软判决译码，需要量化映射输入
[x, qcode] = quantiz(ucode, [-.75 -.5 -.25 0 .25 .5 .75], 7: -1: 0); %qcode 的值在 0
                                                                      %到 2^3-1 之间
decoded2 = vitdec(qcode', trel, tblen, 'cont', 'soft', 3);
%软判决译码，不量化输入(即实数输入)
decoded3 = vitdec(ucode, trel, tblen, 'cont', 'unquant');
%计算 BER，必须考虑译码器引入的 tblen 个符号的延时
[n1, r1] = biterr(double(decoded1(tblen+1: end)), msg(1: end-tblen));
[n2, r2] = biterr(decoded2(tblen+1: end), msg(1: end-tblen));
[n3, r3] = biterr(decoded3(tblen+1: end), msg(1: end-tblen));
disp(['The bit error rates are:     ', num2str([r1 r2 r3])])
```

运行本例程序，结果如下：

```
The bit error rates are:    0.047236    0.013065    0.01206
```

例 6-3-4　对与上例相同的编码器，在函数中使用最终状态和初始状态实现连续译码，代码如下：

```
trel = poly2trellis(3, [6 7]);     %定义网格图
msg = randi([0 1], 100, 1);        %产生随机数据
code = convenc(msg, trel);         %编码
%对 code 的一部分进行译码，记录译码的最终状态
[decoded4, f1, f2, f3]=vitdec(code(1: 100), trel, 3, 'cont', 'hard');
%对 code 的剩余部分进行译码，使用初始状态输入参数
decoded5=vitdec(code(101: 200), trel, 3, 'cont', 'hard', f1, f2, f3);
%直接对 code 一次性译码
decoded6=vitdec(code, trel, 3, 'cont', 'hard');
%比较译码结果
isequal(decoded6, [decoded4; decoded5])
```

运行本例程序，结果如下：

```
ans = 1
```

结果表明，利用最终状态和初始状态进行分段连续译码和一次性译码结果一致。

例 6-3-5　仿真 QPSK 调制在 AWGN 信道下使用卷积编码和维特比硬判决译码的

性能，其中卷积码的码率为1/2，约束长度为7，生成多项式为[171，133]。

解 本例MATLAB参考程序如下：

```
%QPSK调制，AWGN信道，维特比硬判决译码
%程序计算指定Eb/N0下的误比特率BER
%注意：该程序使用了MATLAB R2009a自带的如下函数
%randi：用来产生随机数据
%modem.pskmod：实现PSK类调制
%modem.pskdemod：实现PSK类解调
%如果版本不一致，可能会运行出错
%解决方法：查阅帮助，搜索相应功能的函数，替代出错函数
EbNo=5;                %定义Eb/N0值
maxNumErrs=100;        %最大错误比特数目
maxNumBits=20000;      %最大比特数目
%QPSK
M = 4;                 %BPSK：M=2
k = log2(M);
%卷积码参数
codeRate = 1/2;
constlen = 7;
codegen = [171 133];
tblen = 32;            %回溯深度
trellis = poly2trellis(constlen, codegen);
%Gray编码，QPSK调制和解调
hMod = modem.pskmod('M', M, 'SymbolOrder', 'Gray', 'InputType', 'Bit');
hDemod = modem.pskdemod('M', M, 'SymbolOrder', 'Gray', 'OutputType', 'Bit');
%每次迭代的比特数
bitsPerIter = 1e4;
%对编码和多比特符号调整SNR
adjSNR = EbNo - 10*log10(1/codeRate) + 10*log10(k);
%初始化剩余矢量为全零，迭代使用该变量用于记录剩余的比特
msg_orig_lo = zeros(tblen, 1);
%清除编码器、译码器的状态和连续数据
stateEnc = [ ];
metric = [ ];
stateDec = [ ];
in = [ ];

%初始化BER和错误计数器
totErr = 0;
numBits = 0;
initCompIdx = 1;
%退出循环的条件
while ((totErr < maxNumErrs) && (numBits <= maxNumBits))
    %产生发送信息
```

```
    msg_orig = randi([0 1], bitsPerIter, 1);
    %卷积编码，保存迭代之间的编码器状态
    [msg_enc, stateEnc] = convenc(msg_orig, trellis, stateEnc);
    %数字调制
    msg_tx = modulate(hMod, msg_enc);
    %加噪声
    msg_rx = awgn(msg_tx, adjSNR, 'measured', [ ], 'dB');
    %解调并检测信号
    msg_demod = demodulate(hDemod, msg_rx);
    %用Viterbi算法译码，将各次迭代之间的网格图状态和度量值保存在metric、stateDec、
    %和in中
    [msg_dec, metric, stateDec, in] = vitdec(msg_demod(:), trellis, ...
        tblen, 'cont', 'hard', metric, stateDec, in);
    %将上一次迭代剩余符号添加至当前迭代
    msg_orig_w_lo = [msg_orig_lo; msg_orig];
    %比较输入/输出，计算BER
    size_msg_dec = length(msg_dec) - initCompIdx + 1;
    errBitInfo = biterr(msg_dec(initCompIdx: end), msg_orig_w_lo(initCompIdx: length(msg
                _dec)));
    %每次迭代后累加比特计数和错误比特统计
    totErr = totErr + errBitInfo;
    numBits = numBits + size_msg_dec;
    %保存剩余比特，供下次迭代使用
    msg_orig_lo = msg_orig_w_lo(end-tblen+1: end);
    %设置下一迭代比较的初始索引值
    initCompIdx = tblen + 1;
end
%计算所有迭代的平均BER
ber = totErr / numBits
```

运行本例程序，结果如下：

```
ber =3.0064e-004
```

如果循环修改 E_b/N_0 的值，可以得出相应的误比特率曲线，请读者自行修改上述程序。

6.4 Turbo码

Turbo码是C. Berrou等人在1993年首次提出的一种采用重复迭代(Turbo)译码方式的并行级联码。Turbo码采用两个或多个递归系统卷积码作为构造子码(也叫分量码)，分别对输入信息序列及其交织后的序列进行并行编码，获得特性类似于随机码的大约束度长码。在译码过程中，Turbo码采用迭代译码算法和软输入/软输出(SISO)译码器通过多次迭代实现伪随机译码，使接收信息得到充分利用，以中等译码复杂度获取了接近Shannon极限的性能。Turbo码以其优异的纠错性能、灵活可变的帧长和码率，以及相对不算太高的实现复杂度等性能优势，一经被提出就立即在编码界引起了广泛的兴趣，成为编码领域

中的一个研究热点。经过近些年的深入研究和发展，目前 Turbo 码已广泛应用于许多实际的通信系统中。

Turbo 码编译码的基本思想是编码时利用短码构造长码，译码时将长码化成短码，并利用软输入/软输出的迭代译码算法译码。

6.4.1 Turbo 码的编码原理

一般的 Turbo 编码器主要由交织器、递归系统卷积码(RSC)编码器、码率调整模块(Puncture)三部分组成。图 6-4-1 给出了一个由 n 个 RSC 子编码器组成的 Turbo 编码器结构图。图中 I_1，I_2，…，I_n分别为 n 个不同的交织器；对于输入的信息序列$\{d_k\}$，其对应的 RSC 编码器输出的校验序列为$\{y_{1k}\}$，$\{y_{2k}\}$，…，$\{y_{nk}\}$；校验序列通过码率调整，接在信息序列$\{x_k\}$后面，共同构成 Turbo 码的码字。通过对校验序列进行删截，可获得期望的码率。交织器可使 Turbo 码具有很大的约束长度，且还可使其特性接近于随机编码。

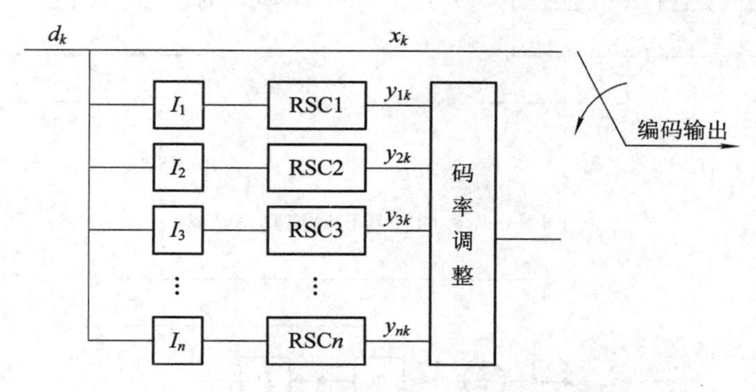

图 6-4-1 Turbo 码编码器的一般结构图

与传统的串行级联码不同，Turbo 码采用并行级联，即所有的子编码器都同时工作。在一些典型应用中，一般取 $n=2$，而且在 RSC1 之前不进行交织，如图 6-4-2 所示。采用递归系统卷积码作为子码，一个子编码器直接对输入信息比特进行编码，另一个子编码器则对交织后的信息比特进行编码，输出的 Turbo 码的码字由信息比特和两个子码的校验比特组成。

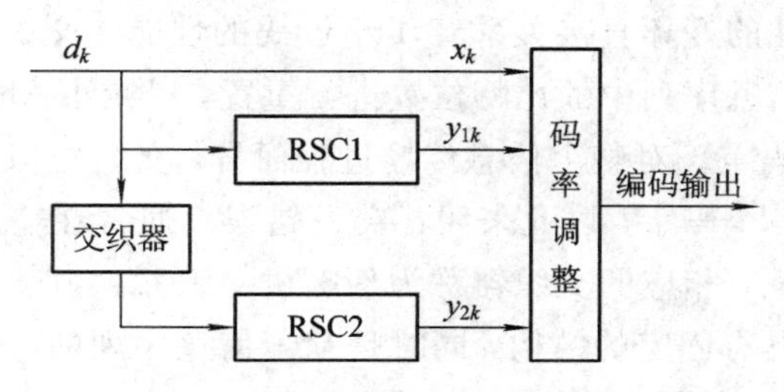

图 6-4-2 典型的 Turbo 码编码器

由于 RSC 码、交织器和码率调整模块是 Turbo 码编码器的主要组成部分，故下面对它们进行专门介绍。

1. RSC 码

单独使用卷积码时一般是采用非系统码，这是因为在相同的记忆长度下，系统卷积码的自由距离比非系统码的小，纠错性能在大信噪比下比非系统码的差。但是，在低信噪比下，二者没有什么明显差异。对系统递归和系统非递归的卷积码进行比较可发现，两者的性能很接近，但是当把它们作为 Turbo 码的子码时，采用递归系统卷积码的性能要好些。因此，在 Turbo 码的编码中子码一般都采用递归系统卷积码(RSC)。图 6-4-3 给出了非系统码和递归系统卷积码的结构，可以看到非系统卷积码可以方便地改造成递归系统卷积码。从图中结构还可以看出，如果要对 RSC 编码器归零，不能像非递归码那样直接把输入 d_k 置零，而是要把 a_k 置零，如图 6-4-4 所示，当正常编码时开关 K 接到 A 端，当归零时开关 K 应打到 B 端，使 a_k 置零。

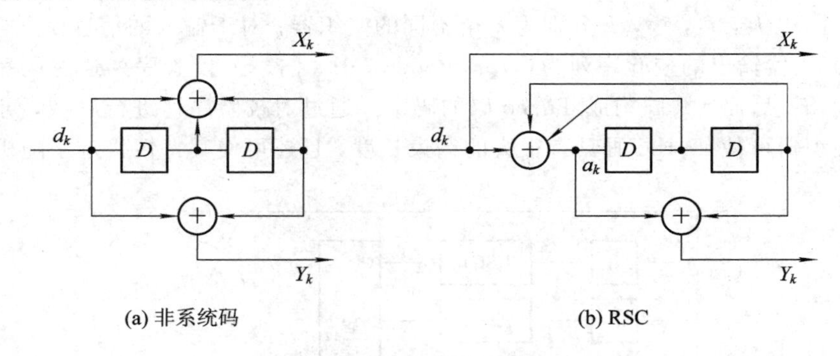

图 6-4-3　两种卷积码编码器结构

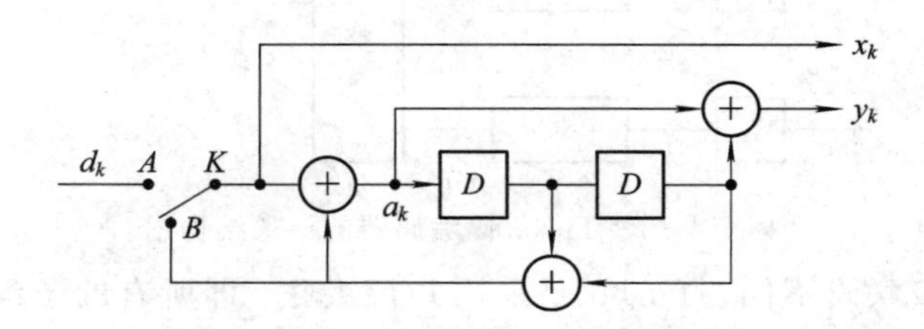

图 6-4-4　RSC 码编码器归零示意图

2. 交织器

交织器是影响 Turbo 码性能的一个关键因素，它可以使 Turbo 码的距离谱细化，即码重分布更为集中，其特性的好坏直接关系着 Turbo 码的性能。交织器实际上是一个一一映射函数，作用是将输入信息序列中的比特位置进行重置，以减小 RSC 子码编码器输出的校验序列的相关性和提高码重。对整个信息传输过程而言，交织器相当于将信道噪声引起的突发错误置乱，分散到各个码字，以此来纠正突发错误。通常在输入信息序列较长时可以采用近似随机的映射方式，相应的交织器称为伪随机交织器。由于在实际通信系统中采用 Turbo 码时交织器必须具有固定的结构，同时是基于信息序列的，因此在一定条件下可以把 Turbo 码看成一类特殊的分组码来简化分析。

在交织器的设计中，基本上遵循以下原则：

(1) 最大程度地置乱原来的数据排列顺序，避免置换前相距较近的数据在置换后仍然相距较近，特别是要避免相邻的数据在置换后仍然相邻。

(2) 尽量提高最小码重码字的重量和减小低码重码字的数量。

(3) 尽可能避免与同一信息位直接相关的两个 RSC 子码编码器中的校验位均被删除。

(4) 对于不归零的编码器，设计交织器时要避免出现“尾效应”图案。

在设计交织器时，还应考虑具体应用系统的数据大小，使交织深度在满足时延要求的前提下，与数据大小一致或者是数据帧长度的整数倍。

交织器和 RSC 子码的结合可以确保 Turbo 码编码输出码字都具有较高的汉明重量。由于交织器的作用是将信息序列中的比特顺序重置，故当信息序列经过第一个 RSC 子码编码器后输出的码字重量较低时，交织器可使交织后的信息序列经过第二个 RSC 子码编码器编码后以很大的概率输出较大重量的码字，从而提高码字的汉明重量，同时好的交织器还可以有效地降低校验序列间的相关性。

交织器的类型可以分为两大类：一类是规则交织器，也称确定性交织器，其交织器的映射函数由一个确定的解析表达式给出；另一类是随机交织器，其映射函数不能由一个确定的解析表达式给出。Turbo 码常用的交织器主要有分组交织器、随机交织器、s-随机交织器等几种。图 6-4-5 给出了一个交织深度为 4 的卷积码交织器示意图。输入数据相当于按列送入，第一行不延时，其他行中每一行的延时位数递增 1 后，仍按列送出。

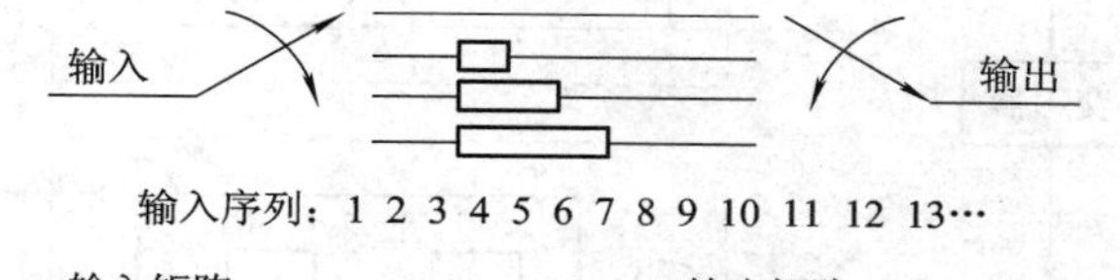

输入矩阵							输出矩阵								
1	5	9	13	17	…		1	5	9	13	17	21	25	29	…
2	6	10	14	18	…		*	2	6	10	14	18	22	26	…
3	7	11	15	19	…		*	*	3	7	11	15	19	23	…
4	8	12	16	20	…		*	*	*	4	8	12	16	20	…

输出序列：1 * * * 5 2 * * 9 6 3 * 13 10 7 4…

图 6-4-5 卷积码交织器示意图

3. 码率调整模块

对于数字通信领域日益紧张的频带资源，提高码率就意味着节省频带和降低通信费用。码率调整模块对 RSC 子码编码器输出的校验序列进行删余(Puncturing)处理，是目前提高 Turbo 码码率的主要方法。

Turbo 码中，删余器通常比较简单，因为在一般的应用中码率都是 1/2 或者 1/3，因此即使有删余器，它一般也只是周期性地从两个 RSC 子码编码器中选择校验比特输出即可。其具体做法是：从两个 RSC 子码编码器生成的校验序列中周期性地删除一些校验位，再与未编码的信息序列复用重组成最后的编码输出序列，调制后进入信道传输。若信息序列为 $d=(C_1, C_2, \cdots, C_N)$，长度为 N，那么两个 RSC 子码编码器的输出为

$$C_{21}=(C_{11}, C_{12}, \cdots, C_{1N})$$

$$C_{31}=(C_{21}, C_{22}, \cdots, C_{2N})$$

若取 RSC1 输出的奇数位比特和 RSC2 的偶数位比特，即采用删余矩阵 $\boldsymbol{P}=[10, 01]$，则编码输出长度为 $2N$，码率提高为 1/2 的序列为 C_p：

$$C_p=(C_1, C_{11}, C_2, C_{22}, C_3, C_{13}, C_4, C_{24}, \cdots)$$

两个子码编码器的输出经过删余得到的序列被称为奇偶序列，是校验序列。一个好的

删余算法应该符合以下几点要求：

(1) 不能删除信息位。删除信息位会造成较大的信息损失，从而使误码率有较大的损失。

(2) 删余应该在时间域上均匀进行，删余同一时刻所有的比特位会造成此时刻信息损失较大，影响误码率。

(3) 删余应该对于各子码均匀进行，从而使信息的损失均匀分布在各子码上，避免由于信息损失不均匀导致子码译码性能下降。

例 6-4-1　编写程序实现图 6-4-6 所示的 Turbo 码编码器，产生码率为 1/3 的 Turbo 码。

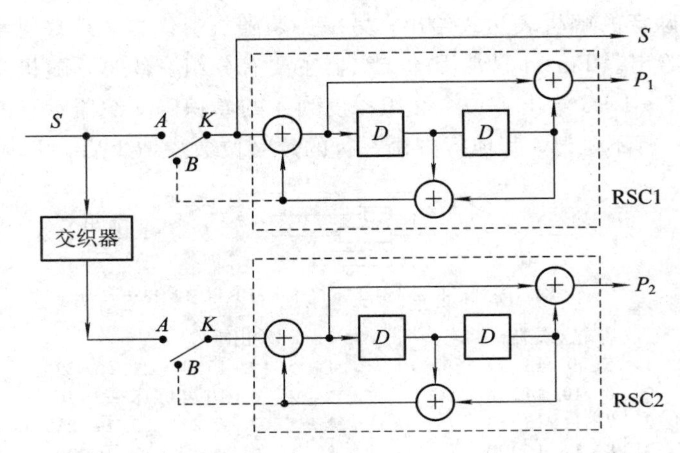

图 6-4-6　某码率为 1/3 的 Turbo 码编码器

解　本例仿真中交织器采用图 6-4-5 所示的卷积码交织器。图 6-4-6 中两个 RSC 子码的生成多项式都是 $G_1(D)=1+D^2$，也可表示成二进制数 $g_1=(101)_2$，或者八进制数 $g_1=(5)_8$。这里 $G_1(D)$中的低位 1 对应于二进制数 g_1的低位 1，而生成多项式中的 D^i 映射为二进制数 g_1中从右向左数的第$(i+1)$位 1，即二进制数 g_1中低位在右、高位在左，从右向左依次对应于生成多项式 $G_1(D)$中由常数项到 D 的高次项。反馈多项式都是 $G_2(D)=1+D+D^2$，也可表示为二进制数 $g_2=(111)_2$，或者八进制数 $g_2=(7)_8$。移位寄存器长度 m 为 2。Turbo 码的生成矩阵可以写为

$$\boldsymbol{G}(D)=\left[1,\ \frac{G_1(D)}{G_2(D)}\right]=\left[1,\ \frac{1+D^2}{1+D+D^2}\right] \tag{6-4-1}$$

或者写成 $\boldsymbol{G}=[g_2\ g_1]=[7\ 5]_8$。注意，这里的反馈多项式 $G_2(D)$是本原多项式。设 RSC1 的码率为 R_1，RSC2 的码率为 R_2，Turbo 码的总码率为 R，则有关系式：

$$\frac{1}{R}=\frac{1}{R_1}+\frac{1}{R_2}-1 \tag{6-4-2}$$

由图 6-4-6 可知，$R_1=1/2$，$R_2=1/2$。将它们分别代入式(6-4-2)，可得 $R=1/3$。

本例 MATLAB 参考程序如下：

```
%参数设置
g1 = [1 0 1];
g2 = [1 1 1];
```

```
D1 = [1 1];                 %RSC1 中移位寄存器的初始状态
D2 = [1 1];                 %RSC2 中移位寄存器的初始状态
N = 4 * 10;                 %仿真编码数据位数
S = randint(1, N);          %输入信息

%RSC1 子码编码
for i = 1 : length(S)
  temp1a = mod(sum(and(D1, g2(2: 3))), 2);
  temp1b = xor(temp1a, S(i));
  P1(i) = xor(D1(2), temp1b);          %RSC1 输出
  D1(2) = D1(1);
  D1(1) = temp1b;
end

%深度为 4 的卷积交织器
S1(1, : ) = S(1: 4: end);
S1(2, : ) = S(2: 4: end);
S1(3, : ) = S(3: 4: end);
S1(4, : ) = S(4: 4: end);
S2(1, : ) = [S1(1, : ) 0 0 0];
S2(2, : ) = [0 S1(2, : ) 0 0];
S2(3, : ) = [0 0 S1(3, : ) 0];
S2(4, : ) = [0 0 0 S1(4, : )];
for i = 1 : length(S2(1, : ))
  SS(4 * (i-1)+1: 4 * i) = S2( : , i);          %交织器输出
end

%RSC2 子码编码
for i = 1 : length(SS)
  temp2a = mod(sum(and(D2, g2(2: 3))), 2);
  temp2b = xor(temp2a, SS(i));
  P2(i) = xor(D2(2), temp2b);                %RSC2 输出
  D2(2) = D2(1);
  D2(1) = temp2b;
end

%输出码字
Sa = [S, zeros(1, length(P2)-length(S))];
P1a = [P1, zeros(1, length(P2)-length(P1))];
for i = 1: length(P2)
  sout(3 * (i-1)+1: 3 * i) = [Sa(i) P1a(i) P2(i)];
end
```

运行本例程序，输入的数据信息及其编码输出分别为

输入数据信息：00010101…

编码输出：011000011010…

6.4.2　Turbo 码的译码原理

采用最大似然译码算法对 Turbo 码整体进行译码是一种最佳译码方法，但实际中该算法的复杂度太大而难以实现。从 Turbo 码的编码结构可以看出，Turbo 码本质上是一种并行级联结构，而对级联码采用两个子码分段译码的方式可极大地减少译码的复杂度。因此，Turbo 码的译码通常采用两个子码分段译码的方式，并引入迭代译码的思想，通过在各级子译码器之间传递译码判决输出比特的可靠性信息，从而获得可接近最大似然译码算法的性能。

Turbo 码采用软输入/软输出(SISO)的最大后验概率(MAP)算法进行译码的译码器结构如图 6-4-7 所示。通过计算后验概率，对两个子码进行迭代译码，多次迭代后后验概率收敛，然后进行硬判决输出译码后的码字。整个译码过程类似涡轮(Turbo)工作，正因为此，这种码字被形象地称为 Turbo 码。仿真结果表明，在 AWGN 信道下，如果采用大小为 256×256 的交织器、码率为 1/2 的 Turbo 码，在达到误码率 BER$\leqslant 10^{-5}$时，所需要的 E_b/N_0仅为 0.7 dB，远远超过了其他的编码方式，逼近 Shannon 极限(在这种情况下达到信道容量的理想 E_b/N_0值为 0 dB)。此外，虽然 Turbo 码采用迭代译码会增大译码复杂度，但若它采用状态数较少的子码(一般为 16 状态)，在相同误码性能条件下总的译码复杂度可保持与传统级联码的大体相当，甚至更低。

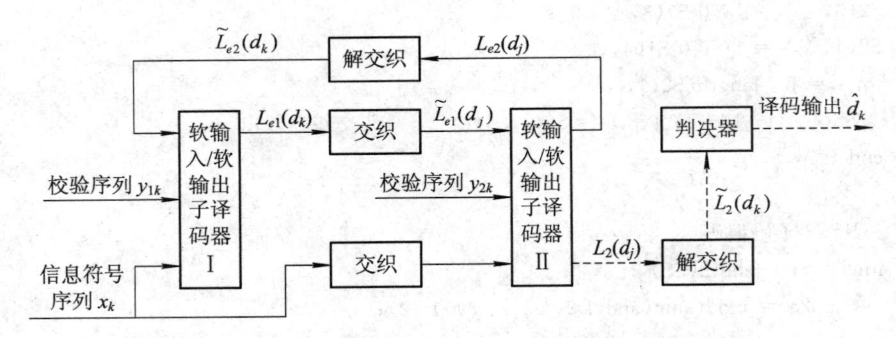

图 6-4-7　Turbo 码译码器结构

下面重点介绍 Turbo 码迭代译码过程。在详细介绍译码过程之前，先给出几个基本概念。

1. 二元随机变量的软信息

假设 U 是一个二元随机变量，$U\in \mathrm{GF}(2)=\{+1, -1\}$，且对于⊕运算，“+1”为零元素。定义 U 的对数似然比为

$$L_U(u)=\log\frac{P_U(u=+1)}{P_U(u=-1)} \tag{6-4-3}$$

式中，$P_U(u)$是随机变量 U 取值为 u 的概率。这个对数似然比 $L_U(u)$就称为随机变量 U 的软信息，$L_U(u)$的符号为 U 的硬判值，$|L_U(u)|$是这个判决可靠性的度量。此外，还可定义 U 的条件对数似然比

$$L_{U|Y}(u|y)=\log\frac{P_U(u=+1|y)}{P_U(u=-1|y)}$$
$$=\log\frac{P_U(u=+1)}{P_U(u=-1)}+\log\frac{P_{Y|U}(y|u=+1)}{P_{Y|U}(y|u=-1)}$$
$$=L_U(u)+L_{Y|U}(y|u) \tag{6-4-4}$$

式中，Y 是一个随机变量或随机向量。

2. 信道软输出

假设信息 x 通过一个二进制对称信道(BSC)或者一个高斯/衰落信道，匹配滤波器输出 y，则可以计算 x 对于 y 的条件对数似然比：

$$L(x|y)=\log\frac{P(x=+1|y)}{P(x=-1|y)}=\log\left(\frac{P(y|x=+1)}{P(y|x=-1)}\cdot\frac{P(x=+1)}{P(x=-1)}\right) \tag{6-4-5}$$

把信道参数代入式(6-4-5)，可得

$$L(x|y)=\log\frac{\exp\left(-\frac{E_s}{N_0}(y-a)^2\right)}{\exp\left(-\frac{E_s}{N_0}(y+a)^2\right)}+\log\frac{P(x=+1)}{P(x=-1)}$$
$$=L_c\cdot y+L(x) \tag{6-4-6}$$

式中，$L_c=4a\cdot E_s/N_0$，称为信道的可靠度，$L_c\cdot y$ 称为信道的软输出。对于衰落信道，a 表示衰落幅度，是一个时变的值；对高斯信道，可取 $a=1$；对于BSC信道，L_c是错误概率 P_0的对数似然比，即 $L_c=\log[(1-P_0)/P_0]$。

下面开始介绍 Turbo 码迭代译码结构。

Turbo 码迭代译码的各个子译码器之间传递的是信息位的可靠性信息，所以迭代译码的关键是 SISO 译码器，如图 6-4-8 所示。它的输入是信息位的先验信息 $L(u)$和信道信息 $L_c\cdot y$，输出则是信息位的后验信息

$$L(\hat{u})=L(u|y)=\ln\frac{P(u=+1|y)}{P(u=-1|y)} \tag{6-4-7}$$

和信息位的外信息

$$L_e(\hat{u})=L(\hat{u})-L_c\cdot y-L(u) \tag{6-4-8}$$

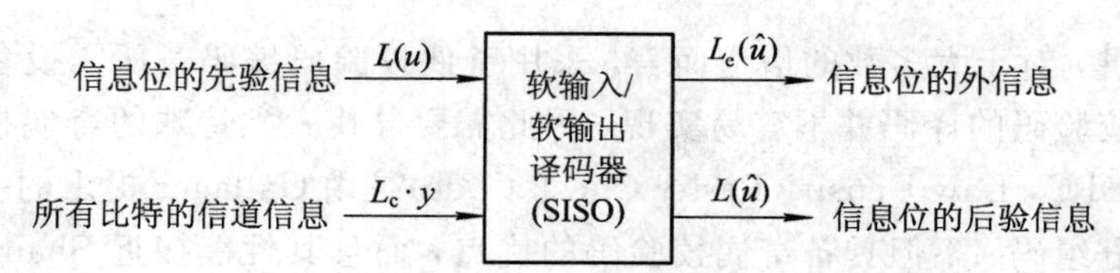

图 6-4-8 软输入/软输出(SISO)译码器

在迭代译码时，SISO 输出的外信息作为下一级的 SISO 的先验信息。图 6-4-9 是迭代译码的示意图，假设码字的发送是先验等概的，则开始译码时有 $L(u)=0$。由图可以看出，SISO Ⅰ输出的外信息 $L_{e1}(\hat{u})$作为 SISO Ⅱ的先验信息，SISO Ⅱ输出的外信息 $L_{e2}(\hat{u})$又反馈到 SISO Ⅰ作为先验信息。这样循环迭代，最后 SISO Ⅱ输出 $L(\hat{u})$到后级处理器或硬判得到信息比特。

这里给出的是两个子码并行级联的情况，该过程也可以扩展到多个子码或串行级联的

情况，而且在一般情况下假设信息是先验等概的，而当不等概时译码则需要知道先验信息。另外，在级联中一般要加交织器，如图 6-4-7 所示，而图 6-4-9 中省略了交织和解交织部件。

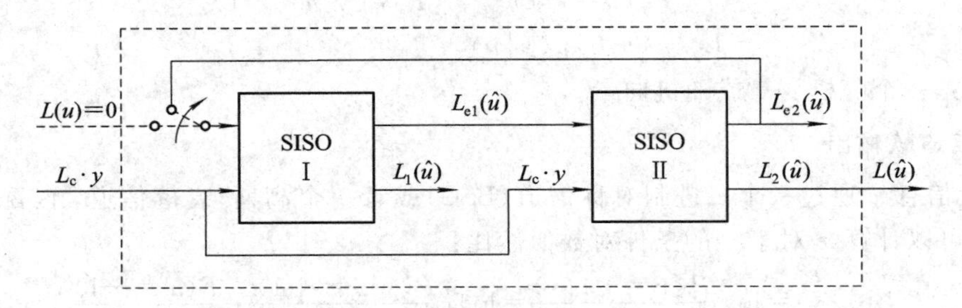

图 6-4-9　迭代译码示意图

由于图 6-4-7 所示的 Turbo 码译码器中有交织/解交织的环节存在，而且两个 SISO 译码器也会带来译码延时，使得不可能有真正意义上的反馈，实际上 Turbo 码译码时使用的只能是一种流水线式的迭代结构，如图 6-4-10 所示。正是由于这种流水线结构，使得 Turbo 码译码器可由若干完全相同的软输入/软输出的基本单元构成。

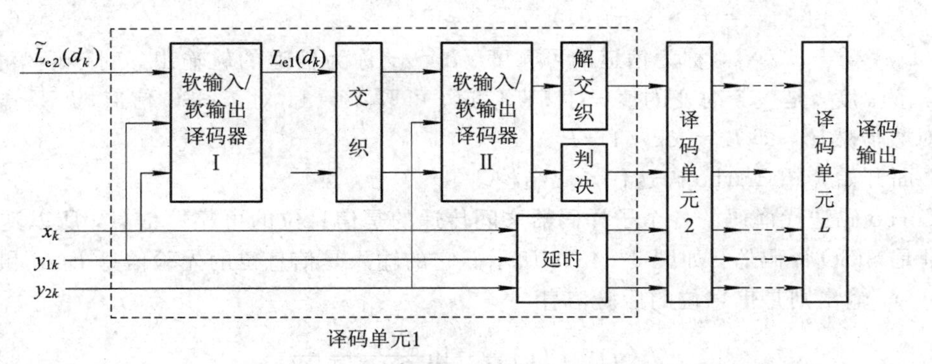

图 6-4-10　Turbo 码流水线式迭代译码结构

6.5　LDPC 码

从理论上讲，对于大多数的信道而言，采用奇偶校验码编码时所需设备的复杂度都比较低。但奇偶校验码的译码并不容易实现，因此需要寻找一类特殊的奇偶校验码。低密度奇偶校验码(LDPC，Low Density Parity Check Code)是由 Gallager 提出的一类基于稀疏校验矩阵的线性分组码，不但具备奇偶校验码的优点，而且其性能接近 Shannon 极限，描述和实现简单，易于进行理论分析和研究，译码简单且可实行并行操作，适合硬件实现。

按照稀疏校验矩阵定义的 LDPC 码，每个码字满足许多线性约束，码字中的每个符号参与小数量约束。1962 年，Gallager 给出了 LDPC 码的构造方法、迭代概率译码算法和理论描述，而且在迭代译码算法和理论的某些方面远远超前于 Turbo 码。但由于编码存储需求、译码的计算要求等问题，LDPC 码被提出后并没有受到人们的重视。1981 年，Tanner 推广了 Gallager 的 LDPC 码构造方法，提出用二分图(Tanner 图)来表示码字符号和约束之间的关系，当所有的约束是二进制校验时，即可获得 Gallager 码。从此，二分图成了分析 LDPC 码的主要工具。1996 年，Mackay 等人对 LDPC 码进行了再发现，指出它是一种较 Turbo 码更接近 Shannon 极限的纠错码。至此，LDPC 码才得到广泛关注。目前，LDPC码是信息领域和通信界最热门的研究之一，也是现代编码理论的典型代表。

LDPC 码的码字长度是非常大的，通常可大至数千，相应地，其校验矩阵也是非常大的，但矩阵中“1”的数量又非常少。低密度这个词就是指在其校验矩阵中“1”的密度很低。与 Turbo 码相比，LDPC 码具有许多优点：

(1) 性能优于 Turbo 码的，具有较大的灵活性和较低的差错平底特性(Error Floor)。

(2) 码描述简单，对严格的理论分析具有可验证性。

(3) 译码复杂度低于 Turbo 码，且可实现完全的并行操作，硬件复杂度低，更适合于硬件实现。

(4) 吞吐量大，极具高速译码潜力。

但是，与 Turbo 码比，随机 LDPC 码的编码存储需求多，编码复杂。

6.5.1 LDPC 码的编码原理

1. Tanner 图

假设一个线性分组码的码长为 N，信息位长为 K，校验位为 $M=N-K$，则该码的校验矩阵 $\boldsymbol{H}$ 是一个大小为 $M\times N$ 的矩阵。据此构造图 T，它由两个节点集合组成，分别为 V_1 和 V_2，分别位于图 T 的上、下两边。V_1 由代表 N 个码字比特的节点组成，记作 v_0，v_1，…，v_{N-1}，称为变量节点、比特节点或信息节点。V_2 由表示 M 个校验和或校验方程的节点组成，记作 c_0，c_1，…，c_{M-1}，称为校验节点。当信息节点 v_n 包含在校验和 c_m 之中时，就用边(Edge)将两者连接起来，此边记作(v_n，c_m)。V_1 和 V_2 本身不存在直接连接的边。和每个节点相连的边的个数称为该节点的度数(Degree)。这样，变量节点 v_n 的度数等于包含 v_n 的校验和的个数；校验节点 c_m 的度数等于被 c_m 校验的变量节点的个数。这种图被称为二分图(Bipartite Graph)，Tanner 首次把它引入到研究 LDPC 码中，因此又称为 Tanner 图。

图 6-5-1 给出的是(7, 4)汉明码的 Tanner 图，其校验矩阵为

$$\boldsymbol{H}=\begin{bmatrix}1&0&0&1&0&1&1\\0&1&0&1&1&1&0\\0&0&1&0&1&1&1\end{bmatrix} \tag{6-5-1}$$

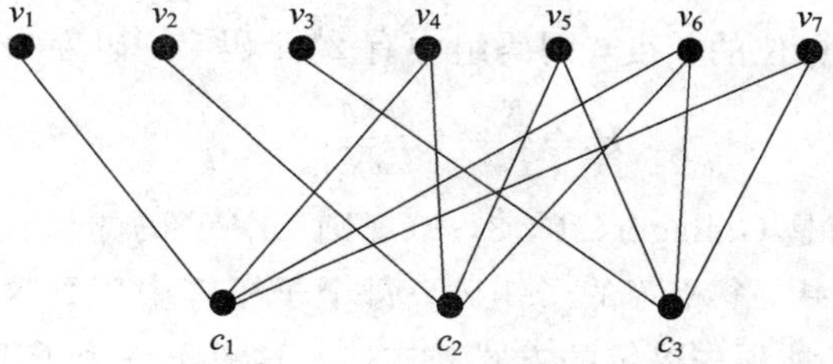

图 6-5-1 (7, 4)汉明码的 Tanner 图

根据码字的 Tanner 图结构，LDPC 码可分为两类：

(1) 规则的 LDPC 码(Regular)。Tanner 图中所有变量节点的度数都相同且等于奇偶校验矩阵 $\boldsymbol{H}$ 中的列重量，所有校验节点的度数都相同且等于奇偶校验矩阵 $\boldsymbol{H}$ 中的行重量，

此种 Tanner 图被称为规则图，相应的 LDPC 码被称为规则的 LDPC 码。假设码长为 N 的线性分组码中变量节点的度数都为 j，校验节点的度数都为 k，则可用(N, j, k)来表示该码字。它表示分组码码长为 N，奇偶校验矩阵 $\boldsymbol{H}$ 中每列有 j 个"1"、每行有 k 个"1"。Gallager码是规则的 LDPC 码。

(2) 不规则的 LDPC 码(Irregular)。Tanner 图为非规则图的 LDPC 码。Tanner 图中上下任一节点(变量节点和校验节点)的度数都不是固定值，分别占总度数的一定比例，记作 $m(i)$、$n(j)$。研究表明，通过优化 $m(i)$、$n(j)$，可使不规则的 LDPC 码性能优于规则的 LDPC 码的。

在 1998 年以前，大部分关于 LDPC 码的研究都集中于如何构建稀疏规则的或近似规则的 Tanner 图，也就是说构建每列"1"的个数相同、每行中"1"的个数也相同的 Tanner 图。在 1998 年，Luby 等人提出不规则 LDPC 码，改善了规则 LDPC 码的性能，是目前已知的最接近 Shannon 极限的码。

2. Gallager 的 LDPC 码构造方法

Gallager 的 LDPC 码定义为，一个长为 N 的 LDPC 码被定义为奇偶校验矩阵 $\boldsymbol{H}$ 的零空间(null space)，且奇偶校验矩阵 $\boldsymbol{H}$ 具有下列特点：

(1) 每一列都有 j 个"1"，且 $j\geqslant 3$。

(2) 每一行都有 k 个"1"，且 $k>j$。

(3) 任意两列之间，相同位置同为"1"的个数 λ 小于等于 1。

(4) k 和 j 与奇偶校验矩阵 $\boldsymbol{H}$ 中的列数和行数相比是很小的。

按该定义生成的码是规则的 LDPC 码，其码字长度为 N，奇偶校验矩阵 $\boldsymbol{H}$ 有固定的列重量 j 和固定的行重量 k。

LDPC 码的密度 r 被定义为校验矩阵 $\boldsymbol{H}$ 中全部元素与矩阵中"1"的总数之比。对于(N, j, k)LDPC 码，密度为

$$r=\frac{k}{N}=\frac{j}{M} \tag{6-5-2}$$

显然有

$$\frac{M}{N}=\frac{j}{k} \tag{6-5-3}$$

对于满秩的校验矩阵 $\boldsymbol{H}$，有 N 列 M 行，M 表示码字中校验位的长度，也即校验方程的个数，$K=N-M$ 表示信息位的长度，则码组中有 2^K 个码字，码率为

$$R_c=\frac{K}{N}=1-\frac{M}{N}=1-\frac{j}{k} \tag{6-5-4}$$

图 6-5-2 所示的是 Gallager(20, 3, 4)规则 LDPC 码的校验矩阵。这个奇偶校验矩阵在水平方向上分成 $j=3$ 个相等的子矩阵，每个子矩阵中每列含有单个"1"。一般来说，第一个子矩阵可按照某种预先决定的方式来构造。这里第一个子矩阵看上去像一个变平的单位矩阵，也就是说一个单位矩阵中每一行中的 1 个"1"被 $k=4$ 个"1"替代，相应地，列数也按此倍增。随后的子矩阵是第一个子矩阵的随机置换。从图 6-5-2 可以看出，该校验矩阵中行和列中"1"的个数都固定，分别为 4 和 3，$\lambda=1$，此码是线性分组码，最小码距 $d_{\min}=6$。

$$
\begin{array}{cccccccccccccccccccc}
\hline
1&1&1&1&0&0&0&0&0&0&0&0&0&0&0&0&0&0&0&0\\
0&0&0&0&1&1&1&1&0&0&0&0&0&0&0&0&0&0&0&0\\
0&0&0&0&0&0&0&0&1&1&1&1&0&0&0&0&0&0&0&0\\
0&0&0&0&0&0&0&0&0&0&0&0&1&1&1&1&0&0&0&0\\
0&0&0&0&0&0&0&0&0&0&0&0&0&0&0&0&1&1&1&1\\
\hline
1&0&0&0&1&0&0&0&1&0&0&0&1&0&0&0&0&0&0&0\\
0&1&0&0&0&1&0&0&0&1&0&0&0&0&0&0&1&0&0&0\\
0&0&1&0&0&0&1&0&0&0&0&0&0&1&0&0&0&1&0&0\\
0&0&0&1&0&0&0&0&0&0&1&0&0&0&1&0&0&0&1&0\\
0&0&0&0&0&0&0&1&0&0&0&1&0&0&0&1&0&0&0&1\\
\hline
1&0&0&0&0&1&0&0&0&0&0&1&0&0&0&0&0&1&0&0\\
0&1&0&0&0&0&1&0&0&0&1&0&0&0&0&1&0&0&0&0\\
0&0&1&0&0&0&0&1&0&0&0&0&1&0&0&0&0&0&1&0\\
0&0&0&1&0&0&0&0&1&0&0&0&0&1&0&0&1&0&0&0\\
0&0&0&0&1&0&0&0&0&1&0&0&0&0&1&0&0&0&0&1\\
\hline
\end{array}
$$

图 6-5-2 Gallager(20，3，4)规则 LDPC 码的校验矩阵

有了校验矩阵 $\boldsymbol{H}$ 后，可通过高斯消元法等方法得到生成矩阵，进而生成码字。

6.5.2 LDPC 码的译码原理

LDPC 码的译码方法和一般的奇偶监督码的译码方法不同。LDPC 码的译码方法很多，比特翻转算法及和-积算法是其中两种比较常用的算法。比特翻转算法是一种低复杂度的硬判决译码算法，和-积算法则是一种高复杂度的软判决译码算法，也被称为置信传播算法(Belief Propagation Algorithm)，简称为 BP 算法。BP 算法实质上是求最大后验概率，类似于一般的最大似然准则译码算法，而且它需要进行多次迭代运算才能逐步逼近最优的解码值。

下面我们简要介绍复杂度较低的比特翻转译码算法，这种方法仅适用于二进制对称信道(BSC)，而且要求信息传输速率远低于信道容量。该译码算法的步骤如下：

(1) 假设 $\boldsymbol{y}$ 是信道的硬判决输出(即接收码字)，即信道输出已量化成“0”或“1”，译码器计算伴随式 $\boldsymbol{s}=\boldsymbol{y}\boldsymbol{H}^{\mathrm{T}}$，即计算所有的校验方程。如果伴随式是 0，则译码输出 $\boldsymbol{c}=\boldsymbol{y}$ 且运算结束。如果伴随式不是 0，将 $\boldsymbol{s}$ 中的非零元素对应到不满足校验方程的 $\boldsymbol{y}$ 元素上，翻转这些元素。

(2) 更改 $\boldsymbol{y}$ 后重新计算伴随式。

(3) 重复进行这样的迭代译码过程，直到伴随式等于 0 或迭代次数达到某固定次数为止，这时的 $\boldsymbol{y}$ 值就是译码输出结果 $\boldsymbol{c}$。

当每个校验方程包含的位数很少时，某一个方程中要么没有错误，要么包含一个错误，这种译码方法就可以很有效地进行纠错，即使某一个校验方程中发生了多于一个的错误，仍可以进行纠错。

例如，在(20，3，4)LDPC 码中，一个发送的码字为全 0 码，接收的码字为[10000000000000000000]，也就是第一个比特发生了错误，这时校验矩阵中包含第一个比特的第 1 行、第 6 行和第 11 行不满足校验条件，此时把第一个比特翻转为 0，重新计算，这时则所有的校验方程都满足，所以就纠正了第一个比特的错误。

在目前的研究和应用中，有关 LDPC 码编译码实现的具体算法有多种，涉及内容比较多，这里暂不详细介绍，感兴趣的读者可参考相关文献。

习　题

6-1　仿真未编码和进行(7，4)汉明码编码的QPSK调制信号通过AWGN信道后的误比特率性能。

提示　程序代码框架如下：

```
%定义相关参数：调制阶数M，汉明码n、k
%产生信息比特msg
%%1、未编码
%变为Gray码后，进行QPSK调制，得到msg1
%计算未编码时的比特能量Eb1
%%2、编码的情况
%msg经汉明编码后，变为Gray码映射，再进行QPSK调制，变为msg2；
%计算编码时的比特能量Eb2；
%%经过AWGN信道，加入噪声
%Eb/N0，得出方差sigma
%根据Eb1和Eb2分别加入未编码和编码时的噪声，得出接收信号rx1和rx2
%%解调译码
%未编码：由rx1得出y1，计算误比特率；
%编码：由rx2得出y2，计算误比特率；
%%画图
```

6-2　针对图6-3-6给出的卷积码编码器结构，分别用本章提供的cnv_encd函数以及工具箱函数convenc进行编码，比较结果是否一致。分析原因，并说明如何才能使其一致，给出相应的程序代码。

6-3　仿真BPSK调制在AWGN信道下使用卷积码和不使用卷积码的性能，其中卷积码的约束长度为7，生成多项式为[171，133]，码率为1/2，译码分别采用硬判决和软判决译码。

提示　程序代码框架如下：

```
clear all
%定义参数：Eb/N0，调制阶数M，卷积码约束长度L等
%产生发送数据msg

%%卷积编码：
%由生成多项式得出网格：trel=poly2trellis(…)；
%卷积编码：msg1=convenc(msg，trel)；
%BPSK调制：x1=pskmod(msg1，M)；
%加入高斯白噪声：y=awgn(x1，EbNo)；
%BPSK解调：y1=pskdemod(y，M)；
%Viterbi译码(硬判决)：y1=vitdec(y1，trel，tblen，'cont'，'hard')；
%误比特率：biterr(y1，msg)；
%%画BER曲线图，与BPSK理论BER作比较
```

第7章 同步原理

7.1 概 述

在通信系统中，同步是一个至关重要的问题。为使通信系统收、发双方能够协调一致地工作，必须要有同步系统来保证。同步系统按功能可分为载波同步、位同步、群同步和网同步几种。

(1) 载波同步。在采用相干解调的模拟和数字通信系统中，接收端都需要一个与接收信号中的调制载波同频同相的相干(同步)载波。通常将获取这个相干载波的过程称为载波提取或载波同步。

(2) 位同步，又称码元同步。在数字通信系统中，信息是以码元序列的形式来传送的。每个码元都持续一定的时间，接收端在接收时必须知道每个码元的起止时刻，才能在恰当的时刻对接收恢复的数字基带信号进行抽样判决，从而达到正确接收码元序列的目的。这需要接收端提供一个与发送码元速率相同且脉冲位置对准接收码元最佳抽样时刻的定时脉冲序列来确定抽样判决的时刻，这个定时脉冲序列就称为位同步信号。获取位同步信号的过程称为位同步或码元同步。位同步是数字通信系统中特有的一种同步。

(3) 群同步，又称帧同步、字同步、组同步或句同步等。在数字通信中，所传送的码元序列是有结构的，如若干个码元组成一个“字”，若干个字再组成一个“句”，在接收到这些信息时只有正确识别出这些“字”“句”的起止时刻，对它们进行正确分组，才能保证对所传输的信息进行正确复原。用于标识这些“字”“句”或“帧”等起止时刻的定时脉冲序列，称为群同步信号，其获取过程称为群同步。

(4) 网同步。在数字通信网中，存在大量的用户和设备，各设备间为能可靠地通信还需要整个通信网内有一个统一的时间标准，此即网同步。

不论哪一种同步，对正常的信息传输都是必要的，只有收、发之间建立了同步，才能开始传输信息。因此，在通信系统中，同步信息传输的可靠性要高于通信信号传输的可靠性。在上述几种同步中，前三种同步可以保证点与点之间的数字通信有序、准确、可靠地进行，因此本章主要讨论前三种同步。

7.2 载波同步

载波同步的方法一般分为两类：插入导频法和直接法。插入导频法是在发送有用信号的同时，在适当的频率位置插入一个(或多个)称为导频的正弦波，接收端由该导频提取相干载波。直接法是发送端不发送专门的导频，而是由接收端直接从其接收信号中提取相干载波。本节重点介绍两种常用的直接法。

7.2.1 平方变换法

由 2PSK 信号的功率谱可知，2PSK 信号中不包含频率为 f_c 的载波分量。但对其进行平方后，信号频谱中就包含有频率为 $2f_c$ 的分量，用中心频率为 $2f_c$ 的带通滤波器对其滤波可得到 2 次谐波分量，再经二分频电路进行分频处理即可得到频率为 f_c 的载波信号，可将其用作接收端进行相干解调所需要的相干载波。此即平方变换法实现载波同步的基本思想。利用平方变换法从 2PSK 接收信号中提取相干载波的原理框图如图 7-2-1 所示。需要注意的是，由于存在二分频器，利用该载波同步方法提取的相干载波中存在相位模糊问题。

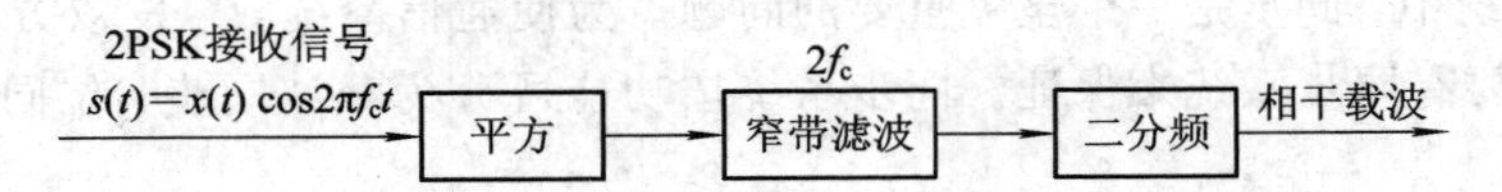

图 7-2-1 2PSK 信号的平方变换法载波同步原理框图

例 7-2-1 编程实现利用平方变换法对 2PSK 信号的载波同步。

解 依据图 7-2-1 所示原理进行 MATLAB 程序实现，仿真中窄带滤波器为理想滤波器。

本例 MATLAB 参考程序如下：

```
%参数设置
fc = 10000;                %载波频率
Rb = 1000;                 %信息速率
fs = 40 * fc;              %抽样速率
bitnum = 500;              %仿真比特数
M = fs/Rb;                 %每比特内的抽样点数
ts = 1/fs;                 %抽样间隔
t = 0 : ts : bitnum/Rb - ts;              %仿真时段
phi = 0 * pi/180;                         %接收信号初始相位
%产生 2PSK 信号
xx =randint(1, bitnum);
fori = 1 : bitnum
    x( (i-1) * M+1: 1: i * M ) = (-1).^xx(i);
end
x_bpsk = x .* cos( 2 * pi * fc * t + phi );          %2PSK, A=1
%产生接收信号，不考虑信道噪声
reci = x_bpsk;
y =reci .^2;        %平方变换
df = fs/length(x);
f = -fs/2 : df : fs/2-df;
K = 2 * fc/df;
KK = length(f)/2-K-5;
BPF1 = [zeros(1, K-5) ones(1, 10) zeros(1, KK)];
BPF = [BPF1 BPF1(length(f)/2: -1: 1)];          %窄带滤波器
```

```
y_f = fft(y);
y_bpf = y_f .* BPF;
yd =ifft(y_bpf);
ts1 = 2*ts;
t1 = 0 : ts1 : 2*bitnum/Rb-ts1;

%画图
subplot(211)
plot(t*1000, x_bpsk, 'r-'); hold on
plot(t1*1000, yd, '--'); grid
legend('2PSK 信号','提取的相干载波')
axis([0 1 -2 2]); title('2PSK 信号及提取的相干载波');
xlabel('t (ms)');
ylabel('幅度');
```

运行本例程序，结果如图 7-2-2 所示，在图 7-2-2(b)中提取的相干载波出现了相位模糊。

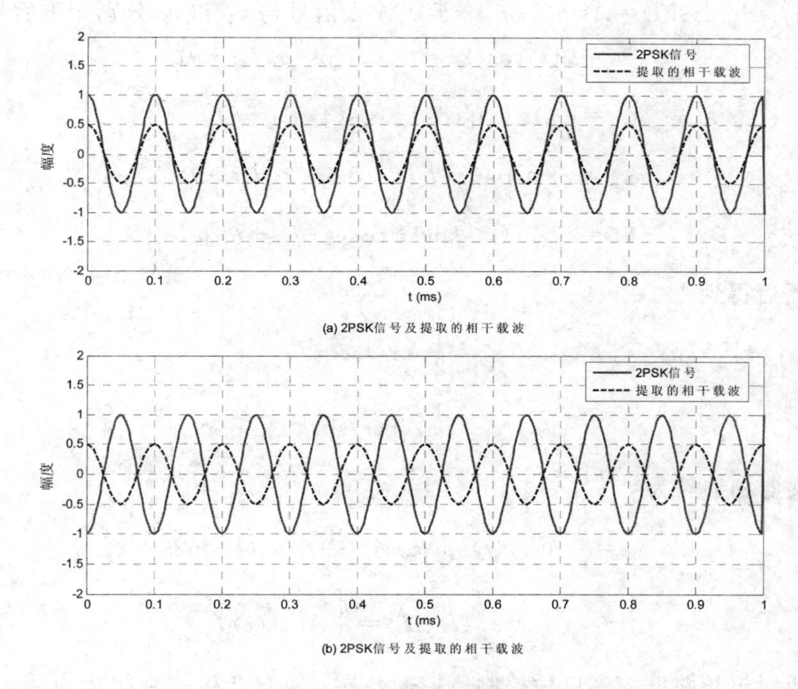

图 7-2-2 接收 2PSK 信号及由其提取的相关载波

7.2.2 科斯塔斯环法

科斯塔斯环法(Costas)又称同相正交环法，是一种基于锁相环实现载波同步的常用方法。图 7-2-3 给出的是 2PSK 信号的科斯塔斯环原理框图。科斯塔斯环由两条支路构成，一条称为同相支路，另一条称为正交支路，它们通过同一个压控振荡器耦合在一起，构成一个负反馈系统。当环路锁定时，压控振荡器输出同步载波信号。

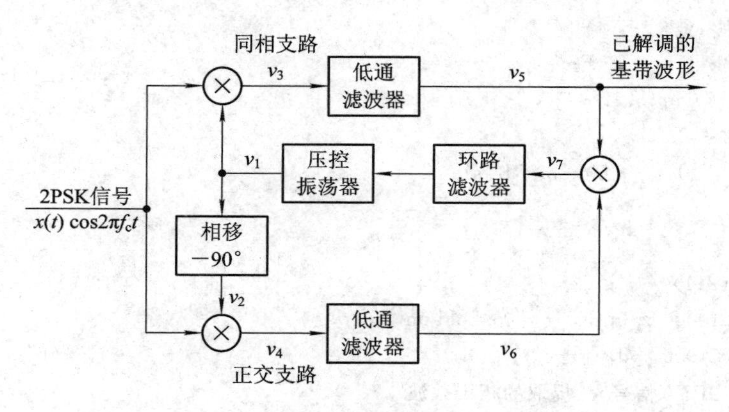

图 7-2-3　2PSK 信号的科斯塔斯环原理框图

设科斯塔斯环的输入信号为 $x(t)\cos 2\pi f_c t$，在压控振荡器锁定后，它的输出 $v_1 = A\cos(2\pi f_c t + \theta)$ 为同步载波，其中 θ 是压控振荡器输出的本地载波与接收信号中载波间的相位差，当环路达到同步时，该相位差应是一个接近 0 的值。v_1 相移 −90°后为 v_2，所以 $v_2 = A\cos(2\pi f_c t + \theta - 90°) = A\sin(2\pi f_c t + \theta)$。输入信号与 v_1 和 v_2 分别相乘后得

$$v_3 = x(t)\cos(2\pi f_c t)\cdot A\cos(2\pi f_c t + \theta)$$

$$= \frac{1}{2}Ax(t)[\cos\theta + \cos(4\pi f_c t + \theta)] \tag{7-2-1}$$

$$v_4 = x(t)\cos(2\pi f_c t)\cdot A\sin(2\pi f_c t + \theta)$$

$$= \frac{1}{2}Ax(t)[\sin\theta + \cos(4\pi f_c t + \theta)] \tag{7-2-2}$$

经低通滤波器后得到

$$v_5 = \frac{1}{2}Ax(t)\cos\theta \tag{7-2-3}$$

$$v_6 = \frac{1}{2}Ax(t)\sin\theta \tag{7-2-4}$$

v_5、v_6 经相乘器相乘后为

$$v_7 = \frac{1}{4}A^2x^2(t)\sin\theta\cos\theta = \frac{1}{8}A^2x^2(t)\sin 2\theta$$

$$\approx \frac{1}{8}A^2x^2(t)(2\theta) = \frac{1}{4}A^2x^2(t)\theta \tag{7-2-5}$$

这个电压经过环路滤波器以后控制压控振荡器，使它产生一个频率为 f_c、相位误差 θ 趋近于 0 的载波，此载波就是所要提取的相干载波，而 $v_5 = \frac{1}{2}Ax(t)\cos\theta$ 与信号 $x(t)$ 成正比，就是解调器的输出，可直接送到抽样判决器，经抽样判决恢复输出源二进制数字信息序列。

科斯塔斯环法提取相干载波的优点在于它可以直接解调出基带信号 $x(t)$，但电路较为复杂，特别是其中的 −90°相移电路，当载波频率变化时，实现起来较为困难，另外其提取的相干载波也存在相位模糊问题。

例 7-2-2 利用科斯塔斯环法对 2PSK 信号进行载波同步仿真。

解 图 7-2-4 为图 7-2-3 所示 2PSK 信号的科斯塔斯环的数字实现框图，本例根据此框图进行仿真。仿真中环路滤波器采用二阶环实现，其结构如图 7-2-5 所示，传递函数为

$$\frac{y(z)}{x(z)}=\frac{(K_i+K_p)-K_p z^{-1}}{1-z^{-1}} \tag{7-2-6}$$

式中，K_i、K_p 为二阶环参数。

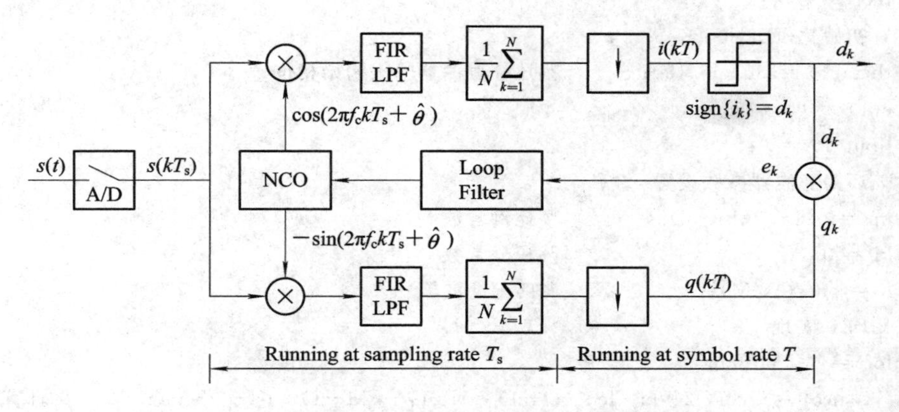

图 7-2-4 2PSK 信号的科斯塔斯环的数字实现框图

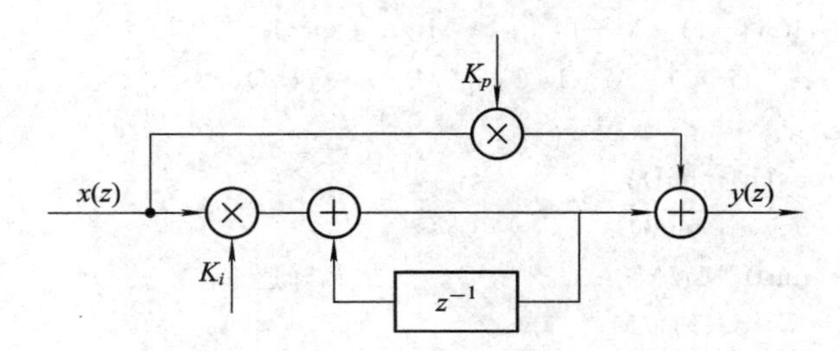

图 7-2-5 二阶环路滤波器

本例 MATLAB 参考程序如下：

```
%参数设置
fc = 10000;                %载波频率
Rb = 1000;                 %信息速率
fs = 8 * fc;               %抽样速率
bitnum = 500;              %仿真比特数
M = fs/Rb;                 %每比特内的抽样点数
ts = 1/fs;                 %抽样间隔
t = 0 : ts : bitnum/Rb - ts;           %仿真时段
phi = 60 * pi/180;                     %接收信号初始相位
SNR_dB = 15;
snr = 10^(SNR_dB/10);
%产生 2PSK 信号
xx =randint(1, bitnum);
```

```
fori = 1 : bitnum
x((i-1) * M+1: 1: i * M ) = (-1).^xx(i);
end
x_bpsk = x . * cos( 2 * pi * fc * t + phi );        %生成振幅 A=1 的 2PSK
%产生信道噪声
n = sqrt(M/snr/4) * (randn(1,length(x_bpsk)) + sqrt(-1) * randn(1,length(x_bpsk)) );
%产生接收信号
reci = x_bpsk + n;
%初始化 PLL loop
theta(1) = 30 * pi/180;          %压控振荡器输出初始相位
e(1) = 0;
lfout(1) = 0;
%环路滤波器参数设置
kp = 0.15;                        %比例常数
ki = 0.1;                         %积分常数
h = ones(1, M);                   %匹配滤波器
%PLL 实现
fori = 1 : bitnum
    ncoI =  cos( 2 * pi * fc * ((i-1) * M: 1: i * M-1) * ts + theta(i) );    %计算 NCO
    ncoQ = -sin( 2 * pi * fc * ((i-1) * M: 1: i * M-1) * ts + theta(i) );
    phdI = reci( (i-1) * M+1: 1: i * M ) . * ncoI;
    phdQ = reci( (i-1) * M+1: 1: i * M ) . * ncoQ;
  %匹配滤波
    outtI = conv(h, phdI);
    outtQ = conv(h, phdQ);
    outI(i) = outtI(M)/M;                      %降速
    outQ(i) = outtQ(M)/M;
  e(i+1) = sign(outI(i)) * outQ(i);            %误差信号
  d(i) = (1-sign(real(outI(i))))/2;            %判决输出
  %环路滤波器
    lfout(i+1) = lfout(i) + (kp+ki) * e(i+1) - kp * e(i);      %两阶滤波器
  theta(i+1) = theta(i) + lfout(i+1);                          %更新 NCO
end

%画图
index = 500; %画图比特数
plot(0: index-1, real(theta(1: index)). * 180/pi); grid
title('恢复的本地载波相位');
xlabel('仿真比特数');
ylabel('本地载波相位(度)');
```

接收信号初始相位为 60°时，本例程序在不考虑信道噪声时的运行结果如图 7-2-6 所示。从图中曲线可以看出，经过一段时间的环路调整，本地载波的相位与接收信号中的载波相位基本保持一致，实现同步。

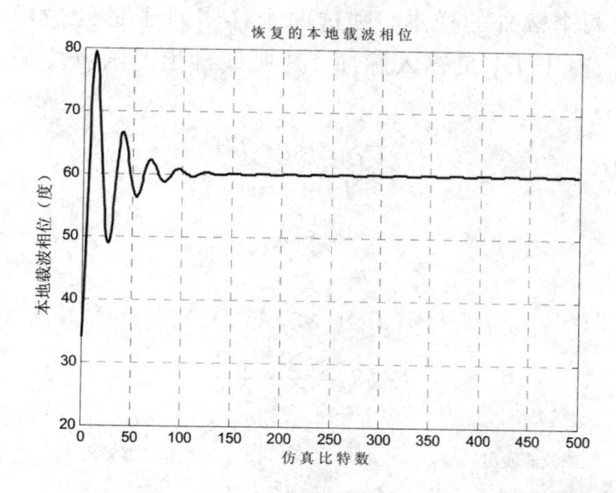

图 7-2-6 不考虑信道噪声时科斯塔斯环恢复的本地载波信号的相位

7.3 位同步

位同步信号是数字通信中用来区分码元的定时脉冲序列，其频率等于接收基带信号的码元速率，脉冲的位置(相位)应与最佳抽样时刻相一致，由接收信号的实际波形决定，可能在码元终止时刻，也可能在码元中间或其他时刻。

位同步的实现方法与载波同步类似，也有插入导频的外同步法和自同步法两种。其中，自同步法不需要辅助同步信息，而是借助于位同步电路从所接收到的数字基带信号中直接提取位同步信号。自同步法又分为两种：开环法和闭环法。如果接收到的数字基带信号频谱中存在离散的码元速率频谱分量或经过某种非线性变换可使其中含有离散的码元速率频谱分量，则可从中直接提取码元定时信息，这是开环法实现位同步依据的基本思想。闭环法则是用比较本地时钟周期和接收数字基带信号码元周期的方法，将本地时钟锁定在接收信号上。开环法实现位同步的同步跟踪误差的平均值不等于零，同步精度不高；闭环法实现的同步精度相对较高，但实现相对较复杂。

本节重点介绍同步性能较好的闭环自同步法。

7.3.1 迟—早门闭环法

迟—早门闭环法是一种实现简单、广泛应用于多种实际系统的位同步方法。其工作原理是基于 PAM 通信系统(对接收的数字基带信号而言，其传输系统都可等效为一个 PAM 通信系统)中的这样一个事实：匹配滤波器的输出是 PAM 系统中所用基本脉冲信号的自相关函数 $y(t)$(可能有某个延时)，这个自相关函数在最佳抽样时刻是最大的，而且是对称的。这意味着当无噪声存在时，在抽样时刻 $T^+=T+\delta$ 和 $T^-=T-\delta$，抽样器的输出是相等的，即 $|y(T^+)|=|y(T^-)|$。很明显，这种情况下的最佳抽样时刻就是提前和滞后抽样时刻之间的中点，即

$$T=\frac{T^+ + T^-}{2} \tag{7-3-1}$$

现在假设不在最佳抽样时刻 T 抽样，而是在 T_1 时刻抽样。如果在 $T^+=T_1+\delta$ 和

$T^-=T_1-\delta$ 时刻另取两个额外的样本，则这两个样本对于最佳抽样时刻 T 就不是对称的了，因此就不再相等。对于正、负输入脉冲，其典型自相关函数及其 3 个样本如图 7-3-1 所示。图中，

$$\begin{aligned}T^+&=T_1+\delta=T+\delta_2\\T^-&=T_1-\delta=T-\delta_1\\&\delta_1<\delta_2\end{aligned} \tag{7-3-2}$$

由图可知

$$|y(T^+)|<|y(T^-)| \tag{7-3-3}$$

$$T<T_1=\frac{T^++T^-}{2} \tag{7-3-4}$$

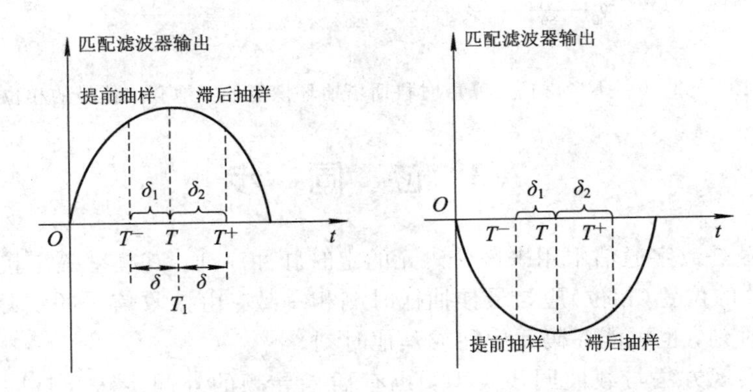

图 7-3-1　匹配滤波器的输出及其提前与滞后抽样示意图

因此，当 $|y(T^+)|<|y(T^-)|$ 时，正确的抽样时刻是在假定的抽样时刻之前，即抽样时刻滞后了，抽样应该提前一点进行；当 $|y(T^+)|>|y(T^-)|$ 时，抽样时刻提前了，应该滞后一点。显然，当 $|y(T^+)|=|y(T^-)|$ 时，抽样时刻是准确的，不需要进行校正。

综上所述，利用迟—早门闭环法实现位同步的基本过程是：对接收的基带信号在 T_1、$T^+=T_1+\delta$ 和 $T^-=T_1-\delta$ 这 3 个时刻抽样，比较 $|y(T^+)|$ 和 $|y(T^-)|$，根据比较的结果产生一个校正抽样时刻的信号，对抽样时刻进行校正，直到其为正确的抽样时刻为止。利用迟—早门闭环法实现位同步的原理框图如图 7-3-2 所示。图中 $p(t)$ 代表接收信号的基本波形，波形产生器输出波形 $p(t)$ 与接收信号进行相关处理，上、下两支路分别在位定时时刻的超前 δ 和滞后 δ 时刻对相关器输出进行抽样，然后比较两个样值的幅度形成误差信号，该误差信号经环路滤波器滤波后控制位定时信号的调整。

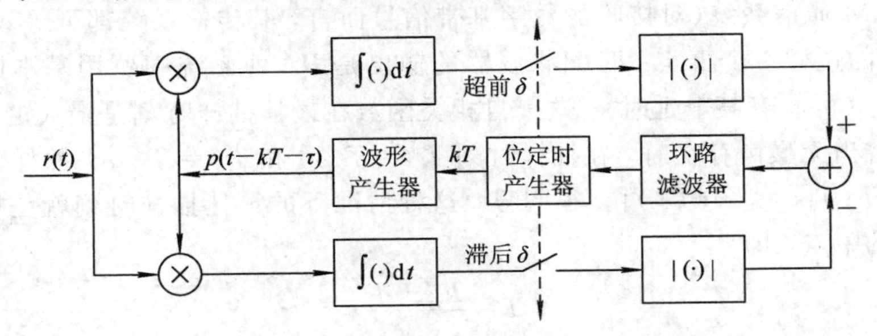

图 7-3-2　利用迟—早门闭环法实现位同步的原理框图

例 7-3-1 一个二进制 PAM 通信系统，采用滚降系数 $\alpha=0.4$ 的升余弦滚降波形，信息速率为 4800 b/s。请编写 MATLAB 程序对该系统利用迟—早门闭环法实现位同步的过程进行仿真。

解 由于系统信息速率 R_b 为 4800 b/s，故 $T_b=1/4800$ s。滚降系数 $\alpha=0.4$ 的升余弦滚降波形的表达式为

$$x(t)=\text{sinc}(4800t)\frac{\cos(4800\times 0.4\pi t)}{1-4\times 0.16\times 4800^2 t^2}$$

$$=\text{sinc}(4800t)\frac{\cos(1920\pi t)}{1-1.47456\times 10^7 t^2} \tag{7-3-5}$$

该信号从$-\infty$延伸到∞，波形如图 7-3-3(a)所示。从图中可见，实际上在区间$|t|\leqslant 4T_b$之外，波形值基本都接近于零。本例以区间$[-4T_b, 4T_b]$来截取该升余弦波形，并计算其自相关函数作为接收端匹配滤波器的输出波形，如图 7-3-3(b)所示。

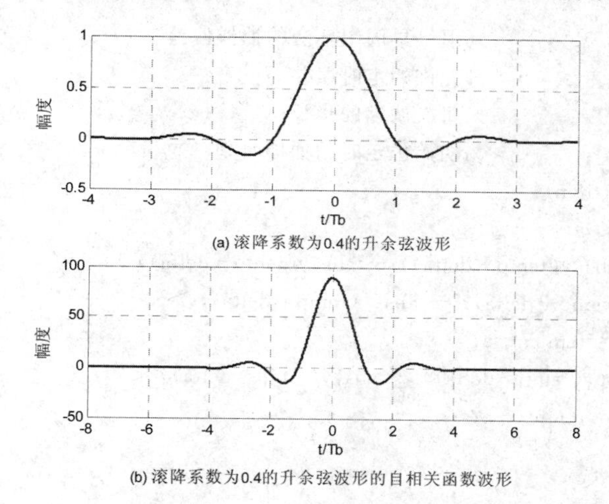

图 7-3-3 滚降系数 $\alpha=0.4$ 的升余弦波形及其自相关函数波形

仿真中，抽样速率 f_s设为 $100/T_b$，在区间$[-4T_b, 4T_b]$内升余弦波形的抽样点数为 800 个，相应地，其自相关函数的样值个数是 1599，最大值(即最佳抽样时刻)位于第 800 个样值点处。我们对两种情况进行测试：不正确的抽样时刻分别在第 900 和 700 个样值点处时，两种情况下迟—早门闭环法都能将抽样时刻校正到最佳时间第 800 个样值点处。

本例 MATLAB 参考程序如下：

```
%参数设置
alpha = 0.4;                          %滚降系数
Rb = 4800;                            %信息速率
Tb = 1/Rb;
ts = 1.001 * Tb/100;                  %抽样间隔
K = 4;
t = -K * Tb : ts : K * Tb;            %仿真波形时间
x =sinc(t/Tb) .* cos(pi * alpha * t/Tb) ./ (1-4 * alpha^2 * t.^2 /Tb^2);
y =xcorr(x);                          %自相关函数
[y_max, index] = max(y)               %计算自相关的最大值及其出现的位置
```

```
ty = (0 : ts : (2 * length(t)-2) * ts)-2 * K * Tb;

%画图
subplot(211)
plot(t./Tb, x); grid
title('滚降系数为 0.4 的升余弦波形');
xlabel('t/Tb'); ylabel('幅度');
subplot(212)
plot(ty./Tb, y); grid
title('滚降系数为 0.4 的升余弦波形的自相关函数波形');
xlabel('t/Tb'); ylabel('幅度');

%迟—早门闭环法
delta = 60;                 %迟—早门闭环法的抽样偏差
ee = 0.01;                  %允许的定时误差
e = 1;                      %每次调整的步长
n = [900 700];              %初始位定时的抽样时刻
fori = 1: length(n)
  temp = n(i);
  while abs(abs(y(temp+delta)) - abs(y(temp-delta)) ) >= ee
    if abs(y(temp+delta)) - abs(y(temp-delta)) > 0
      temp = temp + e;
    elseif abs(y(temp+delta)) - abs(y(temp-delta)) < 0
      temp = temp - e;
    end
  end
  n(i) = temp;
end
n
```

7.3.2　数字锁相环法

数字锁相环法是一种基于数字电路实现位同步的常用方法。其基本原理是在接收端利用鉴相器比较接收码元和本地产生的位同步信号的相位，若两者相位不一致(超前或滞后)，鉴相器就产生误差信号去调整本地位同步信号的相位，直到获得精确的同步为止。图 7-3-4 给出的是数字锁相环法的基本原理框图。

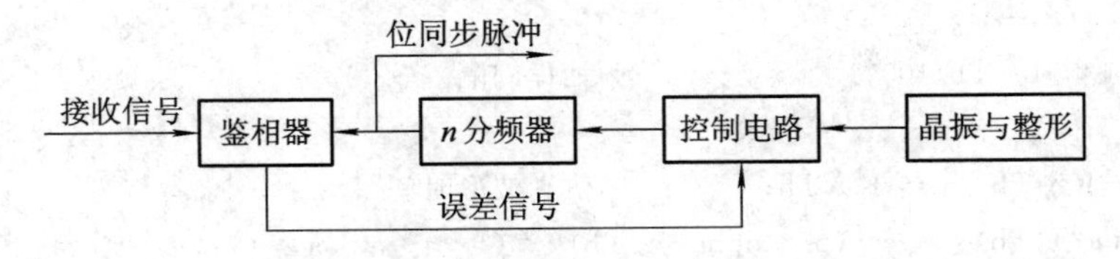

图 7-3-4　数字锁相环法的基本原理框图

频率为 nf_s 的高稳定度晶振产生的正弦波经整形电路变成窄矩形脉冲序列，如图7-3-5(a)所示。此脉冲序列经控制电路加到 n 分频器，n 分频器每接收到 n 个脉冲就输出一个脉冲，所以 n 分频器的输出脉冲序列的频率为 f_s，脉冲间隔为 T_s，如图7-3-5(b)所示。此信号一路送到鉴相器，另一路则作为位同步信号去控制抽样判决。鉴相器把分频器送来的位同步信号相位与接收到的码元相位进行比较，若既不超前也不滞后，这种状态就维持下去，此时分频器输出的脉冲序列即为位同步信号。如果鉴相器的比较结果是 n 分频器输出信号(即位同步信号)的相位超前于接收码元相位，鉴相器输出误差信号给控制电路，使控制电路从其接收到的脉冲序列中扣除一个脉冲，这样分频器输出脉冲序列就比原来正常情况下的脉冲序列滞后一个 T_s/n 时间，如图7-3-5(c)所示，到下一次鉴相器进行比相时，若分频器输出脉冲序列的相位仍超前，鉴相器再输出一个代表超前的误差信号给控制电路，使控制电路再扣除一个脉冲，直到分频器输出脉冲序列的相位不超前为止。如果鉴相器的比较结果是 n 分频器的输出脉冲序列相位滞后于接收码元相位，则鉴相器输出一个代表滞后的误差信号给控制电路，使控制电路在接收的脉冲序列中增加一个脉冲，此脉冲称为附加脉冲，此时分频器的输出脉冲序列就比原来正常情况下的脉冲序列超前一个 T_s/n 时间，如图7-3-5(d)所示。若下次鉴相器比相时仍然滞后，则再一次增加脉冲，直到两者同步为止。由此可见，在分频器的输入端采用增加或扣除脉冲的办法，就可以改变其输出脉冲序列的相位。因此，只要接收到的数字码元序列的相位与分频器输出的脉冲序列的相位不一致，即不同步，就可以采用上述方法来改变后者的相位，直到同步为止。由于相位的调整是一步一步进行的，或者说是离散式(即数字式)地进行的，故这种锁相环法被称为数字锁相环法，也是一种闭环自同步方法。

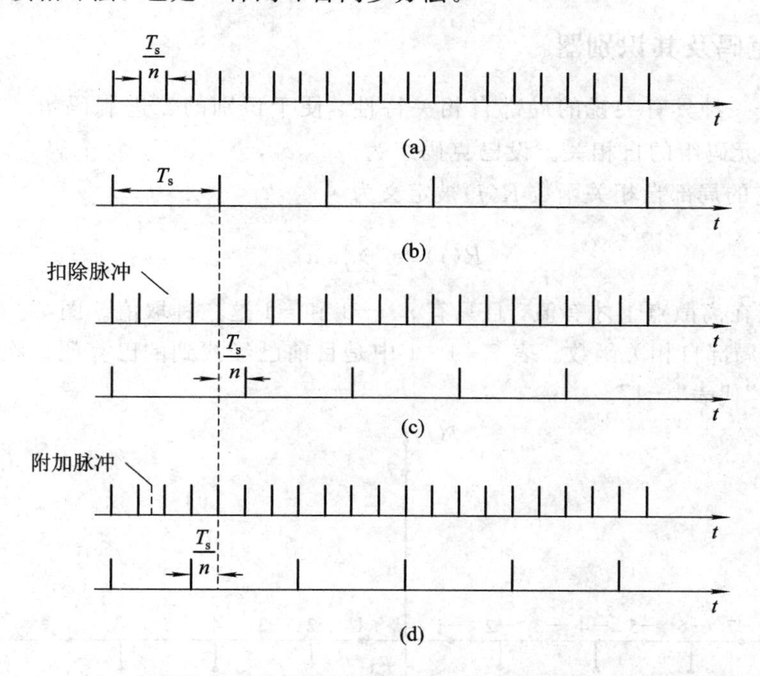

图7-3-5　数字锁相环法位同步信号相位调整过程示意图(图中设 $n=4$)

7.4 群 同 步

群同步主要采用外同步法，通常是在信息码组中插入一些特殊码组作为每个信息码组的头尾标记，接收端根据这些特殊码组的位置实现对码元序列的正确分组，如图 7-4-1 所示。

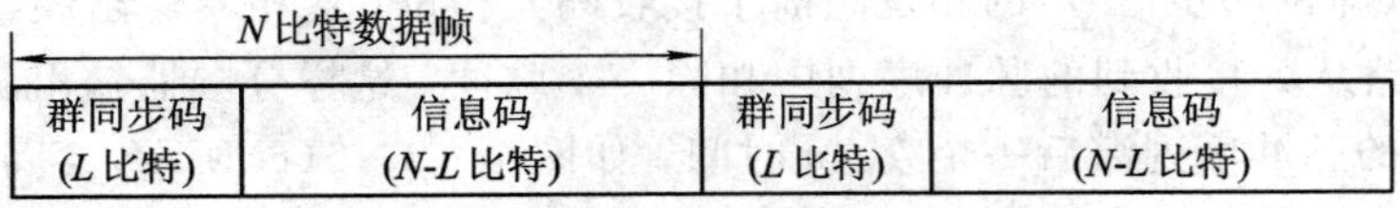

N比特数据帧

群同步码 (L比特)	信息码 (N-L比特)	群同步码 (L比特)	信息码 (N-L比特)

图 7-4-1 插入群同步码的数据帧结构

为能实现可靠的群同步，选择或寻找一种合适的特殊码组至关重要。群同步系统对作为标记的群同步特殊码组有如下的一般要求：

(1) 一般为二进制码组，因为在数字通信系统中信道上传输的一般是二进制码序列，两者要保持一致。

(2) 识别电路要尽可能简单。

(3) 与信息码的差别要大，尽可能避免与信息码混淆。

(4) 码长适当，以便提高效率。

巴克码是满足上述要求的一种常见码组，常被用作群同步码。下面对其进行重点介绍。

7.4.1 巴克码及其识别器

巴克码是一种具有尖锐的局部自相关特性、便于识别的二进制码组。所谓局部自相关，是指有限元码组的自相关。设巴克码组为 $\{a_1, a_2, \cdots, a_n\}$，每个码元 a_i 只可能取值 +1 或 -1，它的局部自相关函数 $R(j)$ 被定义为

$$R(j) = \sum_{i=1}^{n-j} a_i a_{i+j} \qquad (7-4-1)$$

其中，$R(j)$ 仅在离散点上才有值，且只有 n、+1 和 -1 这三种取值。图 7-4-2 是长度为 7 的巴克码的局部自相关函数。表 7-4-1 中是目前已经找到的巴克码。在表中，"+"代表"+1"，"-"代表"-1"。

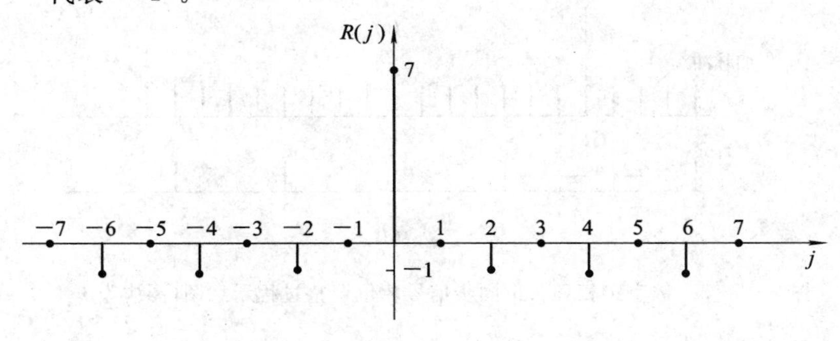

图 7-4-2 长度为 7 的巴克码的局部自相关函数

表 7-4-1 巴克码组

位数	巴克码组	
2	＋＋；－＋	(11)；(01)
3	＋＋－	(110)
4	＋＋＋－；＋＋－＋	(1110)；(1101)
5	＋＋＋－＋	(11101)
7	＋＋＋－－＋－	(1110010)
11	＋＋＋－－－＋－－＋－	(11100010010)
13	＋＋＋＋＋－－＋＋－＋－＋	(1111100110101)

由于巴克码是插在信息流中的，因此接收端必须用一个专门电路将巴克码识别出来，才能确定信息码组的起止时刻。识别巴克码的电路被称为巴克码识别器。长度为 7 的巴克码识别器如图 7-4-3 所示，由七级移位寄存器、相加器和判决器组成。七级移位寄存器的“1”“0”端子按照 1110010 的顺序接到相加器，接法与巴克码的规律一致。当输入码元送入移位寄存器时，如果图中某移位寄存器进入的是“1”码，该移位寄存器的“1”端输出为＋1，“0”端输出为－1；反之，当某移位寄存器进入的是“0”码时，该移位寄存器的“1”端输出为－1，“0”端输出为＋1。

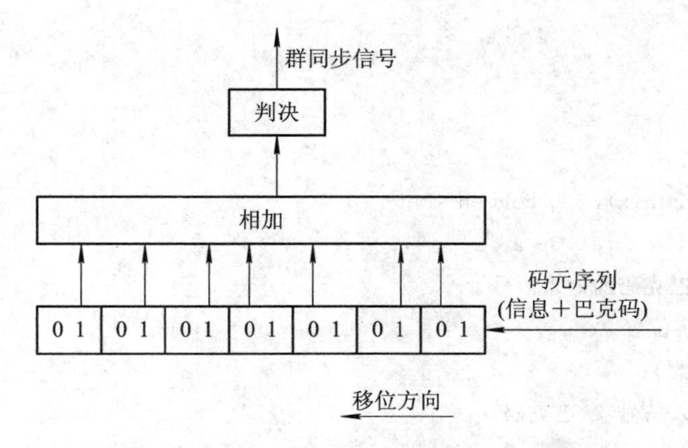

图 7-4-3 长度为 7 的巴克码识别器

当 7 位巴克码全部进入识别器时，识别器中的 7 个移位寄存器均输出＋1，此时相加器的输出为 7；当 7 位巴克码的部分码字进入识别器，识别器中 7 个移位寄存器不会同时输出＋1，相加器的输出就小于 7。这样只要为判决器设置合适的判决门限，就可以很容易地找到巴克码的位置，从而得到群同步信号。当然，判决门限的大小对群同步的性能会有很大的影响，要根据需要合理设置。当判决门限取值较大时，容易使因噪声或干扰造成误码的巴克码不被识别出来，出现漏同步现象；当判决门限取值较小时，容易把与巴克码相近的信息码误认为巴克码，出现假同步现象。

例 7-4-1 编写 MATLAB 程序，仿真实现长度为 7 的巴克码识别器。

解 参照图 7-4-3 所示的 7 位巴克码识别器结构，编写相应程序。

本例 MATLAB 参考程序如下：

```
%参数设置
n = 7;                    %巴克码的长度
a = [1 1 1 0 0 1 0];      %巴克码组
s = zeros(1, n);          %移位寄存器初始状态
Vth = 6;                  %判决门限
%产生输入信号
K = 3;                    %巴克码到来之前的数据位数
M = 10;                   %巴克码之后的数据位数
x = [randint(1, K) a randint(1, M)];
%巴克码识别器
flag = zeros(1, length(x)); %识别器同步标志信号
fori = 1 : length(x)
  s = [s(2: n) x(i)];
  temp1 =xor(a, s);
  temp = (-1).^temp1;     %移位寄存器输出
  y(i) = sum(temp);
  if y(i) > Vth
    flag(i-n+1) = 1;
  end
end
%画图
subplot(311)
stem(1: length(x), x); hold on
stem(K+1: K+n, 0.5*a, 'r--'); grid
title('包含巴克码的输入信号');
xlabel('码字位置');
ylabel('幅度');
legend('输入信号', '巴克码')
subplot(312)
stem(1: length(y), y); grid
title('相加器输出信号');
xlabel('码字位置');
ylabel('幅度');
subplot(313)
stem(1: length(flag), flag); grid
title('群同步标识信号');
xlabel('码字位置');
ylabel('幅度');
```

本例程序运行结果如图 7-4-4 所示。这里，判决器门限被设置为 6，由于没考虑噪声影响及仿真数据长度有限，仿真结果中没有出现漏同步和假同步现象。

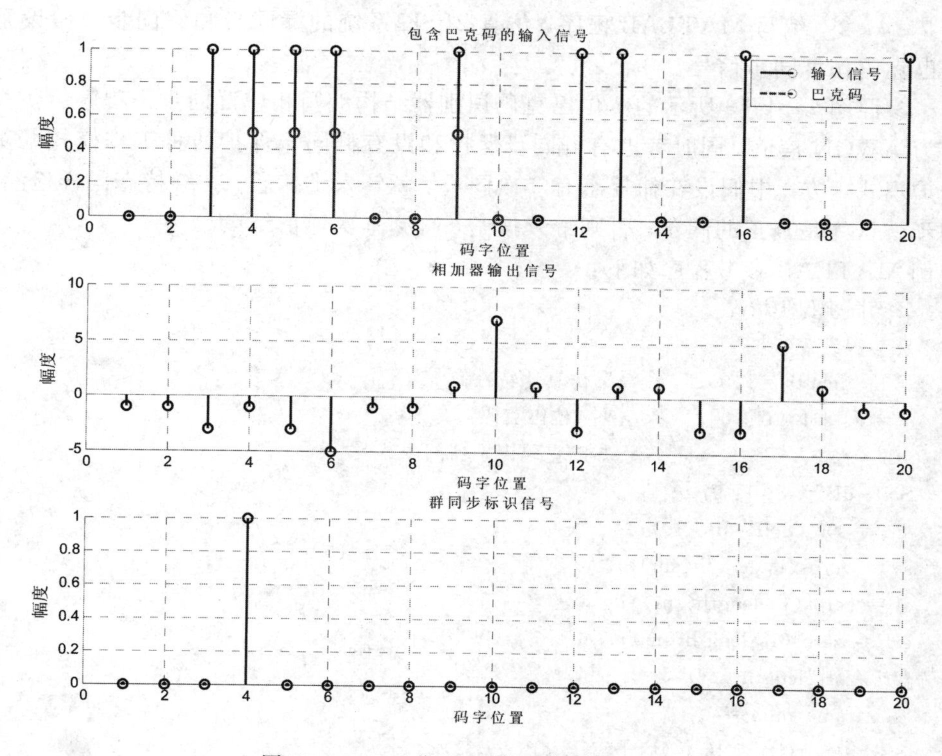

图 7-4-4 7位巴克码识别器输出结果

7.4.2 群同步的保护

由于信号在传输过程中受到噪声或干扰的影响，接收机中判决器恢复出的数字信息序列中可能有错码，当错码出现在群同步码中时，会出现漏同步现象。另外，由于信息码中也可能偶然出现与群同步码组一样的序列，此时会出现假同步现象。漏同步和假同步都会使群同步系统不稳定和不可靠，最终导致整个通信系统工作紊乱。为此，要增加群同步的保护措施，以提高群同步系统的稳定性和可靠性，这就是所谓的群同步保护问题。

实现群同步保护的基本思想是将群同步过程划分为两种工作状态，即捕捉态和维持态。

对巴克码识别器的工作原理进行分析可知，若要减小漏同步概率，应降低巴克码判决器的判决门限。但判决门限的降低会导致假同步概率的增加，这也是我们所不希望的。显然，从对漏同步概率和假同步概率的要求来看，对识别器判决门限的选择是有矛盾的。为解决这个矛盾，通常是把群同步过程分为两个不同的状态，在不同状态下设置不同的判决门限。

- 捕捉态：提高判决门限，使假同步概率下降。
- 维持态：降低判决门限，使漏同步概率下降。

这样设置识别器判决门限是因为在捕捉态时，防止假同步是主要的，提高判决门限能尽可能地减少假同步的影响，获取群同步码位置的一般规律；由捕捉态转入维持态后，防止漏同步就成了主要问题，此时降低判决门限可在已知群同步码位置一般规律的前提下有效降低漏同步概率。

例 7-4-2　编写 MATLAB 程序，仿真 2PSK 系统的漏同步和假同步。假设系统采用 7 位巴克码作群同步信号。

解　参照图 7-4-3 所示的 7 位巴克码识别器结构编写相应群同步子程序。仿真中假设信道为 AWGN 信道，同时考虑有群同步保护和没有群同步保护两种工作模式。对于有同步保护模式，仿真中假设在捕捉态有 3 次同步，就转入维持态；在维持态同样检测 3 次，若仍同步就认为是真正的同步，否则继续搜索，直到本次通信结束。

本例 MATLAB 参考程序如下：

```
%无同步保护情况
%参数设置
frame_length = 100;          %仿真比特数
a = [1 1 1 0 0 1 0];         %7 位巴克码
vth = 6;                     %巴克码识别器门限
SNR_dB = 3: 1: 9;
snr =10.^(SNR_dB./10);
sy = zeros(1, length(snr));
sf = zeros(1, length(snr));
err = zeros(1, length(snr));
fori = 1: length(snr)
    frame_num = 0;
  while err(i) < 10^4/((1+SNR_dB(i)).^2)
    %产生 2PSK 信号
    x = [a randint(1, frame_length-7)];
    x_bpsk = (-1).^x ;                    %2PSK 基带信号，A=1
    %产生信道噪声
    n = sqrt(1/snr(i)/2) * randn(1, length(x_bpsk)) ;
    %产生接收信号
    reci = x_bpsk + n;
    %信号检测
    d = (1 - sign(reci))/2;
    %统计误码
    ee = sum(xor(d, x));
    err(i) = err(i) + ee;

    %群同步及群同步概率
    [y, flag] = syn_baker(d, vth);
    [ff, index] = max(flag);
    if ff ==1
      if index == 1
          sy(i) = sy(i) +1;
      else
          sf(i) = sf(i) +1;
      end
```

```
    end
    frame_num = frame_num + 1;
  end
  Pb(i) = err(i)/frame_length/frame_num;
  Psy(i) = 1- sy(i)/frame_num      %漏同步概率
  Psf(i) = sf(i)/frame_num         %假同步概率
end

%有同步保护情况
%参数设置
frame_length = 20;            %帧长
M = 14;                       %仿真帧数
bitnum = frame_length * M;    %仿真比特数
a = [1 1 1 0 0 1 0];          %7位巴克码
vth1 = 6;                     %巴克码识别器门限
vth2 = 4;
SNR_dB = 3:1:9;
snr =10.^(SNR_dB./10);
sy = zeros(1, length(snr));
sf = zeros(1, length(snr));
err = zeros(1, length(snr));
fori = 1: length(snr)
  frame_num = 0;
  while err(i) < 10^4/((1+SNR_dB(i)).^2)
    %产生2PSK信号
    for k = 1: M   %产生14个帧长为20的数据帧，每帧数据包含1个长度为7的巴克码组
                   %和13比特信息
      x((k-1)*frame_length+1:k*frame_length) = [a randint(1, frame_length-length(a))];
    end
    x_bpsk = (-1).^x ;          %2PSK基带信号，A=1
    %产生信道噪声
    n = sqrt(1/snr(i)/2) * randn(1, length(x_bpsk)) ;
    %产生接收信号
    reci = x_bpsk + n;
    %信号检测
    d = (1 - sign(reci))/2;
    %统计误码
    ee = sum(xor(d, x));
    err(i) = err(i) + ee;

    %群同步及群同步概率，未考虑同步保持
    vth = vth1;
    ssy = 0;
```

```
ssf = 0;
coun = zeros(1, M);
flag2 = 0;
s_y = 0;
s_f = 0;
kk = 0;
while kk <= M
  kk = kk + 1;
  dd =d( (kk-1) * frame_length+1 : kk * frame_length );
  [y, flag1] = syn_baker(dd, vth);
  [ff, index] = max(flag1);
  if ff ==1
    if index == 1
      ssy = ssy +1;
    else
      ssf = ssf +1;
      coun(kk) = index;
      if (kk > 1) & (index ~=coun(kk-1)+frame_length)
          ssf = 0;
      end
    end
  end
  if (flag2 == 0) & (ssy == 3)          %有 3 次同步，转入维持态
    vth = vth2;
    flag2 = 1;
    ssy = 0;
  elseif (flag2 == 1) & (ssy == 3)
    flag(i) = 1;
    s_y = M;
    kk = M+1;
  end
  if (flag2 == 0) & (ssf == 3)          %有 3 次同步，转入维持态
    vth = vth2;
    flag2 = 1;
    ssf = 0;
  elseif (flag2 == 1) & (ssf == 3)
    flag(i) = 1;
    s_f = M;
    kk = M+1;
  end
end
sy(i) = sy(i) + s_y;
sf(i) = sf(i) +s_f;
```

```
        frame_num = frame_num + 1;
    end
    Pb(i) = err(i)/frame_length/M/frame_num;
    Psy(i) = 1 - sy(i)/frame_num/M;            %漏同步概率
    Psf(i) = sf(i)/frame_num/M;                %假同步概率
end
```

本例程序运行结果如图7-4-5所示。从图中曲线可以看出，加入群同步保护之后，无论是假同步概率还是漏同步概率，在仿真考虑的条件下均已降为0。

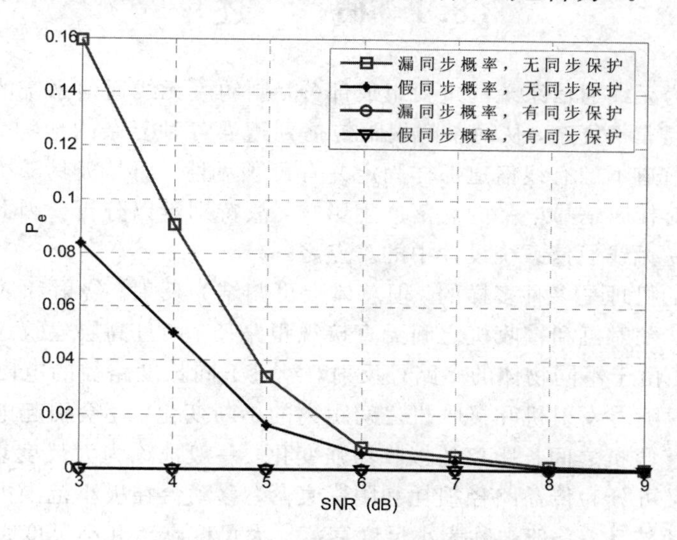

图7-4-5 漏同步概率和假同步概率

习 题

7-1 编写MATLAB程序，实现QPSK信号的科斯塔斯环载波同步。

7-2 对于二进制双极性数字基带传输系统，假若发送信号基本波形为半占空的矩形波，编写MATLAB程序仿真实现其迟—早门闭环法位同步电路。

7-3 对长度为5的巴克码，编写其识别器的MATLAB实现程序。

第 8 章　无线衰落信道的建模与仿真

8.1 概　　述

无线信道作为无线通信系统的重要组成部分，制约着无线通信系统的性能。收、发信机之间的传播路径非常复杂，从简单的视距传播到遭遇各种复杂的地物，如建筑物、山脉和树木等。无线信道不像有线信道那样固定并有可预见性，而是极具随机性，而且移动台的运动速度也会对接收信号电平的衰落产生影响，故特别难以分析。因此，无线信道的建模与仿真历来都是无线通信系统设计中的难点之一。

电磁波传播的机理是多种多样的，但总体上可归结为反射、绕射和散射。大多数蜂窝系统工作在城区，发射机和接收机之间无直接视距路径，而且高层建筑还可能产生强烈的绕射损耗。此外，由于不同物体的多路径反射，经过不同长度路径的电磁波相互作用会引起多径损耗，同时随着发射机和接收机之间距离的不断变化，还会引起电磁波强度的衰减变化。发射机与接收机之间长距离的接收场强变化，一般被称为大尺度衰落，而且根据产生的机理不同，又可分为传播路径损耗和阴影衰落；移动台在极小范围内移动时引起的瞬时接收场强的快速波动，一般被称为小尺度衰落。大尺度衰落和小尺度衰落在实际信道中通常是同时存在的，但由于复杂度太高，在理论分析或计算机仿真中很少同时考虑。如果研究的是系统容量的分析、无线电波的覆盖范围等，大多主要考虑传播路径损耗和阴影衰落。而如果针对的是接收机对接收信号的信号处理，则大多主要考虑小尺度衰落，这主要是因为小尺度衰落主要是指无线信号在经过短时间或短距离传播后其幅度的快速衰落变化，此时大尺度路径损耗的影响可以忽略不计。多径传播和多普勒效应是影响小尺度衰落的两个最重要因素，对它们进行建模仿真有利于对无线信道特性的理解。本章主要考虑小尺度衰落。

无线通信信号经过多径衰落信道会产生多径时延扩展、多普勒扩展等现象，与其对应的参数有相干带宽 B_c、多径时延扩展 σ_τ、相干时间 T_c、多普勒扩展 B_D等。多径时延扩展 σ_τ 用来描述最大多径时延 τ_{max}与最小多径时延 τ_{min}之差，相干带宽 B_c是多径时延扩展 σ_τ 的频域表现，在实际应用中可近似认为相干带宽 B_c就是最大多径时延的倒数，即 $B_c=1/\tau_{max}$。多普勒扩展可表示为 $B_D=V_{max}f_c/c$，其中 f_c为载波频率，V_{max}为最大相对运动速度，c 为光速。相干时间 T_c是多普勒扩展 B_D的时域表现，在实际应用中一般定义为与多普勒扩展 B_D成反比，一般取值为 $T_c=0.432/B_D$。通常，根据发送信号的符号宽度 T_s和带宽 B_s分别与多径时延扩展 σ_τ 和相干带宽 B_c、多普勒扩展 B_D和相干时间 T_c之间的关系，对无线信道进行如下分类：

(1) 如果 $B_s < B_c$或者 $T_s > \sigma_\tau$，则信号经该信道传输时将经历频率非选择性衰落，即平坦衰落。

(2) 如果 $B_s > B_c$ 或者 $T_s < \sigma_\tau$，则信号经该信道传输时将经历频率选择性衰落。

(3) 如果 $B_s < B_D$ 或者 $T_s > T_c$，则信号经该信道传输时将经历时间选择性衰落，也称快衰落。

(4) 如果 $B_s > B_D$ 或者 $T_s < T_c$，则为慢衰落。

其分类示意图如图 8-1-1 所示。

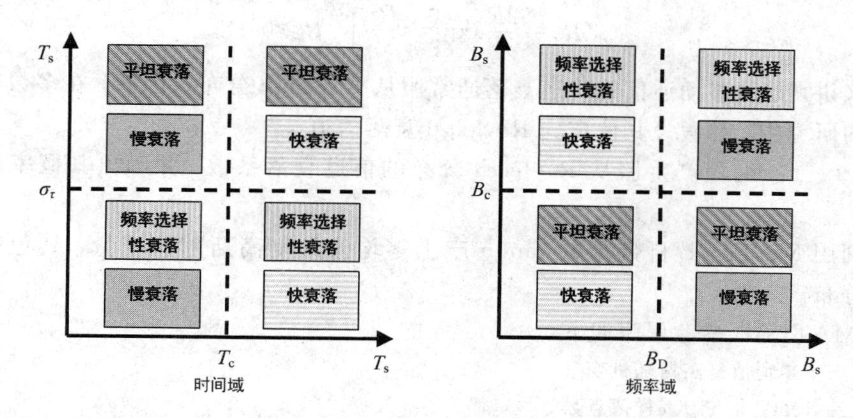

图 8-1-1　信号通过无线信道传输时可能产生的衰落分类示意图

在无线通信中，无线信号经无线信道传输，接收机收到的信号通常是来自多个路径的信号副本的叠加，而来自不同路径的信号会有不同的延时。如果这些信号的相对延时比较小，例如小于一个码元甚至半个码元，由于数字信号的接收都是以码元宽度为周期进行判决的，这样我们就只能看到一个信号，只是这个信号的强度发生了变化，此时的多条路径是不可分辨的。如果多条路径相位接近，则信号增强；反之，信号减弱，这也就是通常讲的信道衰落。如果来自多条路径的延时比较大，大于一个或多个码元周期，前一个码元的信号副本就会叠加到后面的码元上，造成所谓的码间干扰，即多径干扰，此时的多条路径是可分辨的，在对接收信号进行信号处理时需要分别考虑来自不同路径的信号，即多径接收。

不失一般性，平坦衰落信道可看做只有一条可分辨的路径(包括多个不可分辨的路径)，而频率选择性信道可看做由多条可分辨的路径组合而成的。可见，平坦衰落信道是无线信道建模的基础，本章将对平坦衰落信道的建模与仿真进行重点讨论。

8.2　无线信道的衰落特性

在无线通信系统中，接收机工作于不同的地理环境，无线信道可能呈现不同的衰落特性。

8.2.1　Rayleigh 衰落

在城区环境中，由于受高大建筑物和树木的影响，收、发信机之间的视距传输几乎会被完全阻挡，因此城区内电波能量的传播可能完全靠杂散的多径分量。接收机可以收到来自各个方向的信号，而它们的幅度和相位都是随机变化的。实验表明，该接收信号的包络服从 Rayleigh(瑞利)分布，相位为 $0 \sim 2\pi$ 之间的均匀分布，故此类信道衰落服从 Rayleigh

分布。信道复衰落系数 α 可建模为零均值、每维具有相同方差 $0.5\sigma_\alpha^2$ 的复高斯随机变量，即 $\alpha \sim CN(0, \sigma_\alpha^2)$，其概率密度函数(PDF)为

$$f(\alpha)=\frac{1}{\pi\sigma_\alpha^2}\exp\left\{-\frac{|\alpha|^2}{\sigma_\alpha^2}\right\} \tag{8-2-1}$$

接收信号包络 R 的 PDF 为

$$f(R)=\frac{2R}{\sigma_\alpha^2}\exp\left[-\frac{R^2}{\sigma_\alpha^2}\right] \quad R\geqslant 0 \tag{8-2-2}$$

一般来讲，地面移动通信的信道衰落通常服从 Rayleigh 分布。因而，在多数有关地面移动通信的研究中，都假设其信道为 Rayleigh 衰落信道。

例 8-2-1 编程产生服从 Rayleigh 分布的信道衰落系数，并画出其概率密度函数曲线。

解 利用 MATLAB 自带函数 randn 产生零均值的复高斯随机变量，其包络即服从 Rayleigh 分布。

本例 MATLAB 参考程序如下：

```
%产生零均值复高斯随机变量
N = 10^5;            %样值点数
sigma = 1;           %方差
x = sqrt(sigma/2) * randn(2, N);
xx = x(1, :) + sqrt(-1) * x(2, :);
k = 0 : 0.01 : 5;              %概率分布的统计区间
pdf_sim = c_pdf(k, abs(xx));
sum(pdf_sim * 0.01)
%理论值
kk = 0 : 0.01 : 6;
pdf_lilun = (2 * kk/sigma) .* exp(-kk.^2/sigma);

%画图
plot(kk, pdf_lilun, 'r-'); hold on
plot(k, pdf_sim, '-.'); grid
legend('理论值', '仿真值'); title('Rayleigh 衰落的概率密度函数')
xlabel('R'); ylabel('PDF');

%-----------------------------------------------
function[pdf] = c_pdf(k, x)
%按概率密度函数的定义计算概率密度
%x—待统计数据；k—统计范围
dk = k(2)-k(1);
y = zeros(1, length(k));
for j = 1: length(k)
  for i = 1: length(x)
    if (x(i) >= k(j)) & (x(i) < k(j+1))
      y(j) = y(j)+1;
```

```
        end
      end
    end
    pdf = y/length(x)/dk;
```

假设复高斯随机变量的方差为 1，仿真输出结果如图 8-2-1 所示，图中同时还给出了相应的理论值。

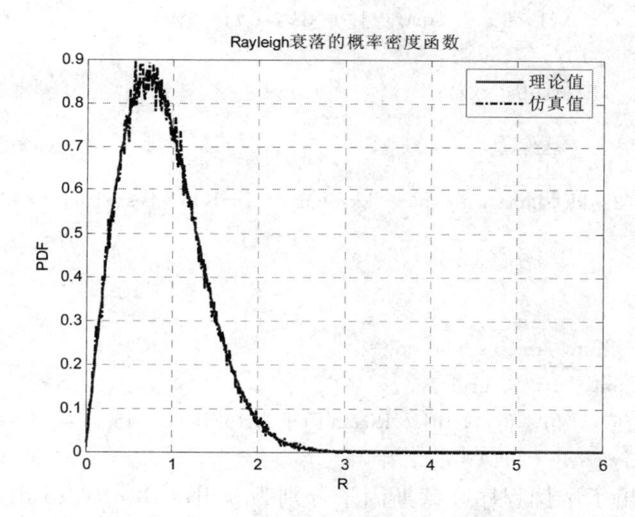

图 8-2-1　Rayleigh 衰落的概率密度函数曲线

8.2.2　Rician 衰落

在开阔的环境中，一般认为直射路径上没有障碍物，接收信号由无遮蔽的恒包络直射信号和 Rayleigh 分布的多径信号组成，其包络服从 Rician(莱斯)分布。因而在这种信道环境中，信道衰落服从 Rician 分布。信道复衰落系数 α 可建模为非零均值 μ_α、每维具有相同方差 $0.5{\sigma_\alpha}^2$ 的复高斯随机变量，即 $\alpha \sim CN(\mu_\alpha, {\sigma_\alpha}^2)$，$\alpha$ 的 PDF 为

$$f(\alpha)=\frac{1}{\pi\sigma_\alpha^2}\exp\left\{-\frac{|\alpha-\mu_\alpha|^2}{\sigma_\alpha^2}\right\} \tag{8-2-3}$$

接收信号包络 R 的 PDF 为

$$f(R)=\frac{2R}{\sigma_\alpha^2}\exp\left[-\frac{R^2}{\sigma_\alpha^2}-\kappa\right]I_0\left(2R\sqrt{\frac{\kappa}{\sigma_\alpha^2}}\right)\quad R\geqslant 0 \tag{8-2-4}$$

式中，$I_0(\cdot)$为第一类零阶修正的贝塞尔函数，$\kappa=|\mu_\alpha|^2/{\sigma_\alpha}^2$ 为直射信号功率与多径信号的平均功率之比，被称为信道的莱斯因子。κ 值越小，说明多径信号的平均功率相对于直射信号的功率就越大，信道衰落就越严重。实验测试表明，在开阔的环境中，卫星移动通信信道通常为 Rician 衰落信道，且其莱斯因子 κ 值一般为 10～20 dB，该信道衰落特性较地面移动通信信道的要好。

例 8-2-2　编程产生服从 Rician 分布的信道衰落系数，并画出其概率密度函数曲线。

解　利用 MATLAB 自带函数 randn 产生非零均值的复高斯随机变量，其包络即服从 Rician 分布。

本例 MATLAB 参考程序如下：

```
%产生非零均值复高斯随机变量
N = 10^5;          %样值点数
sigma = 1;         %方差
x = sqrt(sigma/2) * randn(2, N);
K_dB = 15;         %莱斯因子
K = 10^(K_dB/10);
xx = sqrt(K) + x(1, :) + sqrt(-1) * x(2, :);
k = 0 : 0.01 : 10;
pdf_sim = c_pdf(k, abs(xx));
%理论值
kk = 0 : 0.01 : 10;
pdf_lilun = (2 * kk/sigma). * exp(-(kk/sigma).^2-K). * besseli(0, 2 * kk * sqrt(K/sigma));

%画图
subplot(313)
plot(kk, pdf_lilun, 'r-'); hold on
plot(k, pdf_sim, '-.'); grid
legend('理论值', '仿真值'); title('Rician因子为15dB');
xlabel('R'); ylabel('PDF');
```

图 8-2-2 给出了本例程序在莱斯因子分别为 5 dB、10 dB、15 dB 时的仿真结果，图中还同时给出了相应的理论结果。

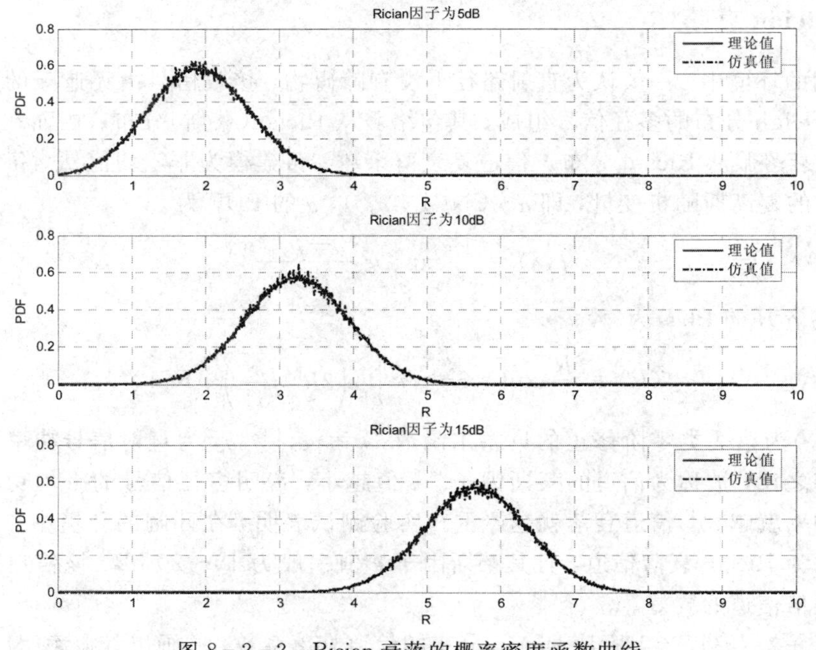

图 8-2-2 Rician 衰落的概率密度函数曲线

8.2.3 受遮蔽的 Rician 衰落

在郊区和乡村，由于道路两旁有树木、房屋或其他小的建筑物等，电波在传播的过程中可能会受到这些障碍物阴影的影响而产生衰落，即产生阴影效应。在此信道环境中，接收信号由受阴影遮挡的直射信号和多径分量组成。实验表明，受阴影遮挡的直射信号分量的包络服从对数正态分布，多径信号分量的包络服从 Rayleigh 分布。信道总的衰落特性为受阴影遮蔽的 Rician 衰落，可以由 Rayleigh 分布和对数正态分布组合产生。由于直射信号的对数正态分布衰落相对于多径反射引起的衰落是一个慢变过程，因而可假设在一个小范围内直射信号分量 Z 为定值，此时接收信号的包络 R 服从 Rician 分布，即有条件 PDF 为

$$f(R/Z)=\frac{2R}{\sigma_\alpha^2}\exp\left\{-\frac{(R^2+Z^2)}{\sigma_\alpha^2}\right\}I_0\left(\frac{2RZ}{\sigma_\alpha^2}\right)\quad R\geqslant 0 \tag{8-2-5}$$

式中，$\sigma_\alpha{}^2$ 为由多径引起的信号散射的平均功率。直射信号分量 Z 的 PDF 为

$$f_Z(Z)=\frac{1}{\sqrt{2\pi}\sigma_Z Z}\exp\left(-\frac{(\ln Z-\mu_Z)^2}{2\sigma_Z^2}\right) \tag{8-2-6}$$

式中，μ_Z 和 σ_Z^2 分别是 $\ln Z$ 的均值和方差。根据上式可计算得 Z 的一、二阶矩分别为 $\exp(\mu_Z+\sigma_Z{}^2/2)$、$\exp(2\mu_Z+2\sigma_Z{}^2)$。接收信号包络 R 的 PDF 为

$$\begin{aligned}f(R)&=\int_0^\infty f(R/Z)f_Z(Z)\mathrm{d}Z\\&=\frac{2R}{\sqrt{2\pi}\sigma_\alpha^2\sigma_Z}\int_0^\infty\frac{1}{Z}\exp\left\{-\frac{(R^2+Z^2)}{\sigma_\alpha^2}-\frac{(\ln Z-\mu_Z)^2}{2\sigma_Z^2}\right\}I_0\left(\frac{2RZ}{\sigma_\alpha^2}\right)\mathrm{d}Z\end{aligned} \tag{8-2-7}$$

参数 $\sigma_\alpha{}^2$、μ_Z 和 $\sigma_Z{}^2$ 的取值，反映了信道受遮蔽程度的大小。

当 $\sigma_Z{}^2\to 0$ 时，$f_Z(Z)\to\delta(Z-\mathrm{e}^{\mu_Z})$，即位于均值处的冲激函数，此时信道衰落变为 Rician衰落；当 $\mu_Z\to-\infty$ 且 $\sigma_Z{}^2\neq 0$ 时，直射信号分量 Z 为零均值的高斯随机变量，信道衰落变为 Rayleigh 衰落；当 $\mu_Z\to-\infty$ 且 $\sigma_Z{}^2=0$，$\sigma_\alpha{}^2=0$ 时，直射信号分量及多径信号分量都为冲激函数，信道无衰落，为 AWGN 信道。可见，适当调节参数 $\sigma_\alpha{}^2$、μ_Z 和 $\sigma_Z{}^2$ 的取值，就可以得到多种常见传输环境下的信道模型。因此，受遮蔽的 Rician 衰落常被用作一般的衰落信道模型。

表 8-2-1 给出了某卫星信道在乡村环境中信道参数的实测值。图 8-2-3 给出了表 8-2-1 中所给出的三种信道衰落的概率密度函数。为对比起见，图中同时还给出了与遮蔽情况有相同散射分量的 Rayleigh 或 Rician 衰落的概率密度函数曲线。从图中曲线可以看出，受到重遮蔽时，信道可退化为 Rayleigh 衰落；当遮蔽不太严重时，信道与具有一定莱斯因子的 Rician 衰落信道相当。因此，受遮蔽的 Rician 衰落在一定情况下也可用相应的 Rayleigh 或 Rician 衰落来近似。

表 8-2-1　某卫星信道在乡村环境中信道参数的实测值

遮蔽程度	$0.5\sigma_\alpha{}^2$	μ_Z	σ_Z
轻度	0.1580	0.115	0.115
中度	0.1260	−0.115	0.161
重度	0.0631	−3.910	0.806

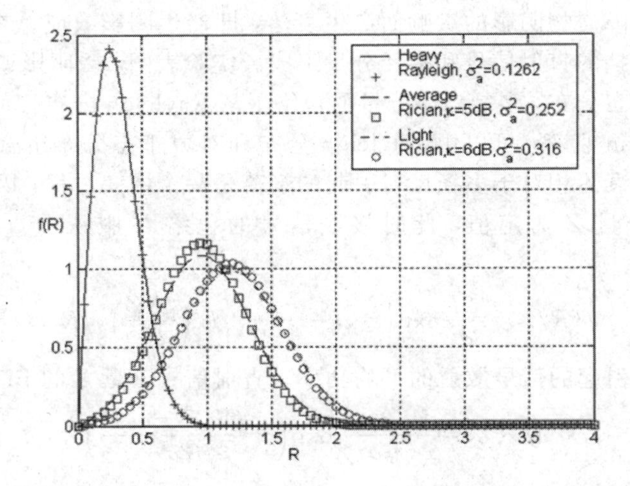

图 8-2-3　表 8-2-1 所给的三种信道衰落的概率密度函数曲线

例 8-2-3　编程产生表 8-2-1 中中度遮蔽的受遮蔽 Rician 分布的信道衰落系数，并画出其概率密度函数曲线。

解　利用 MATLAB 自带函数 randn 产生均值服从对数分布的复高斯随机变量，其包络即服从受遮蔽的 Rician 分布。

本例 MATLAB 参考程序如下：

```
%产生对数分布均值的复高斯随机变量
N = 10^5;                %样值点数
sigma_a = 0.252;         %散射信号分量方差
x = sqrt(sigma_a/2) * randn(2, N);
sigma_z = 0.161^2;       %直射信号分量对数的方差
u_z = -0.115;            %直射信号分量对数的均值
zz = sqrt(sigma_z) * randn(1, N);
z = exp(zz + u_z);
xx = z + x(1, :) + sqrt(-1) * x(2, :);
k = 0 : 0.01 : 5;
pdf_sim = c_pdf(k, abs(xx));
%理论值
kk = 0 : 0.01 : 5;
dz = 0.001;
zk = dz : dz : 10;
for i = 1: length(kk)
  xa = 2 * kk(i)/(sqrt(2 * pi * sigma_z) * sigma_a);
  xb = exp( -(kk(i)^2+zk.^2)/sigma_a -(log(zk)-u_z).^2/(2 * sigma_z) );
  xc = besseli(0, 2 * kk(i) * zk/sigma_a) * dz ./zk;
  xd = sum(xb .* xc);
  pdf_lilun(i) = xa * xd;
end
```

```
%画图
plot(kk, pdf_lilun, 'r-'); hold on
plot(k, pdf_sim, '-.'); grid
xlabel('R'); ylabel('PDF');
legend('理论值', '仿真值'); title('中度遮蔽的受遮蔽 Rician 衰落分布');
```

图 8-2-4 给出了本例程序的运行结果，图中还同时给出了相应的理论值。

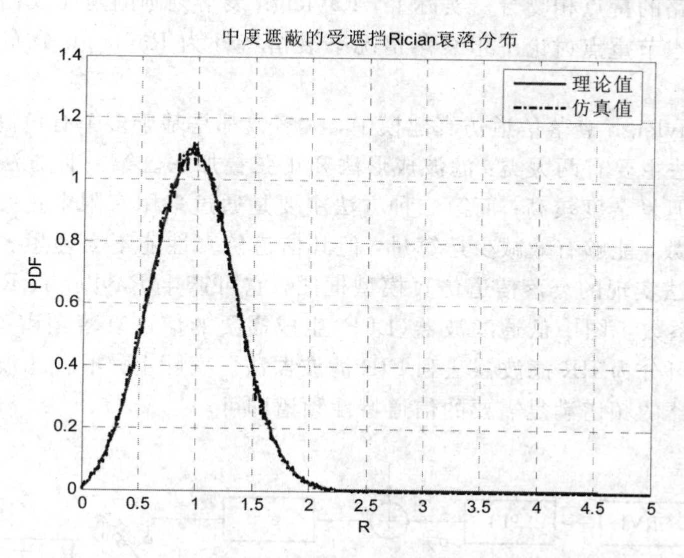

图 8-2-4　中度遮蔽的受遮蔽 Rician 衰落的概率密度函数曲线

8.2.4　Nakagami 衰落

前述的 Rayleigh 衰落和 Rician 衰落都是单一的基本衰落情况。而实际无线信道的衰落通常是比较复杂的，多种衰落情况可能会同时存在。为更全面地描述无线信道的衰落特性，通常可采用更为一般的概率分布，如 Nakagami 分布等。

Nakagami 分布的概率密度函数可表示为

$$f(R)=\frac{2}{\Gamma(m)}\left(\frac{m}{\Omega}\right)^{m}R^{2m-1}\exp\left\{-\frac{mR^2}{\Omega}\right\}\quad R\geqslant 0,\ m\geqslant\frac{1}{2}\tag{8-2-8}$$

式中，$\Gamma(\cdot)$ 为 Gamma 函数，$\Omega=E[R^2]$ 代表多径散射分量的平均功率，参数 $m=\Omega^2/E\{[R^2-\Omega^2]^2\}$ 为 Nakagami 分布的形状因子，代表由于散射过程和多径传播过程造成的传播信号的衰落程度。当 $m=1/2$ 时，Nakagami 分布退化为单边高斯分布；当 $m=1$ 时，Nakagami 分布退化为 Rayleigh 分布；当 $m>1$ 时，Nakagami 分布近似为 Rician 分布，且参数 m 和莱斯因子 κ 间有如下关系：

$$\kappa=\frac{\sqrt{m^2-m}}{m-\sqrt{m^2-m}}\quad m>1\tag{8-2-9}$$

由于 Nakagami 分布中不含有贝赛尔函数，在通常的性能分析中可比 Rician 分布更容易得到闭合形式解。研究表明，通过调整参数 m，Nakagami 分布可以更为全面地描述信道遭受不同衰落程度时的特性，且与经验数据更吻合。因此，Nakagami 衰落也常被选作为典型的信道衰落特性用于文献研究。

8.3　平坦 Rayleigh 衰落信道的建模与仿真

由上一节介绍可知，Rayleigh 分布可以较好地描述基于散射的小尺度衰落，它假设信号经过无线信道到达接收端时接收信号场强的统计特性都是基于散射的，这点正好与市区环境中无直视通路的特点相吻合。实际上，Rayleigh 衰落刻画的是无线信道遭受重度衰落时的信道特性。本节重点讨论平坦衰落情况下衰落特性为 Rayleigh 分布的衰落信道的建模与仿真。

在现有的 Rayleigh 衰落信道仿真建模中，大多数都是基于多个有色高斯随机过程来实现的，产生的方法主要有两大类：滤波成形法和正弦叠加法。第一种方法能够有效地仿真独立衰落信道，但复杂度较高；而第二种方法主要是通过采用有限个正弦波叠加来模拟产生信道的衰落系数，能够有效减少运算量，但其信道仿真性能不太理想。图 8-3-1 给出了基于滤波成形法实现的衰落信道仿真模型框图，它可产生 Rayleigh、Rician 与受遮蔽的 Rician衰落信道系数。图中低通滤波器(LPF)生成需要的信道衰落频谱，鉴于滤波器的不同实现方法，又可分为 IIR 滤波器法和 FIR 滤波器法。实际上，不管滤波器采用何种实现方法，只要滤波器的频谱满足需要的信道特性频谱即可。

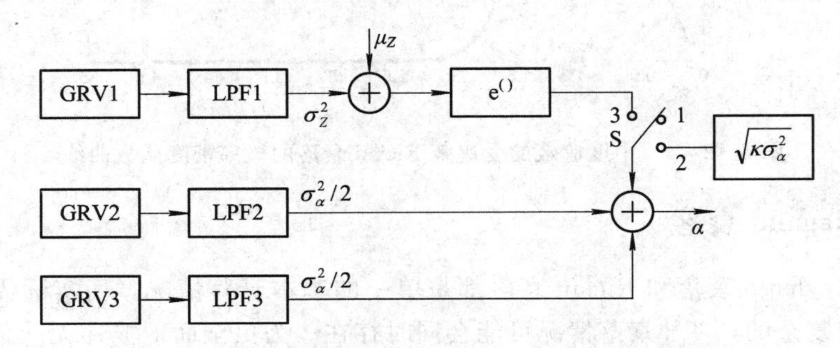

图 8-3-1　基于滤波成形法的衰落信道仿真模型框图

本节主要对采用第二种方法实现 Rayleigh 衰落信道的建模与仿真进行讨论。

8.3.1　Clarke 参考模型

早在 1968 年，Clarke 提出了无线信道的 Clarke 参考模型，成为对单路多径散射 Rayleigh 衰落信道描述的理论参考。Clarke 信道参考模型可表示为

$$\begin{cases} T(t) = T_c(t) + jT_s(t) \\ T_c(t) = \lim\limits_{N\to\infty} E_0 \sum\limits_{n=1}^{N} c_n \cos(2\pi f_{\max} t\cos\alpha_n + \varphi_n) \\ T_s(t) = \lim\limits_{N\to\infty} E_0 \sum\limits_{n=1}^{N} c_n \sin(2\pi f_{\max} t\cos\alpha_n + \varphi_n) \end{cases} \tag{8-3-1}$$

式中，E_0为常数，c_n、α_n和φ_n分别为第n条路径的增益或多普勒系数、波束到达角和多普勒相位，$f_{\max}$为最大多普勒频移。若假设 $\sum\limits_{n=1}^{N} E\{c_n^2\} = 1$ 且 $E_0 = \sqrt{2\sigma_0^2}$ ，Clarke 参考模型的均值和相关统计特性为

$$\begin{cases} E[T(t)]=0 \\ R_{T_cT_c}(t)=R_{T_sT_s}(t)=\sigma_0^2 J_0(2\pi f_{\max}t) \\ R_{T_cT_s}(t)=R_{T_sT_c}(t)=0 \\ R_{TT}(t)=2\sigma_0^2 J_0(2\pi f_{\max}t) \end{cases} \tag{8-3-2}$$

式中，$J_0(\cdot)$为第一类零阶 Bessel 函数。$R_{TT}(t)$的傅里叶变换为

$$P_{T_c}(f)=\begin{cases} \dfrac{2\sigma_0^2}{\pi f_{\max}\sqrt{1-(f/f_{\max})^2}} & |f|<f_{\max} \\ 0 & |f|\geqslant f_{\max} \end{cases} \tag{8-3-3}$$

为接收信号的功率谱密度，也即常见的用于描述基于散射信道衰落的 U 形(或碗形)功率谱密度。根据中心极限定理可知，当 N 趋向于无穷大时，$T(t)$的包络和相位分别服从 Rayleigh 分布和$[0, 2\pi)$上的均匀分布，即有

$$\begin{cases} f_{|T|}(x)=\dfrac{x}{\sigma_0^2}\mathrm{e}^{-\frac{x^2}{2\sigma_0^2}} & x\geqslant 0 \\ f(\theta)=\dfrac{1}{2\pi} & \theta\in[0, 2\pi) \end{cases} \tag{8-3-4}$$

该参考模型产生的随机过程是广义平稳的，其包络和相位的概率分布、自相关函数和互相关函数等统计特性能较真实地反映实际无线移动信道特征。由于 N 需要趋于无穷大方可获得所期望的统计特性，故该模型是不可能用软件或硬件实现的。但该参考模型通常被看做基于正弦叠加法进行信道建模仿真的理想参考模型，还是非常有意义的。

将式(8-3-1)中的 N 取有限值，并对其中的参数 c_n、α_n和 φ_n做不同的取值处理，即可得到一些不同的仿真模型：

(a) 参数 c_n、α_n和 φ_n都为确定变量；

(b) 参数 c_n和 α_n为确定变量，φ_n为随机变量；

(c) 参数 c_n为确定变量，α_n和 φ_n为随机变量；

(d) 参数 c_n、α_n和 φ_n都为随机变量。

第一种仿真模型由于其各参数都是确定值，每次产生的信道系数也是确知的，不能反映信道衰落的随机特性，且也不是各态历经的，通常被称为确定性仿真模型。后三种仿真模型中至少有一个参数是随机的，每次产生的信道系数也是随机的，可以反映信道衰落的随机特性，通常被称为随机性仿真模型。根据随机参数的可能取值情况，共有 7 种随机性仿真模型，但研究表明，仅按上述(b)所示参数取值的随机性仿真模型可产生具有各态历经性的信道衰落系数。

一般来讲，评价各种类型信道仿真器性能的好坏主要从两个方面进行：一是看仿真模型的均值、自相关函数和互相关函数是否与式(8-3-2)所示理想参考模型的相匹配；二是看仿真模型的输出是否满足广义平稳特性和各态历经特性等。

8.3.2 经典的 Jakes 仿真模型

1974 年，Jakes 针对 Clarke 参考模型提出了一种仿真实现模型，作为正弦叠加法的最早典型代表，至今仍被广泛应用于 Rayleigh 衰落信道的仿真。Jakes 仿真模型描述为

$$\begin{cases} T(t) = T_c(t) + jT_s(t) \\ T_c(t) = \sqrt{\dfrac{2}{N}} \sum\limits_{n=1}^{N_0+1} a_n \cos(2\pi f_{\max} t \cos\alpha_n + \varphi_n) \\ T_s(t) = \sqrt{\dfrac{2}{N}} \sum\limits_{n=1}^{N_0+1} b_n \cos(2\pi f_{\max} t \cos\alpha_n + \varphi_n) \end{cases} \tag{8-3-5}$$

式中，

$$N_0 = \frac{1}{2}\left(\frac{N}{2} - 1\right),\ \varphi_n = 0 \quad n = 1,\ 2,\ \cdots,\ N_0,\ N_0 + 1$$

$$a_n = \begin{cases} 2\cos\beta_n & n = 1,\ 2,\ \cdots,\ N_0 \\ \sqrt{2}\cos\beta_n & n = N_0 + 1 \end{cases},\ b_n = \begin{cases} 2\sin\beta_n & n = 1,\ 2,\ \cdots,\ N_0 \\ \sqrt{2}\sin\beta_n & n = N_0 + 1 \end{cases}$$

$$\alpha_n = \begin{cases} \dfrac{2\pi n}{N} & n = 1,\ 2,\ \cdots,\ N_0 \\ 0 & n = N_0 + 1 \end{cases},\ \beta_n = \begin{cases} \dfrac{\pi n}{N_0} & n = 1,\ 2,\ \cdots,\ N_0 \\ \dfrac{\pi}{4} & n = N_0 + 1 \end{cases}$$

$T(t)$的方差被归一化为1，每维方差为0.5，其具体实现框图如图8-3-2所示。当N_0取值大于8时，由该模型输出的信号可以很好地模拟服从Rayleigh分布的衰落信道系数，且其归一化自相关函数近似为$J_0(2\pi f_{\max} T\tau)$。

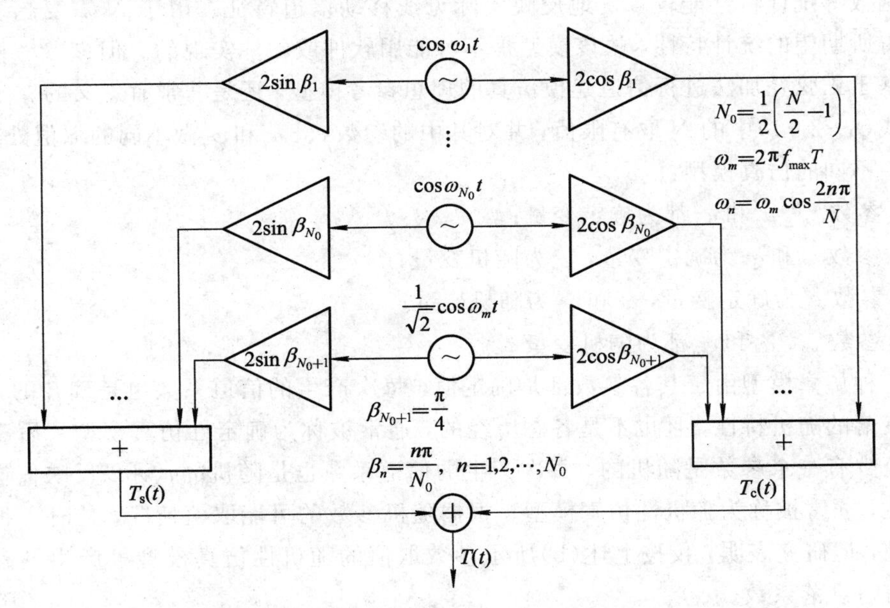

图8-3-2 Jakes仿真模型具体实现框图

下面简要介绍一下由Clarke参考模型到Jakes仿真模型的推导过程。设接收信号可表示为

$$R(t) = \sqrt{\frac{2}{N}} \sum_{n=1}^{N} \cos(\omega_c t + \omega_m t \cos\alpha_n + \varphi_n) \tag{8-3-6}$$

表示成复数形式为

$$\begin{cases} R(t) = \text{Re}[T(t)\exp(\text{j}\omega_c t)] \\ T(t) = \sqrt{\dfrac{2}{N}}\sum\limits_{n=1}^{N}\exp\ \text{j}(\omega_m t\cos\alpha_n + \varphi_n) \end{cases} \tag{8-3-7}$$

假设各路径的到达角 α_n 在$[0, 2\pi)$上均匀分布，即有 $\alpha_n=2\pi n/N$，$n=1, 2, \cdots, N$。当 $N/2$ 为奇数时，则

$$\begin{aligned} T(t) = \sqrt{\frac{2}{N}}\Big\{ &\sum_{n=1}^{N/2-1}[\exp(\text{j}(\omega_m t\cos\alpha_n + \varphi_n)) + \exp(-\text{j}(\omega_m t\cos\alpha_n + \varphi_{-n}))] \\ &+ \exp(\text{j}(\omega_m t + \varphi_N)) + \exp(-\text{j}(\omega_m t + \varphi_{-N}))\Big\} \end{aligned} \tag{8-3-8}$$

式中第 1 项的和代表从 $\omega_m\cos(2\pi/N)$到$-\omega_m\cos(2\pi/N)$，n 从 1 到 $N/2-1$ 的多普勒频移；第 2 项的和代表从$-\omega_m\cos(2\pi/N)$到 $\omega_m\cos(2\pi/N)$，n 从 1 到 $N/2-1$ 的多普勒频移，这两项说明入射波重叠了。第 3 项是与发射机方向相距 0°的路径的最大多普勒频移，最后一项为与发射机相距 180°的路径的最大多普勒频移。考虑到入射波不重叠，因为 $N/2$ 为奇数，设 $N_0=\frac{1}{2}\left(\frac{N}{2}-1\right)$，则

$$\begin{aligned} T(t) = \sqrt{\frac{2}{N}}\Big\{ &\sqrt{2}\sum_{n=1}^{N_0}[\exp(\text{j}(\omega_m t\cos\alpha_n + \varphi_n)) + \exp(-\text{j}(\omega_m t\cos\alpha_n + \varphi_{-n}))] \\ &+ \exp(\text{j}(\omega_m t + \varphi_N)) + \exp(-\text{j}(\omega_m t + \varphi_{-N}))\Big\} \end{aligned} \tag{8-3-9}$$

式中，$\sqrt{2}$是用来保证总功率不变的。假设

$$\begin{cases} \varphi_n = -\varphi_{-n} = -\beta_n \\ \varphi_N = -\varphi_{-N} = -\alpha \end{cases} \tag{8-3-10}$$

则上式可简化为

$$T(t) = \sqrt{\frac{2}{N}}\left\{2\sqrt{2}\sum_{n=1}^{N_0}\cos(\omega_m t\cos\alpha_n)\exp(-\text{j}\beta_n) + 2\cos(\omega_m t)\exp(-\text{j}\alpha)\right\} \tag{8-3-11}$$

当 β_n 和 α 取合适的值时，可使得合成波的相位接近$[0, 2\pi)$上的均匀分布。Jakes 给出了 β_n 和 α 的一种具体取值，即

$$\beta_n=\frac{\pi n}{N_0},\ \alpha=\frac{\pi}{4} \tag{8-3-12}$$

这样可得 Jakes 仿真模型的具体表达式：

$$R(t)=\text{Re}[T(t)\exp(\text{j}\omega_c t)]=T_c(t)\cos\omega_c t-T_s(t)\sin\omega_c t \tag{8-3-13}$$

其中

$$T_c(t) = \frac{2}{\sqrt{N}}\left\{2\sum_{n=1}^{N_0}\cos(\omega_m t\cos\alpha_n)\cos\beta_n + \sqrt{2}\cos(\omega_m t)\cos\alpha\right\}$$

$$T_s(t) = \frac{2}{\sqrt{N}}\left\{2\sum_{n=1}^{N_0}\cos(\omega_m t\cos\alpha_n)\sin\beta_n + \sqrt{2}\cos(\omega_m t)\sin\alpha\right\}$$

与式(8-3-5)是一致的，只是此时 $T(t)$的方差为 2，每维方差为 1。

例 8-3-1 编程实现 Jakes 模型，假设 $N_0=10$，画出生成信道衰落系数的概率密度函数曲线和相关函数曲线。

解 根据式(8-3-5)和图 8-3-2 进行编程并设置参数。

本例 MATLAB 参考程序如下：

```
%参数设置
N0 = 10;                          %正弦波个数，N0> 8
N = 2*(2*N0+1);                   %N0=(N/2-1)/2
f_max = 5;                        %最大多普勒频移
Tb = 1;                           %码元宽度
ts = Tb/100;                      %抽样间隔
t = 0 : ts : 5000*Tb;             %仿真时长
%系数产生
for n = 1 : N0
  alphan(n) = 2*pi*n/N;
  betan(n) = n*pi/N0;
  an(n) = 2*cos(betan(n));
  bn(n) = 2*sin(betan(n));
end
alphan(N0+1) = 0;
betan(N0+1) = pi/4;
an(N0+1) = sqrt(2)*cos(betan(N0+1));
bn(N0+1) = sqrt(2)*sin(betan(N0+1));
K = length(t);
Tc = zeros(1, K);
Ts = zeros(1, K);
for n = 1 : N0+1
  Tc = Tc + sqrt(2/N)*an(n)*cos(2*pi*f_max*t*cos(alphan(n)));
  Ts = Ts + sqrt(2/N)*bn(n)*cos(2*pi*f_max*t*cos(alphan(n)));
end
T = Tc + sqrt(-1)*Ts;
%统计概率密度函数
ks = 0 : 0.001 : 4;
pdf_sim = c_pdf(ks, abs(T));
%理论值
kk = 0 : 0.001 : 4;
sigma = 1;
pdf_lilun = (2*kk/sigma).*exp(-kk.^2/sigma);
%计算相关函数
%理论值
t_max = N0/2/f_max;
tt = (0 : ts : t_max)*f_max;          %归一化时间：f_max*t
```

```
R = besselj(0, 2 * pi * tt);              %参考模型自相关函数
%仿真
[HR, lag] = xcorr( T, 'coeff' );                %复包络自相关
[HRr, lagr] = xcorr( real(T), 'coeff' );    %实部自相关
[HRi, lagi] = xcorr( imag(T), 'coeff' );    %虚部自相关
[HRir, lagir] = xcorr( real(T), imag(T), 'biased');      %实部与虚部间互相关
[mhr, hr] = max(HR);

%画图
subplot(311)
plot(kk, pdf_lilun, 'r-'); hold on
plot(ks, pdf_sim, '-.'); grid
xlabel('R'); ylabel('PDF');
legend('理论结果', '仿真结果'); title('概率密度函数');
subplot(312)
plot(tt, R); hold on
ta = hr: hr+length(tt)-1;
plot(tt, real(HR(ta)), 'r--'); hold on
plot(tt, real(HRr(ta)), 'k-.'); hold on
plot(tt, real(HRi(ta)), 'g.-'); grid
xlabel('f_m_a_xt'); ylabel('归一化自相关');
legend('理论结果', '仿真结果, 复包络自相关', '仿真结果, 实部自相关', '仿真结果, 虚部自
    相关');
title('自相关函数');
subplot(313)
ta = hr: hr+length(tt)-1;
plot(tt, real(HRir(ta)), 'r'); grid
xlabel('f_m_a_xt'); ylabel('实部与虚部间归一化互相关');
title('互相关函数');
```

图 8-3-3 为 $N_0=10$、$f_{\max}=5$ Hz 时 Jakes 仿真器产生的信道衰落系数的概率密度函数和相关函数曲线，图中同时还给出了 Rayleigh 分布的概率密度函数和式(8-3-2)所给出的自相关函数的理论曲线。从图中曲线可以看出：

(1) 仿真器产生的信道衰落系数的概率密度函数与 Rayleigh 分布的理论结果基本完全吻合。

(2) $T(t)$的自相关函数在归一化时间 $f_{\max}t$ 比较小($<N_0/2$)时与理论值比较接近，而当 $f_{\max}t$ 比较大($>N_0/2$)时与理论值存在较大差别；$T(t)$的实部 $T_c(t)$与虚部 $T_s(t)$的自相关函数与理论值一直都差别较大，而且两者也不相等。

(3) 同一 $T(t)$的实部 $T_c(t)$与虚部 $T_s(t)$间的互相关函数不为零，且数值一直比较大；此外，不同 $T(t)$间的互相关与 $T(t)$的自相关特性完全相同。

研究表明，Jakes 模型虽利用多普勒频移的对称性减少了振荡器的数目，但具有相同多普勒频移的到达波间具有相关性(其相位关系见式(8-3-10))，这与参考模型中“不同路径的附加相移是相互独立的”假设相互矛盾，这是 Jakes 模型产生信号不平稳的根本原

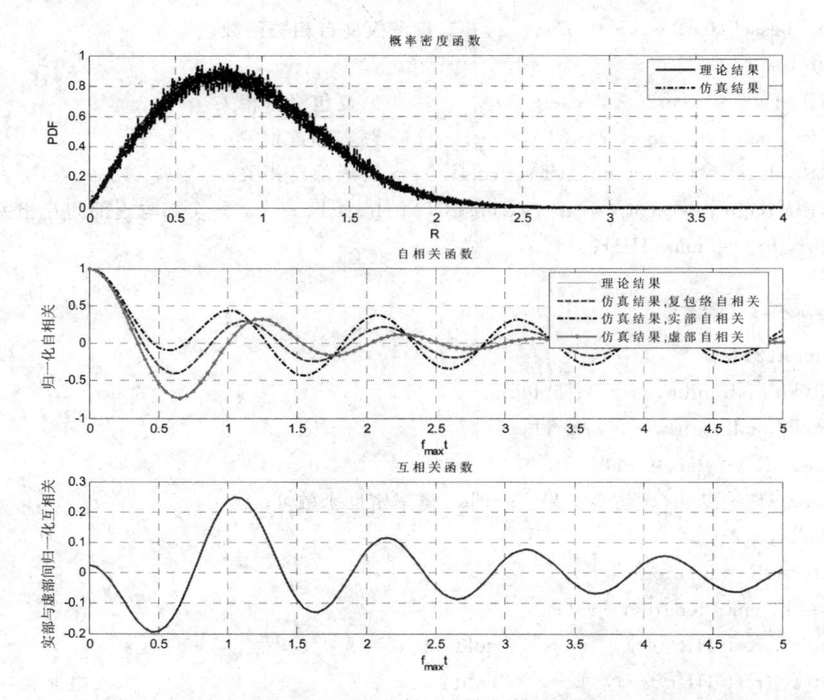

图 8-3-3　Jakes 仿真器产生的信道衰落系数的概率密度函数和相关函数曲线

因。鉴于经典的 Jakes 模型的统计特性不理想，特别是其互相关特性较差，在近年来新兴的 MIMO、协同通信、分集技术中无法得到实际应用，文献中出现了许多改进的 Jakes 模型。综观现有常见的一些改进方法，其基本思想都是在经典的 Jakes 模型中引入随机相位变量，即在式(8-3-1)中参数 c_n、α_n 和 φ_n 中引入随机变量(即由确知模型转换为随机模型)，使得输出信号具有随机性，进而获得其统计特性的改进。

8.3.3　改进的 Jakes 仿真模型

本小节主要介绍文献中几种性能相对较好的改进 Jakes 模型。

1. 改进的 Jakes 模型 1

文献[1]通过对经典 Jakes 模型中的波束到达角 α_n 和多普勒相位 φ_n 进行随机化，给出了一种改进的 Jakes 模型。该模型利用 N_0 个振荡器叠加来产生 M 组相互独立的信道系数，可应用于需要多个不相关子信道的通信系统仿真中。由于波束到达角 α_n 和多普勒相位 φ_n 被随机化，即不同的实现过程中它们取不同的随机值，故该模型为随机模型。下面对其进行具体描述。

该仿真模型利用下式产生第 $k(k=0, 1, 2, \cdots, M-1)$ 个信道系数：

$$\begin{cases} T_k(t) = T_{ck}(t) + \mathrm{j}T_{sk}(T) \\ T_{ck}(t) = \dfrac{1}{\sqrt{N_0}}\sum_{n=0}^{N_0-1}\cos(2\pi f_{\max}t\cos\alpha_{nk} + \phi_{nk}) \\ T_{sk}(t) = \dfrac{1}{\sqrt{N_0}}\sum_{n=0}^{N_0-1}\sin(2\pi f_{\max}t\sin\alpha_{nk} + \varphi_{nk}) \end{cases} \tag{8-3-14}$$

式中，

$$N_0=\frac{N}{4},\ 0<\alpha_{00}<\frac{2\pi}{MN}\ 且\ \alpha_{00}\neq\frac{\pi}{MN}$$

$$\alpha_{nk}=\frac{2\pi n}{N}+\frac{2\pi k}{MN}+\alpha_{00}\quad n=0,1,2,\cdots,N_0-1;\ k=0,1,2,\cdots,M-1$$

ϕ_{nk}和φ_{nk}为$[0,2\pi)$上均匀分布的$2MN_0$个相互独立的随机变量。这里，$T_k(t)$的方差被归一化为1，每维的方差为0.5。

例8-3-2 编程实现改进的Jakes仿真模型1，假设$N_0=10$，画出生成信道衰落系数的概率密度函数和相关函数曲线。

解 根据式(8-3-14)进行MATLAB编程实现。

本例MATLAB参考程序如下：

```
%参数设置
M = 4;                    %待产生信道个数
N0 = 10;                  %正弦波个数
N = 4 * N0;               %N0=N/4
f_max = 5;                %最大多普勒频移
Tb = 1;                   %码元宽度
ts = Tb/100;              %抽样间隔
t = 0 : ts : 5000 * Tb;   %仿真时长
%系数产生
alphan(1, 1) = pi/(2 * N * M);               %初始到达角
theta = 2 * pi * rand(M, N0);                %[0, 2π)内均匀分布
phi = 2 * pi * rand(M, N0);                  %[0, 2π)内均匀分布
for k = 1 : M
    for n = 1 : N0
      alphan(k, n) = 2 * pi * (n-1)/N + 2 * pi * (k-1)/(M * N) + alphan(1, 1);
    end
end
K = length(t);
Tc = zeros(M, K); Ts = zeros(M, K);
for k = 1 : M
   for n = 1 : N0
      Tc(k,:) = Tc(k,:) + sqrt(1/N0) * cos(2 * pi * f_max * t * cos(alphan(k, n)) + theta(k, n));
      Ts(k,:) = Ts(k,:) + sqrt(1/N0) * sin(2 * pi * f_max * t * sin(alphan(k, n)) + phi(k, n));
   end
   T(k, : ) = Tc(k, : ) + sqrt(-1) * Ts(k, : );
end
%统计概率密度函数
ks = 0 : 0.005 : 4;
for k = 1: M
   pdf_sim(k, : ) = c_pdf(ks, abs(T(k, : )));
   end
```

```
kk = 0 : 0.001 : 4;
sigma = 1;
pdf_lilun = (2 * kk/sigma) .* exp(-kk.^2/sigma);     %理论值
%计算相关函数
t_max = 3 * N0/4/f_max;
tt = (0 : ts : t_max) * f_max;          %归一化时间 f_max t
R = besselj(0, 2 * pi * tt);            %参考模型自相关函数，理论值
%仿真
for k = 1: M
  [HR(k, :), lag] = xcorr( T(k, :), 'coeff' );        %复包络自相关
  [HRr(k, :), lagr] = xcorr( real(T(k, :)), 'coeff' );%实部自相关
  [HRi(k, :), lagi] = xcorr( imag(T(k, :)), 'coeff' );%虚部自相关
  [HRir(k, :), lagir] = xcorr( real(T(k, :)),imag(T(k, :)), 'biased');
                                        %同一个信道波形的实部与虚部间互相关
  [mhr, hr] = max(HR(1, :));
end
%互相关
m = 0;
for k = 2: M
  for j = 1: k-1
    m = m+1;
    [HRT(m, :), lag] = xcorr( T(k, :), T(j, :), 'biased' );      %复包络互相关
    [mhrt, hrt] = max(HRT(1, :));
  end
end

%画图
subplot(411)
plot(kk, pdf_lilun, 'r-'); hold on
plot(ks, pdf_sim(1, :), '-.'); grid
xlabel('R'); ylabel('PDF');
legend('理论结果', '仿真结果'); title('概率密度函数');
subplot(412)
plot(tt, R); hold on
ta = hr: hr+length(tt)-1;
plot(tt, real(HR(4, ta)), 'r--'); hold on
plot(tt, real(HRr(4, ta)), 'k-.'); hold on
plot(tt, real(HRi(4, ta)), 'g.-'); grid
xlabel('f_m_a_xt'); ylabel('归一化自相关');
legend('理论结果', '仿真结果，复包络自相关', '仿真结果，实部自相关', '仿真结果，虚部自
      相关'); title('自相关函数');
subplot(413)
ta = hr: hr+length(tt)-1;
```

```
plot(tt, real(HRir(M, ta)), 'r—'); grid
xlabel('f_m_a_xt'); ylabel('归一化互相关');
title('同一波形实部与虚部间互相关函数');
subplot(414)
tb = hrt: hrt+length(tt)-1;
plot(tt, real(HRT(6, tb)), 'r—'); grid
xlabel('f_m_a_xt'); ylabel('归一化互相关'); title('不同波形间互相关函数');
```

图 8-3-4 为 $M=4$、$N_0=10$、$f_{max}=5$ Hz 时改进的 Jakes 仿真模型 1 产生的信道衰落系数的概率密度函数和相关函数曲线。从图中曲线可以看出：

(1) 仿真器产生的信道衰落系数的概率密度函数与 Rayleigh 分布的理论结果基本完全吻合。

(2) $T(t)$的自相关函数在归一化时间 $f_{max}t$ 比较小（$<N_0/2$）时与理论结果比较接近，而当 $f_{max}t$ 比较大（$>N_0/2$）时与理论结果存在较大差别；$T(t)$的实部 $T_c(t)$与虚部 $T_s(t)$的自相关函数与理论结果间虽然仍有差别，但与经典的 Jakes 仿真模型相比已有较大改进。

(3) 同一 $T(t)$的实部 $T_c(t)$与虚部 $T_s(t)$间的互相关函数不为零，但与经典的 Jakes 仿真模型相比也已有较大改进。

(4) 不同 $T(t)$间的互相关比较小。

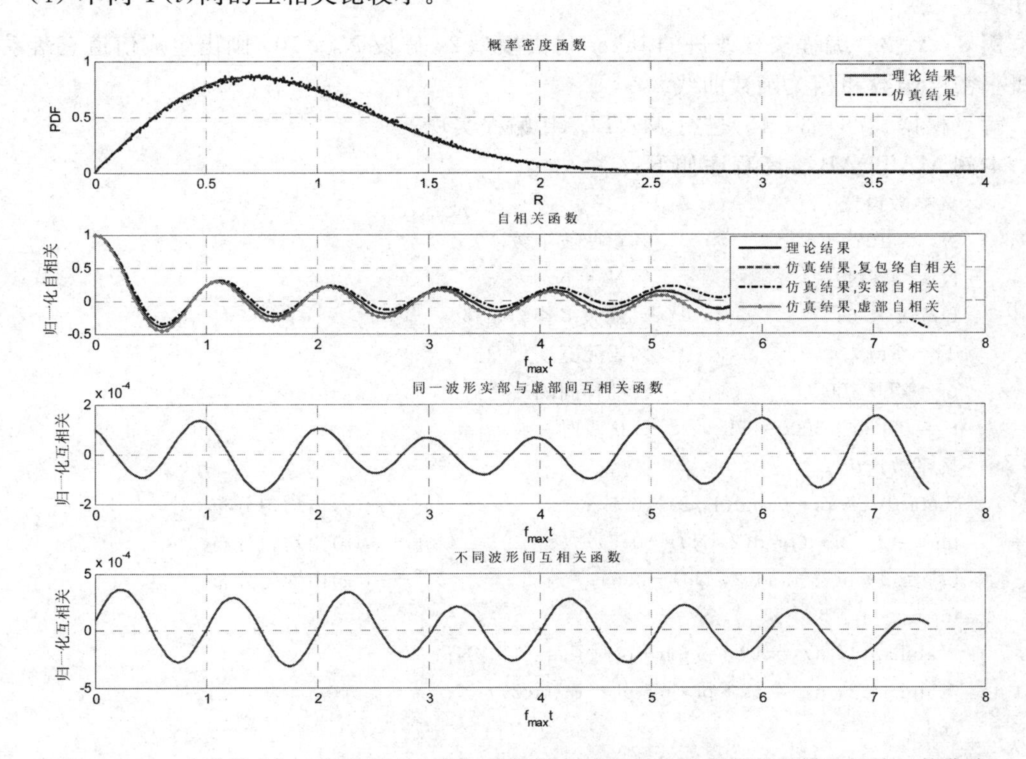

图 8-3-4　改进的 Jakes 仿真模型 1 产生的信道衰落系数的概率密度函数和相关函数曲线

需要注意的是，由于该模型为随机性模型，因而程序每次运行产生的信道衰落系数是不同的，相应的相关函数也是不完全相同的。该模型是非各态历经的，即不能用一次仿真结果表示信道衰落的整体特性。

2. 改进的 Jakes 仿真模型 2

Zheng Yahong Rosa 和 Xiao Chengshan 在文献[2]中给出另一种可产生多组不相关的 Rayleigh 衰落信道系数的 Jakes 改进模型，具体描述如下：

该仿真模型产生的信道系数为

$$\begin{cases} T(t) = T_c(t) + jT_s(t) \\ T_c(t) = \sqrt{\dfrac{1}{N_0}}\sum\limits_{n=1}^{N_0}\cos(2\pi f_{\max} t\cos\alpha_n + \phi_n) \\ T_s(t) = \sqrt{\dfrac{1}{N_0}}\sum\limits_{n=1}^{N_0}\cos(2\pi f_{\max} t\sin\alpha_n + \varphi_n) \end{cases} \tag{8-3-15}$$

式中，$N_0=N/4$，$\alpha_n=(2\pi n-\pi+\theta)/N$，$n=1, 2, \cdots, N_0$，$\phi_n$、$\varphi_n$ 和 θ 对所有的 n 来讲都是在$[-\pi, \pi)$上统计独立的均匀分布，$f_{\max}$为最大多普勒频移。$T(t)$的方差被归一化为 1，每维的方差为 0.5。此改进模型也是对具有相同多普勒频移的到达波的入射角和初始相位进行了随机化，使得该模型不再为确定性模型，而为随机模型。当 N_0趋向无穷大时，该模型输出信号的包络服从 Rayleigh 分布，相位为$[-\pi, \pi)$上均匀分布。此外，改变式(8-3-15)中三角函数的组合，还可得其他 15 组(共 16 组)具有相同统计特性的信道系数，且相互间不相关。

例 8-3-3　编程实现改进的 Jakes 仿真模型 2，假设 $N_0=10$，画出生成信道衰落系数的概率密度函数和相关函数曲线。

解　根据式(8-3-15)进行 MATLAB 编程实现。

本例 MATLAB 参考程序如下：

```
%参数设置
N0 = 10;                    %正弦波个数
N = 4 * N0;                 %N0=N/4
f_max = 5;                  %最大多普勒频移
Tb = 1;                     %码元宽度
ts = Tb/100;                %抽样间隔
t = 0 : ts : 5000 * Tb;     %仿真时长
%系数产生
theta = 2 * pi * (rand(1, 2)-0.5);              %[-π, π)内均匀分布
phi = 2 * pi * (rand(2, N0)-0.5);               %[-π, π)内均匀分布
psi = 2 * pi * (rand(2, N0)-0.5);               %[-π, π)内均匀分布
for n = 1 : N0
  alphan(1, n) = (2 * pi * n-pi+ theta(1))/N;
  alphan(2, n) = (2 * pi * n-pi+ theta(2))/N;
end
K = length(t);
Tc = zeros(2, K);
Ts = zeros(2, K);
for n = 1 : N0
  Tc(1,:) = Tc(1,:) + sqrt(1/N0) * cos(2 * pi * f_max * t * cos(alphan(1,n)) + phi(1,n));
```

```
    Ts(1,:) = Ts(1,:) + sqrt(1/N0) * cos(2 * pi * f_max * t * sin(alphan(1,n)) + psi(1,n));
    Tc(2,:) = Tc(2,:) + sqrt(1/N0) * cos(2 * pi * f_max * t * cos(alphan(2,n)) + phi(2,n));
    Ts(2,:) = Ts(2,:) + sqrt(1/N0) * sin(2 * pi * f_max * t * sin(alphan(2,n)) + psi(2,n));
end
T = Tc + sqrt(-1) * Ts;
%统计概率密度函数
ks = 0 : 0.005 : 4;
pdf_sim = c_pdf(ks, abs(T(1, :)));
%理论值
kk = 0 : 0.001 : 4;
sigma = 1;
pdf_lilun = (2 * kk/sigma) . * exp(-kk.^2/sigma);
%计算相关函数
%理论值
t_max = 3 * N0/4/f_max;
tt = (0 : ts : t_max) * f_max;        %归一化时间 f_max t
R = besselj(0, 2 * pi * tt);          %参考模型自相关函数
%仿真
%自相关
for k = 1: 2
    [HR(k, :), lag] = xcorr( T(k, :), 'coeff' );          %复包络自相关
    [HRr(k, :), lagr] = xcorr( real(T(k, :)), 'coeff' );%实部自相关
    [HRi(k, :), lagi] = xcorr( imag(T(k, :)), 'coeff' );%虚部自相关
    [HRir(k, :), lagir] = xcorr( real(T(k, :)), imag(T(k, :)), 'biased');   %同一个信道
                                                    %波形的实部与虚部间互相关
    [mhr, hr] = max(HR(1, :));
end
%互相关
[HRT, lag] = xcorr( T(1, :), T(2, :), 'biased' );      %复包络互相关
[mhrt, hrt] = max(HRT);

%画图
subplot(411)
plot(kk, pdf_lilun, 'r-'); hold on
plot(ks, pdf_sim(1, :), '-.'); grid
xlabel('R');    ylabel('PDF');
legend('理论结果', '仿真结果'); title('概率密度函数');
subplot(412)
plot(tt, R); hold on
ta = hr: hr+length(tt)-1;
plot(tt, real(HR(1, ta)), 'r--'); hold on
plot(tt, real(HRr(1, ta)), 'k-.'); hold on
plot(tt, real(HRi(1, ta)), 'g.-'); grid
```

```
xlabel('f_m_a_xt');    ylabel('归一化自相关');
legend('理论结果','仿真结果,复包络自相关','仿真结果,实部自相关','仿真结果,虚部自
    相关'); title('自相关函数');
subplot(413)
ta = hr: hr+length(tt)-1;
plot(tt, real(HRir(1, ta)), 'r-'); grid
xlabel('f_m_a_xt'); ylabel('归一化互相关');
title('同一波形实部与虚部间互相关函数');
subplot(414)
tb = hrt: hrt+length(tt)-1;
plot(tt, real(HRT(tb)), 'r-'); grid
xlabel('f_m_a_xt'); ylabel('归一化互相关'); title('不同波形间互相关函数');
```

图 8-3-5 为 $N_0=10$、$f_{max}=5$ Hz 时改进的 Jakes 仿真模型 2 产生的信道衰落系数的概率密度函数和相关函数曲线。从图中曲线可以看出：

(1) 仿真器产生的信道衰落系数的概率密度函数与 Rayleigh 分布的理论结果基本完全吻合。

(2) $T(t)$的自相关函数在归一化时间 $f_{max}t$ 比较小($<N_0/2$)时与理论结果比较接近，而当 $f_{max}t$ 比较大($>N_0/2$)时与理论结果存在较大差别；$T(t)$的实部 $T_c(t)$与虚部 $T_s(t)$的自相关函数与理论结果间有较大差别。

(3) 同一 $T(t)$的实部 $T_c(t)$与虚部 $T_s(t)$间的互相关函数虽不为零，但与经典的 Jakes 仿真模型相比有较大改进。

(4) 不同 $T(t)$间的互相关性也比较小。

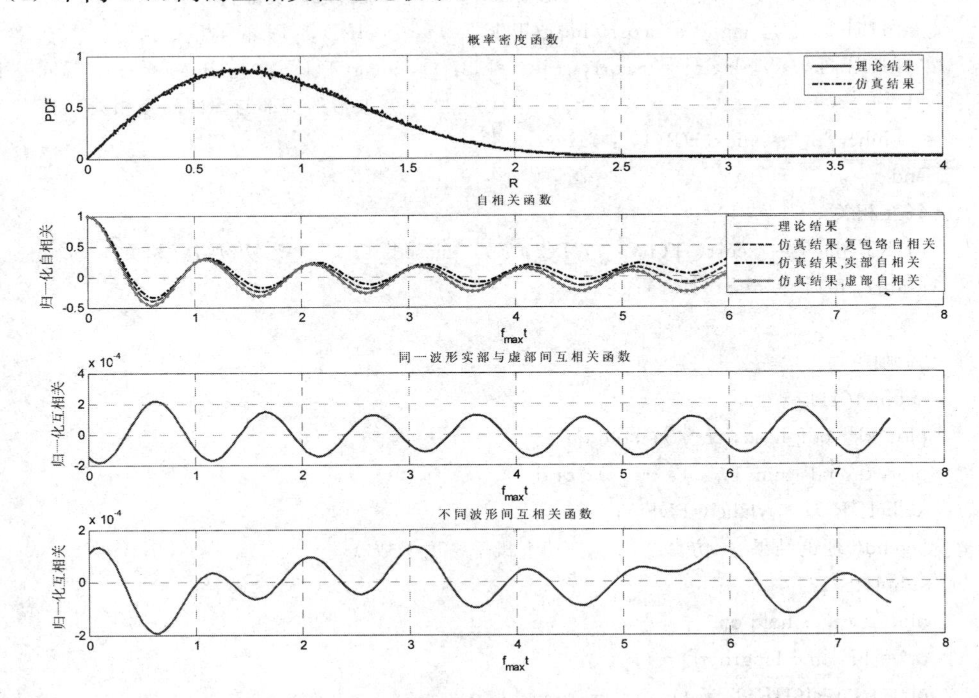

图 8-3-5 改进的 Jakes 仿真模型 2 产生的信道衰落系数的概率密度函数和相关函数曲线

需要注意的是，同改进模型 1 一样，该改进模型同为随机性模型，程序每次运行产生

的信道衰落系数是不同的，相应的相关函数也是不完全相同的。该模型是非各态历经的，即不能用一次仿真结果表示信道衰落的整体特性。

3. 改进的 Jakes 仿真模型 3

Zheng Yahong Rosa 和 Xiao Chengshan 在 Jakes 改进模型 2 的基础上于文献[3]中又给出了另一种可产生多组不相关的 Rayleigh 衰落信道系数的 Jakes 改进模型，具体描述如下：

该仿真模型产生的信道系数如下：

$$\begin{cases} T(t) = T_{c}(t) + jT_{s}(t) \\ T_{c}(t) = \sqrt{\dfrac{2}{N_0}} \displaystyle\sum_{n=1}^{N_0} \cos\varphi_n \cos(\omega_m t \cos\alpha_n + \phi) \\ T_{s}(t) = \sqrt{\dfrac{2}{N_0}} \displaystyle\sum_{n=1}^{N_0} \sin\varphi_n \cos(\omega_m t \sin\alpha_n + \phi) \end{cases} \tag{8-3-16}$$

式中，$N_0=N/4$，$\alpha_n=(2\pi n-\pi+\theta)/N$，$n=1, 2, \cdots, N_0$，$\varphi_n$、$\phi$ 和 θ 对所有的 n 来讲都是在$[-\pi, \pi)$上统计独立的均匀分布，$f_{\max}$为最大多普勒频移。$T(t)$的方差被归一化为 1，每维的方差为 0.5。在该模型中，三个参数均设置为随机变量，所以对其统计特性进行研究时，需要进行多次仿真实验，大大加大了实现的复杂度。当 N_0趋向无穷大时，该模型输出信号的包络服从 Rayleigh 分布，相位为$[-\pi, \pi)$上均匀分布。同改进模型 2 一样，改变式(8-3-16)中三角函数的组合，也可得其他 15 组(共 16 组)具有相同统计特性的信道系数，且相互间不相关。

例 8-3-4　编程实现改进的 Jakes 仿真模型 3，假设 $N_0=10$，画出生成信道衰落系数的概率密度函数和相关函数曲线。

解　根据式(8-3-16)进行 MATLAB 编程实现。

本例 MATLAB 参考程序如下：

```
%参数设置
N0 = 10;                          %正弦波个数
N = 4 * N0;                       %N0=N/4
f_max = 5;                        %最大多普勒频移
Tb = 1;                           %码元宽度
ts = Tb/100;                      %抽样间隔
t = 0 : ts : 5000 * Tb;           %仿真时长
%系数产生
theta = 2 * pi * (rand(1, 2)-0.5);          %[-π, π)内均匀分布
phi = 2 * pi * (rand(1, 2)-0.5);            %[-π, π)内均匀分布
psi = 2 * pi * (rand(2, N0)-0.5);           %[-π, π)内均匀分布
for n = 1 : N0
  alphan(1, n) = (2 * pi * n - pi + theta(1))/N;
  alphan(2, n) = (2 * pi * n - pi + theta(2))/N;
end
K = length(t); Tc = zeros(2, K);
Ts = zeros(2, K);
for n = 1 : N0
```

```
    Tc(1, :) = Tc(1, :) +
      sqrt(2/N0) * cos(psi(1, n)) * cos(2 * pi * f_max * t * cos(alphan(1, n)) + phi(1));
    Ts(1, :) = Ts(1, :) +
      sqrt(2/N0) * sin(psi(1, n)) * cos(2 * pi * f_max * t * sin(alphan(1, n)) + phi(1));
    Tc(2, :) = Tc(2, :) +
      sqrt(2/N0) * cos(psi(2, n)) * cos(2 * pi * f_max * t * cos(alphan(2, n)) + phi(2));
    Ts(2, :) = Ts(2, :) +
      sqrt(2/N0) * sin(psi(2, n)) * sin(2 * pi * f_max * t * sin(alphan(2, n)) + phi(2));
end
T = Tc + sqrt(-1) * Ts;
%统计概率密度函数
ks = 0 : 0.005 : 4;
pdf_sim = c_pdf(ks, abs(T(1, :)));
%理论值
kk = 0 : 0.001 : 4;
sigma = 1;
pdf_lilun = (2 * kk/sigma) .* exp(-kk.^2/sigma);
%计算相关函数
%理论值
t_max = 3 * N0/4/f_max;
tt = (0 : ts : t_max) * f_max;        %归一化时间 f_max t
R = besselj(0, 2 * pi * tt);           %参考模型自相关函数
%自相关仿真
for k = 1: 2
    [HR(k, :), lag] = xcorr( T(k, :), 'coeff' );                    %复包络自相关
    [HRr(k, :), lagr] = xcorr( real(T(k, :)), 'coeff' );          %实部自相关
    [HRi(k, :), lagi] = xcorr( imag(T(k, :)), 'coeff' );          %虚部自相关
    [HRir(k, :), lagir] = xcorr(real(T(k, :)), imag(T(k, :)), 'biased');
                                                           %同一个信道波形的实部与虚部间互相关
    [mhr, hr] = max(HR(1, :));
end
%互相关
[HRT, lag] = xcorr( T(1, :), T(2, :), 'biased' );              %复包络互相关
[mhrt, hrt] = max(HRT);

%画图
subplot(411)
plot(kk, pdf_lilun, 'r-'); hold on
plot(ks, pdf_sim(1, :), '-.'); grid
xlabel('R');    ylabel('PDF');
legend('理论结果', '仿真结果'); title('概率密度函数');
subplot(412)
plot(tt, R); hold on
```

```
ta = hr: hr+length(tt)-1;
plot(tt, real(HR(2, ta)), 'r--'); hold on
plot(tt, real(HRr(2, ta)), 'k-.'); hold on
plot(tt, real(HRi(2, ta)), 'g.-'); grid
xlabel('f_m_a_xt');  ylabel('归一化自相关');
legend('理论结果', '仿真结果，复包络自相关', '仿真结果，实部自相关', '仿真结果，虚部自
    相关'); title('自相关函数');
subplot(413)
ta = hr: hr+length(tt)-1;
plot(tt, real(HRir(1, ta)), 'r-'); grid
xlabel('f_m_a_xt'); ylabel('归一化互相关');
title('同一波形实部与虚部间互相关函数');
subplot(414)
tb = hrt: hrt+length(tt)-1;
plot(tt, real(HRT(tb)), 'r-'); grid
xlabel('f_m_a_xt');  ylabel('归一化互相关');
title('不同波形间互相关函数');
```

图 8-3-6 为 $N_0=10$、$f_{max}=5$ Hz 时改进的 Jakes 仿真模型 3 产生的信道衰落系数的概率密度函数和相关函数曲线。

从图中曲线可以看出：

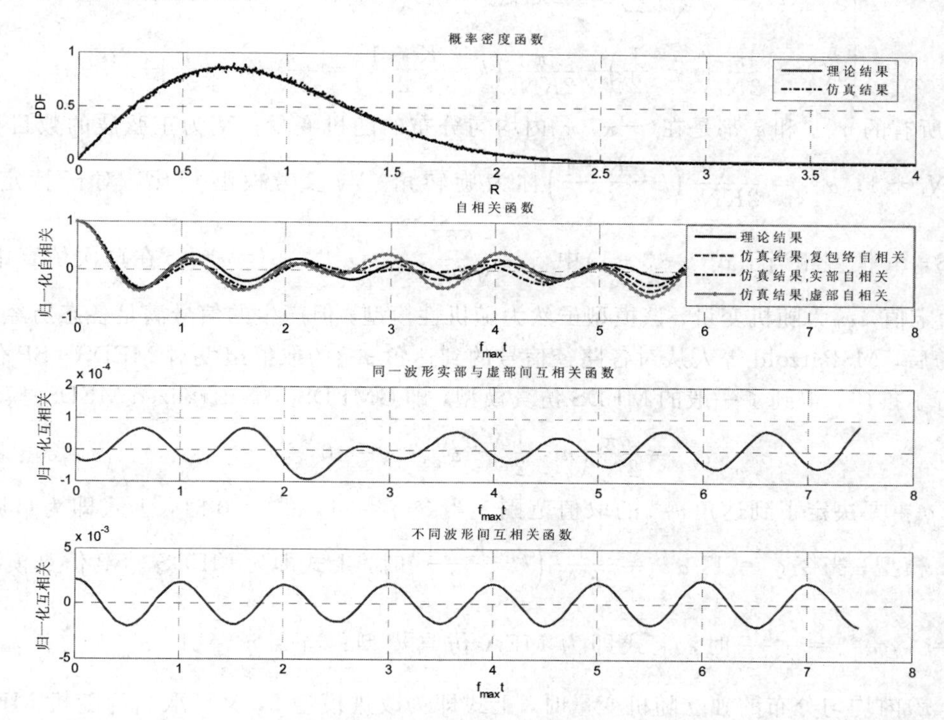

图 8-3-6　改进的 Jakes 仿真模型 3 产生的信道衰落系数的概率密度函数和相关函数曲线

(1) 仿真器产生的信道衰落系数的概率密度函数与 Rayleigh 分布的理论结果基本完全吻合。

(2) $T(t)$的自相关函数在归一化时间 $f_{\max}t$ 比较小时与理论结果比较接近，而当 $f_{\max}t$ 比较大时与理论结果存在较大差别；$T(t)$的实部 $T_c(t)$与虚部 $T_s(t)$的自相关函数与理论结果间有较大差别。

(3) 同一 $T(t)$的实部 $T_c(t)$与虚部 $T_s(t)$间的互相关函数及不同 $T(t)$间的互相关，与 Jakes 经典模型相比有较大改进。

总的来说，改进模型 2 和 3 可以利用少量的振荡器获得多组相关性较小的信道衰落系数，而且其相关特性也比较接近参考模型的，为高效的仿真模型，在文献中得到了广泛的关注和应用。

4. 改进的 Jakes 仿真模型 4

前述几种改进模型都不具有各态历经性，要获得信道的整体特性，需要多次仿真求平均，这样信道仿真的实时性不能得到保证。M. Pätzold 等人在文献[4]中提出采用集分割的思想来设置式(8-3-1)中各路径信号的到达角 α_n，在精确多普勒扩展(MEDS，Method of Exact Doppler Spread)仿真模型的基础上给出了 MEDS-SP 仿真模型，具体描述为：

假设由仿真模型可产生 M 条不相关的 Rayleigh 衰落信道，其中第 $k(k=1, 2, \cdots, M)$条信道可表示为

$$T^{(k)}(t)=T_1^{(k)}(t)+\mathrm{j}T_2^{(k)}(t) \tag{8-3-17}$$

式中，

$$\begin{cases} T_i^{(k)}(t)=\sqrt{\dfrac{1}{N_i}}\displaystyle\sum_{n=1}^{N_i}\cos(2\pi f_{\max}t\cos(\alpha_{i,n}^{(k)})+\varphi_{i,n}^{(k)}) \quad i=1, 2 \\ \alpha_{i,n}^{(k)}=\dfrac{\pi}{2N_i}\left(n-\dfrac{1}{2}\right)+\dfrac{\pi}{2KN_i}\left(k-\dfrac{K+1}{2}\right)=\dfrac{\pi}{2N_i}\left(n-\dfrac{1}{2}\right)+\alpha_{i,0}^{(k)} \end{cases} \tag{8-3-18}$$

$\varphi_{i,n}^{(k)}$对所有的 n、i 和 k 都是在$(-\pi, \pi]$内均匀分布的随机变量；N_i为正弦波的数目，且有 $N_2=N_1+1$；$\alpha_{i,0}^{(k)}=\dfrac{\pi}{2KN_i}\left(k-\dfrac{K+1}{2}\right)$称为旋转角。与参考模型相比，对于特定的 k，MEDS-SP模型相当于式(8-3-1)中 $c_n=\sqrt{\dfrac{2}{N_i}}$，$\alpha_n=\alpha_{i,n}^{(k)}$，$\varphi_n=\varphi_{i,n}^{(k)}$。在单次仿真中，$c_n$、$\alpha_n$取确定值，$\varphi_n$为随机变量，该模型虽然为随机性模型，但产生的信号满足各态历经性。

随后，M. Pätzold 等人从对各路径信号的到达角 $\alpha_{i,n}^{(k)}$的取值出发对 MEDS-SP 仿真模型进行了推广，得到了一般的 MEDS 仿真模型，即 GMEDSq(Generalized MEDS)模型，有

$$\alpha_{i,n}^{(k)}=\frac{q\pi}{2N_i}\left(n-\frac{1}{2}\right)+\alpha_{i,0}^{(k)} \quad q\in\{0, 1, 2\} \tag{8-3-19}$$

式中，q 主要决定了到达角 $\alpha_{i,n}^{(k)}$的取值范围。当令 $q=1$，$\alpha_{i,0}^{(k)}=0$ 时，上式即为最原始的 MEDS 模型；当令 $q=1$，$\alpha_{i,0}^{(k)}=\dfrac{\pi}{2KN_i}\left(k-\dfrac{K+1}{2}\right)$时，上式即为 MEDS-SP 仿真模型；当令 $q=1$，$\alpha_{i,0}^{(k)}=\dfrac{\pi}{4N_i^{(k)}}$时，上式即为 MEA 仿真模型；当令 $q=1$，$\alpha_{i,0}^{(k)}=\dfrac{\theta_i^{(k)}}{4N_i}$，$\theta_i^{(k)}$ 为$[-\pi, \pi)$内均匀分布的独立随机变量时，上式即为改进模型 2，又可取名为随机 MEDS 模型(R-MEDS，Randomized MEDS)；当 $q=0$，$\alpha_{i,0}^{(k)}=\varphi_{i,n}^{(k)}$，$\varphi_{i,n}^{(k)}$为$(0, \pi/2]$内均匀分布的独立随机变量时，上式即为蒙特卡罗仿真模型(MCM，Monte Carlo Method)。在文献[5]中，M. Pätzold 等人根据式(8-3-19)中参数的取值给出了两种仿真模型，即 GMEDS_1 和

$GMEDS_2$模型。在 $GMEDS_1$模型中，有

$$q=1,\ \alpha_{i,0}^{(k)}=(-1)^{i-1}\frac{\pi}{4N_i}\cdot\frac{k}{K+2},\ N_2=N_1 \tag{8-3-20}$$

在 $GMEDS_2$模型中，有

$$q=2,\ \alpha_{i,0}^{(k)}=\frac{\pi}{4N_i}\cdot\frac{k-1}{K-1},\ N_2=N_1+1 \tag{8-3-21}$$

两种模型均具有不受仿真信道数影响且在通常考察的延迟时间内与参考模型相关特性有较好的逼近度，加之其他模型很少具备的各态历经性，使得它们在模拟需要有多个不相关子信道的分集合并信道、MIMO 信道、协同通信信道及频率选择性衰落信道等信道时具有突出的性能优势。

例 8-3-5　编程实现 $GMEDS_1$模型，假设 $N_1=N_2=10$，画出生成信道衰落系数的概率密度函数和相关函数曲线。

解　根据式(8-3-17)～式(8-3-20)进行 MATLAB 编程实现。

本例 MATLAB 参考程序如下：

```
%参数设置
K = 4;                      %待产生信道个数
N = 10;                     %正弦波个数
f_max = 5;                  %最大多普勒频移
Tb = 1;                     %码元宽度
ts = Tb/100;                %抽样间隔
t = 0 : ts : 5000 * Tb;     %仿真时长
%系数产生
phi_1  = 2 * pi * (rand(K, N)-0.5);          %(-π, π]内均匀分布
phi_2  = 2 * pi * (rand(K, N)-0.5);          %(-π, π]内均匀分布
k = 1: 1: K;
alpha1 =  pi/(4 * N) * k./(K+2);
alpha2 =  -pi/(4 * N) * k./(K+2);
for k = 1 : K
  for n = 1 : N
    alphan_1(k, n) = pi * (n-1/2)/(2 * N) + alpha1(k);
    alphan_2(k, n) = pi * (n-1/2)/(2 * N) + alpha2(k);
  end
end
T1 = zeros(K, length(t));
T2 = zeros(K, length(t));
for k = 1: K
  for n = 1 : N
    T1(k,:) = T1(k,:) + sqrt(1/N) * cos(2 * pi * f_max * t * cos(alphan_1(k, n)) + phi_1(k, n));
    T2(k,:) = T2(k,:) + sqrt(1/N) * cos(2 * pi * f_max * t * cos(alphan_2(k, n)) + phi_2(k, n));
  end
  T(k, : ) = T1(k, : ) + sqrt(-1) * T2(k, : );
end
```

```
%统计概率密度函数
ks = 0 : 0.005 : 6;
pdf_sim = c_pdf(ks, abs(T(1, :)));
%理论值
kk = 0 : 0.001 : 6;
sigma = 1;
pdf_lilun = (2 * kk/sigma) .* exp(-kk.^2/sigma);
%计算相关函数
%理论值
t_max = 3 * N/4/f_max;
tt = (0 : ts : t_max) * f_max;                %归一化时间 f_max t
R = besselj(0, 2 * pi * tt);                  %参考模型自相关函数
%仿真
%自相关
for k = 1: K
  [HR(k, :), lag] = xcorr( T(k, :), 'coeff' );              %复包络自相关
  [HRr(k, :), lagr] = xcorr( real(T(k, :)), 'coeff' );    %实部自相关
  [HRi(k, :), lagi] = xcorr( imag(T(k, :)), 'coeff' );    %虚部自相关
  [HRir(k, :), lagir] = xcorr( real(T(k, :)), imag(T(k, :)), 'biased');
                                                        %同一个信道波形的实部与虚部间互相关
  [mhr, hr] = max(HR(1, :));
end
%互相关
m = 0;
for k = 2: K
  for j = 1: k-1
    m = m+1;
    [HRT(m, :), lag] = xcorr( T(k, :), T(j, :), 'biased' );        %复包络互相关
    [mhrt, hrt] = max(HRT(1, :));
  end
end

%画图
subplot(411)
plot(kk, pdf_lilun, 'r-'); hold on
plot(ks, pdf_sim(1, :), '-.'); grid
xlabel('R');    ylabel('PDF');
legend('理论结果', '仿真结果'); title('概率密度函数');
subplot(412)
plot(tt, R); hold on
ta = hr: hr+length(tt)-1;
plot(tt, real(HR(2, ta)), 'r--'); hold on
plot(tt, real(HRr(2, ta)), 'k-.'); hold on
```

```
plot(tt, real(HRi(2, ta)), 'g.-'); grid
xlabel('f_m_a_xt');   ylabel('归一化自相关');
legend('理论结果', '仿真结果，复包络自相关', '仿真结果，实部自相关', '仿真结果，虚部自
        相关'); title('自相关函数');
subplot(413)
ta = hr: hr+length(tt)-1;
plot(tt, real(HRir(1, ta)), 'r-'); grid
xlabel('f_m_a_xt'); ylabel('归一化互相关');
title('同一波形实部与虚部间互相关函数');
subplot(414)
tb = hrt: hrt+length(tt)-1;
plot(tt, real(HRT(m, tb)), 'r-'); grid
xlabel('f_m_a_xt'); ylabel('归一化互相关'); title('不同波形间互相关函数');
```

图 8-3-7 为 $N_0=10$，$f_{\max}=5$ Hz 时 GMEDS_1 模型产生的信道衰落系数的概率密度函数曲线和相关函数。从图中曲线可以看出：

(1) 仿真器产生的信道衰落系数的概率密度函数与 Rayleigh 分布的理论结果基本完全吻合。

(2) $T(t)$的自相关函数在归一化时间 $f_{\max}t$ 比较小($<N/2$)时与理论值比较接近，而当 $f_{\max}t$ 比较大($>N/2$)时与理论值存在较大差别；$T(t)$的实部 $T_c(t)$与虚部 $T_s(t)$的自相关函数与理论值间仅有非常小的差别，较前述几种改进模型有提高。

(3) 同一 $T(t)$的实部 $T_c(t)$与虚部 $T_s(t)$间的互相关函数及不同 $T(t)$间的互相关都比较小。

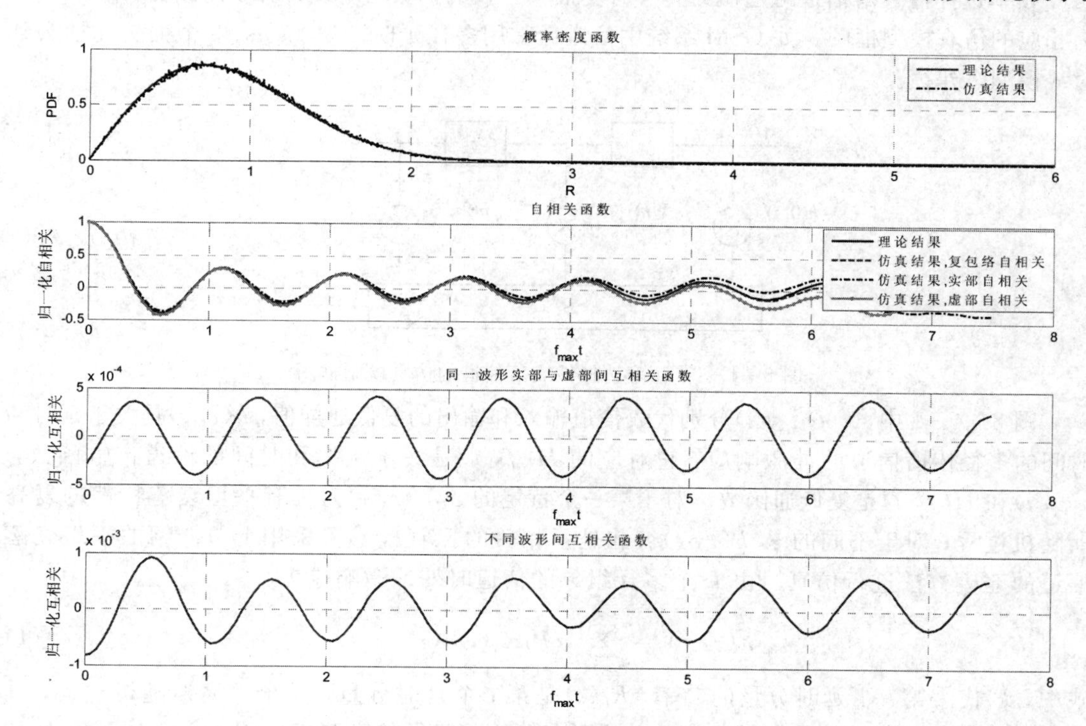

图 8-3-7　GMEDS_1 模型产生的信道衰落系数的概率密度函数和互相关函数曲线

该模型是各态历经的，一次仿真即可获得信道的整体特性。

这里，仅给出了文献研究中几种相对典型的改进模型，文献中还有其他一些改进模型，鉴于篇幅不再给出。当然，每种模型都有自身的优点与不足、不同的应用场合。为了得到更为有效的实用信道仿真模型，还需做进一步的工作，这也是信道仿真一直是无线通信研究中一个永具活力的研究方向的一个重要原因。

8.4　频率选择性衰落信道的建模与仿真

短波电离层传播(HF)、对流层散射和移动蜂窝无线电传播等无线信道均呈现为频率选择性衰落信道。在这些信道中，接收信号由具有不同路径延时的多径构成，表现出可分辨的多径特性。路径的数目和各路径之间的相对时间延迟都随时间而变化，因此这类无线信道通常又称为时变多径信道，被建模为多径传播信道模型。

通常，如果要将某频率选择性衰落信道建模为一个离散的广义平稳非相关散射(WSSUS)模型，并用多径传播信道的冲激响应来模拟，则该频率选择性衰落信道应满足以下两个假设：

(1) 在时间 t(可能是几个码元宽度)内，衰落的统计特性是平稳的，即在该段时间间隔内只有多普勒频移的影响。

(2) 电波到达角和传播时延是统计独立的变量。

在离散的 WSSUS 信道中，接收信号可表示为输入信号的延时分量和独立零均值复高斯时间变化过程的乘积和。

频率选择性衰落信道可建模为具有时变抽头系数的抽头延时线(横向)滤波器，图8-4-1为相应的仿真模型框图。如 GSM 系统中信道通常用多径延时 τ 为 20 μs、5 个抽头的抽头延时线模型来建模。

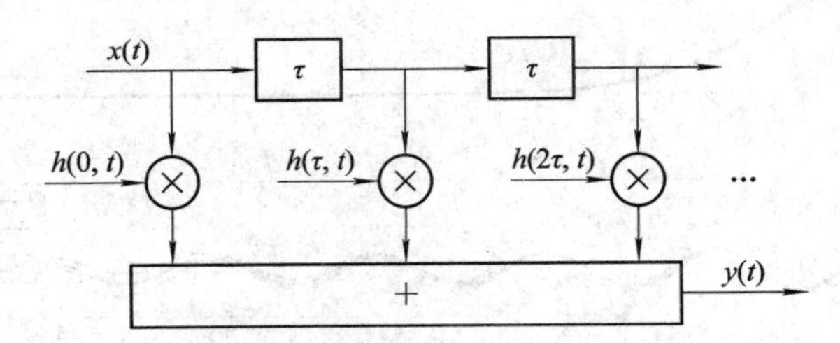

图 8-4-1　频率选择性衰落信道的仿真模型框图

图 8-4-1 中，$x(t)$、$y(t)$分别代表信道输入和输出的复低通样值，$h(\tau, t)$是关于延时和时间的多径传播信道的冲激响应，它对应的 $H(f, t)$是关于频率和时间的信道传输函数，$h(\tau, t)$和 $H(f, t)$是复低通函数。对于某一个特定的 τ，$h(\tau, t)$为具有平坦衰落特性的复高斯随机过程；对于不同的 τ，$h(\tau, t)$彼此是不相关的。$h(\tau, t)$可采用上节介绍的平坦衰落信道的建模方法进行仿真。由 L 个多径组成的信道时变冲激响应为

$$h(\tau, t) = \sum_{l=0}^{L-1} \sqrt{P_l} R_l(t) \delta(\tau - \tau_l) \tag{8-4-1}$$

式中，P_l代表第 l 个延时分量的功率，$R_l(t)$是第 l 个延时分量，是个复高斯随机过程，其功率谱是第 l 个路径的多普勒频谱，它控制着第 l 个路径的衰落率。因此，延时系数 P_l和离散传播延时决定着频率选择性衰落信道的多径特性。这样，经过该类信道后的信号可以

表示为

$$y(t)=\sum_{l=0}^{L-1}\sqrt{P_l}R_l(t)x(t-\tau_l) \tag{8-4-2}$$

例 8-4-1 编程实现图 8-4-2 所示的两径无线信道，它的冲激响应表示为

$$h(\tau,\ t)=R_1(t)\delta(\tau)+R_2(t)\delta(\tau-\tau_d) \tag{8-4-3}$$

其中，$R_1(t)$和$R_2(t)$都为随机过程，代表信道的时变传输行为，τ_d是两条多径分量之间的相对延时。

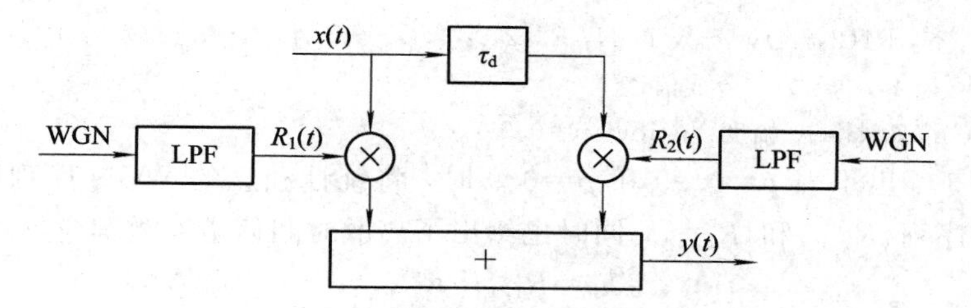

图 8-4-2 包含两条路径的多径信道模型

解 可利用上节介绍的正弦叠加法产生高斯随机过程(包络服从 Rayleigh 分布)来仿真$R_1(t)$和$R_2(t)$。这里，我们采用滤波法来产生包络服从 Rayleigh 分布的高斯随机过程。

将高斯白噪声过程通过低通滤波器(LPF)产生高斯随机过程来仿真$R_1(t)$和$R_2(t)$，在离散时间上，可以相对简单地用高斯白噪声(WGN)序列通过数字 IIR 滤波器来实现。例如，具有两个相同极点的简单低通滤波器用 Z 变换可以表示为

$$H(z)=\frac{(1-p)^2}{(1-pz^{-1})^2}=\frac{(1-p)^2}{1-2pz^{-1}+p^2z^{-2}} \tag{8-4-4}$$

或者对应的差分方程是

$$R_n=2pR_{n-1}-p^2R_{n-2}+(1-p)^2\omega_n \tag{8-4-5}$$

其中，$\{\omega_n\}$是输入的 WGN 序列，$\{R_n\}$是输出序列，$p(0<p<1)$是极点的位置。极点的位置控制该滤波器的带宽，从而也就是$\{R_n\}$的变化速率。当p靠近 1(即接近单位圆)时，滤波器的带宽就窄；而当p靠近 0 时，带宽就宽。所以，当p在z平面内接近单位圆时，滤波器的输出序列的变化就比当p接近原点时的更慢一些。

本例 MATLAB 参考程序如下：

```
%参数设置
p = [0.99 0.9];
N = 1000;
d = 5;          %延时样本数
for i = 1:length(p)
  A=[1 -2*p(i) p(i)^2];    %滤波器参数
  B=(1-p(i))^2;
  white_noise_seq1 = randn(1, N);
  white_noise_seq2 = randn(1, N);
  R1(i, :) = filter(B, A, white_noise_seq1);
  R2(i, :) = filter(B, A, white_noise_seq2);
  h(i, :) = R1(i, d+1:N)+R2(i, 1:N-d);
```

```
end

%画图
subplot(211)
plot(1: N, R1(1, : ), '-', 1: N, R2(1, : ), '--', 1: N-d, h(1, : ), ':');
legend('径1', '径2', '合成信道')
xlabel('n'); ylabel('幅度'); title('p=0.99')
subplot(212)
plot(1: N, R1(2, : ), '-', 1: N, R2(2, : ), '--', 1: N-d, h(2, : ), ':');
legend('径1', '径2', '合成信道')
xlabel('n'); ylabel('幅度'); title('p=0.9')
```

图8-4-3给出了当$p=0.99$和$p=0.9$时，将统计独立的WGN序列通过该滤波器所产生的输出序列$\{R_{1,n}\}$和$\{R_{2,n}\}$，同时也给出了离散时间信道冲激响应$\{h_n\}$：

$$h_n=R_{1,n}+R_{2,n-d} \tag{8-4-6}$$

样本延时$d=5$。

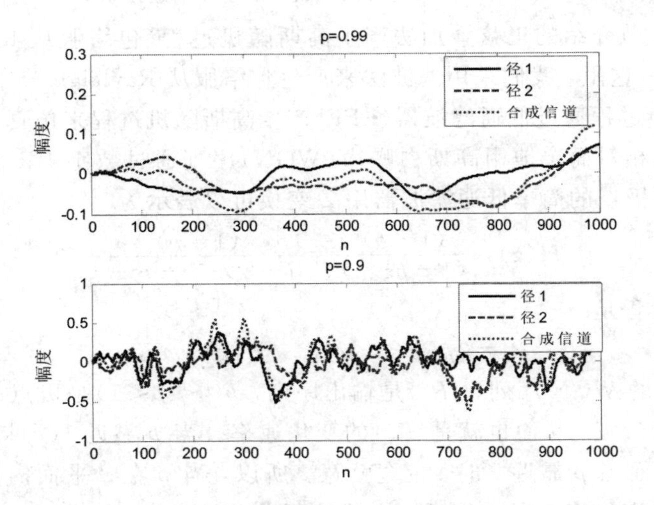

图8-4-3 低通滤波器的输出序列$\{R_{1n}\}$和$\{R_{2n}\}$及其所产生的$\{h_n\}$

8.5 平坦瑞利衰落信道中BPSK调制系统的MATLAB仿真

本节以BPSK调制系统为例，给出平坦瑞利衰落信道中数字通信系统的MATLAB仿真过程。

例8-5-1 编程仿真图8-5-1所示的瑞利衰落信道中的BPSK调制系统，假设信道为平坦瑞利衰落信道，采用相关检测，请画出系统的误码率曲线图。

解 为方便起见，仿真中假设信道带宽无限宽，数据按帧传输，在信道的相干时间内传输一帧数据。这样，同一帧内的数据将经历相同的信道衰减系数，而不同帧间信道衰减系数独立随机变化，即为平坦慢衰落信道。信道衰减系数h可建模成均值为0、每维方差为0.5的复高斯随机变量，即按例8-2-1中的方法产生。在接收端，除了要利用相干载

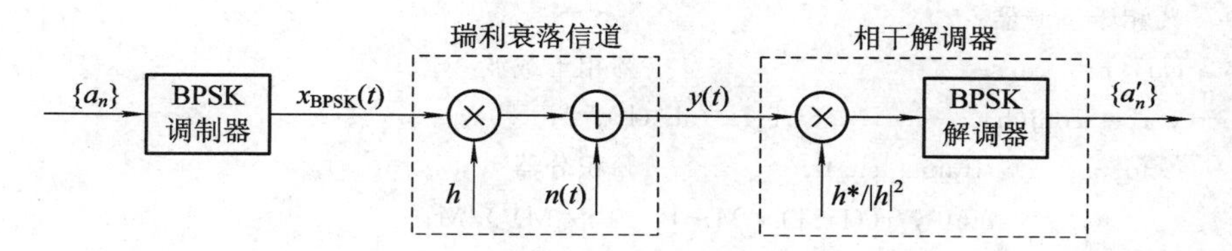

图 8-5-1　瑞利衰落信道中 BPSK 调制系统框图

波进行相干解调外，还利用信道衰减系数进行了相干检测处理，仿真中假设接收端可获得精准的信道衰减系数。仿真中，假设系统信息速率为 1000 bit/s，载波频率为 2000 Hz。

本例 MATLAB 参考程序如下：

```
%参数设置
RB = 1000;                    %码元速率
fc = 2 * RB;                  %载波频率
Tb = 1/RB;                    %码元宽度
Tc = 1/fc;                    %载波周期宽度
M = 20;                       %一个码元内抽样的点数
ts = Tb/M;                    %抽样间隔
frame_length = 100;
t = 0 : ts : (frame_length * Tb - ts);        %一帧数据的持续时间
snr_dB = 0: 3: 27;
snr = 10.^(snr_dB./10);
for k = 1: length(snr)
  frame_num = 0;
  error_bit = 0;                               %错误比特个数
  while error_bit < 10^6 /(snr_dB(k).^2 + 1)
  %BPSK 调制器
  %产生源数据
  s = randint(1, frame_length);                %单极性源信息
  ss = (-1).^s;                                %映射为双极性信息
  for i = 1 : frame_length                     %产生 s(t)方波成形基带信号
    st( (i-1) * M +1 : i * M ) = ss(i) . * ones(1, M);
  end
  %产生调制载波
  carr = cos(2 * pi * fc * t);
  %产生 BPSK 调制信号
  x_BPSK = st . * carr;
  %产生瑞利衰落信道系数
  h = sqrt(1/2) * (randn(1, 1) + j * randn(1, 1));
  %产生 AWGN 信道噪声
  n = sqrt(M /snr(k)/2) * (randn(1, length(x_BPSK)) . * cos(2 * pi * fc * t)  + …
          randn(1, length(x_BPSK)) . * sin(2 * pi * fc * t) );        %snr = Eb/n0
  %产生接收信号
  y = h . * x_BPSK + n ;
```

```
    %相干解调器
    carr_r = carr;                          %相干载波
    y_r = conj(h) .* y .* carr_r ./abs(h).^2;
      for i = 1 : frame_length              %积分器
        r(i) = sum( y_r((i-1) * M+1: 1: i * M) )/M;
      end
      d = (1-sign(real(r)) )/2;            %判决恢复数据，映射关系：0 → 1，1→-1
      %计算本帧差错的比特数，并进行多帧统计
      temp_bit = sum( xor(s, d) );         %本帧差错比特数，统计最终接收数据中的误码
      error_bit = error_bit + temp_bit;    %多帧统计
      frame_num = frame_num + 1;
    end
    Pb(k) = error_bit / frame_length / frame_num     %误比特率计算
end
%理论结果
snrb =0: 3: 30;
snr_b = 10.^(snrb./10);
Pe_lilun = (1-sqrt(snr_b./(1+snr_b))) /2;          %未编码 PSK，相干解调，瑞利衰落信道

%画图
semilogy(snr_dB, Pb, 'ro'); hold on
semilogy(snrb, Pe_lilun, '-'); grid
legend('仿真结果','理论结果')
xlabel('E_b/n_0 (dB)'); ylabel('P_e');
title('瑞利衰落信道中 BPSK 调制系统的误码性能')
```

运行本例程序，输出结果如图 8-5-2 所示。从图中曲线可以看出，本例中仿真结果与理论分析结果基本吻合，这说明仿真过程是正确的。

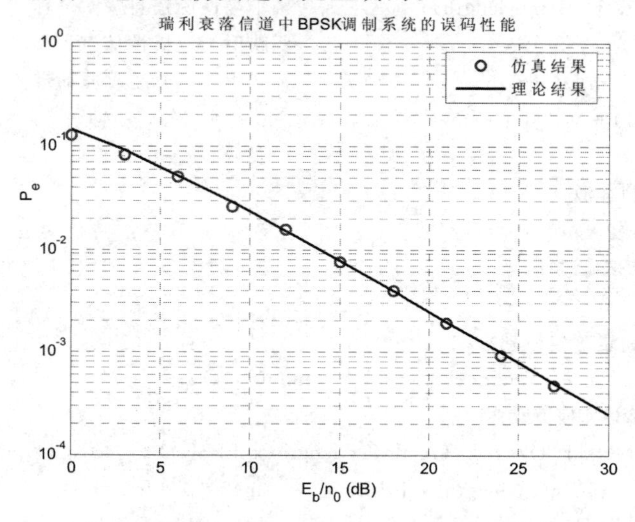

图 8-5-2　瑞利衰落信道中 BPSK 调制系统的误码率曲线

8.6 信道估计

在无线通信系统中，无线信道的随机性对接收机的设计提出了很大的挑战。例如，为进行相干检测，接收机必须获得精准的信道状态信息(CSI，Channel State Information)。为获得信道状态信息，就必须进行信道估计，而且信道估计的精度直接影响着整个系统的性能。进行信道估计实际上就是要获取无线信道的一些相关信息，如信道的阶数、多普勒频移和多径延时或者信道的冲激响应等参数。信道估计是实现无线通信系统的一项关键技术。能否获得精准的信道状态信息，从而在接收端正确地恢复出发送信息，是衡量一个无线通信系统性能的重要指标。因此，对于信道参数估计算法的研究一直是一项有重要意义的工作，特别是对于实际系统的实现。需要说明的是，目前许多有关无线通信技术的研究中，为处理方便或研究其他技术性能时，通常假设信道状态信息是已知的或理想的，直接用于接收端的信号检测。

由于信道估计涉及内容较多，本节仅对信道估计的基本概念和一些常见的估计算法分类进行简要介绍。若作深入研究，读者可自行查阅相关资料。

所谓信道估计，就是从接收数据中将假定的某个信道模型的模型参数估计出来的过程。如果信道是线性的，那么信道估计就是对系统冲激响应进行估计。需强调的是，信道估计是信道对输入信号影响的一种数学表示，而“好”的信道估计则是使得某种估计误差最小化的估计算法。

从输入信号的类型来分，信道估计算法可以划分为频域和时域两大类。频域方法主要针对多载波系统，如OFDM系统；时域方法适用于所有单载波和多载波系统，其借助于参考信号或发送数据的统计特性，估计衰落信道中各多径分量的衰落系数。

从对先验信息的依赖程度来分，信道估计算法可分为以下三类：

1. 基于参考信号的估计

该类算法按一定估计准则确定待估参数，或者按某些准则进行逐步跟踪和调整待估参数的估计值，其特点是需要借助参考信号，即训练序列或导频符号。基于训练序列和导频符号的估计统称为基于参考信号的估计算法。

基于训练序列的信道估计算法适用于采用突发传输方式的系统。通过发送已知的训练序列，在接收端进行初始的信道估计，当发送有用的信息数据时，利用初始的信道估计结果进行一个判决更新，完成实时的信道估计。

基于导频符号的信道估计适用于采用连续传输方式的系统。通过在发送的有用数据中插入已知的导频符号，可以得到导频位置的信道估计结果；接着利用导频位置的信道估计结果，通过内插得到有用数据位置的信道估计结果，完成信道估计。

2. 盲估计

盲估计是指无需在发送端传送已知的参考信号，仅依据接收到的调制信号本身固有的、与具体承载信息比特无关的一些特征，或是采用判决反馈的方法来进行信道估计的方法，又称无先验知识估计。

3. 半盲估计

结合盲估计与基于参考信号的估计这两种方法优点的信道估计方法，称为半盲估计。

一般来讲，通过设计训练序列或在数据中周期性地插入导频符号来进行估计的方法比较常用，而盲估计和半盲信道估计算法无需或者需要较短的训练序列，频谱效率高，因此获得了广泛的研究。但是一般盲估计和半盲估计方法的计算复杂度较高，而且可能出现相位模糊(基于子空间的方法)、误差传播(如判决反馈类方法)、收敛慢或陷入局部极小等问题，需要较多的观察数据，这在一定程度上限制了它们的使用。

习 题

8-1 利用MATLAB产生方差分别为1、2、4的Rayleigh衰落信道系数，并给出其相应的概率密度函数曲线。

8-2 利用MATLAB产生方差分别为1、2、4，Rician因子为10 dB的Rician衰落信道系数，并给出其相应的概率密度函数曲线。

8-3 编写MATLAB程序，利用经典的Jakes仿真模型产生方差为2的Rayleigh衰落信道波形，并给出其相应的概率密度函数曲线。

8-4 编写MATLAB程序，利用经典的Jakes仿真模型产生Rician因子为10 dB的Rician衰落信道波形，并给出其相应的概率密度函数和相关函数曲线。

8-5 编写MATLAB程序，利用改进的Jakes仿真模型2产生6条Rician因子为10 dB的Rician衰落信道波形，并给出其相应的概率密度函数和相关函数曲线。

8-6 编写MATLAB程序，利用改进的Jakes仿真模型2产生6条重度遮蔽的Rician衰落信道波形，并给出其相应的概率密度函数和相关函数曲线。

8-7 编写MATLAB程序，利用滤波法产生包含3径的多径Rayleigh衰落信道系数，画出$p=0.95$和每径间相对延时均为10个样值时的冲激响应图。

第9章　典型数字通信系统 MATLAB 仿真实例

由于通信业务和需求不同，应用于不同场合的实际通信系统各具特点，互不相同。而且，随着通信业务和技术的快速发展，不断涌现出了许多新型的通信方式。本章在前述基本原理的基础上，将介绍一些典型的数字通信系统，并对其进行 MATLAB 综合仿真讨论。

9.1　扩频通信系统

9.1.1　概述

扩展频谱(SS，Spread Spectrum)通信简称为扩频通信，是指用来传输信息的信号带宽远远大于信息本身带宽的一种传输方式。在扩频通信系统中，待传输的源信息数据先用一个伪随机序列(又称为扩频序列、扩频码、伪码等)进行扩频调制，实现频谱扩展后再进行传输，接收端采用同样的扩频序列进行解扩等相关处理，恢复出发送的信息数据。扩频通信的理论依据是香农的信道容量公式：

$$C=B\ \mathrm{lb}\left(1+\frac{S}{N}\right) \tag{9-1-1}$$

式中，C 为信道容量，B 为信道带宽，S/N 为信道输出信噪比。由该信道容量公式可知，当信道容量 C 一定时，信号带宽 B 和信噪比 S/N 是可以互换的，即增加信号带宽可以降低对信噪比的要求，当带宽增大到一定程度时，信号功率有可能接近噪声功率甚至淹没在噪声之下。扩频通信的实质就是用增大带宽来换取信噪比上的好处。传输信息的信号带宽远大于信息本身的带宽、信号功率谱密度低下等这些基本特点，使得扩频通信具有抗干扰能力强、信号辐射小、隐蔽性强等突出性能优势，进而在移动通信、卫星通信、雷达、导航、测距等领域都得到了广泛应用。扩频通信技术在军事通信中的应用已有半个多世纪的历史，其应用的主要目的就是抗干扰和保密。

在实际应用中，扩频通信的基本工作方式主要有4种：

(1) 直接序列扩频(DS，Direct Sequence Spreads Spectrum)，简称直扩；

(2) 跳变频率(FH，Frequency Hopping)，简称跳频；

(3) 跳变时间(TH，Time Hopping)，简称跳时；

(4) 宽带线性调频(Chirp Modulation)，简称 Chirp。

这4种基本的工作方式中，直扩和跳频是最常用的两种。而在一些实际通信系统中，采用其中单一的方式很难达到所希望的性能时，往往还会采用两种或两种以上工作方式的混合形式，如跳扩、跳时等技术。本节重点对采用直扩和跳频两种基本方式的系统进行介绍。

9.1.2 直接序列扩频通信

直接序列扩频是将待传信号与一个高速的扩频码进行模2加(或波形相乘)处理，直接展宽信号传输带宽实现信号频谱扩展的一种信号传输技术。一般来讲，直扩信号的传输可以采用任何一种调制方式，但最常用的是BPSK调制。直接序列扩频系统是目前应用最广泛的一种扩展频谱系统，它已成功地应用于深空探测、遥控遥测、通信和导航等领域。在通信领域，直接序列扩频系统最初应用于国防卫星通信系统，后来在民用卫星通信、移动通信、短波超短波电台、情报传输等方面也得到了广泛的应用。例如，3G系统采用的CDMA技术的核心就是直接序列扩频。

1. 直扩系统的组成与工作过程

图9-1-1给出了一个BPSK调制直扩系统的原理框图。考虑到BPSK调制在具体实现时主要包含符号映射与上变频两部分，也可采用如图9-1-2所示框图来实现BPSK调制直扩系统。

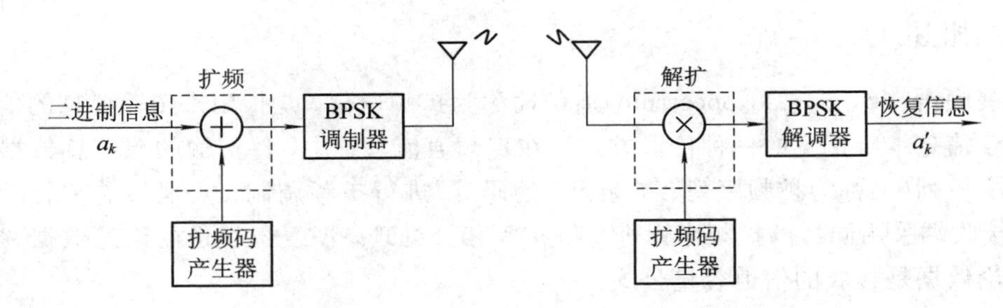

图9-1-1 BPSK调制直扩系统的原理框图

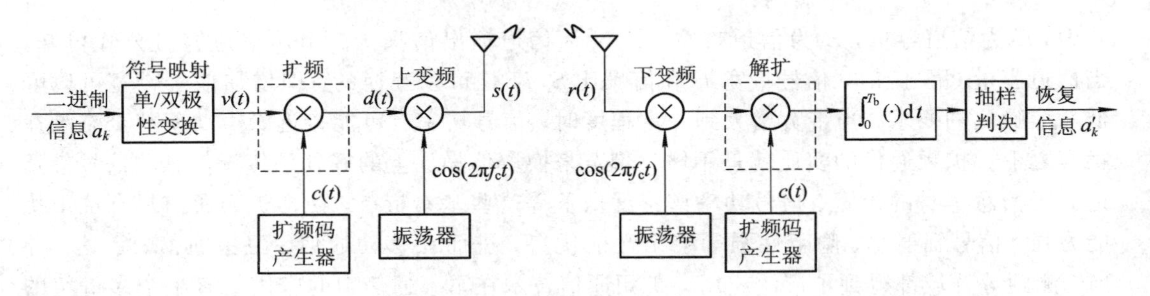

图9-1-2 BPSK调制直扩系统的实现框图

在图9-1-2所示的实现框图中，假设信源产生码元速率为R_B的二进制单极性信息流a_k，经单/双极性变换实现BPSK调制的符号映射，得基带信号$v(t)$：

$$v(t) = \sum_{k=0}^{\infty} b_k g_v(t - kT_b) \tag{9-1-2}$$

式中，$T_b = 1/R_B$为码元宽度，$b_k = \pm 1$为信息码a_k的双极性码，其映射关系取决于BPSK调制的调制规则。$g_v(t)$为发送信号的波形，为分析方便起见，通常选用门函数即矩形脉冲，表示为

$$g_v(t) = \begin{cases} 1 & 0 \leqslant t \leqslant T_b \\ 0 & \text{其他} \end{cases} \tag{9-1-3}$$

$c(t)$为扩频码发生器产生的扩频码，可表示为

$$c(t)=\sum_{n=0}^{N-1}c_n g_c(t-nT_c) \tag{9-1-4}$$

式中，$c_n=\pm1$为扩频码码元，T_c为扩频码的码元宽度，$R_c=1/T_c$为扩频码的码元速率，N为扩频码的周期长度，$g_c(t)$为扩频码波形，又称码片(chip)波形。为分析方便起见，码片波形通常选用持续时间宽度为T_c的矩形脉冲，表达式同式(9-1-3)，只是持续时间由T_b变为了T_c。扩频过程实质上就是基带信号$v(t)$与扩频码$c(t)$进行相乘(如果都是单极性信号，则进行模2加运算，如图9-1-1所示)的过程。被扩频后的信号$d(t)$的速率等于伪码速率R_c，有

$$d(t)=v(t)c(t)=\sum_{n=0}^{\infty}d_n g_c(t-nT_c) \tag{9-1-5}$$

式中，

$$d_n=\begin{cases}+1 & b_n=c_n\\ -1 & b_n\neq c_n\end{cases}\quad (n-1)T_c\leqslant t\leqslant nT_c \tag{9-1-6}$$

经扩频处理后，原基带信号的带宽被扩展R_c/R_B倍。由于伪码速率R_c比原基带信号的码元速率R_B大得多，因而扩频信号$d(t)$的带宽B_2远大于原基带信号$v(t)$的带宽B_1，从而实现了对原基带信号的频谱扩展。扩频增益(或扩频因子)被定义为

$$G=\frac{\text{扩频后信号带宽}}{\text{扩频前信号带宽}}=\frac{B_2}{B_1} \tag{9-1-7}$$

一般地，$G=R_c/R_B$，为远大于1的整数。扩频信号$d(t)$与载波相乘进行上变频，即可得到BPSK调制的直扩信号$s(t)$：

$$s(t)=d(t)\cos(2\pi f_c t) \tag{9-1-8}$$

式中，f_c为调制载波的频率。

直扩信号的解调一般包括两部分：解扩与BPSK解调。接收机首先对接收到的信号$r(t)$进行下变频处理，然后与本地扩频码产生器产生的扩频码(要求与接收信号中的扩频码相同且同步；实现收、发两端扩频码同步的过程称为扩频码同步或伪码同步)相乘进行解扩处理。暂不考虑信道噪声和信道衰减的影响，则有$r(t)=s(t)$，且

$$\begin{aligned}r(t)\cos(2\pi f_c t)c(t)&=s(t)\cos(2\pi f_c t)c(t)=v(t)c^2(t)\cos^2(2\pi f_c t)\\&=\frac{1}{2}v(t)+\frac{1}{2}v(t)\cos(4\pi f_c t)\end{aligned} \tag{9-1-9}$$

这里利用了扩频码的$c^2(t)=1$这一基本特性，实现宽带信号到窄带信号的解扩变换。经解扩后的窄带信号再送入积分器和抽样判器完成BPSK调制信号的解调，即可恢复出发送信息。

当系统扩频因子与扩频码的周期相等时，即$G=N$，扩频后一个基带信息码元内刚好包含扩频码的一个周期，此时每个信息码元内的扩频码都是一样的，该类扩频一般称为周期扩频。若不考虑噪声，此时每个信息码元内都可获得相同的扩频码相关峰，便于接收端进行伪码同步和信号检测，因此多数直扩系统采用的都是周期扩频。当扩频因子$G<N$时，扩频后一个基带信息码元内包含的扩频码只是扩频码在一个周期内的部分码元，此时每个信息码元内的扩频码可能是不同的，该类扩频一般称为非周期扩频。如果扩频码的周期远

大于扩频因子，即 $N \gg G$，则称为长码扩频。在长码非周期直扩系统中，每个信息码元内扩频码的相关峰值可能是不同的，这会增大系统伪码同步的难度，当然这对保密通信是有利的，GPS 系统中就采用了非周期的长码扩频。

2. 直扩系统的抗噪声性能分析

图 9-1-3 给出了直扩系统中不同阶段信号频谱的变化示意图。对于源信号而言，经扩频处理后信号频谱被展宽了，被展宽了频谱的发送信号经宽带信道进行传输后到达接收端，再经解扩处理，其频谱又还原为源信号的窄带谱状态。在此过程中，假如系统传输特性理想，且无信道噪声影响，则接收端解扩恢复的信号与源信号完全一致，实现信息的正常传输，这对于收、发双方而言，该传输过程与一般的(未扩频的)BPSK 调制系统传输没有区别，故在 AWGN 信道中系统的误码率为

$$P_e = \frac{1}{2}\text{erfc}\left(\sqrt{\frac{E_b}{n_0}}\right) = \frac{1}{2}\text{erfc}\left(\sqrt{\frac{NE_c}{n_0}}\right) \tag{9-1-10}$$

式中，E_b 为每比特的信号能量，n_0 为信道噪声的单边谱密度，一般称 E_b/n_0 为比特信噪比。考虑到扩频处理后一个信息比特内包含 N 个码片，故也可用系统中传输的扩频信号的码片能量与噪声谱密度间的比值 E_c/n_0（称为码片信噪比）来表示系统误码率。当 N 值比较大时，低于 0 dB 的 E_c/n_0 也可能满足特定的通信要求，此时即传输信号功率谱密度低于噪声谱密度，掩藏于噪声之中，可以达到隐蔽通信的目的。

当扩频信号在传输过程中受到外界人为信号干扰时，干扰信号随传输信号一起进入接收机。接收机对接收信号进行的解扩处理，对干扰信号来说相当于扩频处理，其频谱会被展宽，幅度降低，再经滤波后对信号造成的影响会被大大降低，从而可达到抗干扰的目的。图 9-1-3 也给出了干扰信号在接收机中的频谱变化情况。经理论推导，单音干扰下码片波形为矩形波形的直扩系统的误码率公式为

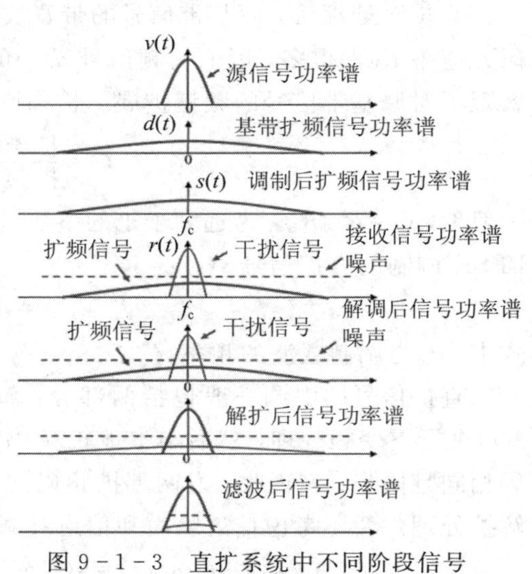

图 9-1-3 直扩系统中不同阶段信号频谱的变化示意图

$$P_e = \frac{1}{2}\text{erfc}\left(\sqrt{\frac{E_b}{n_0 + P_j T_c}}\right) = \frac{1}{2}\text{erfc}\left(\sqrt{\left(\frac{1}{\text{SNR}} + \frac{1}{G \cdot \text{SIR}}\right)^{-1}}\right) \tag{9-1-11}$$

式中，P_j 为干扰信号功率，$\text{SNR} = E_b/n_0$，$\text{SIR} = P_0/P_j$ 代表扩频信号功率与干扰信号功率之比，称为信干比，G 为扩频因子。

在不影响直扩系统正常工作的条件下，扩频接收机允许干扰信号电平高出扩频通信信号电平的分贝数，称为干扰容限，记为 M_j，可表示为

$$M_j = (G)_{\text{dB}} - \left[L_s + \left(\frac{S}{N}\right)_0\right]_{\text{dB}} \tag{9-1-12}$$

式中，L_s 为接收机的工作损耗，$(S/N)_0$ 为接收机抽样判决器要求的最小输入信噪比。例如，当 $(G)\text{dB} = 30$ dB，$L_s = 3$ dB，$(S/N)_0 = 9.6$ dB(AWGN 信道中 BPSK 调制系统误码率为 10^{-5}

时所要求的信噪比)时，由上式可得 M_j = 17.4 dB。这就是说，具有 30 dB 扩频增益的 BPSK 调制直扩系统，接收机的工作损耗为 3 dB，接收机接收信号的信噪比只要不低于 −17.4 dB，也即干扰信号功率只要不超过扩频信号功率 17.4 dB，即可实现系统误码率不高于 10^{-5}。

3. 扩频码的特性与产生

在直扩通信系统中，系统的抗干扰、抗截获能力及同步实现的难易度等都与系统所采用的扩频码的特性密切相关。为满足直扩系统的性能要求，扩频码应具有如下理想特性：有尖锐的自相关特性、尽可能小的互相关值、序列集中有足够多的序列数、有尽可能大的序列线性复杂度、序列要平衡、工程上易于实现等。

然而，上述理想特性是目前任何编码所达不到的。1976 年 L. R. Welch 推导出一个序列集最大的自相关和互相关底限(即 Welch 下界)，是扩频码设计中努力追求的目标。

m 序列又称最大长度线性移位寄存器序列，具有较理想的伪随机特性，自相关函数尖锐，可由线性反馈移位寄存器产生，电路实现十分简单，最早应用于扩频通信，也是目前研究得最深入的伪随机序列。此外，m 序列还是研究和构造其他扩频码的基础。1967 年 R. Gold 提出了 Gold 序列，具有优良的相关特性，序列数也远远多于 m 序列的，便于扩频多址应用。但 m 序列和 Gold 序列都属于线性序列，比较容易被破译。20 世纪 80 年代及以后提出的一些非线性扩频码能较好地满足直扩系统的要求，如 Bent 序列、GMW 序列、基于 Z_4 环的非线性序列、混沌扩频序列等。下面重点对 m 序列和 Gold 序列进行介绍。

m 序列是由线性反馈移位寄存器产生的周期最长的码序列，具有类似于随机序列的一些统计特性。图 9-1-4 是一个 n 级线性反馈移位寄存器框图，由 n 级移位寄存器、时钟脉冲产生器(未画)及一些模 2 加法器适当连接而成。图中 x_i 表示某一级移位寄存器的状态($i = 0, 1, 2, \cdots, n-1$)，反馈系数 c_i 表示反馈线的连接状态，$c_i = 1$ 表示此线连通，参与反馈；$c_i = 0$ 表示此线断开，不参与反馈。这里 $c_n = c_0 = 1$。随着时钟脉冲的输入，电路输出周期性序列，周期 $P \leqslant 2^n - 1$。当 $P = 2^n - 1$ 时，输出的序列称为 m 序列。

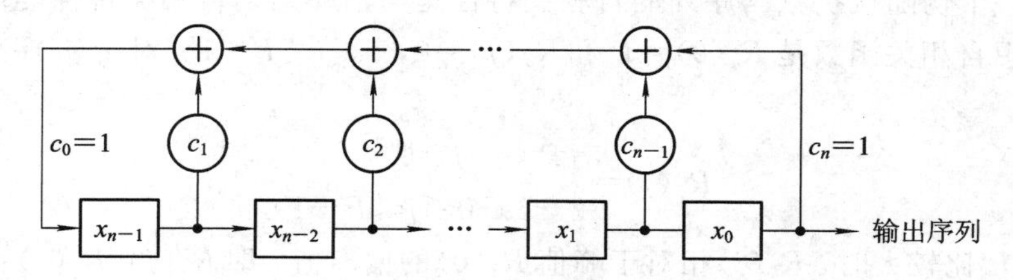

图 9-1-4　n 级线性反馈移位寄存器框图

用反馈系数 c_0、c_1、c_2、…、c_n 构造如下系数多项式：

$$\begin{aligned} f(x) &= c_n x^n + c_{n-1} x^{n-1} + \cdots + c_1 x + c_0 \\ &= x^n + c_{n-1} x^{n-1} + \cdots + c_1 x + 1 \end{aligned} \tag{9-1-13}$$

此系数多项式称为 n 级移位寄存器的特征多项式。由此可见，特征多项式决定了移位寄存器电路的结构，其能否产生 m 序列，取决于它的反馈系数 c_i 的取值。理论证明，n 级反馈移位寄存器能产生 m 序列的充要条件是：

(1) $f(x)$ 为既约多项式(不可再分解)；

(2) $f(x)$ 能整除 $x^P + 1$，其中 $P = 2^n - 1$；

(3) $f(x)$ 不能整除 $x^q + 1$，其中 $q < P$。

满足上述三个条件的特征多项式称为本原多项式。表 9-1-1 给出了部分 m 序列的本原多项式的反馈系数 c_i 值，表中列出的是 $c_n c_{n-1} c_{n-2} \cdots c_1 c_0$ 的八进制表示。可以证明，如果 $f(x)$ 为 n 次本原多项式，则其逆多项式 $x^n f(1/x)$ 也是 n 次本原多项式，逆多项式的反馈系数刚好是 $f(x)$ 中反馈系数的逆序。

表 9-1-1　部分 m 序列本原多项式的反馈系数

级数 n	周期 P	反馈系数 c_i（$c_n c_{n-1} c_{n-2} \cdots c_1 c_0$，八进制）
3	7	13
4	15	23
5	31	45，67，75
6	63	103，147，155
7	127	103，211，217，235，277，313，325，345，367
8	255	435，453，537，543，545，551，703，747
9	511	1021，1055，1131，1157，1167，1175
10	1023	2011，2033，2157，2443，2745，3471

除全 0 状态外，n 级移位寄存器可能出现的各种不同状态都在 m 序列的一个周期内出现，而且只出现一次。m 序列中“1”和“0”出现的概率大致相同，“1”码比“0”码多一个，即具有平衡特性。

扩频码的一个重要特性是其具有尖锐的自相关特性。双极性周期扩频序列 $\{a_n\}$ 的自相关函数通常被定义为

$$R_a(j) = \sum_{n=1}^{P} a_n a_{n+j} \quad 0 \leqslant j \leqslant P-1 \tag{9-1-14}$$

由于序列 $\{a_n\}$ 是周期的，周期为 P，所以自相关函数 $\{R_a(j)\}$ 也是周期的，周期为 P。在理想情况下，一个伪随机扩频码序列的自相关特性是与白噪声的自相关特性类似的，也即对于 $\{a_n\}$ 的理想自相关函数是 $R_a(0)=P$ 和 $R_a(j)=0$，$1 \leqslant j \leqslant P-1$。对于 m 序列而言，其自相关函数为

$$R_a(j) = \begin{cases} P & j=0 \\ -1 & 0 \leqslant j \leqslant P-1 \end{cases} \tag{9-1-15}$$

当周期 P 比较大时，$R_a(j)$ 相对于峰值 $R_a(0)$ 的偏离值，即 $R_a(j)/R_a(0)=-1/P$ 是很小的，因此从自相关特性来看，m 序列是非常接近理想的伪随机序列的。

除了自相关特性外，扩频码的互相关特性也是非常重要的。例如，在多用户直扩系统中每个用户都要分配一个特定的扩频码，在理想情况下各用户间的这些扩频码应该是相互正交的，这样才可以保证通信用户免受来自其他用户传输信号的干扰。然而，实际中被各用户使用的扩频码间很难做到都是相互正交的，而是呈现出不同程度的互相关性。因此，在设计多用户直扩系统时，需要寻找互相关尽可能低、数量尽可能多的扩频码。对于 m 序列而言，同周期的一对 m 序列之间的周期互相关函数可能有非常大的峰值，这意味着 m 序列的互相关特性比较差。对于某一周期长度，即便能挑选出一些互相关峰值相对较小的 m 序列，但这样的序列个数还是非常少的。因此，较差的互相关特性和较少的可用序列数目，大大限制了 m 序列在实际系统中的应用。

例 9-1-1　编程产生周期长度为 31 的 m 序列，画出其自相关和互相关函数波形。

解　由 m 序列的定义可知，产生周期为 31 的 m 序列，需要 5 级移位寄存器。由表 9-1-1选择反馈系数为$[45]_8$ 的本原多项式来构造待仿真的 m 序列发生器，如图 9-1-5 所示。为画出互相关函数，同时还产生了由反馈系数为$[67]_8$ 的本原多项式产生的 m 序列，然后计算这两个 m 序列间的互相关函数。特别注意，要产生 m 序列，各移位寄存器的初始状态一定不能为全 0。

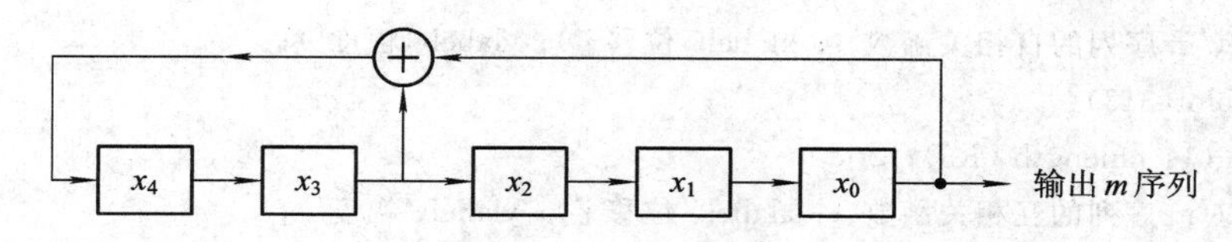

图 9-1-5　周期为 31 的 m 序列发生器

本例 MATLAB 参考程序如下：

```
%参数设置
ordernum = 5;
pnlength = 2^ordernum -1;
coeffi1 = [0 1 0 0 1];          %c1 c2… cn: [45]8
coeffi2 = [1 1 0 1 1];          %c1 c2… cn: [67]8
init_phase = [0 0 0 0 1];       %xn xn-1… x0
x1 = init_phase;  %移位寄存器状态
x2 = init_phase;  %移位寄存器状态
for k =1: pnlength
  %产生反馈系数为[45]8 的 m 序列
  pn1(k) = x1(ordernum);
  tempa = and(x1, coeffi1);                    %反馈系数
  temp1 = mod( sum(tempa), 2 );                %反馈方程
  x1(2: ordernum) = x1(1: ordernum-1);         %移位
  x1(1) = temp1;
  %产生反馈系数为[67]8 的 m 序列
  pn2(k) = x2(ordernum);
  tempb = and(x2, coeffi2);                    %反馈系数
  temp2 = mod( sum(tempb), 2 );                %反馈方程
  x2(2: ordernum) = x2(1: ordernum-1);         %移位
  x2(1) = temp2;
end
pn_d_1 = (-1).^pn1;
pn_d_2 = (-1).^pn2;
%计算自相关和互相关
for m =1 : pnlength
  R1(m) =sum(pn_d_1 .* [pn_d_1(m: end) pn_d_1(1: m-1)]);     %自相关
  R2(m) =sum(pn_d_2 .* [pn_d_2(m: end) pn_d_2(1: m-1)]);     %自相关
  R3(m) =sum(pn_d_1 .* [pn_d_2(m: end) pn_d_2(1: m-1)]);     %互相关
```

```
end
%画图
subplot(311)
stem(1：pnlength，pn1)；grid
title('m 序列')；xlabel('码位 n')；ylabel('幅度')；
subplot(312)
stem(1：pnlength，R1)；grid
title('m 序列的自相关函数')；xlabel('位移 j')；ylabel('幅度')；
subplot(313)
stem(1：pnlength，R3)；grid
title('m 序列的互相关函数')；xlabel('位移 j')；ylabel('幅度')；
```

运行本例程序，仿真结果如图 9-1-6 所示。从图中曲线可以看出，m 序列的自相关有比较尖锐的峰值和相对较大的互相关峰值。

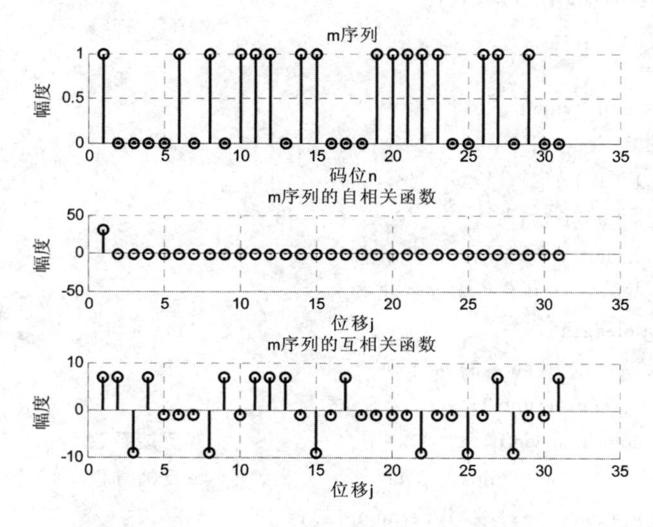

图9-1-6　周期为 31 的 m 序列及其自相关和互相关函数

在 m 序列集中，互相关函数最大值的绝对值最接近或达到互相关值下限(即 Welch 下界)的一对 m 序列，构成一对优选对序列。例如 $n=5$ 的本原多项式中$[45]_8$ 和$[67]_8$ 为优选对。

Gold 序列是 m 序列的复合序列，由 R. Gold 在 1967 年提出。它是由两个码长相等、码速率相同的 m 序列优选对模 2 和构成的。每改变两个 m 序列相对位移就可得到一个新的 Gold 序列。当相对位移(2^n-1)比特时，就可得到一簇(2^n-1)个 Gold 序列，再加上原来的两个 m 序列，共有(2^n+1)个 Gold 序列。对于大的周期 P 和奇数位移 j，Gold 序列的互相关最大值为 $\sqrt{2P}$；对于偶数位移 j，互相关最大值为 $\sqrt{P}$。

例 9-1-2　利用反馈系数为$[45]_8$ 和$[67]_8$ 的 m 序列优选对产生周期长度为 31 的 Gold 序列，画出其自相关和$[67]_8$ 码移位 6 次后得到的 Gold 序列间的互相关。假设两个 m 序列的移位寄存器的初始状态均为[10000]。

解　由反馈系数为$[45]_8$ 和$[67]_8$ 的 m 序列优选对产生 Gold 序列的扩频码产生器框图如图 9-1-7 所示。

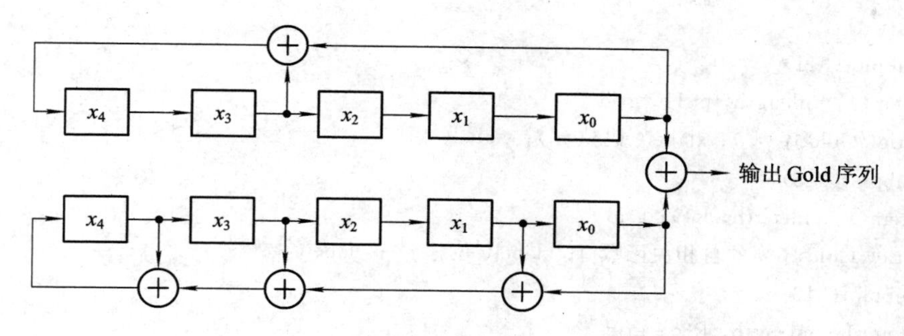

图 9-1-7　长度为 31 的 Gold 序列产生器框图

本例 MATLAB 参考程序如下：

```
ordernum = 5;
pnlength = 2^ordernum -1;
coeffi1 = [0 1 0 0 1];          %c1 c2… cn: [45]8
coeffi2 = [1 1 0 1 1];          %c1 c2… cn: [67]8
init_phase = [1 0 0 0 0];       %xn xn-1… x0
x1 = init_phase;        %移位寄存器状态
x2 = init_phase;        %移位寄存器状态
for k =1 : pnlength
  %产生反馈系数为[45]8 的 m 序列
  pn1(k) = x1(ordernum);
  tempa = and(x1, coeffi1);                      %反馈系数
  temp1 = mod(sum(tempa), 2);                    %反馈方程
  x1(2: ordernum) = x1(1: ordernum-1);           %移位
  x1(1) = temp1;
  %产生反馈系数为[67]8 的 m 序列
  pn2(k) = x2(ordernum);
  tempb = and(x2, coeffi2);                      %反馈系数
  temp2 = mod( sum(tempb), 2 );                  %反馈方程
  x2(2: ordernum) = x2(1: ordernum-1);           %移位
  x2(1) = temp2;
end
pn_gold_1 =xor(pn1, pn2);
j = 6;
pn_gold_2 =xor(pn1, [pn2(j: end) pn2(1: j-1)]);
pn_d_1 = (-1).^pn_gold_1;
pn_d_2 = (-1).^pn_gold_2;
%计算自相关和互相关
for m =1 : pnlength
  R1(m) =sum(pn_d_1 .* [pn_d_1(m: end) pn_d_1(1: m-1)]) ;      %自相关
  R2(m) =sum(pn_d_2 .* [pn_d_2(m: end) pn_d_2(1: m-1)]) ;      %自相关
  R3(m) =sum(pn_d_1 .* [pn_d_2(m: end) pn_d_2(1: m-1)]) ;      %互相关
end
```

```
%画图
subplot(311)
stem(1: pnlength, pn1); grid
title('Gold 序列'); xlabel('码位 n'); ylabel('幅度');
subplot(312)
stem(1: pnlength, R1); grid
title('Gold 序列的自相关函数'); xlabel('位移 j'); ylabel('幅度');
subplot(313)
stem(1: pnlength, R3); grid
title('Gold 序列的互相关函数'); xlabel('位移 j'); ylabel('幅度');
```

运行本例程序，仿真结果如图 9-1-8 所示。

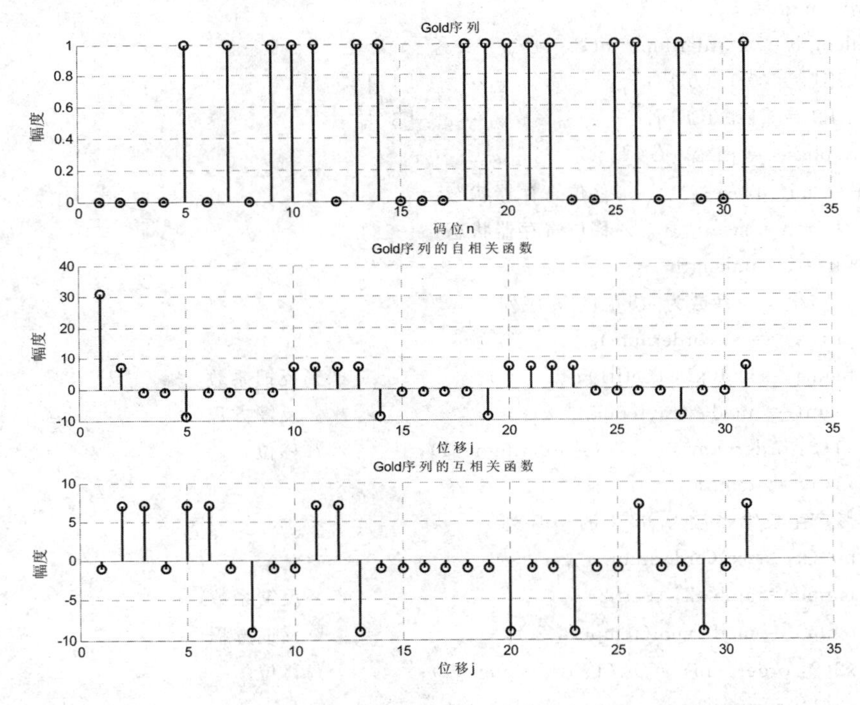

图 9-1-8　周期为 31 的 Gold 序列及其自相关和互相关函数

4. 直扩系统及其抗干扰能力仿真

例 9-1-3　编程产生 BPSK 调制的直扩信号，分别画出扩频前后信号的功率谱图。假设采用本原多项式为$[45]_8$、周期为 31 的 m 序列进行周期扩频，系统脉冲波形均为矩形脉冲。

解　采用例 9-1-1 产生的 m 序列作扩频码，按如图 9-1-2 产生所需要的直扩信号。仿真中，假设 BPSK 调制的载波频率为系统扩频后扩频码速率的 2 倍。

本例 MATLAB 参考程序如下：

```
%参数设置
ordernum = 5;
pnlength = 2^ordernum -1;
coeffi1 = [0 1 0 0 1];          %c1 c2… cn: [45]8
```

```
init_phase = [0 0 0 0 1];        %xn xn-1 … x0
N = pnlength;                    %扩频因子
RB = 1000;                       %码元速率
fc = 2 * RB * N;                 %载波频率
Tb = 1/RB;                       %码元宽度
Tc = 1/fc;                       %载波周期宽度
M = 20;                          %一个码片内抽样的点数
ts = Tb/M/N;                     %抽样间隔
frame_length = 1000;
t = 0 : ts : (frame_length * Tb - ts);      %一帧数据的持续时间
%产生 m 序列
x1 = init_phase;           %移位寄存器状态
%产生反馈系数为[45]8 的 m 序列
for k =1: pnlength
  pn1(k) = x1(ordernum);
  tempa = and(x1, coeffi1);                          %反馈系数
  temp1 = mod(sum(tempa), 2);                        %反馈方程
  x1(2: ordernum) = x1(1: ordernum-1);               %移位
  x1(1) = temp1;
end
pn = (-1).^pn1;                                      %m 序列
%产生源数据
s = randint(1, frame_length);                        %单极性源信息
ss = (-1).^s;                                        %映射为双极性信息
for i = 1 : frame_length                             %产生 s(t)方波成形基带信号
    st( (i-1) * M * N +1 : i * M * N ) = ss(i) . * ones(1, M * N);
end
%扩频
for i =1 : frame_length
    xt( (i-1) * N+1 : i * N ) = ss(i) . * pn;
end
for i =1 : length(xt)
    x( (i-1) * M+1 : i * M) = xt(i) . * ones(1, M);
end
%产生调制载波
carr=  cos(2 * pi * fc * t);
%上变频
x_ds =x . * carr;
%计算生成信号的功率谱
fs = 1/ts;
df = fs/(frame_length * N * M);              %频域抽样间隔
f = -fs/2 : df : (fs/2-df);                  %信号频域范围
P_st0 = abs(fft(st). /fs).^2;
```

```
P_st1 = P_st0./max(P_st0);                    %频带归一化谱
P_st = 10 * log10(P_st1);                     %以 dB 表示
P_x0 = abs(fft(x)./fs).^2;
P_x1 = P_x0./max(P_x0);                       %频带归一化谱
P_x = 10 * log10(P_x1);                       %以 dB 表示
P_ds0 = abs(fft(x_ds)./fs).^2;
P_ds1 = P_ds0./max(P_ds0);                    %频带归一化谱
P_ds = 10 * log10(P_ds1);                     %以 dB 表示
%画图
for i =1 : pnlength
  pnn((i-1) * M+1 : i * M ) = pn(i) . * ones(1, M);
end
tt =0 : ts : (Tb - ts);
kk = Tb * 1000;
subplot(411)
plot(tt * 1000, pnn); grid
axis([0, kk, -1.2 1.2]); title('(a)扩频码波形')
xlabel('t (ms)'); ylabel('幅度');
subplot(412)
plot(t * 1000, st); grid
axis([0, 5 * kk, -1.2 1.2]); title('(b)源信息波形')
xlabel('t (ms)'); ylabel('幅度');
subplot(413)
plot(t * 1000, x); grid
axis([0, 5 * kk, -1.2 1.2]); title('(c)扩频后的数据信号')
xlabel('t (ms)'); ylabel('幅度');
subplot(414)
plot(t * 1000, x_ds); grid
axis([0, 1 * kk, -1.2 1.2]); title('(d)扩频后的 BPSK 信号')
xlabel('t (ms)'); ylabel('幅度');
figure(2)
subplot(311)
plot( f./1000, fftshift(P_st) ); grid
axis([0, 4 * RB/1000, -100 10]); title('(a)源信息信号的功率谱 ')
xlabel('f (kHz)'); ylabel('归一化功率谱图  (dB)');
subplot(312)
plot(f./1000, fftshift(P_x)); grid
axis([0, (2 * N * RB)/1000, -100 10]); title('(b)扩频后基带信号的功率谱 ')
xlabel('f (kHz)'); ylabel('归一化功率谱图  (dB)');
subplot(313)
plot(f./1000, fftshift(P_ds)); grid
axis([0, (fc+2 * N * RB)/1000, -100 10]); title('(c)BPSK 调制的直扩信号的功率谱 ')
xlabel('f (kHz)'); ylabel('归一化功率谱图  (dB)');
```

图 9-1-9 和图 9-1-10 给出的是本程序的仿真结果。从图中曲线可以看到，经扩频后，源信号的带宽被扩展了(扩频因子 $G=31$)倍。

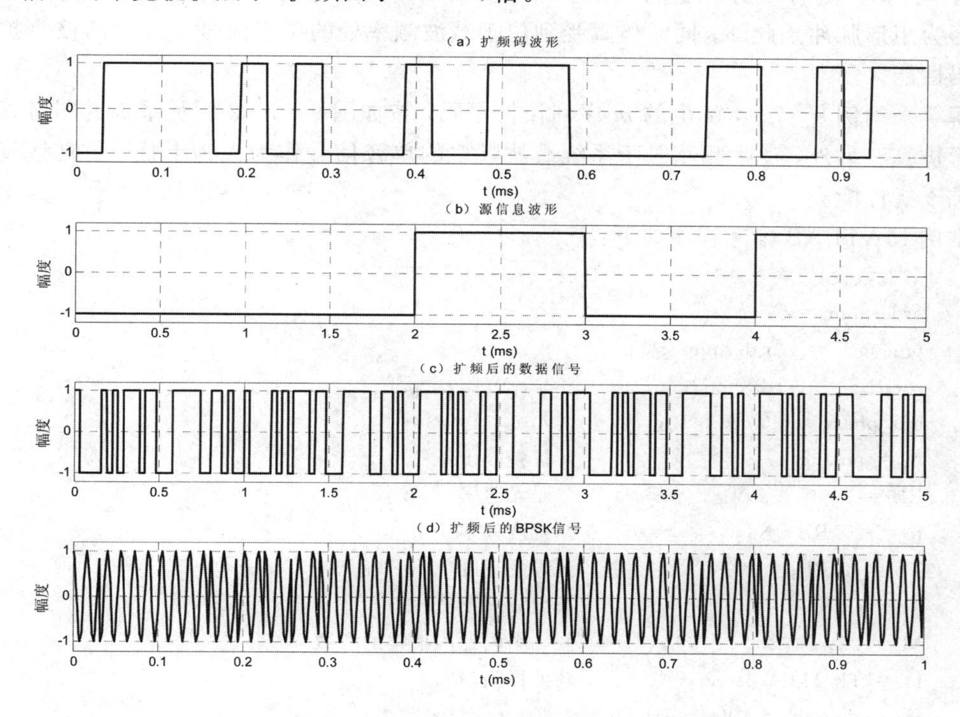

图 9-1-9　源信息与扩频信号的时域波形图

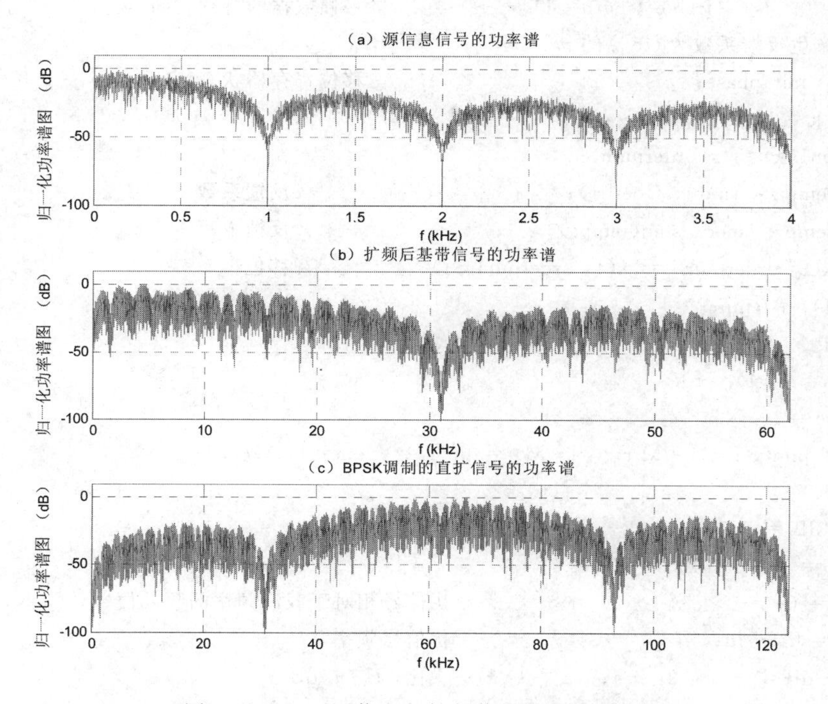

图 9-1-10　源信息与扩频信号的功率谱图

例 9-1-4　对 BPSK 调制的直扩系统进行性能仿真，假设系统采用本原多项式为 $[45]_8$、周期为 31 的 m 序列进行周期扩频，接收端可实现理想同步，包括扩频码同步，脉冲波形为矩形脉冲。此外，同时仿真受到位于载波频率处的单音信号干扰时的该直扩系统的误码性能。

解　采用例 9-1-1 产生的 m 序列作扩频码，按如图 9-1-2 所示系统框图对直扩系统进行仿真。另外，产生频率等于系统载波频率的单音信号作为人为干扰，仿真该直扩系统的抗干扰性能。

本例 MATLAB 参考程序如下：

```
%参数设置
ordernum = 5;
pnlength = 2^ordernum -1;
coeffi1 = [0 1 0 0 1];              %c1 c2… cn: [45]8
init_phase = [0 0 0 0 1];           %xn xn-1… x0
N = pnlength;                       %扩频因子
RB = 1000;                          %码元速率
fc = 2 * RB * N;                    %载波频率
Tb = 1/RB;                          %码元宽度
Tc = 1/fc;                          %载波周期宽度
M = 20;                             %一个码片内抽样的点数
ts = Tb/M/N;                        %抽样间隔
frame_length = 100;
t = 0 : ts : (frame_length * Tb - ts);       %一帧数据的持续时间
%产生反馈系数为[45]8 的 m 序列
x = init_phase;                              %移位寄存器状态
for k =1: pnlength
  pn1(k) = x(ordernum);
  tempa = and(x, coeffi1);                       %反馈系数
  temp = mod( sum(tempa), 2 );                   %反馈方程
  x(2: ordernum) = x(1: ordernum-1);             %移位
x(1) = temp;
end
pn = (-1).^pn1;
for i =1 : N
    pnn( (i-1) * M+1 : i * M) = pn(i) . * ones(1, M);
end
sir_dB = -5;                  %信干比 P0/Pj
sir = 10^(sir_dB/10);
fd = 0;                            %干扰信号相对于载波频率的频偏值
fj = fc + fd;                      %干扰信号频率
snr_dB = -15: 2: -4;               %信噪比，Ec/n0 dB
snr =10.^(snr_dB./10);
for k =1: length(snr)
```

```
frame_num = 0;
error_bit = 0;                    %错误比特个数
while error_bit < 10^4 /((15+snr_dB(k)).^2 + 1)
%产生源数据
    s = randint(1, frame_length);%单极性源信息
    ss = (-1).^s;                 %映射为双极性信息
    for i = 1 : frame_length      %产生 s(t)方波成形基带信号
st( (i-1) * M * N +1 : i * M * N ) = ss(i) .* ones(1, M * N);
    end
    %扩频
    for i =1 : frame_length
    xt( (i-1) * N+1 : i * N ) = ss(i) .* pn;
    end
    for i =1 : length(xt)
    x( (i-1) * M+1 : i * M) = xt(i) .* ones(1, M);
  end
  %产生调制载波
  carr=  cos(2 * pi * fc * t);
  %上变频
  x_ds =x .* carr;
  %产生干扰信号
  rand('state', sum(100 * clock));
  temp_phi = 2 * pi * rand(1, frame_length * N);
  for i =1: length(temp_phi)
  phi((i-1) * M+1 : i * M) = temp_phi(i);
  end
  J = sqrt(1/sir) .* cos(2 * pi * fj * t + phi);   %单音干扰
  %产生 AWGN 信道噪声
  n = sqrt(M/snr(k)/4) * (randn(1,length(x_ds)). * cos(2 * pi * fc * t) + randn(1,length(x_ds)). *
          sin(2 * pi * fc * t) );
  %产生接收信号
  y = x_ds + n + J;
  %相干解调器
  carr_r = carr;                        %相干载波
  y_r=  y .* carr_r ;                   %下变频
  for i = 1 :   frame_length            %解扩
    y_rr( (i-1) * N * M+1 : i * N * M) =  y_r((i-1) * N * M+1: i * N * M) .* pnn;
  end
  for i = 1 :   frame_length            %积分器
    r(i) =sum( y_rr((i-1) * N * M+1: 1: i * N * M) )/M/N;
  end
  d = (1-sign(real(r)) )/2;             %判决恢复数据
  %计算本帧差错的比特数，并进行多帧统计
```

```
        temp_bit = sum(xor(s, d));        %本帧差错比特数
        error_bit = error_bit + temp_bit;  %多帧统计
        frame_num = frame_num + 1;
    end
    Pb(k) = error_bit / frame_length / frame_num      %误比特率
end
```

图 9-1-11 给出了本程序的仿真结果。图中同时给出了单音干扰在信干比为－5 dB和无人为干扰仅有信道噪声影响时，直扩系统误码率的仿真曲线和理论曲线。从图中曲线可以看出，仿真结果和理论结果完全一致。

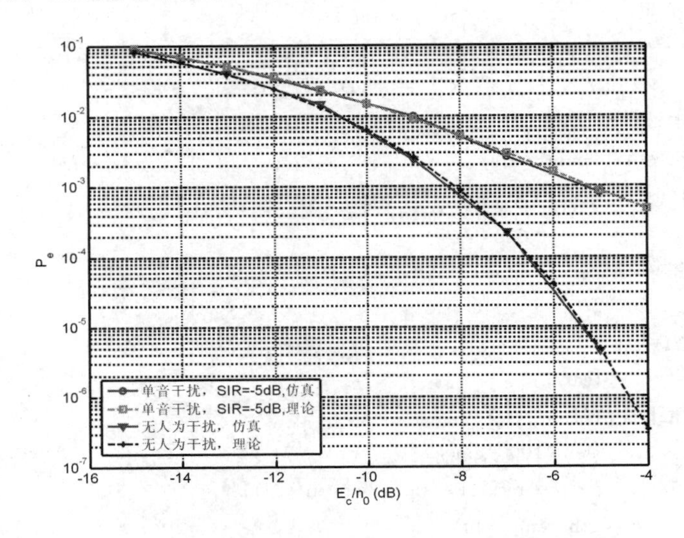

图 9-1-11　AWGN 信道条件下直扩系统误码性能曲线

9.1.3　跳频通信

在跳频通信中，将可利用的信道带宽划分成大量的、非重叠的频率间隙，传统的窄带调制信号的载波频率在伪随机序列的控制下，在不同的时间区间内于这些频率间隙中进行离散跳变，从而实现系统的频谱扩展。跳频通信技术以其优良的抗干扰性能和多址组网能力在军用无线电抗干扰通信、民用移动通信、现代雷达和声纳等电子系统中获得了大量应用。

1. 跳频系统的组成与工作过程

图 9-1-12 给出的是一个跳频通信系统的原理框图。发送信息经信息调制和扩频调制后被送入信道进行传输。这里的扩频调制器实际上是一个上变频器，其工作的载波频率是在一组预先指定的频率集中按特定规律选出的一个频率值，使输出信号频率在给定频率集中按特定规律不停跳变，从而实现信号的频谱扩展。在此过程中，载波频率的跳变规律通常由“PN 码产生器 A”产生的跳频序列决定，又称“跳频图案”。频率合成器 A 在“PN 码产生器 A”输出的跳频图案的控制下，输出频率集中的某一个频率的载波信号供扩频调制器上变频用。跳频信号在信道中叠加噪声和干扰后到达接收端，接收方要正确接收发送端的跳频信号，必须预先知道发送端载波频率的跳变规律。相应地，扩频解调器实际上是一

个下变频器，接收端“频率合成器 B”在“PN 码产生器 B”的控制下产生一个与发送端跳变规律相同但频率差一个中频的本地参考信号，通过扩频解调器与接收到的跳频信号进行混频，产生一个固定频率的中频窄带信号，从而使跳频信号下变频成载波频率固定的中频信号。再经过中放、信息解调，便可恢复发送端发送的信息。在接收端，“PN 码产生器 B”输出的跳频图案必须和接收信号所包含的跳频图案严格同步，该同步过程由跳频同步电路实现。

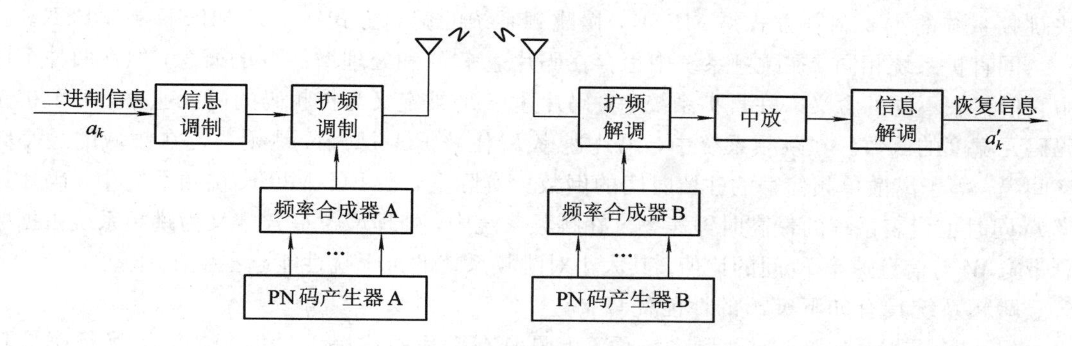

图 9-1-12　跳频通信系统的原理框图

跳频通信系统主要用于传输数字信号，调制方式一般采用二进制/多进制频移键控(BFSK/MFSK)或差分相移键控(DPSK)，而解调方式也多采用非相干解调。传统的BFSK调制信号可表示为

$$s(t)=\sqrt{2P}\cos(2\pi f_0 t+2\pi a_n \Delta f t)\quad nT_b\leqslant t\leqslant(n+1)T_b \tag{9-1-16}$$

式中，P 为信号平均功率，f_0 为载波频率，$a_n\in\{-1,1\}$ 为二进制数字信息序列，信息速率 $R_b=1/T_b$，Δf 为 BFSK 信号中表示“0”码和“1”码的两个载波频率之间频差的一半。为获得最佳性能，“0”码和“1”码对应的信号在一个码元间隔内要相互正交，因此要满足 $2\Delta f\,T_b=0.5$。未编码的 FH/BFSK 信号可表示为

$$x(t)=\sqrt{2P}\cos(2\pi f_0 t+2\pi f_n t+2\pi a_n \Delta f t)\quad nT_b\leqslant t\leqslant(n+1)T_b \tag{9-1-17}$$

式中，$(f_0+f_n+a_n\Delta f)$ 为第 n 个频率跳变时间间隔内的跳变载波频率。跳变频率 f_n 由二进制伪随机码序列来控制。如果用 L 个二进制伪随机码元来代表跳变载波频率，则共可表示 2^L 个频率。BFSK 信号的带宽 $B=2\Delta f+2R_b=0.5/T_b+2R_b=2.5R_b$，是一个窄带信号，而 FH/BFSK信号至少要占据宽 $W=2^L B$ 的带宽，可见信号带宽被扩展了。但需要注意的是，同直扩信号的瞬时宽带频谱不同，跳频信号在每一瞬间都是窄带信号，而在足够长的时间内看，则为宽带信号。跳频信号在每个频率点上都具有相同的功率。

在接收端，首先要进行解跳处理。假设收、发跳频码序列已严格同步，接收端可以产生相应的本地跳变载波信号：

$$c(t)=\cos(2\pi f_0 t-2\pi f_I t+2\pi f_n t)\quad nT_b\leqslant t\leqslant(n+1)T_b \tag{9-1-18}$$

式中，f_I 为中频信号频率。用 $c(t)$ 与接收信号进行混频，经滤波后得到一个具有固定频率 f_I 的 BFSK 窄带信号 $y(t)$，再用传统的 BFSK 非相干解调方法恢复发送端发送的信息 a_n：

$$y(t)=\sqrt{2P}\cos(2\pi f_I t+2\pi a_n \Delta f t)\quad nT_b\leqslant t\leqslant(n+1)T_b \tag{9-1-19}$$

频率跳变时间间隔 T_h 的倒数称为跳频速率，简称跳速，通常用 R_h 表示。根据跳速的大小，跳频系统可分为快跳频系统和慢跳频系统两种。目前有两种定义快跳和慢跳的方

法：一种是按绝对跳速来分，一般将跳速小于 1000 跳/秒的称为慢跳频，而大于 1000 跳/秒的称为快跳频；另一种是按相对跳速来分，即根据频率跳变时间间隔 T_h和码元周期 T_b之间的关系来分，如果在每个码元时间内存在多个频率跳变，即 $T_b = mT_h$，其中 m 为大于等于 2 的整数，则为快跳频；如果每个跳频频率驻留时间内存在一个及以上的码元，即 $T_h = mT_b$，$m \geqslant 1$，则为慢跳频。考虑到技术的不断发展和实际应用需求，通常认为第二种分类方法更科学、更具有广泛的适用性。我们在这里也采用第二种分类方法。一般来讲，快跳频系统的主要调制方式是 MFSK，慢跳频系统的调制方式通常是 MFSK 或 DPSK。

同直扩系统相同，在跳频系统中也存在码片速率 R_c和处理增益 G 的概念，但在两种系统中它们代表不同的含义。在直扩系统中，码片速率 R_c被定义为扩频码的码元速率，等于扩频码码元宽度的倒数。在跳频系统中，码片速率 R_c代表 FH/MFSK 跳频系统在频域的最小频率间隔，等于离散单频信号的驻留时间的倒数。实际上，在 FH/MFSK 跳频系统中，码片速率 R_c同时也代表系统的最高时钟速率。在跳频系统中，处理增益 G 被定义为跳频系统占据的总带宽 W 与信息速率 R_b间的比值，其大小对跳频系统的抗干扰性能起主要作用。

跳频系统具有如下突出的性能优势：

(1) 抗干扰能力强。对跳频系统而言，只有在频率每次跳变的时隙内，干扰频率恰巧位于跳频的频道上，干扰才有效。

(2) 具有高选址能力，可实现码分多址通信。

(3) 在多径和衰落信道中的传输性能好。

(4) 易于和其他调制类型的扩频系统结合。

(5) 易于和现有的常规通信体制兼容。

2. 跳频序列

跳频图案反映跳频通信中载波频率的跳变规律，不同用户使用不同的跳频图案，互不干扰。跳频图案由“伪随机码产生器”产生的跳频序列决定，通常用跳频时频矩阵图表示。图 9-1-13 给出了一个时序为 f_2、f_5、f_1、f_3、f_0、f_6、f_4的跳频时频矩阵图。从“伪随机码产生器”输出的伪随机码序列中取 L 个比特，可以用来选定 2^L种可能的载波频率。

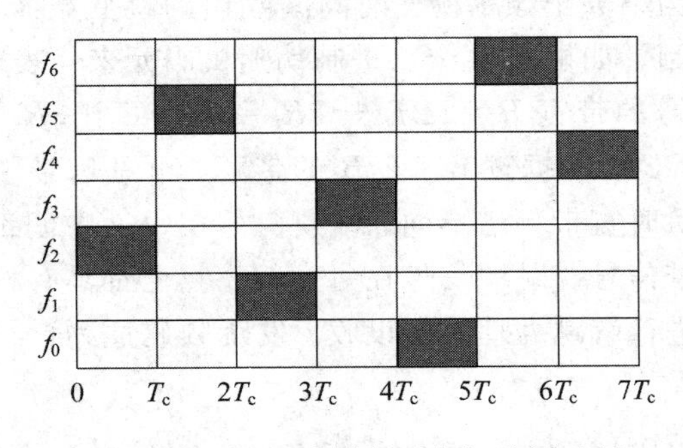

图 9-1-13　一个跳频时频矩阵图示例

跳频序列的设计和选码通常考虑以下几方面的准则，这些设计准则也确定了跳频序列的主要技术参数：

(1) 汉明相关特性。跳频序列之间的汉明相关特性决定了多址干扰的强弱。好的跳频序列应具有尽可能小的汉明互相关特性和尖锐的汉明自相关特性。

(2) 均匀性。为充分获得跳频系统扩展频谱的处理增益，并使随机的窄带干扰击中每个选用载频的概率相等，以降低系统误码率，跳频图案应充分使用全部给定的跳频带宽，并且每个频点的使用概率基本相同，这要求跳频序列具有均匀性。

(3) 周期性。为了保密性要求，同时能提供更多的可用序列数目，希望跳频序列的周期要尽可能长。在跳频通信中，由于同步系统的特殊性，不一定要限制周期长度，所以跳频系统的跳频序列周期比直扩系统的扩频码序列的周期要长。

(4) 可用序列数目。跳频序列的数目即跳频图案的数目。为满足码分多址的需要，在给定最大允许频率重合数的情况下，希望满足条件的可用序列数目要足够多。

(5) 复杂度。为提高信号传输的保密性，希望产生跳频序列的算法尽可能复杂。序列的复杂性通常用等效的线性复杂度来衡量，即希望序列有尽可能大的等效线性复杂度。

(6) 跳频间隔。在某些实际应用中，希望跳频序列有大的跳频间隔(宽间隔跳频)，也就是要求在相邻的跳频时隙里发射的两个频率的间隔大于某个规定值。将跳频序列设计成宽间隔的，可更好地对抗窄带干扰、跟踪式干扰和部分频带阻塞式干扰以及多径衰落。

(7) 实现简单。产生跳频序列的算法应尽量简单，工程上易于实现，以便在高速跳频中应用。

由于 m 序列产生器的构造非常简单，因此利用 m 序列来构造跳频序列是最简单、最容易实现的跳频序列构造方法。基于 m 序列的跳频序列构造在实际实现时有多种具体方法，如使用 m 序列移位寄存器状态法、抽头法和非线性前馈法等。其中，使用 m 序列移位寄存器状态来构造跳频序列是最简单的方法，该方法是用 m 序列移位寄存器状态直接构成跳频序列，不同的 m 序列构成不同的跳频序列，分配给不同的用户使用。如果产生 m 序列的移位寄存器是 n 级的，在产生 m 序列的每个码元时间内，移位寄存器状态输出包含 m 序列的 n 个相邻比特，而且在 m 序列的一个周期中每次内容都是不一样的，这样可以得到长度为 2^n-1 的 2^n 进制的周期跳频序列，可以用来选定 2^n-1 个载波频率。图 9-1-14 给出的是一个 4 级移位寄存器产生长度为 15 的周期跳频序列的跳频序列产生器结构。

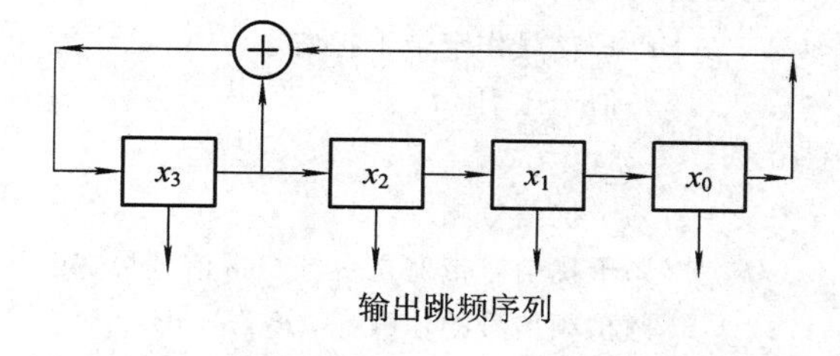

图 9-1-14　基于 m 序列的周期为 15 的跳频序列产生器结构

3. 跳频系统及其抗干扰能力仿真

例 9-1-5　对 BFSK 调制的跳频系统进行性能仿真，假设系统采用本原多项式为 $[13]_8$、周期为 7 的 m 序列构造跳频序列，接收端可实现理想同步，包括跳频图案同步，脉冲波形为矩形脉冲。此外，同时仿真系统受窄带干扰时的误码性能。

解　采用图 9-1-12 所示系统框图对跳频系统进行仿真。需要说明的是，按该系统框图进行仿真，接收端将不同频率的跳频接收信号统一下变频至固定的中频这一处理，会恶化信道噪声对通信信号的影响。

本例 MATLAB 参考程序如下：

```
%参数设置
ordernum = 3;
pnlength = 2^ordernum -1;
coeffi = [1 0 1];                         %c1 c2… cn: [13]8
init_phase = [0 0 1];                     %xn xn-1… x0
RB = 1000;                                %码元速率
f0 = 6 * RB;                              %窄带信号载波中心频率
Tb = 1/RB;                                %码元宽度
df = 0.5/Tb;                              %频率间隔
fI = 3 * RB;                              %解调中频频率
B= 3 * RB;                                %频率集中各频点间间隔
M = 210;                                  %一个码元内抽样的点数
ts = Tb/M;                                %抽样间隔
frame_length = 50;                        %一帧跳一次频率
t = 0 : ts : (frame_length * Tb - ts);         %一帧数据的持续时间
%产生反馈系数为 13 的 m 序列
x = init_phase;                                %移位寄存器状态
for k =1: pnlength
  pn(k, : ) = x;
  pn1(k) = x(ordernum);
  tempa = and(x, coeffi);                      %反馈系数
  temp1 = mod( sum(tempa), 2 );                %反馈方程
  x(2: ordernum) = x(1: ordernum-1);           %移位
  x(1) = temp1;
end
fi_num = ( pn(: , 1) * 4 + pn(: , 2) * 2 + pn(: , 3) * 1 )';        %跳频图案
%窄带干扰信号参数——BPSK 信号作窄带干扰信号
sir_dB = 0;                   %信干比 P0/Pj
sir = 10^(sir_dB/10);
fj = 1.5 * f0;                %干扰信号频率
Rj = 3 * RB;                  %干扰信号带宽是跳频窄带信号带宽的 2 倍
snr_dB = 1: 2: 17;            %扩频信号的信噪比，Eb/n0 dB
snr =10.^(snr_dB./10);
for k =1: length(snr)
  frame_num =0;
  error_bit = 0;                          %错误比特个数
  while error_bit < 10^5 /((snr_dB(k)).^2 + 1)
    frame_num = frame_num + 1;
    %产生源数据
    s = randint(1, frame_length); %单极性源信息
    %产生跳频信号
    for i =1 : length(s)
```

```
    ss( (i-1) * M+1 : i * M ) = s(i) . * ones(1, M);
    sn( (i-1) * M+1 : i * M ) = not(s(i)) . * ones(1, M);
  end
  fn(frame_num) = f0 + (fi_num( mod(frame_num-1, 7)+1 )-1) * B;
  fc(frame_num) =   fn(frame_num) + fI ;                %跳频频率
  carri1 =cos(2 * pi * ( fc(frame_num) + df ) * t);
  carri2 =cos(2 * pi * ( fc(frame_num) - df ) * t);
  x_fh=   ss . * carri1 + sn . * carri2;
  %产生窄带干扰
  ssj = randint(1, frame_length * Rj/RB);
  Mj = M * RB/Rj;
  for i = 1: length(ssj)
    sj( (i-1) * Mj+1: i * Mj ) = (-1).^ssj(i) . * ones(1, Mj);
  end
  rand('state', sum(100 * clock));
  temp_phi = 2 * pi * rand(1, length(ssj));
  for i = 1: length(temp_phi)
    phi((i-1) * Mj+1 : i * Mj) = temp_phi(i);
  end
J = sqrt(1/sir) * sj . * cos(2 * pi * fj * t + phi);
%产生 AWGN 信道噪声
n = sqrt(M/snr(k)/4) * (randn(1, length(x_fh)) . * cos(2 * pi * fc(frame_num) * t) +
    randn(1, length(x_fh)) . * sin(2 * pi * fc(frame_num) * t) );        %SNR = Eb/n0
%产生接收信号
y = x_fh + n + J;
%下变频
fc_r = fn(frame_num);
  carr_r = 2 * cos(2 * pi * fc_r * t);        %产生本地载波
  y_rr=  y . * carr_r ;                        %下变频
  %固定中频信号的非相干检测
  %匹配滤波
  tt =0 : ts : Tb - ts;
  h1 = cos(2 * pi * ( fI + df ) * tt);     %匹配滤波器 1
  h2 = cos(2 * pi * ( fI - df ) * tt);     %匹配滤波器 2
  y1 =conv( y_rr, h1) * ts;
  y2 =conv( y_rr, h2) * ts;
  %包络检波
  ttt = 0: ts: (length(y1)-1) * ts;
  zc = hilbert(y1);
  zc1 =zc . * exp(-sqrt(-1) * 2 * pi * (fI+df) * ttt);
  yc = abs(zc1);
  zs = hilbert(y2);
  zs1 =zs . * exp(-sqrt(-1) * 2 * pi * (fI-df) * ttt);
```

```
        ys = abs(zs1);
        for i =1: frame_length
        if yc(i * M) >= ys(i * M)
            d(i) = 1;
          else
            d(i) = 0;
          end
      end
      %计算本帧差错的比特数，并进行多帧统计
      temp_bit = sum( xor(s, d) ) ;                %本帧差错比特数
      error_bit = error_bit + temp_bit ;           %多帧统计
      end
      Pb(k) = error_bit / frame_length / frame_num       %误比特率
    end
```

图 9-1-15 给出的是 AWGN 信道条件下 FH/BFSK 系统误码性能曲线。为作对比，图中同时还给出了传统 BFSK 信号包络解调、FH/BFSK 信号跳变频率点包络解调和中频包络解调、窄带干扰(跳频频率范围的 28.6%被信干比 SIR 为 0 dB 的窄带信号干扰)下 FH/BFSK 中频包络解调时的系统误码率曲线。仿真结果表明，FH/BFSK 系统中信号中频包络解调的性能要比传统的 BFSK 信号包络解调的性能恶化 3 dB。如果接收端不先把所有的跳频信号下变频至固定的中频，再进行固定频率信号的包络解调，而是直接对各跳频频率信号进行不同频率信号的包络解调，则其抗噪声性能与传统的 BFSK 信号包络解调的性能相同，但此时接收机中的匹配滤波器要随接收信号频率的跳变做同步跳变，这将大大增加系统实现的复杂度。

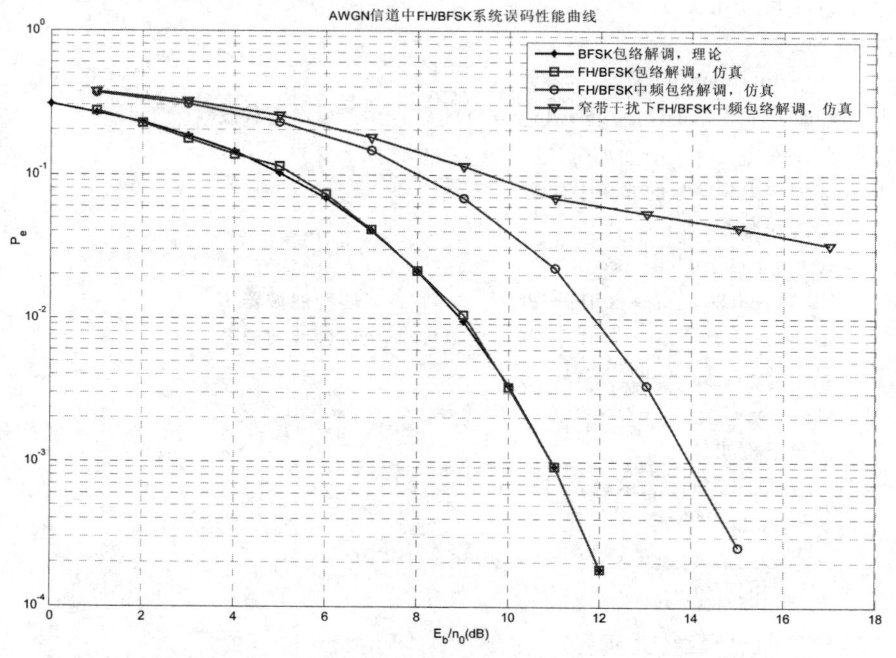

图 9-1-15 AWGN 信道中 FH/BFSK 系统误码性能曲线

9.2　MIMO 通信系统

移动通信业务需求的快速发展和无线频谱资源的日益短缺对系统物理层的数据传输速率和频带利用率不断提出新的要求，而移动信道的有限带宽和衰落已成为限制高速数据传输的重要瓶颈。为此，研究人员们一直在努力工作，不断探索各类新兴的高速数据传输技术。一直以来，分集技术都是移动通信中常用的抗衰落手段之一，而以分集技术为基础发展起来的多输入多输出（MIMO，Multiple-Input Multiple-Output）技术更是具有突出的容量潜能，近年来得到了业界研究人员的广泛关注和应用研究。

MIMO 技术最早由马可尼于 1908 年提出并用于抗衰落，20 世纪 70 年代有人提出将其应用于通信系统，90 年代 AT&T 实验室的科学家们将其应用于无线移动通信领域并引起了无线通信技术发展的巨大变革。MIMO 通信是指发送端利用多个天线各自独立发送信号，接收端用多个天线同时接收并恢复源信息，从而提高系统通信性能的一种新型通信方式。研究表明，MIMO 技术能充分利用空间资源，通过多个天线实现多发多收，在不增加频谱资源和天线发射功率的情况下，可以成倍地提高系统信道容量，已成为现代高速无线通信传输的首选技术之一，其中大规模 MIMO 已被选作第五代移动通信（5G）的关键技术之一。

本节对 MIMO 通信系统中的一些典型问题进行仿真讨论。

9.2.1　MIMO 系统模型

图 9-2-1 给出的是一个点对点、单用户 MIMO 系统框图，系统中有 n_T 个发射天线和 n_R 个接收天线。信源发出的数据经编码、调制后分成 n_T 路，同时从 n_T 个天线发射出去；在接收端对 n_R 个接收天线接收到的信号同时进行信号处理和译码。假设信道为准静态衰落信道，可用 $n_R \times n_T$ 的复矩阵 $\boldsymbol{\alpha}$ 来描述，其中 α_{ij}（$i=1, 2, \cdots, n_R$；$j=1, 2, \cdots, n_T$）为矩阵 $\boldsymbol{\alpha}$ 的第 (i, j) 个元素，表示由发射天线 j 到接收天线 i 的信道衰落系数。在 T 个数据符号周期内 α_{ij} 保持不变，且每 T 个数据符号间独立地随机变化。每 T 个符号周期内的发射信号可用 $n_T \times T$ 的矩阵 $\boldsymbol{X}$ 表示，接收信号 $\boldsymbol{Y}$ 则为 $n_R \times T$ 的矩阵，可表示为

$$\boldsymbol{Y}=\boldsymbol{\alpha X}+\boldsymbol{\eta} \tag{9-2-1}$$

式中，$n_R \times T$ 矩阵 $\boldsymbol{\eta}$ 表示 T 个数据符号内 n_R 个接收天线上的信道噪声，其元素可建模为零均值、每维方差为 $N_0/2$ 的独立同分布的复高斯随机变量。

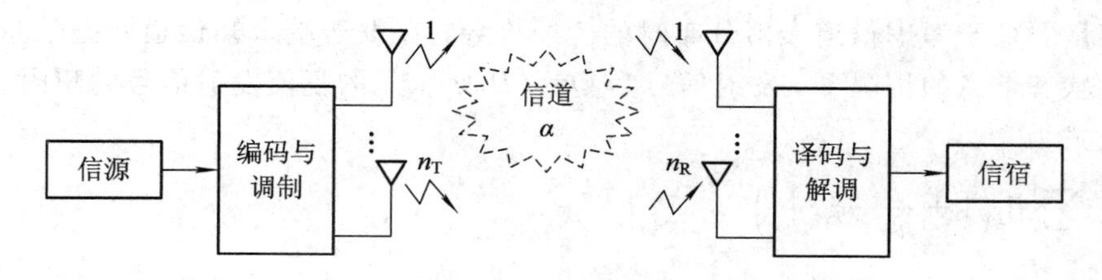

图 9-2-1　MIMO 系统框图

对于高斯信道，按照信息论知识可知发射信号的最佳分布是高斯分布。假设任一时刻 i 时 n_T 个发射天线上的发射信号 X_i（发射信号矩阵 $\boldsymbol{X}$ 的第 i 列）为循环对称、零均值的复高

斯随机变量，且协方差阵 $Q=E[X_iX_i^{\mathrm{H}}]$(其中上标 H 表示共轭转置)与信道的实际衰落分布有关。无论发射天线数 n_{T} 为多大，假设系统总发射信号功率为 P，则有

$$P=E[X_i^{\mathrm{H}}X_i]=\mathrm{tr}(\boldsymbol{Q}) \tag{9-2-2}$$

式中，tr(·)表示对矩阵求迹运算，可通过对矩阵的对角元素求和得到。如果发送端未知信道的衰落分布，则可假定各发射天线按相等的功率 P/n_{T} 发射信号，此时发射信号的协方差矩阵可表示为

$$\boldsymbol{Q}=\left(\frac{P}{n_{\mathrm{T}}}\right)\boldsymbol{I}_{n_{\mathrm{T}}} \tag{9-2-3}$$

式中，$\boldsymbol{I}_{n_{\mathrm{T}}}$ 为 $n_{\mathrm{T}}\times n_{\mathrm{T}}$ 的单位阵。

9.2.2 MIMO 系统的信道容量

MIMO 系统的瞬时信道容量可表示为(bit/s/Hz)

$$C=\begin{cases}\max\limits_{\substack{\mathrm{tr}(Q)=P\\ Q\geqslant 0}} \mathrm{lb}\left[\det\left(\boldsymbol{I}_{n_{\mathrm{R}}}+\dfrac{1}{N_0}\boldsymbol{\alpha Q \alpha}^{\mathrm{H}}\right)\right] & n_{\mathrm{R}}<n_{\mathrm{T}}\\ \max\limits_{\substack{\mathrm{tr}(Q)=P\\ Q\geqslant 0}} \mathrm{lb}\left[\det\left(\boldsymbol{I}_{n_{\mathrm{T}}}+\dfrac{1}{N_0}\boldsymbol{\alpha}^{\mathrm{H}}\boldsymbol{\alpha Q}\right)\right] & n_{\mathrm{R}}\geqslant n_{\mathrm{T}}\end{cases} \tag{9-2-4}$$

式中，det(**A**)表示矩阵 **A** 的行列式。研究已证明，对于平均功率受限的 Rayleigh 衰落信道，可获得信道容量的发射信号 X_i 为循环对称、协方差阵 $\boldsymbol{Q}=(P/n_{\mathrm{T}})\boldsymbol{I}_{n_{\mathrm{T}}}$ 的零均值复高斯随机变量。定义 $\rho=P/N_0$，上式可化简为

$$C=\mathrm{lb}\left[\det\left(\boldsymbol{I}_m+\frac{\rho}{n_{\mathrm{T}}}\boldsymbol{W}\right)\right] \tag{9-2-5}$$

式中，$\boldsymbol{W}=\begin{cases}\boldsymbol{\alpha\alpha}^{\mathrm{H}}, & n_{\mathrm{R}}<n_{\mathrm{T}}\\ \boldsymbol{\alpha}^{\mathrm{H}}\boldsymbol{\alpha}, & n_{\mathrm{R}}\geqslant n_{\mathrm{T}}\end{cases}$ 为 $m\times m$ 的方阵，被称为威沙特(Wishart)矩阵，$m=\min(n_{\mathrm{T}}, n_{\mathrm{R}})$。

式(9-2-5)就是文献中比较常见的 MIMO 信道容量公式。对于功率受限的 Rician 衰落信道，可获得信道容量的发射信号的 Q 与信道衰落的 Rician 因子有关。当信道 Rician 因子趋于无穷大时，$Q^{\infty}=(P/n_{\mathrm{T}})\boldsymbol{\Psi}_{n_{\mathrm{T}}}$，$\boldsymbol{\Psi}_{n_{\mathrm{T}}}$ 为 $n_{\mathrm{T}}\times n_{\mathrm{T}}$ 的全 1 矩阵；当 Rician 因子为 0 时，信道退化为 Rayleigh 衰落信道，$Q^0=(P/n_{\mathrm{T}})\boldsymbol{I}_{n_{\mathrm{T}}}$；当 Rician 因子为其他某一确定值时，$Q$ 介于 Q^0 和 Q^{∞} 之间。

研究表明，在接收端已知信道状态信息的情况下，发送端不考虑信道衰落分布时的系统信道容量要低于考虑信道衰落分布时的。经推导，在发送端未知信道状态信息、接收端确知信道状态信息的情况下，发射信号为 $Q=(P/n_{\mathrm{T}})\boldsymbol{I}_{n_{\mathrm{T}}}$ 的复值发射信号的瞬时 MIMO 信道容量公式为

$$\begin{aligned}C&=\sum_{k=1}^{r}\mathrm{lb}\left(1+\frac{\rho}{n_{\mathrm{T}}}\mid\zeta_k\mid^2\right)\\&=\mathrm{lb}\left(1+\frac{\rho}{n_{\mathrm{T}}}\sum_{k=1}^{r}\mid\zeta_k\mid^2+\left(\frac{\rho}{n_{\mathrm{T}}}\right)^2\sum_{k_1=k_2}^{k_1<k_2}\mid\zeta_{k_1}\mid^2\mid\zeta_{k_2}\mid^2+\cdots\left(\frac{\rho}{n_{\mathrm{T}}}\right)^r\prod_{k=1}^{r}\mid\zeta_k\mid^2\right)\\&=\mathrm{lb}\left(1+\frac{\rho}{n_{\mathrm{T}}}\|\boldsymbol{\alpha}\|_{\mathrm{F}}^2+\cdots+\left(\frac{\rho}{n_{\mathrm{T}}}\right)^r\det(\boldsymbol{\alpha\alpha}^{\mathrm{H}})_{\mathrm{R}}\right)\end{aligned} \tag{9-2-6}$$

式中，r 为矩阵 $\boldsymbol{\alpha\alpha}^{\mathrm{H}}$ 的秩，等于其非零特征值的个数；ζ_k，$k=1, 2, \cdots, r$，为矩阵 $\boldsymbol{\alpha}$ 的非零特征值，$\|\boldsymbol{\alpha}\|_{\mathrm{F}}^2=\sum_{k=1}^{r}|\zeta_k|^2$ 为 $\boldsymbol{\alpha}$ 的 Frobenius 平方范数，$\det(\boldsymbol{\alpha\alpha}^{\mathrm{H}})_{\mathrm{R}}$ 为矩阵 $\boldsymbol{\alpha}$ 的非零特征值的平方之积。此时，接收天线 i 上的平均信噪比 SNR 为 $\gamma_i=\frac{\rho}{n_{\mathrm{T}}}\sum_{j=1}^{n_{\mathrm{T}}}E[|\alpha_{ij}|^2]$。对于独立同分布的 Rayleigh 衰落 MIMO 信道，当信道衰落系数被模拟为零均值、每维方差为 0.5 的复高斯随机变量即 $\alpha_{ij}\sim\mathrm{CN}(0, 1)$ 时，每根接收天线上的平均信噪比 SNR 为 $\gamma=\rho$。对于独立同分布的 Rician 衰落 MIMO 信道，当信道衰落系数被模拟为非零均值、每维方差为 0.5 的复高斯随机变量即 $\alpha_{ij}\sim\mathrm{CN}(\mu, 1)$ 时，每根接收天线上的平均信噪比 SNR 为 $\gamma=(1+\kappa)\rho$，其中 $\kappa=|\mu|^2$ 为各子信道相同的 Rician 因子。

与香农公式给出的单天线系统的瞬时信道容量公式

$$C=\mathrm{lb}(1+\rho|\alpha|^2)\ \mathrm{bit/s/Hz} \tag{9-2-7}$$

相比，式(9-2-6)表明 MIMO 信道可等效为 r 个平行去偶子信道，其信道容量为这 r 个子信道容量之和。当收、发各天线互不相关(即收、发天线对间的子信道相互独立)时，r 的值最大且为 $\min(n_{\mathrm{T}}, n_{\mathrm{R}})$，因而也可以说在互不相关的 MIMO 信道中，信道容量与 $\min(n_{\mathrm{T}}, n_{\mathrm{R}})$ 成线性关系增长。当收、发各天线间具有一定的相关性时，$r<\min(n_{\mathrm{T}}, n_{\mathrm{R}})$，系统的信道容量就会相应减小。当 $r=1$ 时，系统信道容量最小。故有结论：MIMO 系统的信道容量随信道矩阵的秩 r 线性增长，只要 $r>1$ 就远大于同信道单天线系统的信道容量。这样，为了提高 MIMO 系统的信道容量，要求信道矩阵的秩应尽量大，即要求收、发各天线互不相关。通常，可以通过增大天线间的空间距离来降低子信道间的相关性。一般来说，发送端天线间距为传输信号载波波长的10倍，接收端天线间距为信号载波波长的一半时，就可使各子信道间互不相关。然而，事实上子信道间的低相关性并不能保证 MIMO 系统一定能获得大的信道容量。受周围环境的影响，互不相关的衰落信道中信道矩阵的秩也很容易被降低，使 MIMO 系统的信道容量减小。

由于信道衰落系数是随机变量，对瞬时信道容量 C 求平均即可得到 MIMO 系统的平均信道容量 $\bar{C}$，即

$$\bar{C}=E_{\alpha}[C] \tag{9-2-8}$$

在 Rayleigh 衰落信道中，系统平均信道容量为

$$\bar{C}=\int_0^{\infty}\mathrm{lb}\left(1+\frac{\rho}{n_{\mathrm{T}}}\lambda\right)\sum_{k=0}^{m-1}\frac{k!}{(k+n-m)!}[L_k^{n-m}(\lambda)]^2\lambda^{n-m}\mathrm{e}^{-\lambda}\mathrm{d}\lambda \tag{9-2-9}$$

式中，$L_k^{n-m}(x)=\frac{1}{k!}\mathrm{e}^x x^{m-n}\frac{d^k}{\mathrm{d}x^k}(\mathrm{e}^{-x}x^{n-m+k})=\sum_{i=0}^{k}(-1)^i\binom{k+n-m}{k-i}\frac{x^i}{i!}$ 为 k 阶联合拉盖尔(Laguerre)多项式，$\binom{n}{k}=\frac{n!}{k!\ (n-k)!}$。

例 9-2-1　对 Rayleigh 衰落信道中 MIMO 系统的信道容量进行仿真。

解　采用蒙特卡罗法对 MIMO 信道容量进行仿真，仿真中对 5000 次实验样本求平均值。

本例 MATLAB 参考程序如下：

```
%参数设置
```

```
nt =2;      %发射天线数
nr =2;      %接收天线数
m = min(nt, nr);
n = max(nt, nr);
dx = 0.001;
x =0: dx: (10+5 * n);
snr_dB = 0: 5: 30;
snr =10.^(snr_dB./10);
for k =1: 1: length(snr)
  y(k) =sum( log2( 1+snr(k) * x/nt ) .* pdf_rayleigh(m, n, x)) * dx * m;%数值结果
  c_ray(k)=Ray_capacity(snr(k), nt, nr);      %蒙特卡罗仿真
end

%-----------------------------------------------------------------
function [y] = pdf_rayleigh(m, n, x)            %瑞利信道的概率密度函数
for i=1: 1: length(x)
  for k=0: 1: m-1
    a = factorial(k) / factorial(k+n-m);
    b = lague_z(k, n-m, x(i))^2 * x(i)^(n-m) * exp(-x(i));
    yy(k+1) = a * b;
  end
  y(i) = sum(yy)/m;
end
%-----------------------------------------------------------------
function [y]=lague_z(k, n, x)            %Laguerre 函数
for i = 0: 1: k
  bx = factorial(n+k)/(factorial(k-i) * factorial(n+i));
  yy(i+1)=  (-1).^i .* bx .* (x.^i) ./factorial(i) ;
end
y=sum(yy);

%-----------------------------------------------------------------
function [y]=Ray_capacity(snr, nt, nr)  %瑞利衰落信道中 MIMO 信道容量蒙特卡罗仿真
m = min(nt, nr);
M = 1000;
y = 0;
for k =1 : M
  a =sqrt(0.5) * (randn(nr, nt) + sqrt(-1) .* randn(nr, nt));
  if nt > nr
    W = a * a';
  else
    W = a' * a;
  end
```

```
        temp = log2( det(eye(m) + (snr/nt) .* W) );
        y = y + temp;
    end
    y = real(y)/M;
```

图 9-2-2 给出了本程序在 n_T 和 n_R 取不同值时的仿真结果。为作对比，图中同时给出了数值计算的理论结果和蒙特卡罗仿真结果。从图中曲线可以看出仿真和理论结果基本一致，而且收、发天线数目对系统信道容量都有影响，其中接收天线数对信道容量的影响更明显。

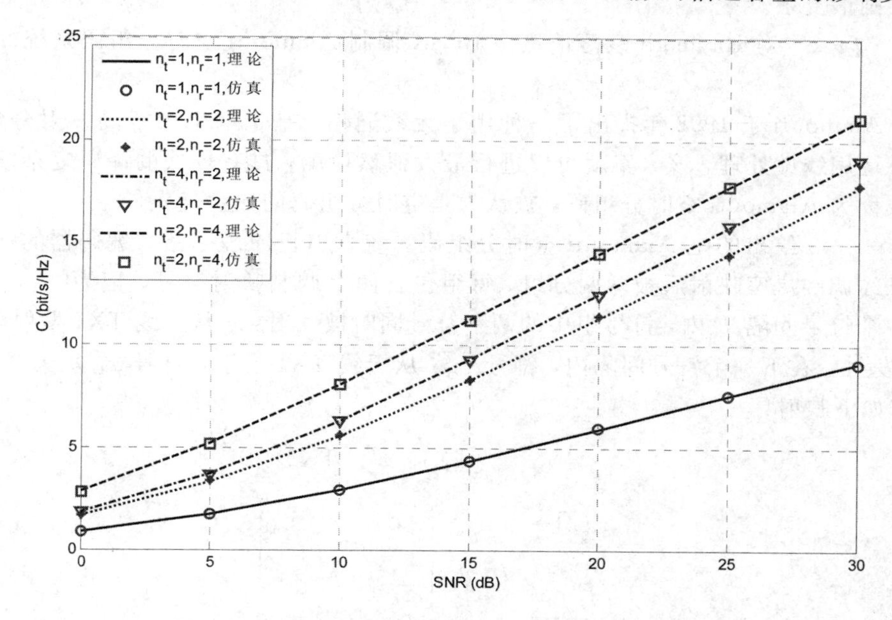

图 9-2-2　瑞利衰落信道中 MIMO 系统的信道容量

9.2.3　空间分集与 MIMO 系统的性能仿真

MIMO 技术本质上是一种天线分集，通过在发送端和接收端由空间上分开排列的多个收、发天线或天线阵列以发射分集和接收分集的方式进行信息传输，以期充分利用收、发两端之间的多个子信道间的独立性来弥补单一信道上的衰落对信息传输的影响。根据发射信号空间映射方式的不同，MIMO 系统在具体实现上大致可分为两类，即空间分集和空间复用。空间分集是指利用多根发射天线将具有相同信息的信号通过不同的子信道发送出去，在接收端获得同一数据符号的多个独立衰落副本，主要是通过获得分集增益来提高系统信息传输的可靠性。目前在 MIMO 系统中常用的空间分集技术主要有空时分组码(STBC)、空时格码(STTC)和波束成形技术等。空间复用是将待发送的数据分成几个数据流，然后分别通过不同的天线进行发送，通过提高信息传输的速率来提高系统信息传输的有效性。常用的空间复用方法是贝尔实验室提出的垂直分层空时码，即 V-BLAST 技术。接收端为正确恢复源信息，需要对来自各子信道的接收信号进行特定的合并处理。常用的分集合并方式有三种：选择合并(SC)、等增益合并(EGC)和最大比值合并(MRC)。

(1) 选择合并是一种较简单的分集合并方法，接收端检测所有分集支路的信号，选择其中瞬时信噪比最高的一路作为合并器的输出。

(2) 等增益合并是一种性能次优但比较简单的线性合并方法，将所有的分集支路信号以相同的支路增益(加权系数)进行直接相加，相加后的信号作为合并器的输出。

(3) 最大比值合并是一种性能最优的线性合并方法，接收端检测所有分集支路的信噪比，以此控制各支路增益，使它们分别与本支路的信噪比成正比，再相加作为合并器的输出。

这几种合并方式改善总接收信号信噪比的能力是不同的，最大比值合并方式性能最好，等增益方式次之，选择合并最差；而在实现复杂度方面，等增益方式最简单，最大比值合并方式则最复杂。

例 9-2-2 对 Rayleigh 衰落信道中 BPSK 调制 Alamouti 空时分组码系统性能进行仿真。

解 Alamouti 于 1998 年提出了一种用于无线通信、基于两个天线的发射分集方案，在接收端运用线性处理，该方案就可以进行最大似然检测，具有较低的译码复杂度。该方案通常被称为 Alamouti 空时分组码，被认为是空时分组码的典型代表。

图 9-2-3 给出的是 Alamouti 空时分组码系统发射机原理框图。编码器的输入符号即源信息经调制星座映射后被两两分组，每组包含两个调制映射符号，记为$[x_1, x_2]$。在给定的一个符号间隔 T_s内，符号组中的两个符号同时被发射：x_1从天线 TX1 发射，x_2从天线 TX2 发射。在下一个符号间隔内，符号$-x_2^*$从天线 TX1 发射，符号 x_1^* 从天线 TX2 发射，即有如下映射：

$$[x_1, x_2] \rightarrow \begin{array}{c} \\ t \\ t+T_s \end{array} \begin{array}{c} \text{TX1}: x^1 \quad \text{TX2}: x^2 \\ \begin{bmatrix} x_1 & x_2 \\ -x_2^* & x_1^* \end{bmatrix} \end{array} \tag{9-2-10}$$

Alamouti 空时分组码的主要特征是两根发射天线上的发射信号是正交的，也就是在两个连续符号时间内发射的信号内积为 0：

$$x^1 \cdot (x^2)^* = x_1 x_2^* - x_2^* x_1 = 0 \tag{9-2-11}$$

且编码矩阵具有如下特征：

$$\boldsymbol{X} \cdot \boldsymbol{X}^{\mathrm{H}} = \begin{bmatrix} |x_1|^2 + |x_2|^2 & 0 \\ 0 & |x_1|^2 + |x_2|^2 \end{bmatrix} = (|x_1|^2 + |x_2|^2)\boldsymbol{I}_2 \tag{9-2-12}$$

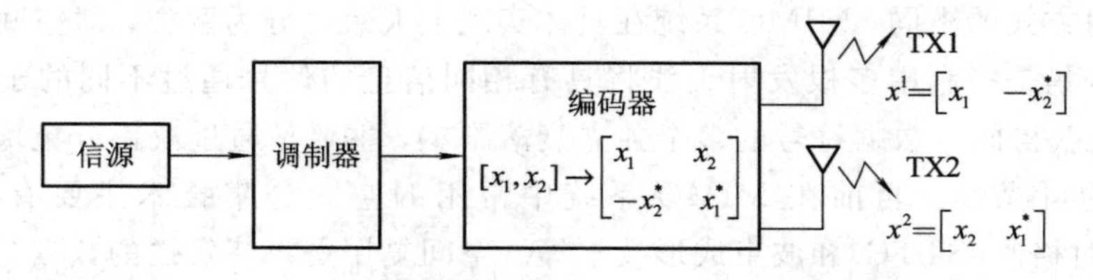

图 9-2-3 Alamouti 空时分组码系统的发射机原理框图

图 9-2-4 是接收端采用一根天线接收 Alamouti 空时分组码信号的接收机原理框图。在 t 时刻，从第一、二两根发射天线到接收天线的信道衰落系数分别用 $\alpha_1(t)$和 $\alpha_2(t)$表示。假设信道衰落为平坦慢衰落，即在两个连续符号发射周期内保持不变，表示为

$$\begin{cases} \alpha_1(t) = \alpha_1(t+T_s) = \alpha_1 = |\alpha_1| \mathrm{e}^{\mathrm{j}\theta_1} \\ \alpha_2(t) = \alpha_2(t+T_s) = \alpha_2 = |\alpha_2| \mathrm{e}^{\mathrm{j}\theta_2} \end{cases} \tag{9-2-13}$$

式中，$|\alpha_i|$ 和 $\theta_i(i=1, 2)$ 分别为发射天线 i 到接收天线的信道幅度增益和相移。接收天线在两个连续符号时间内的接收信号可以表示为

$$\begin{cases} r_1=\alpha_1 x_1+\alpha_2 x_2+n_1 \\ r_2=-\alpha_1 x_2^*+\alpha_2 x_1^*+n_2 \end{cases} \tag{9-2-14}$$

其中，n_1 和 n_2 分别表示 t 时刻和 $t+T_s$ 时刻信道中的加性高斯白噪声的抽样，可建模为每维均值为 0、方差为 $N_0/2$ 的独立复高斯随机变量。

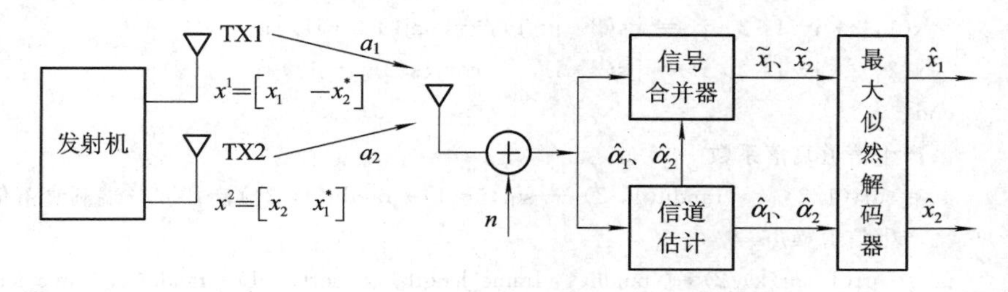

图 9-2-4　Alamouti 空时分组码系统接收机原理框图

假设接收机通过信道估计能得到精准的信道状态信息，信号合并器依据下式合并两个时刻的接收信号，输出为

$$\begin{cases} \tilde{x}_1=\alpha_1^* r_1+\alpha_2 r_2^*=(|\alpha_1|^2+|\alpha_2|^2)x_1+\alpha_1^* n_1+\alpha_2 n_2^* \\ \tilde{x}_2=\alpha_2^* r_1-\alpha_1 r_2^*=(|\alpha_1|^2+|\alpha_2|^2)x_2-\alpha_1 n_2^*+\alpha_2^* n_1 \end{cases} \tag{9-2-15}$$

最大似然解码器对输入信号进行最大似然译码，在调制信号的符号集 $\boldsymbol{S}$ 范围内依据下式对 x_1 和 x_2 分别作出独立判决：

$$\begin{cases} \hat{x}_1=\arg\min\limits_{\hat{x}_1\in \boldsymbol{S}}((|\alpha_1|^2+|\alpha_2|^2-1)|\hat{x}_1|^2+d^2(\tilde{x}_1, \hat{x}_1)) \\ \hat{x}_2=\arg\min\limits_{\hat{x}_2\in \boldsymbol{S}}((|\alpha_1|^2+|\alpha_2|^2-1)|\hat{x}_2|^2+d^2(\tilde{x}_2, \hat{x}_2)) \end{cases} \tag{9-2-16}$$

若系统采用 MPSK 调制，则在给定信道衰落系数的前提下，$(|\alpha_1|^2+|\alpha_2|^2-1)|\hat{x}_i|^2$ $(i=1, 2)$ 对于所有信号都是恒定的。故判决规则可进一步简化为

$$\begin{cases} \hat{x}_1=\arg\min\limits_{\hat{x}_1\in \boldsymbol{S}} d^2(\tilde{x}_1, \hat{x}_1)=\arg\min\limits_{\hat{x}_1\in \boldsymbol{S}}|\tilde{x}_1-\hat{x}_1|^2 \\ \hat{x}_2=\arg\min\limits_{\hat{x}_2\in \boldsymbol{S}} d^2(\tilde{x}_2, \hat{x}_2)=\arg\min\limits_{\hat{x}_2\in \boldsymbol{S}}|\tilde{x}_2-\hat{x}_2|^2 \end{cases} \tag{9-2-17}$$

上述接收方案也可推广到多天线接收情况，且对于 MPSK 调制系统而言其最大似然译码准则与式(9-2-17)相同，区别之处仅是式(9-2-15)中的合并信号要由多个接收天线收到的信号合并而成。

本例采用基带仿真方法进行仿真，MATLAB 参考程序如下：

```
%参数设置
snr_dB =1 : 2 : 20;
snr =10.^(snr_dB/10);
frame_length = 100;        %帧长
for k =1: length(snr_dB)
```

```
  errnum = 0;
  frame_num = 0;
  while errnum < 10^5 /(snr_dB(k)+1)
    %产生 Alamouti 码发射信号
    ss = randint(1, frame_length);
    s=  (-1).^ss;          %BPSK 调制
    for i =1 : frame_length/2
      x(1, 2*i-1: 2*i) = [s(2*i-1), -conj(s(2*i))];
      x(2, 2*i-1: 2*i) = [s(2*i),    conj(s(2*i-1))];
    end
    %产生信道衰落系数
    a = sqrt(1/2) * (randn(1, 2) + sqrt(-1)*randn(1, 2));       %瑞利衰落信道系数
    %产生信道噪声
    n = sqrt(1/snr(k)/2)*( randn(1, frame_length) + sqrt(-1)*randn(1, frame_length) );
    %产生接收信号
    r = a * x + n;
    %接收端最大似然检测
    U = [1 -1];                          %发送的调制符号集
    for i =1 : frame_length/2
      y1=  r(2*i-1)*conj(a(1)) + conj(r(2*i))*a(2);
      y2=  r(2*i-1)*conj(a(2)) - conj(r(2*i))*a(1);
      yy1(1) = (abs(y1 - U(1)))^2;
      yy1(2) = (abs(y1 - U(2)))^2;
      yy2(1) = (abs(y2 - U(1)))^2;
      yy2(2) = (abs(y2 - U(2)))^2;
      if yy1(1) < yy1(2)
        dd(2*i-1) = 1;
      else
        dd(2*i-1) = -1;
      end
      if yy2(1) < yy2(2)
        dd(2*i) = 1;
      else
        dd(2*i) = -1;
      end
    end
    d = (1-sign(dd))./2;
    err = sum(xor(ss, d));
    errnum = errnum + err;
    frame_num = frame_num +1;
  end
  Pe(k) = errnum/frame_num/frame_length
end
```

图 9-2-5 给出了本程序的仿真结果，为作对比，同时还给出了 BPSK 调制两根天线接收的 MRC 接收分集系统在 Rayleigh 衰落信道中的误码性能曲线。仿真中，Alamouti 码系统中每根发射天线和接收分集系统中单根发射天线的发射功率相同。可见，单根天线接收的 Alamouti 系统和单天线发射的两分集 MRC 接收系统有相同的分集增益。

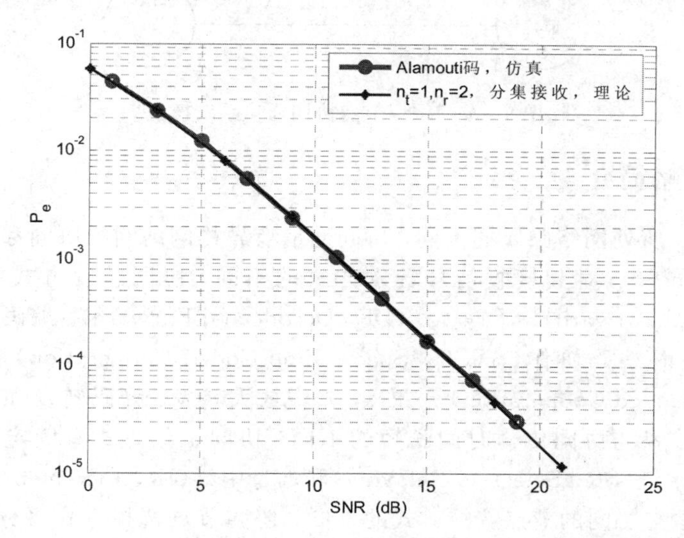

图 9-2-5　BPSK 调制 Alamouti 空时分组码系统在 Rayleigh 衰落信道中的误码性能

9.3　协同通信系统

受用户终端尺寸或硬件复杂度等的限制，具有优异抗衰落能力的 MIMO 技术在许多实际通信场合可能无法得到有效应用，针对此现状，业界提出了协同通信的概念。协同通信是通过单天线用户终端相互作为中继、共享天线，产生类似于多天线发送的虚拟环境，获得空间分集增益，从而提高系统的传输性能。作为一种分布式的虚拟多天线传输技术，它融合了分集与中继传输的技术优势，在不增加天线数量的基础上，可在传统通信网络中实现并获得多天线与多跳传输的性能增益，从而提高系统的传输性能，具有优异的抗衰落能力，已被普遍认为是民用和军用通信中一种极具应用前景的新兴抗衰落技术。与网络层的协同处理不同，协同通信主要是通过物理层的信号传输方式来保证信息传输的质量或扩大通信的范围。

图 9-3-1 是一个三节点协同通信系统的基本模型。协同通信一般分两个阶段完成：第一阶段，源节点向协同节点和目的节点以广播的形式发送信息，协同节点在接收到来自源节点的信号后进行处理；第二阶段，协同节点按照一定的协同转发方式向目的节点转发信号。目的节点对两个阶段内接收到的信号进行合并，恢复源信息。目的节点常用选择性合并(SC，Selection Combining)、等增益合并(EGC，Equal Gain Combining)和最大比合并(MRC，Maximal Ratio Combining)等几种合并方式对其接收信号进行合并。需要注意的是，相对于传统的单天线系统和 MIMO 系统，协同通信不仅需要系统中有能参与协同传输的协同节点，而且还要明确这些协同节点以什么样的工作方式参与信息的协同传输，即协同的策略问题，这也是协同通信系统实现的关键之一。

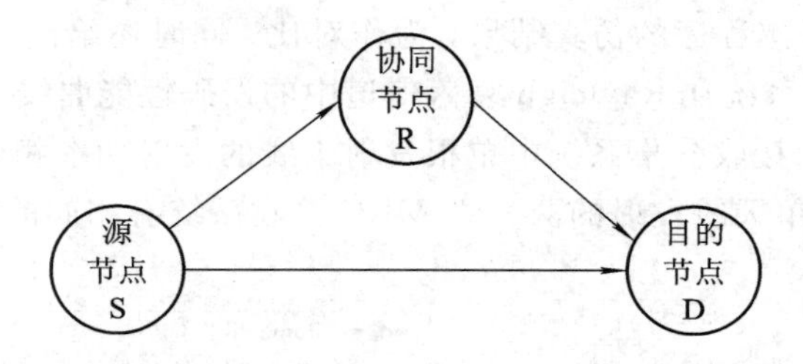

图 9-3-1　三节点协同通信系统模型

9.3.1　协同策略简介

根据协同节点所处网络归属的不同，协同通信有异构网络间的协同和同构网络间的协同之分。根据协同节点对其接收信号转发方式的不同，协同转发方式主要有放大转发(AF，Amplify and Forward)、译码转发(DF，Decode and Forward)、编码协作(CC，Coded Cooperation)、空时编码协作(STCC，Space-Time Coded Cooperation)和网络编码协作(NCC,Network Coded Cooperation)等方式，其中放大转发、译码转发和编码协作应用较多。根据协同节点参与协同传输时间长短的不同，协同工作方式有固定中继(FR，Fixed Relaying)、选择中继(SR，Selective Relaying)和增量中继(IR，Incremental Relaying)等之分。此外，根据参与协同的节点选择方式的不同，协同节点选择方式可分为全部协同、部分协同和机会协同等。下面以三节点协同系统为例，简要介绍协同节点常用的几种协同转发方式和协同工作方式。

1. 放大转发(AF)

AF 方式又称非再生中继方式，协同节点将接收到的源信号直接放大后转发出去，本质上是一种模拟信号的处理方式，其工作原理如图 9-3-2 所示。由于 AF 方式不对接收信号进行放大之外的其他处理，实现复杂度较低，所以在协同通信系统中得到了最为广泛的应用。但 AF 方式存在噪声传播问题，即协同节点在放大转发源信号的同时也放大了噪声。

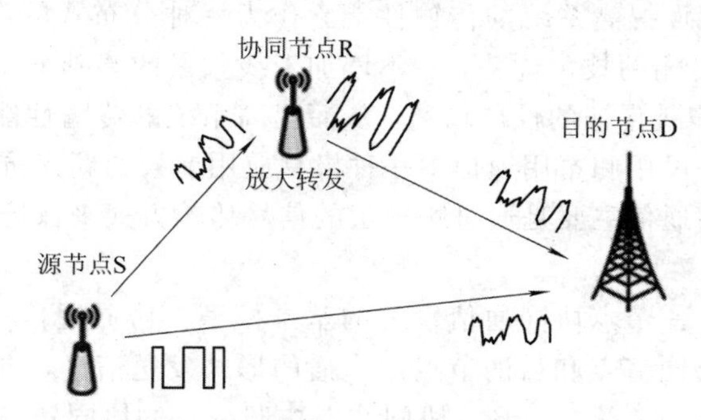

图 9-3-2　放大转发协同通信示意图

2. 译码转发(DF)

DF 方式又称再生中继方式，协同节点先对接收到的源信号进行译码操作，再将译码后的信息重新编码，然后才进行转发，本质上是一种数字信号处理方式，其工作原理如图 9-3-3 所示。DF 方式虽然不会带来噪声传播问题，但受源节点与协同节点间协同信道质量的影响较大，且系统实现复杂度也因协同节点需要进行译码操作，会有一定程度的增加。当协同信道质量较差时，协同节点可能无法正确译码而导致协同传输失败。

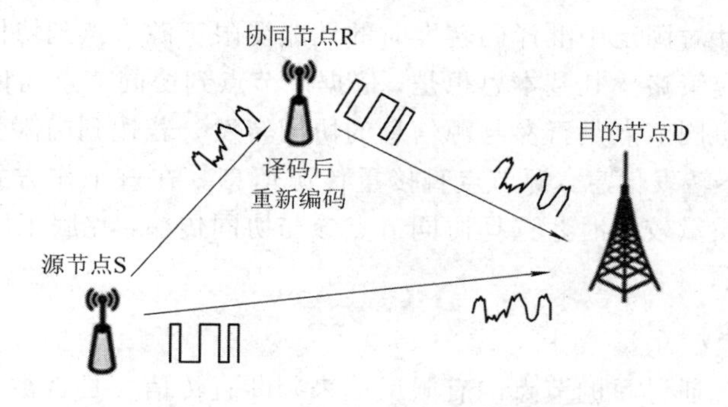

图 9-3-3　译码转发协同通信示意图

3. 编码协同(CC)

CC 方式是将协同传输与信道编码相结合，协同节点正确解码伙伴信息后再重新编码转发出去，其工作原理如图 9-3-4 所示。源节点对源信息先进行循环冗余校验编码，K 位信息编码成长度为 N 的编码数据 X，然后将其分为长度分别为 $N1$ 和 $N2$ 的两部分 $X1$ 和 $X2$，再分时隙分别发送：第一时隙，源节点发送编码数据 $X1$，目的节点和协同节点接收，同时协同节点对接收到的编码数据 $X1$ 进行译码恢复出整个编码数据 X；第二时隙，协同节点根据重新编码数据 X 产生编码数据 $X2$，再将新产生的编码数据 $X2$ 发送给目的节点。此过程实际上是假设协同节点能正确译码并完全无误地恢复源编码数据 X 的，若协同节点不能够正确译码，则在第二时隙将由源节点发送编码数据 $X2$ 给目的节点。目的节点根据两个时隙内接收到的编码数据 $X1$ 和 $X2$ 恢复出源信息。由上述过程可见，CC 通过编码设计可以实现协同与非协同通信方式之间的自动切换，此时无需直接考虑源节点与协同节点之间的信道特征。此外，CC 也可看做译码转发的一种特殊形式，但研究时通常是对它们分别进行讨论。

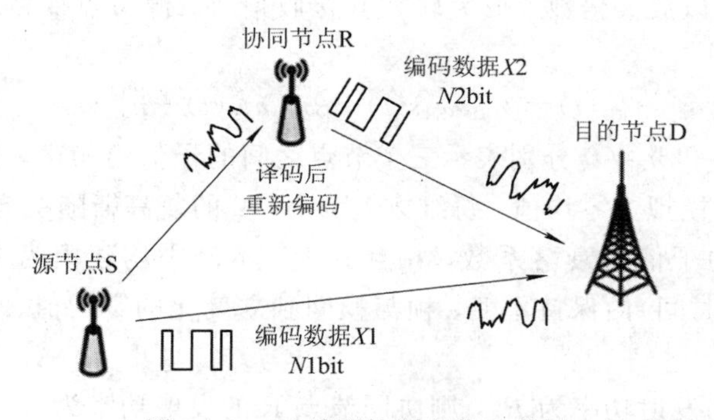

图 9-3-4　编码协同通信示意图

4. 固定中继(FR)

固定中继是指无论节点间信道质量如何，被选中的协同节点都会转发其接收到的信息。在该工作方式下，转发方式通常采用放大转发或者译码转发。

5. 选择性中继(SR)

选择性中继是针对固定中继译码转发时的性能受限于源节点到协同节点间的信道质量而提出的一种自适应策略。其基本思想是，依据源节点到协同节点间信道质量是否达到指定的门限值来决定协同节点是否参与源信息的协同转发。若达到门限值，协同节点转发信息，否则协同节点不转发信息，源节点直接重传源信息。在该工作方式下，只有在源节点到协同节点间信道质量较好时才选择协同节点参与协同传输，克服了固定中继译码转发时存在的错误传播问题。

6. 增量中继(IR)

增量中继是系统通过目的节点的有限反馈来判断直传信号是否被成功接收来决定协同节点是否参与协同传输，只有在直传不成功时协同节点才参与协同转发。该工作方式不仅避免了一些没有必要的协同重传，而且还可以克服固定中继和选择性中继方式下系统频谱效率较低的问题。增量中继可被看做混合自动重传请求 HARQ，目的节点通过广播 ACK 或者 NACK 信息表明直传信号是否被成功接收，协同节点只有在接收到 NACK 信息时才参与协同转发信息。

9.3.2 典型协同通信系统仿真

例 9-3-1 对三节点协同通信系统性能进行仿真，假设系统采用 BPSK 调制且工作于 Rayleigh 平坦慢衰落环境，协同节点采用 AF 转发方式以固定中继方式参与协同传输。

解 仿真采用图 9-3-2 所示的三节点 AF 协同通信系统模型。在系统工作过程中，第一时隙源节点 S 向协同节点 R 和目的节点 D 发送信号 $s(t)$，协同节点和目的节点的接收信号分别表示为

$$y_{\mathrm{SR}}(t)=\alpha_{\mathrm{SR}}s(t)+n_{\mathrm{SR}}(t) \tag{9-3-1}$$

$$y_{\mathrm{SD}}(t)=\alpha_{\mathrm{SD}}s(t)+n_{\mathrm{SD}}(t) \tag{9-3-2}$$

第二时隙，协同节点以放大倍数 β 放大转发其接收信号，源节点保持静默，目的节点接收信号，表示为

$$y_{\mathrm{RD}}(t)=\beta\alpha_{\mathrm{RD}}\alpha_{\mathrm{SR}}s(t)+\beta\alpha_{\mathrm{RD}}n_{\mathrm{SR}}(t)+n_{\mathrm{RD}}(t) \tag{9-3-3}$$

式中，$n_{\mathrm{SR}}(t)$、$n_{\mathrm{SD}}(t)$和 $n_{\mathrm{RD}}(t)$分别表示三个节点之间的子信道噪声，假设它们之间相互独立且同分布，均可被模拟为零均值、每维方差为 $N_0/2$ 的复高斯随机变量；α_{SR}、α_{SD}和 α_{RD}分别为三个节点之间的子信道衰落系数，相互独立，本例中均建模为在每帧数据传输时间(假设等于信道相干时间)内保持不变、帧与帧间独立变化的零均值、每维方差为 0.5 的复高斯随机变量。

假设源节点 S 的发射功率为 P_{S}，则协同节点 R 的发射功率为

$$P_{\mathrm{R}}=\beta^2[|\alpha_{\mathrm{SR}}|^2P_{\mathrm{S}}+N_0] \tag{9-3-4}$$

则系统的总发射功率为

$$P=P_{\mathrm{S}}+P_{\mathrm{R}} \tag{9-3-5}$$

为使协同节点 R 的发射功率 P_{R}恒定，且假设为 P_1，则放大倍数 β 的取值应为

$$\beta^2=\frac{P_1}{|\alpha_{\mathrm{SR}}|^2P_{\mathrm{S}}+N_0} \tag{9-3-6}$$

β的这种取值方法需要知道信道噪声的统计特性。为简化分析，β通常也可按下式取值：

$$\beta^2=\frac{P_1}{|\alpha_{SR}|^2P_S} \tag{9-3-7}$$

此时，协同节点 R 的发射功率为

$$P_R=P_1\left[1+\frac{1}{|\alpha_{SR}|^2P_S/N_0}\right] \tag{9-3-8}$$

式中，$|\alpha_{SR}|^2P_S/N_0$ 实际上是协同节点 R 处的瞬时接收信噪比，当该信噪比较大时，协同节点 R 的发射功率近似为 P_1。文献研究表明 β 的这两种取法对系统性能的影响并不大。为简便起见，本例采用后一种取法。

本例采用 MRC 方式合并目的节点 D 在两个时隙内的接收信号。经延时处理后，目的节点 D 处最大比值合并器的输出信号为

$$y(t)=a_1y_{SD}(t)+a_2y_{RD}(t) \tag{9-3-9}$$

式中，a_1和 a_2为合并系数，分别为

$$\begin{cases}a_1=\alpha_{SD}^*\\ a_2=\dfrac{\beta\alpha_{SR}^*\alpha_{RD}^*}{1+\beta^2|\alpha_{RD}|^2}\end{cases} \tag{9-3-10}$$

本例采用基带仿真方法进行仿真，MATLAB 参考程序如下：

```
%参数设置
snr_dB = 3：3：21;
snr =10.^(snr_dB./10);
for k =1 ：length(snr)
  frame_length = 100;
  errnum = 0;
  frame_num = 0;
  while errnum < 10^6/((snr_dB(k)+1)^2)          %当误码数达到规定值，终止循环
    frame_num = frame_num + 1;
    %产生基带信号
    s = randint(1, frame_length);                 %生成单极性信号
    x =sqrt(1/2) * (-1).^s;                       %转变为双极性 BPSK 信号
    %产生信道噪声
    n = sqrt(1/snr(k)/2) *( randn(3, length(x)) + sqrt(-1) * randn(3, length(x)) );
    %产生信道衰落系数
    alpha = sqrt(1/2) * ( randn(1, 3) + sqrt(-1) * randn(1, 3) ); %瑞利衰落信道系数
    %第一时隙的接收信号
    y1 =alpha(1) .* x + n(1, :);                  %协同节点的接收信号
    y2 =alpha(2) .* x + n(2, :);                  %目的节点的接收信号
    %产生第二时隙的接收信号
    beta = 1/abs(alpha(1));       %转发放大倍数，源与协同节点等功率发射
    y3=   beta .* alpha(3) .* y1 +   n(3, :);
    %MRC 相干检测
    a1 = conj(alpha(2));            %合并系数
    a2 = beta * conj(alpha(1)) * conj(alpha(3)) / (1+ beta^2 * abs(alpha(3))^2) ;
```

```
        y = a1 .* y2 + a2 .* y3;
        d = (1-sign(real(y)))/2;                    %判决
        errnum = errnum + sum( xor(d, s) );         %统计误码
    end
    Pb(k) = errnum / frame_length /frame_num
end
```

图 9-3-5 给出了本程序的仿真结果。为作对比，图中同时还给出了 BPSK 调制单天线直传和单发两收分集接收系统在 Rayleigh 衰落信道中的误码性能曲线，其中单发两收分集接收 1 和 2 分别代表分集系统的发射功率与协同系统总发射功率相同和与协同系统中源节点发射功率相同两种情况。从图中曲线可以看出，协同通信可获得分集增益，优于同发射功率的单天线直传系统，但由于受源节点与协同节点间协同信道质量的影响，其性能比两分集接收系统的要差些。

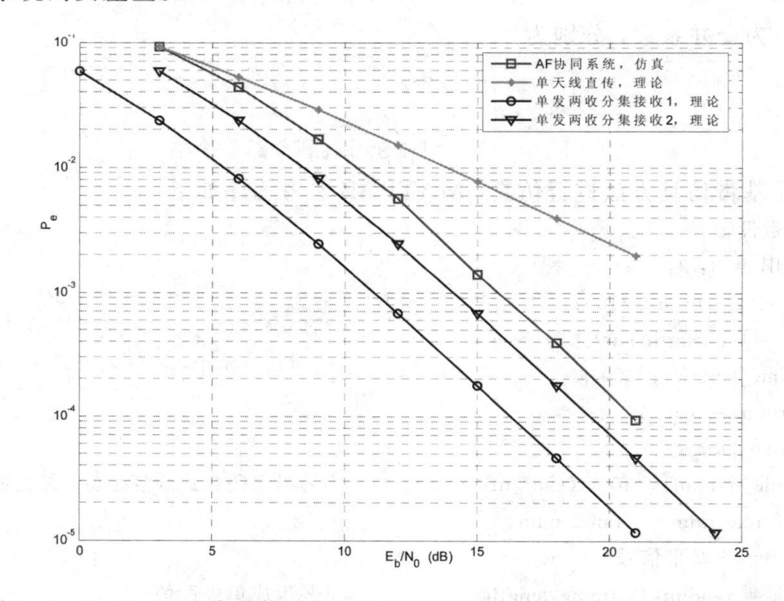

图 9-3-5 Rayleigh 衰落信道中三节点 BPSK 调制 AF 协同通信系统性能曲线

9.4 OFDM 通信系统

正交频分复用(OFDM，Orthogonal Frequency Division Multiplexing)是一种无线环境下的高速多载波传输技术，目前已成为现代通信中实现高速数据传输的主要方法之一。在宽带无线通信中，随着数据传输速率的不断提高，与信道延时扩展相比，发送符号周期变得越来越小，会导致发射信号经信道传输时要经历频率选择性衰落，引起严重的码间串扰(ISI)。OFDM 就是通过利用多载波传输技术将频率选择性信道转化为多个并行的频率非选择性子信道，实现高速数据低 ISI 传输的一种新兴技术。其基本思想是：在频域内将给定信道分成许多正交子信道，在每个子信道上使用一个子载波进行调制，这样高速的输入数据就被降速成多路并行的低速数据，然后通过多个子信道进行并行传输，从而可有效抑制无线信道的频率选择性衰落带来的 ISI。也减少了接收机内均衡器的实现复杂度，有时

甚至可以不采用均衡器，仅通过插入循环前缀的方法就可消除 ISI 的不利影响。

OFDM 技术除了可以很好地对抗无线信道中的频率选择性衰落外，还可有效提高系统信息传输的有效性，这是因为在 OFDM 系统中各子载波相互正交，可有效避免载波间干扰(ICI)，而且各子载波所处的子信道的频谱相互重叠，这与各子信道频谱不重叠的传统的频分复用技术相比，大大提高了系统的频带利用率。

OFDM 技术拥有非常广阔的发展前景，已被选作多种无线通信系统的标准，如欧洲数字音频广播(DAB)和数字视频广播(DVB)、IEEE 宽带无线局域网(WLAN)802.11 和欧洲 HIPERLAN 等，而且也是第四代移动通信(4G)及 5G 的核心技术。

9.4.1　OFDM 系统模型

OFDM 系统中可以设法消除码间串扰，而在单载波系统中码间串扰是不可避免的。如果 T_s是一个单载波系统中的符号宽度，那么具有 K 个子信道的 OFDM 系统的符号宽度就是 $T=KT_s$。通过将 K 选取得足够大，可以使 OFDM 系统中的符号宽度 T 远大于信道的弥散时间，可见通过适当地选取 K 值可将 OFDM 系统的码间串扰减小到任意小。此时，每个子信道的带宽足够小，看起来好像有一个固定不变的频率响应 $C(f_k)$，$k=1, 2, \cdots, K-1$。

图 9-4-1 是一个 OFDM 系统模型。在 OFDM 系统中，子载波数据符号通常采用 PSK 调制和 QAM 调制，本节以 QAM 调制为例进行介绍。在发送端，系统首先通过串/并转换将输入的信源符号分成并行的 K 路，再对每路信源符号分别进行 QAM 星座调制映射，得到调制符号 $b_k(k=0, 1, 2, \cdots, K-1)$；然后将这 K 路 QAM 调制符号分别与 K 个独立的子载波进行上变频处理，得到 K 路子载波信号，最后将其合并即可得到一个 OFDM 信号，送入信道进行传输。第 n 个 OFDM 符号的复信号可表示为

$$s(t)=\sum_{k=0}^{K-1} b_k g\left(t-nT-\frac{T}{2}\right)\exp[\mathrm{j}2\pi f_k(t-nT)] \quad nT \leqslant t \leqslant (n+1)T \qquad (9-4-1)$$

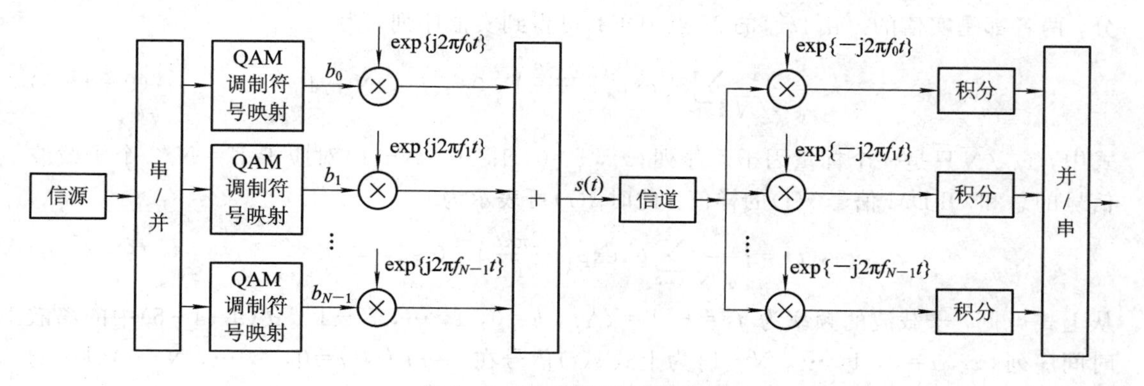

图 9-4-1　OFDM 系统模型

式中，b_k代表每个子载波上的 QAM 调制数据符号，矩形信号波形 $g(t)=1$，$|t|\leqslant T/2$，T 为一个 OFDM 符号的持续时间宽度，$f_k=f_c+k\Delta f$ 为第 $k(k=0, 1, 2, \cdots, K-1)$个子载波的载波频率，$f_c$为载波频率，$\Delta f=1/T$ 为相邻子载波间的频率间隔，其可使系统中各子载波在整个 OFDM 信号的符号周期内满足正交性。OFDM 信号经信道进行传输时，由于每个子载波信道的频率响应都是固定的，这样各子载波信号也就不会再受到频率选择性衰落的影响。在接收端，系统对每个子载波信号分别进行接收，恢复出相应的 QAM 符号及

源信息，然后经并/串转换送给输出比特信息。

9.4.2 OFDM 调制解调的 DFT 算法实现

对于 K 值比较大的 OFDM 系统来说，式(9-4-1)所给出的 OFDM 信号的复基带形式(式中 $f_c=0$)可采用离散傅里叶逆变换(IDFT)方法实现。为表述方便，令式中 $n=0$，并忽略成形函数 $g(t)$，对信号 $s(t)$ 以 $f_s=N/T$ 的速率进行抽样，即令 $t=iT/N(i=0, 1, \cdots, N-1)$，则得

$$s_i = s\left(\frac{iT}{N}\right) = \sum_{k=0}^{K-1} b_k \exp\left(\mathrm{j}\,\frac{2\pi ik}{N}\right) \quad 0 \leqslant i \leqslant N-1 \tag{9-4-2}$$

可见，s_i 可等效为对 b_k 进行 IDFT 运算的结果。由于每个 IDFT 运算输出的数据符号样点 s_i 都是由所有子载波信号经叠加而生成的，因此也可以把 s_i 看做对连续的多个经过调制的子载波的叠加信号进行抽样得到的。同样，在接收端，为了恢复出原调制数据符号 b_k，可以对 s_i 进行逆变换即 DFT 运算，有

$$b_k = \sum_{i=0}^{N-1} s_i \exp\left(-\mathrm{j}\,\frac{2\pi ik}{K}\right) \quad 0 \leqslant k \leqslant K-1 \tag{9-4-3}$$

可见，OFDM 系统的调制器和解调器可分别由 IDFT 和 DFT 算法来实现。

需要注意的是，在系统具体实现时，式(9-4-2)中 N 的取值需要特别考虑。若直接取 $N=K$，则由式(9-4-2)计算得到 $\{b_k\}$ 的 K 点 IDFT 是一个复时间级数，并不等价于 K 个 QAM 调制信号。另一方面，由于发送信号 $s(t)$ 必须是某个实值信号，因此它的 N 点 DFT$\{b_k\}$ 必定满足对称性，即 $b_{N-k}=b_k^*$。因此从 K 个调制符号 $\{b_k\}$，根据下面的定义

$$\begin{cases} b'_k = b_k,\ b'_{N-k} = b_k^*,\ k=1, 2, \cdots, K-1 \\ b'_0 = \mathrm{Re}(b_0),\ b'_K = \mathrm{Im}(b_0) \end{cases} \tag{9-4-4}$$

创建出 $N=2K$ 个新符号序列 $\{b'_k, k=0, 1, \cdots, N-1\}$。这里，调制符号 b_0 被分成两部分，两者都是实值的。由 $\{b'_k\}$ 的 N 点 IDFT 可得到实值序列，为

$$x_i = \frac{1}{\sqrt{N}} \sum_{k=0}^{N-1} b'_k \exp\left(\mathrm{j}\,\frac{2\pi ik}{N}\right) \quad 0 \leqslant i \leqslant N-1 \tag{9-4-5}$$

式中，$1/\sqrt{N}$ 只是一个标量因子。序列 $\{x_i, i=0, 1, \cdots, N-1\}$ 对应于 $K=N/2$ 个子载波信号的总和 OFDM 信号 $s(t)$ 的样值，此时 $s(t)$ 可表示为

$$s(t) = \frac{1}{\sqrt{N}} \sum_{k=0}^{N-1} b'_k \exp\left(\mathrm{j}\,\frac{2\pi kt}{T}\right) \quad 0 \leqslant t \leqslant T \tag{9-4-6}$$

从上式可见，子载波的频率为 $f_k=k/T=k\Delta f$，$k=0, 1, \cdots, K-1$。式(9-4-5)中的离散时间序列 $\{x_i, i=0, 1, \cdots, N-1\}$ 为上式 $s(t)$ 信号在 $t=iT/N(i=0, 1, \cdots, N-1)$ 时刻的抽样值。值得注意的是，调制符号 b_0 通过式(9-4-4)给出的 b'_0 和 b'_K 表示，相对应于式(9-4-6)中的直流分量($f_0=0$)。为简单起见，可假定 $b_0=0$，使得由式(9-4-6)给出的多载波 OFDM 信号中没有直流分量。这样，使用由式(9-4-4)给出的对称条件，式(9-4-6)中的这个多载波 OFDM 信号可重写为

$$s(t) = \frac{2}{\sqrt{N}} \sum_{k=0}^{K-1} |b_k| \cos\left(\frac{2\pi k}{T}t + \theta_k\right) \quad 0 \leqslant t \leqslant T \tag{9-4-7}$$

其中的调制符号是 $b_k=|b_k|\mathrm{e}^{\mathrm{j}\theta_k}$，$k=0, 1, \cdots, K-1$。

需要说明的是，OFDM 系统中每个子载波可以采用相同星座的 QAM 调制，也可以采用不同星座的 QAM 调制。

例 9-4-1　编程产生一个基于 16QAM 调制的 OFDM 信号波形。

解　本例参考图 4-6-5 所示的 16QAM 调制信号星座图产生 OFDM 子载波信号。仿真中，假设子载波数 $K=10$，则取 $N=20$。假设子载波调制符号 $b_0=0$，另 9 个子载波调制符号从 16QAM 星座图中随机选取，记为$\{b_k, k=1, 2, \cdots, 9\}$。用 $T=100$ s 产生 $t=0, 1, \cdots, 100$ 的由式(9-4-6)给出的发送信号波形 $s(t)$，并画出该波形。根据式(9-4-5)计算 $i=0, 1, \cdots, N-1$ 时的 IDFT 值 x_i，比较这些 IDFT 值与计算得到的发送信号 $s(t)$在 $t=0, 1, \cdots, N-1$ 时的抽样值。最后，根据式(9-4-3)对这些 IDFT 值求 DFT，展示如何从 $s(t)$，$t=iT/N$，$i=0, 1, \cdots, N-1$ 的样本中恢复源信息符号$\{b_k, k=1, 2, \cdots, 9\}$。

本例 MATLAB 参考程序如下：

```
%参数设置
K = 10;            %子载波数
N = 2 * K;         %DFT 运算点数
T = 100;           %OFDM 信号符号持续宽度
%产生 9 个随机的 16QAM 调制信号符号
a =randint(1, 36);
bb = reshape(a, 9, 4);
for k = 1 : 9                          %QAM 调制星座图中采用格雷编码
  if bb(k, 1: 2) == [0 1]
    bi(k) = -3;
  elseif bb(k, 1: 2) == [0 0]
    bi(k) = -1;
  elseif bb(k, 1: 2) == [1 0]
    bi(k) = 1;
  elseif bb(k, 1: 2) == [1 1]
    bi(k) = 3;
  end
  if bb(k, 3: 4) == [0 1]
    bq(k) = -3;
  elseif bb(k, 3: 4) == [0 0]
    bq(k) = -1;
  elseif bb(k, 3: 4) == [1 0]
    bq(k) = 1;
  elseif bb(k, 3: 4) == [1 1]
    bq(k) = 3;
  end
  b(k) = bi(k) + j * bq(k);
end
bx = [0 b 0 conj(b(9: -1: 1)) ];     %构造 b'_k 序列
xt =zeros(1, 101);
for t = 0: 100
```

```
    for k =0: N-1
      xt(t+1) = xt(t+1) + 1/sqrt(N) * bx(k+1)*exp(j*2*pi*k*t/T);   %x(t)样值
    end
  end
  xi = zeros(1, N);
  for i =0: N-1
    for k =0: N-1
      xi(i+1) = xi(i+1) + 1/sqrt(N) * bx(k+1)*exp(j*2*pi*i*k/N);   %IDFT 值
    end
  end
  for i =0: N-1
    d(i+1) = xt(i*T/N+1) - xi(i+1);   %x(t)的抽样值与 IDFT 间的误差
  end
  plot([0: 100], abs(xt) )
  y =zeros(1, 10);
  for k =1 : 9
    for i =0 : N-1
      y(k+1) = y(k+1) + 1/sqrt(N) * xi(i+1)*exp(-j*2*pi*k*i/N);   %计算 DFT
    end
  end
  dd =y(1: 10)- bx(1: 10)
```

利用 IDFT 和 DFT 算法实现 OFDM 系统的框图如图 9-4-2 所示。在实际应用中，通常运用更加方便快捷的快速傅里叶逆变换/快速傅里叶变换(IFFT/FFT)代替 IDFT/DFT 来实现 OFDM 系统。N 点 IDFT 运算需要实施 N^2 次的复数乘法，而 IFFT 可以显著降低运算复杂度。对于常用的基为 2 的 IFFT 算法来说，其进行复数乘法的次数仅为 $(N/2)\mathrm{lb}\,N$，但是随着子载波个数 K 的增加，这种方法复杂度也会显著增加。对于子载波数量非常大的 OFDM 系统来说，可以进一步采用基为 4 的 IFFT 算法来实现傅里叶变换。

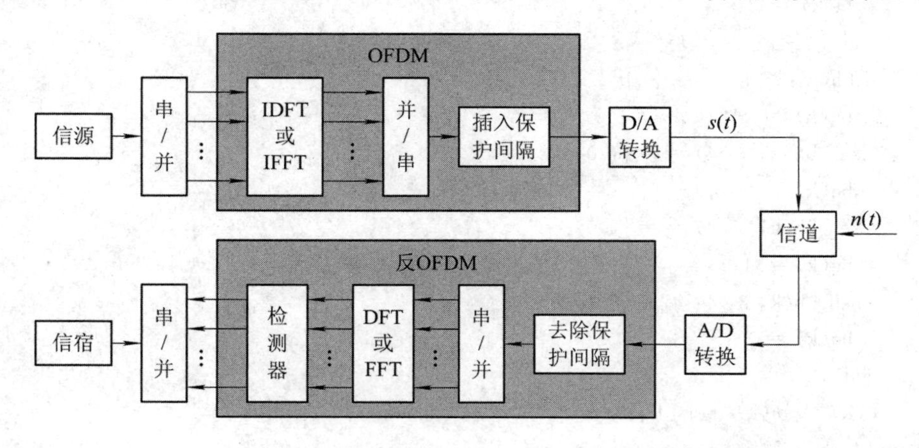

图 9-4-2　利用 IDFT/DFT 实现 OFDM 系统框图

9.4.3　保护间隔和循环前缀

应用 OFDM 技术的一个主要原因在于它可以有效地对抗多径延时扩展。把输入数据流串/并变换到 K 个并行的子信道上，使得每一个调制子载波的数据符号周期为原始串行数据符号周期的 K 倍，因此多径延时扩展与符号周期的数值比也同样降低 K 倍。为了最大限度地消除符号间干扰，还可以在每个 OFDM 符号之间插入保护间隔，而且保护间隔长度 T_g 一般要大于无线信道中的最大延时扩展，这样一个符号的多径分量就不会对下一个符号造成干扰。在这段保护间隔内可以不传输任何信号，即是一段空白的传输时段。然而在这种情况下，由于多径传播的影响，接收端实现同步会有一定的困难。为便于同步，人们通常是在 OFDM 符号的保护间隔内填入循环前缀信号，即将每个 OFDM 符号后的 T_g 时间中的样点复制到 OFDM 符号的前面形成前缀，这样在交接点没有任何间断。图 9-4-3 给出了在 OFDM 符号间插入循环前缀示意，在图 9-4-2 中也画出了保护间隔。

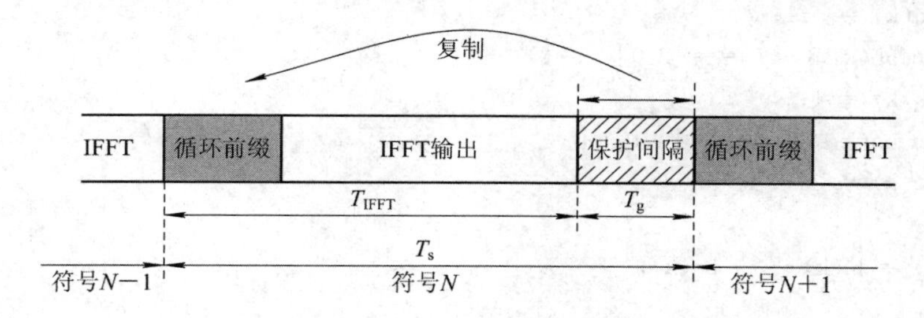

图 9-4-3　加入保护间隔(循环前缀)的 OFDM 符号

例 9-4-2　编程仿真加性噪声对 OFDM 信号传输的影响。

解　考虑例 9-4-1 中描述的 OFDM 系统。假定由式(9-4-5)给出的传输信号的 IDFT 样本受到零均值、方差为 σ^2 的高斯噪声的影响，那么接收端接收到的信号样本可表示为

$$y_i = x_i + n_i \quad i=0,\ 1,\ \cdots,\ N-1 \tag{9-4-8}$$

其中，n_i 为噪声分量。当噪声方差 $\sigma^2=1$、2 和 4 时，分别对于每个 σ^2 值计算序列 $\{y_i\}$ 的 DFT，然后求得接收符号 $\{\hat{b}_k\}$ 的估值，对序列 $\{\hat{b}_k\}$ 进行检测，由此从检测器得到输出符号 $\{\tilde{b}_k\}$，并讨论检测恢复的符号的准确性。注意，本例仿真中未考虑信道衰落的影响，也未考虑保护间隔的影响。

本例 MATLAB 参考程序如下：

```
%参数设置
K = 10;                %子载波数
N = 2 * K;             %DFT 运算点数
T = 100;               %OFDM 信号符号持续宽度
var_n = 1;             %噪声方差
%产生信道噪声
n = sqrt(var_n) * randn(1, N);
%产生 9 个随机的 16QAM 调制信号符号
a =randint(1, 36);
bb = reshape(a, 9, 4);
```

```
for k = 1 : 9                          %QAM 调制星座图中采用格雷编码
  if bb(k, 1: 2) == [0 1]
    bi(k) = -3;
  elseif bb(k, 1: 2) == [0 0]
    bi(k) = -1;
  elseif bb(k, 1: 2) == [1 0]
    bi(k) = 1;
  elseif bb(k, 1: 2) == [1 1]
    bi(k) = 3;
  end
  if bb(k, 3: 4) == [0 1]
    bq(k) = -3;
  elseif bb(k, 3: 4) == [0 0]
    bq(k) = -1;
  elseif bb(k, 3: 4) == [1 0]
    bq(k) = 1;
  elseif bb(k, 3: 4) == [1 1]
    bq(k) = 3;
  end
  b(k) = bi(k) + j * bq(k);
end
bx = [0 b 0 conj(b(9: -1: 1)) ];      %构造 b'k 序列
xi = zeros(1, N);
for i =0: N-1
  for k =0: N-1
    xi(i+1) = xi(i+1) + 1/sqrt(N) * bx(k+1) * exp(j * 2 * pi * i * k/N);    %IDFT 值
  end
end
%产生接收信号
yi = xi + n;
y =zeros(1, 10);
for k =1 : 9
  for i =0 : N-1
    y(k+1) = y(k+1) + 1/sqrt(N) * yi(i+1) * exp(-j * 2 * pi * k * i/N);   %计算 DFT
  end
end
%信号检测，恢复源信息
for k =1 : 9
  if real(y(k+1))> 2
    ci(k) = 3;
    dd(k, 1: 2) = [1 1];
  elseif (real(y(k+1)) <= 2) & (real(y(k+1))> 0)
    ci(k) = 1;
```

```
      dd(k, 1: 2) = [1 0];
    elseif (real(y(k+1))<= 0) & (real(y(k+1))> -2)
      ci(k) = -1;
      dd(k, 1: 2) = [0 0];
    elseif real(y(k+1))<= -2
      ci(k) = -3;
      dd(k, 1: 2) = [0 1];
    end
    if imag(y(k+1))> 2
      cq(k) = 3;
      dd(k, 3: 4) = [1 1];
    elseif (imag(y(k+1))<= 2) & (imag(y(k+1))> 0)
      cq(k) = 1;
      dd(k, 3: 4) = [1 0];
    elseif (imag(y(k+1))<= 0) & (imag(y(k+1))> -2)
      cq(k) = -1;
      dd(k, 3: 4) = [0 0];
    elseif imag(y(k+1))<= -2
      cq(k) = -3;
      dd(k, 3: 4) = [0 1];
    end
    cc(k) = ci(k) +j * cq(k);
end
dd - bb             %显示传输出错的比特
cc - b              %显示传输出错的符号
```

参 考 文 献

[1] Li Yunxin, Huang Xiaojing. The simulation of independent Rayleigh faders. IEEE Transactions on Communications 2002, 50(9): 1503 - 1514.

[2] Zheng Yahong Rosa, Xiao Chengshan. Improved models for the generation of multiple uncorrelated Rayeligh fading waveforms. IEEE Communication Letters, 2002, 6(6): 256 - 258.

[3] Zheng Yahong Rosa, Xiao Chengshan. Simulation models with correct statistical properties for Rayeligh fading channels. IEEE Transactions on Communications, 2003, 51(6): 920 - 928.

[4] Matthias Pätzold, Bjϕrn Olav Hogstad, Dongwoo Kim. A new design concept for high-performance fading channel simulations using set partitioning. Wireless Personal Communication, 2007, 40(3): 267 - 279.

[5] Matthias Pätzold, Wang Chengxiao, Bjϕrn Olav Hogstad. Two new sum-of-sinusoids-based methods for the efficient generation of multiple uncorrelated Rayleigh fading waveforms. IEEE Trans. Wireless Commun., 2009, 8(6): 3122 - 3131.

[6] Proakis J G, Salehi M. Digital Communications. 5版. 北京:电子工业出版社, 2009.

[7] Proakis J G, Salehi M, Bauch G. 现代通信系统(MATLAB版). 2版. 刘树棠,译. 北京:电子工业出版社, 2005.

[8] 黄葆华, 沈忠良, 张宝富. 通信原理基础教程. 北京:机械工业出版社, 2008.

[9] 沈越泓, 高媛媛, 魏以民. 通信原理. 北京:机械工业出版社, 2008.

[10] 樊昌信, 曹丽娜. 通信原理. 6版. 北京:国防工业出版社, 2010.

[11] 张忠培, 史治平, 王传丹. 现代编码理论与应用. 北京:国防工业出版社, 2007.

[12] 张邦宁, 魏安全, 郭道省. 通信抗干扰技术. 北京:机械工业出版社, 2006.

[13] 彭木根, 王文博. 协同无线通信原理与应用. 北京:机械工业出版社, 2008.

[14] 赵鸿图, 茅艳. 通信原理MATLAB仿真教程. 北京:人民邮电出版社, 2010.